普通高等院校“十二五”规划教材

大学计算机基础教程及实训指导

主　编　薛晓萍　赵义霞　刘宇芳

副主编　郑建霞　刘　利　王健海　吴志攀　陈朝华

内 容 提 要

本书是根据大学计算机基础课程教学特点，为提高学生自主学习能力而编写的一本强化计算机基本操作的实训指导教材。主要内容包括：计算机基础知识，Windows XP 操作系统，计算机网络基础及应用，文字处理软件 Word 2003，电子表格处理软件 Excel 2003，演示文稿制作软件 PowerPoint 2003，网页制作 FrontPage 2003，多媒体技术及应用八个部分共 24 讲。

本书内容丰富、知识面广，叙述上力求深入浅出、循序渐进、简明易懂。注重并强化操作技能的训练，通过各讲后的操作演示和综合实验加深对知识和技能的掌握。为方便学习，本书附赠光盘一张，内有操作演示的录像和各部分实验所需的素材文件。

本书可作为高等院校本科、专科各专业计算机基础教学和实验教材，也可作为全国计算机一级水平考试和各类计算机培训教材。

本书配有免费电子教案，读者可以从中国水利水电出版社网站以及万水书苑下载，网址为：http://www.waterpub.com.cn/softdown/或 http://www.wsbookshow.com。

图书在版编目（CIP）数据

大学计算机基础教程及实训指导 / 薛晓萍，赵义霞，刘宇芳主编. -- 北京 : 中国水利水电出版社，2012.8
普通高等院校“十二五”规划教材
ISBN 978-7-5084-9917-8

Ⅰ. ①大… Ⅱ. ①薛… ②赵… ③刘… Ⅲ. ①电子计算机－高等学校－教学参考资料 Ⅳ. ①TP3

中国版本图书馆CIP数据核字(2012)第136782号

策划编辑：陈宏华　责任编辑：李　炎　加工编辑：郭　赏　封面设计：李　佳

书　　名	普通高等院校“十二五”规划教材 **大学计算机基础教程及实训指导**
作　　者	主　编　薛晓萍　赵义霞　刘宇芳
出版发行	中国水利水电出版社 （北京市海淀区玉渊潭南路 1 号 D 座　100038） 网址：www.waterpub.com.cn E-mail：mchannel@263.net（万水） sales@waterpub.com.cn 电话：（010）68367658（发行部）、82562819（万水）
经　　售	北京科水图书销售中心（零售） 电话：（010）88383994、63202643、68545874 全国各地新华书店和相关出版物销售网点
排　　版	北京万水电子信息有限公司
印　　刷	三河市铭浩彩色印装有限公司
规　　格	184mm×260mm　16 开本　22.25 印张　558 千字
版　　次	2012 年 8 月第 1 版　2012 年 8 月第 1 次印刷
印　　数	0001—5000 册
定　　价	45.00 元（赠 1CD）

前　言

以计算机技术为代表的信息技术已经成为当代社会发展知识经济的支柱。计算机应用技术与大学各个学科各专业的学习、科研、工作也结合得更加紧密，专业研究与计算机技术的融合促进了学科的发展，各学科对学生的计算机应用能力也有更高的要求，所以计算机应用水平成为衡量大学生业务素质与能力的主要标志之一，计算机知识的掌握和应用能力是高等学校学生必须具备的基本素质和能力。国家教育部根据高校非计算机专业的培养目标，指出在非计算机专业的计算机基础教育中，要使学生把计算机技术和自己从事的专业领域相结合，创造出新成果，应突出培养学生应用计算机的综合能力，提出了计算机文化基础、技术基础及应用基础三个层次教育的课程体系。

本书根据加强基础、提高能力、重在应用的原则，将大学计算机基础教程和实训指导整合在一起，方便学生使用和掌握。全书包括：计算机基础知识，Windows XP 操作系统，计算机网络基础及应用，文字处理软件 Word 2003，电子表格处理软件 Excel 2003，演示文稿制作软件 PowerPoint 2003，网页制作 FrontPage 2003，多媒体技术及应用八个部分共 24 讲。并把每一部分根据知识点分成若干讲，每讲中包括知识点讲解、操作演示、单元实验和综合实验。

本书主要特色体现在讲解中引入精心设计的实例，使读者学习有目标、有过程；通过操作演示指导解决学习中遇到的难点，提高学生自主学习的能力；并通过精心设计的实验，加深和巩固每一讲中相关知识和技术的掌握；教材整体简明扼要，深入浅出，层次分明，面向应用，注重实践，本书附赠光盘一张，内有操作演示的录像和各部分实验所需的素材文件。

本书编写分工如下：第 1 部分由赵义霞编写；第 2 部分由王健海编写，第 3 部分由陈朝华编写；第 4 部分由刘利编写；第 5 部分由薛晓萍编写，第 6 部分刘宇芳编写；第 7 部分吴志攀编写；第 8 部分郑建霞编写；薛晓萍和赵义霞对全书进行了统稿和校对。感谢中国水利水电出版社为编写本教材给与的大力支持，感谢惠州学院教务处、计算机系领导和老师对本书的指导。

编　者

2012 年 5 月

前言

目　　录

前言
第一部分　计算机基础……1
第1讲　计算机基础知识……1
1.1　计算机的发展及应用……1
1.1.1　计算机的定义……1
1.1.2　现代计算机发展的几个阶段……1
1.1.3　计算机的特点……3
1.1.4　计算机的分类……4
1.1.5　计算机的应用及发展趋势……5
1.2　计算机系统的组成……7
1.2.1　计算机硬件系统……7
1.2.2　计算机软件系统……8
1.2.3　计算机系统的组成结构……8
1.2.4　计算机系统的层次结构……9
1.2.5　计算机的基本工作原理……9
1.3　数据的表示及编码……10
1.3.1　数据的表示……10
1.3.2　数据在计算机中的存储方式……11
1.3.3　数制……12
1.3.4　编码……14
1.4　信息与信息技术……16
1.4.1　信息及其特点……16
1.4.2　信息技术……18
1.4.3　信息社会……18
1.4.4　信息素养以及大学生信息素养的基本要求……19
第2讲　微型计算机系统……20
2.1　微型计算机的硬件系统……20
2.1.1　主机系统……20
2.1.2　输入输出设备……24
2.2　微型计算机的软件系统……26
2.2.1　系统软件……26
2.2.2　应用软件……26
2.3　微型计算机的主要性能指标……27
第3讲　计算机安全基础……28
3.1　计算机病毒及防治……28
3.1.1　计算机病毒及特点……28
3.1.2　计算机病毒的危害及防治……29
3.2　信息安全概述……30
3.2.1　信息安全及意义……30
3.2.2　黑客及防御策略……31
3.2.3　防火墙……31
3.3　计算机犯罪……32
3.3.1　计算机犯罪的概念……32
3.3.2　计算机犯罪的基本类型……32
3.3.3　计算机犯罪的主要特点……32
3.4　道德与相关法律……33
3.4.1　道德规范……33
3.4.2　法律法规……33
习题……33
习题参考答案……38
第二部分　Windows XP 操作系统……39
第4讲　Windows XP 基本操作……39
4.1　Windows XP 的界面元素……39
4.1.1　桌面……39
4.1.2　窗口……41
4.1.3　对话框……43
4.1.4　菜单……43
4.2　中文处理操作……44
4.2.1　键盘与打字……44
4.2.2　中文输入法及其使用……46
4.2.3　智能 ABC 输入法……48
4.3　Windows XP 操作演示一（基本操作）……49
4.4　Windows XP 实验一（基本操作）……50
第5讲　文件管理……51
5.1　文件的基本概念……51
5.1.1　文件的命名……51

5.1.2 文件夹……52
5.2 文件管理操作……52
5.2.1 资源管理器……52
5.2.2 选定文件或文件夹……54
5.2.3 复制文件或文件夹……54
5.2.4 移动文件或文件夹……55
5.2.5 重命名文件或文件夹……56
5.2.6 创建文件夹……56
5.2.7 删除文件或文件夹……56
5.2.8 恢复文件或文件夹……57
5.2.9 更改文件或文件夹的属性设置……59
5.2.10 搜索文件或文件夹……59
5.2.11 快捷方式……61
5.3 Windows XP 操作演示二（文件管理）……62
5.4 Windows XP 实验二（文件管理）……63
第 6 讲 控制面板、磁盘管理及附件程序……63
6.1 控制面板……64
6.1.1 显示属性的调整……64
6.1.2 添加/删除程序……65
6.1.3 字体的添加与删除……66
6.1.4 日期和时间设置……67
6.2 磁盘管理……67
6.2.1 格式化磁盘……67
6.2.2 磁盘清理……68
6.2.3 磁盘碎片整理……69
6.3 附件程序……70
6.3.1 画图……70
6.3.2 Windows Media Player……72
6.3.3 录音机……72
6.3.4 计算器……73
6.4 Windows XP 操作演示三（控制面板、磁盘管理和附件程序）……75
6.5 Windows XP 实验三（控制面板、磁盘管理和附件程序）……77
Windows XP 综合实验……77
习题……78
习题参考答案……83
第三部分 计算机网络基础及应用……84
第 7 讲 计算机网络基础……84
7.1 计算机网络的基本知识……84
7.2 IP 地址与域名……85
7.3 计算机网络的工作原理……86
7.4 计算机网络的性能指标……87
第 8 讲 因特网的基本概念和接入方式……87
8.1 因特网的基础知识……88
8.2 因特网的接入方式……89
第 9 讲 因特网的应用……91
9.1 拨号连接、宽带连接的创建……91
9.1.1 IP 地址的设置……91
9.1.2 拨号连接、宽带连接的创建……92
9.1.3 计算机网络实验一（无线路由器的 Web 访问和简单上网设置）……93
9.2 浏览器（IE 6.0）……95
9.2.1 网页浏览器简介……95
9.2.2 IE 浏览器的设置……95
9.2.3 IE 浏览器的使用……96
9.2.4 计算机网络实验二（IE 浏览器的设置与使用）……98
9.3 电子邮件的收发……99
9.3.1 电子邮件的概念……99
9.3.2 OE 的设置和使用……99
9.3.3 计算机网络实验三（OE 的设置与使用）……101
9.4 搜索引擎的使用……103
9.4.1 搜索引擎的概念……103
9.4.2 信息查询的基本技巧……103
9.4.3 计算机网络实验四（搜索引擎的应用）……103
习题……104
习题参考答案……108
第四部分 文字处理软件 Word 2003……109
第 10 讲 Word 概述、文档基本操作及排版技术……109
10.1 Word 2003 概述及文档的基本操作……109
10.1.1 概述……109
10.1.2 创建新文档……111
10.1.3 输入文本……112
10.1.4 文档的保存……113

10.1.5 文档的保护 ………………………………… 115
10.1.6 关闭文档 …………………………………… 116
10.1.7 打开文档 …………………………………… 116
10.1.8 文档视图方式………………………………… 117
10.2 Word 2003 文本的编辑………………………… 117
10.2.1 基本编辑技术………………………………… 117
10.2.2 文本的选定 ………………………………… 118
10.2.3 文本的复制、移动和删除 ………………… 119
10.2.4 文本的查找和替换…………………………… 120
10.2.5 自动更正 …………………………………… 122
10.2.6 撤消与恢复 ………………………………… 122
10.2.7 多窗口编辑技术……………………………… 123
10.3 Word 2003 文档的排版………………………… 123
10.3.1 字符格式化 ………………………………… 123
10.3.2 段落格式化 ………………………………… 125
10.3.3 页面设置 …………………………………… 127
10.3.4 其他排版技术………………………………… 130
10.4 Word 操作演示一（文档排版） ………… 135
10.5 Word 实验一（文档排版） ……………… 136
第 11 讲 图文混排………………………………… 138
11.1 图片的插入与设置 ………………………… 138
11.1.1 插入剪贴画…………………………………… 138
11.1.2 插入图形文件………………………………… 139
11.1.3 设置插入图片的格式 ……………………… 139
11.1.4 图片的复制与删除 ………………………… 142
11.2 艺术字的插入与设置………………………… 142
11.2.1 艺术字的插入………………………………… 142
11.2.2 艺术字的设置………………………………… 143
11.3 文本框的插入与设置………………………… 144
11.3.1 插入文本框…………………………………… 144
11.3.2 文本框的基本操作 ………………………… 144
11.3.3 文本框的环绕方式 ………………………… 145
11.4 图形的绘制与设置 ………………………… 146
11.4.1 图形的绘制…………………………………… 146
11.4.2 图形中添加文字……………………………… 147
11.4.3 图形的设置…………………………………… 147
11.5 组织结构图的插入 ………………………… 148
11.6 插入公式…………………………………… 149
11.7 Word 对象间的叠放层次与组合………… 150
11.8 Word 操作演示二（图文混排） …………151
11.9 Word 实验二（图文混排） ………………151
第 12 讲 表格处理 ………………………………153
12.1 建立表格 …………………………………153
12.1.1 插入表格……………………………………153
12.1.2 在表格中输入数据 …………………………154
12.1.3 文字转换为表格 ……………………………155
12.1.4 表格斜线表头的绘制………………………155
12.2 调整表格 …………………………………156
12.2.1 选定单元格、行、列或表格 ……………156
12.2.2 表格的复制、移动、缩放和删除 …157
12.2.3 插入行、列、单元格………………………157
12.2.4 行、列、单元格的删除……………………158
12.2.5 列宽和行高的调整 …………………………159
12.2.6 单元格的合并与拆分………………………159
12.2.7 表格的拆分与合并 …………………………160
12.3 设置表格格式………………………………160
12.3.1 表格中文本格式设置………………………160
12.3.2 表格边框和底纹设置………………………161
12.3.3 表格自动套用格式 …………………………163
12.3.4 表格在页面中的对齐方式及
文字环绕方式 ………………………………163
12.3.5 重复表格标题 ………………………………163
12.4 排序与公式计算……………………………164
12.4.1 排序…………………………………………164
12.4.2 公式计算……………………………………165
12.5 Word 操作演示三（表格）………………166
12.6 Word 实验三（表格） ……………………166
第 13 讲 Word 2003 其他功能 …………………167
13.1 大纲视图 …………………………………168
13.2 样式…………………………………………169
13.2.1 Word 内置样式 ……………………………169
13.2.2 创建新样式…………………………………169
13.2.3 应用样式……………………………………170
13.2.4 修改样式……………………………………171
13.2.5 删除样式和清除样式………………………171
13.3 目录自动生成………………………………171
13.3.1 插入目录……………………………………172
13.3.2 更新目录……………………………………173

13.4 邮件合并……174
13.5 文档模板及应用……177
13.6 分隔符的插入及应用……179
13.6.1 分隔符的插入……179
13.6.2 分栏符的插入及应用……179
13.6.3 分节符的插入及应用……179
13.7 书签与超链接……181
13.7.1 书签……181
13.7.2 超链接……182
13.8 脚注和尾注……183
13.9 题注……184
13.10 审阅修订和批注……185
13.11 打印文档……186
13.11.1 打印预览……186
13.11.2 打印文档……187
13.12 Word 操作演示四（其他功能）……187
13.13 Word 实验四（其他功能）……188
Word 综合实验……189
习题……192
习题参考答案……196
第五部分 电子表格处理软件 Excel 2003……198
第 14 讲 Excel 基本操作、格式及页面设置……198
14.1 Excel 2003 概述……198
14.1.1 Excel 2003 功能简介……198
14.1.2 Excel 2003 工作窗口……198
14.1.3 Excel 基本概念……200
14.1.4 建立、保存和打开工作簿……200
14.2 Excel 的基本操作……201
14.2.1 选定工作区域……201
14.2.2 输入数据及数据填充……203
14.2.3 编辑工作表……207
14.2.4 工作表窗口的拆分和冻结……208
14.3 工作表格式设置……209
14.3.1 设置数字格式……209
14.3.2 改变对齐方式……210
14.3.3 调整字体大小和颜色……211
14.3.4 设置单元格的边框线……211
14.3.5 选择底纹颜色和图案……212
14.3.6 调整行高和列宽……212
14.3.7 自动套用格式……213
14.3.8 条件格式设置……213
14.4 页面设置和打印……214
14.4.1 页面设置……214
14.4.2 设置打印区域……216
14.4.3 打印预览……216
14.4.4 打印输出……217
14.5 Excel 操作演示一（基本操作）……217
14.6 Excel 实验一（基本操作）……217
第 15 讲 公式和函数……219
15.1 公式……219
15.1.1 建立和输入公式……219
15.1.2 公式中的运算符……220
15.1.3 公式的自动填充……221
15.1.4 单元格的引用……221
15.1.5 选择性粘贴数据……221
15.2 函数……222
15.3 常用函数……224
15.3.1 统计函数……224
15.3.2 数学函数……225
15.3.3 日期与时间函数……226
15.3.4 逻辑函数……227
15.3.5 文本函数……227
15.4 函数应用举例……228
15.5 Excel 操作演示二（公式和函数）……234
15.6 Excel 实验二（公式和函数）……235
第 16 讲 图表……237
16.1 图表要素……237
16.2 创建图表……238
16.3 编辑图表……240
16.4 图表类型介绍……243
16.5 Excel 操作演示三（图表操作）……244
16.6 Excel 实验三（图表）……245
第 17 讲 Excel 数据库功能……246
17.1 数据库的基本概念及建立……246
17.2 记录排序……248
17.3 筛选记录……249
17.4 分类汇总……253
17.5 数据透视表……254

17.6 数据库函数……257
17.7 Excel 操作演示四（数据库操作）……259
17.8 Excel 实验四（数据库操作）……259
Excel 综合实验……260
习题……261
习题参考答案……266
第六部分 演示文稿制作软件 PowerPoint 2003……267
第 18 讲 演示文稿的创建、编辑、排版……267
18.1 PowerPoint 2003 概述……267
18.1.1 PowerPoint 2003 的主要功能……267
18.1.2 PowerPoint 2003 的工作窗口……267
18.2 创建和编辑演示文稿……269
18.2.1 新建演示文稿……269
18.2.2 演示文稿的简单编辑……272
18.2.3 向幻灯片中添加对象……272
18.3 设置幻灯片的外观……278
18.3.1 应用模板……278
18.3.2 编辑母版……279
18.3.3 设置背景……279
18.3.4 选择配色方案……279
18.4 PowerPoint 操作演示一（幻灯片制作）……282
18.5 PowerPoint 实验一（幻灯片制作）……283
第 19 讲 幻灯片动画与幻灯片放映……284
19.1 幻灯片动画……284
19.1.1 设置幻灯片切换方式……284
19.1.2 添加动画效果……285
19.1.3 设置动作按钮……287
19.2 演示文稿的放映和输出……288
19.2.1 设置放映方式……288
19.2.2 设置放映时间……289
19.2.3 自定义放映……289
19.2.4 幻灯片放映……290
19.2.5 打印演示文稿……291
19.2.6 打包演示文稿……292
19.3 PowerPoint 操作演示二（幻灯片动画与放映）……293
19.4 PowerPoint 实验二（幻灯片动画与放映）……293
PowerPoint 综合实验……293
习题……295
习题参考答案……300
第七部分 网页制作 FrontPage 2003……301
第 20 讲 简单的网页制作……301
20.1 FrontPage 2003 概述……301
20.1.1 FrontPage 2003 的启动……301
20.1.2 FrongPage 2003 的退出……302
20.1.3 FrontPage 的视图……302
20.1.4 FrongPage 相关术语……303
20.2 简单的网页制作……303
20.2.1 制作一个简单网页……303
20.2.2 插入一个超链接……304
20.2.3 插入书签……305
20.2.4 网页属性……306
第 21 讲 FrontPage 高级制作……307
21.1 FrontPage 高级操作……307
21.1.1 插入热点链接……307
21.1.2 插入字幕……308
21.1.3 插入交互式按钮……308
21.1.4 插入计数器……309
21.1.5 插入横幅广告……310
21.2 FrontPage 表单……311
21.2.1 手工设计表单……311
21.2.2 用向导创建表单……312
第 22 讲 站点管理与发布……314
22.1 创建站点……314
22.1.1 创建一个站点……315
22.1.2 网页统一布局……316
22.2 站点管理与发布……317
22.2.1 网站空间申请……317
22.2.2 网站的发布……318
22.2.3 网站的维护……318
FrontPage 综合实验……319
习题……320
习题参考答案……325
第八部分 多媒体技术及应用……327

第 23 讲　多媒体技术概述 327
23.1　多媒体技术的基本概念 327
23.1.1　媒体 327
23.1.2　多媒体 328
23.1.3　多媒体数据特点 328
23.1.4　多媒体技术及其特性 329
23.2　媒体的分类 329
23.2.1　文本（Text） 329
23.2.2　图形（Graphic） 329
23.2.3　图像（Image） 330
23.2.4　音频（Audio） 330
23.2.5　动画（Animation） 331
23.2.6　视频（Video） 331
23.3　多媒体计算机系统的组成 332
23.3.1　多媒体计算机的硬件组成 332
23.3.2　多媒体计算机的软件系统 333
第 24 讲　多媒体技术的应用 334
24.1　数字媒体——声音 334
24.1.1　声音文件的播放（CD 唱机的使用） 334
24.1.2　声音文件的录制（录音机的使用） 335
24.2　数字媒体——图像与图形 335
24.2.1　图像文件的获取 335
24.2.2　图像文件的制作 335
24.2.3　图像文件的浏览 336
24.2.4　图形文件的制作与浏览 337
24.3　数字媒体——视频 338
24.3.1　媒体播放器的功能 338
24.3.2　媒体播放器的使用 340
24.4　演示实验 341
24.5　操作实验 342
习题 343
习题参考答案 345
参考文献 346

第一部分　计算机基础

第1讲　计算机基础知识

本讲的主要内容包括：

- 计算机的定义、计算机的组成等基础知识
- 计算机的发展及特点、计算机的的应用及发展趋势
- 计算机中信息的表示
- 计算机系统的基本组成、工作原理

1.1　计算机的发展及应用

计算机（Computer）是20世纪人类最伟大的科学技术发明之一，它的出现和发展大大推动了科学技术的迅猛发展，同时也给人类社会带来了日新月异的变化。它使人们传统的工作、学习、日常生活和思维方式都发生了深刻的变化。随着信息时代的到来，计算机已经成为人类活动中不可缺少的工具。

1.1.1　计算机的定义

计算机是由一系列电子元器件组成的、具有处理信息能力的机器。当用计算机进行数据处理时，首先把要解决的实际问题，用计算机可以识别的语言编写成计算机程序，然后将程序送入计算机中。计算机按程序的要求，一步一步地进行各种运算，直到存入的整个程序执行完毕为止。因此，计算机是能存储源程序和数据的装置。

计算机不仅可以进行加、减、乘、除等算术运算，而且具有进行逻辑运算和对运算结果进行判断从而决定以后执行什么操作的能力，这使得计算机成为一种特殊机器的专用名词，而不再是简单的计算工具。为了强调计算机的这些特点，有些人把它称为“电脑”，以说明它既有记忆能力、计算能力，又有逻辑推理能力。至于有没有思维能力，这是一个目前人们正在深入研究的问题。

计算机除了具有计算功能，还能进行信息处理。在科技发展的社会里，各行各业随时随地产生大量的信息，而人们为了获取、传送、检索信息及从信息中产生各种数据，必须将信息进行有效的组织和管理。这一切都必须在计算机的控制下才能实现，所以说计算机是信息处理的工具。

因此，可以这样给计算机下定义：计算机是一种能按照事先存储的程序，自动、高速地进行大量数值计算和各种信息处理的现代化智能电子装置。

1.1.2　现代计算机发展的几个阶段

世界上第一台计算机是1946年由美国宾夕法尼亚大学莫尔学院电工系莫克利和埃克特领

导的科研小组研制成功的，取名为 ENIAC（Electronic Numerical Integrator And Calculator），直译名为“电子数值积分和计算器”。该机每秒可作 5000 次加法运算，过去需要 100 多名工程师花费 1 年才能解决的计算问题，它只需要 2 个小时就能给出答案，大大地提高了运算速度。它的诞生在人类文明史上具有划时代的意义，从此开辟了人类使用电子计算工具的新纪元。

随着电子技术的发展，计算机先后以电子管、晶体管、集成电路、大规模和超大规模集成电路为主要元器件，共经历了四代的变革。每一代的变革在技术上都是一次新的突破，在性能上都是一次质的飞跃，分别代表了现代计算机发展的阶段，见表 1-1。

表 1-1 计算机发展的四个阶段

年代 器件	第一代 1946～1957 年	第二代 1958～1964 年	第三代 1965～1969 年	第四代 1970 至今
电子器件	电子管	晶体管	中、小规模集成电路	大规模和超大规模集成电路
主存储器	磁芯、磁鼓	磁芯、磁鼓	磁芯、磁鼓、半导体存储器	半导体存储器
外部辅助存储器	磁带、磁鼓	磁带、磁鼓	磁带、磁鼓、磁盘	磁带、磁盘、光盘
处理方式	机器语言 汇编语言	监控程序 连续处理作业 高级语言编译	多道程序 实时处理	实时、分时处理 网络操作系统
运算速度	5 千～3 万次/秒	几万～几十万次/秒	几十万～几百万次/秒	几百万～千亿次/秒

1. 电子管计算机

从 1946～1957 年，第一代计算机的逻辑元件采用电子管，通常称为电子管计算机。它的内存容量仅有几千个字节，不仅运算速度低，而且成本很高。

在这个时期，没有系统软件，用机器语言和汇编语言编程。计算机只能在少数尖端领域中得到应用，一般用于科学、军事和财务等方面的计算。尽管存在这些局限性，但它却奠定了计算机发展的基础。

2. 晶体管计算机

从 1958～1964 年，第二代计算机与第一代相比有很大改进，其逻辑元件采用晶体管，即晶体管计算机。存储器采用磁芯和磁鼓，内存容量扩大到几十千字节。晶体管比电子管平均寿命提高 100～1000 倍，耗电却只有电子管的十分之一，体积比电子管小一个数量级，运算速度明显地提高，每秒可以执行几万到几十万次的加法运算，机械强度较高。由于具备这些优点，所以很快地取代了电子管计算机，并开始成批生产。

在这个时期，系统软件出现了监控程序，提出了操作系统的概念，出现了高级语言，如 FORTRAN、ALGOL 60 等。

3. 集成电路计算机

从 1965～1970 年，第三代计算机的逻辑元件采用集成电路。这种器件把几十个或几百个分立的电子元件集中做在一块几平方毫米的硅片上（称为集成电路芯片），使计算机的体积大大减少，耗电显著降低，运算速度却大大提高，每秒钟可以执行几十万到几百万次的加法运算，性能和稳定性进一步提高。

在这个时期，系统软件有了很大发展，出现了分时操作系统和会话式语言，采用结构化程序设计方法，为研制复杂的软件提供了技术上的保证。

4. 大规模与超大规模集成电路计算机

从 1970 年以后，第四代计算机的逻辑元件开始采用大规模集成电路（LSI）。在一个 $4mm^2$ 的硅片上，至少可以容纳相当于 2000 个晶体管的电子元件。金属氧化物半导体电路（Metal Oxide Silicon，MOS）也在这一时期出现。这两种电路的出现，进一步降低了计算机的成本，体积也进一步缩小，存储装置进一步改善，功能和可靠性进一步得到提高。同时计算机内部的结构也有很大的改进，采取了“模块化”的设计思想，即按执行的功能划分成比较小的处理部件，更加便于维护。

大规模、超大规模集成电路应用的一个直接结果是微处理器和微型计算机的诞生。由于微型计算机体积小、功耗低、成本低，其性能价格比占有很大优势，因而得到了广泛的应用。

目前使用的计算机都属于第四代计算机。从 20 世纪 80 年代开始，发达国家开始研制第五代计算机，研究的目标是能够打破以往计算机固有的体系结构，使计算机能够具有像人一样的思维、推理和判断能力，向智能化发展，实现接近人的思考方式。

依据信息技术发展功能价格比的摩尔定律（Moore's Law），计算机芯片的功能每 18 个月翻一番，而价格减一半。随着微电子、计算机和数字化声像技术的发展，多媒体技术也得到了迅速发展。随着数字化音频和视频技术的突破，逐步形成了集声、文、图、像于一体的多媒体计算机系统。计算机与通信技术的结合使计算机应用从单机走向网络，由独立网络走向互联网络。我们今天把计算机的发展称为进入了网络、微机、多媒体的信息时代。

1.1.3 计算机的特点

计算机作为一种计算和信息处理的工具，具有以下特点：

1. 运算速度快

运算速度是指计算机每秒钟能执行的指令的数目。由于计算机采用了高速的电子器件，并利用先进的计算技术，使得计算机可以有很高的运算速度。

2. 计算精度高

计算精度随着表示数字的设备的增加而提高，加上先进的算法，可得到很高的计算精度。例如 π 的计算，在无计算机时，经过上千年的人工计算目前达到小数点后 500 位，而计算机诞生后，利用计算机进行计算目前已达到小数点后上亿位。

3. 存储容量大

利用计算机的存储器不但可以存放计算机的原始数据和运算结果，更重要的还能存放人们事先编好的程序。这种存储记忆能力可以帮助人们保存大量信息，同时也极大地提高了人们的工作效率和信息的利用率。

4. 逻辑判断能力

逻辑判断是指依据已设定的条件所做的一种比较和选择。由于计算机能进行逻辑判断，因而可以解决各种不同的复杂问题。

5. 自动化程度高

由于计算机遵循了“内部存储程序”的原理，人们把事先编好的程序输入并存储在计算机中，发出指令后，无需人的干预，计算机即可自动连续地按程序规定的步骤完成指定的任务，这正是电子计算机核心的特点。

人们进行的任何复杂的脑力劳动，如果可以分解成计算机可以执行的基本操作，并以计算机可以识别的形式表示出来，存放到计算机中，计算机就可以模仿人的一部分思维活动，按照人们的意愿自动地工作。所以计算机也被称为“电脑”，以强调计算机在功能上和人脑有许多相似之处。例如人脑的记忆功能、计算功能、判断功能。电脑终究不是人脑，它也不可能完全代替人脑，但它也有超越人脑的许多性能，人脑与电脑在许多方面有着互补作用。

1.1.4 计算机的分类

计算机的种类很多，从不同角度对计算机有不同的分类方法。

1. 按计算机的使用范围分类

按计算机的使用范围可分为通用计算机（General Purpose Computer）和专用计算机（Special Purpose Computer）两类。

（1）通用计算机。通用计算机是指为解决各种问题而设计的，具有较强的通用性的计算机。该机适用于一般的科学计算、学术研究、工程设计和数据处理等广泛用途，这类机器本身有较大的适用面。

（2）专用计算机。专用计算机是指为适应某种特殊应用而设计的计算机，具有运行效率高、速度快、精度高等特点。一般用在过程控制中，如智能仪表、飞机的自动控制和导弹的导航系统等。

2. 按计算机的规模和处理能力分类

规模和处理能力主要是指计算机的体积、字长、运算速度、存储容量、外部设备、输入和输出能力等主要技术指标，大体上可分为巨型机、大中型机、小型机、微型机、工作站和服务器等几类。

（1）巨型计算机。巨型机也称为超级计算机，在所有计算机类型中其占地最大、价格最贵、功能最强，其浮点运算速度最快已达几十至几百 Teraflop（每秒万亿次）。巨型机主要用于战略武器（如核武器和反导弹武器）的设计、空间技术、石油勘探、中长期大范围天气预报以及社会模拟等领域。

（2）大中型计算机。大中型计算机是指通用性能好、外部设备负载能力强、处理速度快的一类机器。它有完善的指令系统，丰富的外部设备和功能齐全的软件系统，并允许多个用户同时使用。这类机器主要用于科学计算、数据处理或做网络服务器。主要应用于银行、大公司、规模较大的高校和科研院所。

（3）小型机。小型计算机具有规模较小、结构简单、成本较低、操作简单、易于维护和与外部设备连接容易等特点，是在 20 世纪 60 年代中期发展起来的一类计算机。当时微型计算机还未出现，因而得以广泛推广应用，许多工业生产自动化控制和事务处理都采用小型机。近期的小型机，其性能已大大提高，主要用于事务处理。

（4）微型计算机。微型计算机（简称微机）是以运算器和控制器为核心，加上由大规模集成电路制作的存储器、输入/输出接口和系统总线构成的体积小、结构紧凑、价格低但又具有一定功能的计算机。如果把这种计算机制作在一块印刷线路板上，就称为单板机。如果在一块芯片中包含运算器、控制器、存储器和输入/输出接口，就称为单片机。以微机为核心，再配以相应的外部设备（例如键盘、显示器、鼠标、打印机等）、电源、辅助电路和控制微机工作的软件就构成了一个完整的微型计算机系统。

（5）工作站。这是介于微型计算机与小型机之间的一种高档微型计算机，其运算速度比微型机快，且有较强的联网功能。主要用于特殊的专业领域，例如图像处理、计算机辅助设计等。它与网络系统中的“工作站”，在用词上相同，而含义不同。因为网络上“工作站”这个词常被用泛指联网用户的结点，以区别于网络服务器。网络上的工作站常常只是一般的 PC 机。

（6）服务器。服务器是在网络环境下为多用户提供服务的共享设备，一般分为文件服务器、打印服务器、计算服务器和通信服务器等。该设备连接在网络上，网络用户在通信软件的支持下远程登录，共享各种服务。

目前，微型计算机与工作站、小型计算机乃至大中型机之间的界限已经愈来愈模糊。无论按哪一种方法分类，各类计算机之间的主要区别是运算速度、存储容量及机器体积等。

1.1.5　计算机的应用及发展趋势

计算机在诞生初期，主要用于科学计算。如今计算机的应用已经遍及科学技术、工业、交通、财贸、农业、医疗卫生、军事以及人们日常生活等各个方面。计算机技术的发展与应用正在对人类社会的产业结构、就业结构，乃至家庭生活和教育等各个方面产生深远的影响。

1. 计算机的应用领域

计算机正日益渗入社会的各个角落，改变人们的生活方式及观察世界的方式，并成为人们时刻不能离开的帮手。归结起来，其应用主要有：

（1）科学计算。科学计算也称作数值计算，指用于完成科学研究和工程技术中提出的数学问题的计算。它是电子计算机的重要应用领域之一，世界上第一台计算机的研制就是为科学计算而设计的。计算机高速、高精度的运算是人工计算所望尘莫及的。随着科学技术的发展，使得各种领域中的计算模型日趋复杂，人工计算已无法解决这些复杂的计算问题。

（2）信息处理。也称“数据处理”或者“事务处理”。利用计算机对所获取的信息进行记录、整理、加工、存储和传输等，通过分析、合并、分类、统计等加工处理，形成有用的信息。计算机的应用从数值（科学）计算发展到非数值计算，是计算机发展史的一个跃进，也大大拓宽了它的应用领域。目前，数据处理在计算机的应用中占有相当大的比重，而且越来越大，广泛应用于办公自动化、企业管理、事务处理、情报检索等。当今社会正从工业社会进入信息社会，面对积聚起来的浩如烟海的各种信息，为全面、深入、精确地认识和掌握这些信息所反映的事物本质，必须用计算机进行处理。

（3）自动控制。也称“过程控制”或者“实时控制”，指利用计算机对动态的过程进行控制、指挥和协调。用计算机及时采集数据，将数据处理后，按最新的值迅速地对控制对象进行控制。利用计算机进行过程控制，不仅可以大大提高控制的自动化水平，而且可以提高控制的及时性和准确性，从而改善劳动条件、提高质量、节约能源、降低成本。计算机过程控制主要应用于冶金、石油、化工、纺织、水电、机械、航天（如人造卫星、航天飞机、巡航导弹）等工业领域。

（4）计算机辅助系统。计算机辅助系统包括 CAD、CAM、CBE 等。

①计算机辅助设计（Computer Aided Design，CAD）：是综合地利用计算机的工程计算、逻辑判断、数据处理功能和人的经验与判断能力结合，形成一个专门系统，用来进行各种图形设计和图形绘制，对所设计的部件、构件或系统进行综合分析与模拟仿真实验。在汽车、飞机、船舶、集成电路、大型自动控制系统的设计中，CAD 技术有愈来愈重要的地位。

②计算机辅助制造（Computer Aided Manufacturing，CAM）：是利用计算机进行对生产设备的控制和管理，实现无图纸加工。

③计算机辅助教育（Computer Based Education，CBE）：主要包括计算机辅助教学（CAI，Computer Aided Instruction）、计算机辅助测试（Computer Aided Test，CAT）和计算机管理教学（Computer Management Instruction，CMI）等。

④电子设计自动化（Electronic Design Automation，EDA）：利用计算机中安装的专用软件和接口设备，用硬件描述语言开发可编程芯片，将软件进行固化，从而扩充硬件系统的功能，提高系统的可靠性和运行速度。

（5）人工智能。人工智能（Artificial Intelligence）也称“智能模拟”，指利用计算机来模仿人类的智力活动，即用计算机模拟人脑的思维智能活动，如感知、判断、理解、学习、推理、演绎、问题求解等过程。智能化的主要研究领域包括：自然语言的生成与理解、模式识别、自动定理证明、自动程序设计、专家系统、虚拟现实技术、智能机器人等。人工智能是计算机应用研究的前沿学科，已具体应用于机器人、医疗诊断、计算机辅助教育等方面。

（6）电子商务。电子商务即通过计算机和网络进行商务活动，是在因特网的广阔联系与传统信息技术系统的丰富资源相结合的背景下应运而生的一种网上相互关联的动态商务活动。利用计算机网络，使一个地区、一个国家甚至世界范围内的计算机与计算机之间实现信息、软硬件资源和数据共享，这样可以大大促进地区间、国际间的通信与各种数据的传输与处理，改变了人的时空的概念。现代计算机的应用已离不开计算机网络，先进的网络技术的应用，已经引发了信息产业的又一次革命。计算机网络的建成，使金融业务率先实现自动化。

（7）文化教育和娱乐。利用网络实现远距离双向交互式教学和多媒体结合的网上教学方式，学习的内容和形式更加丰富灵活。人们可以在任何地方通过多媒体计算机和网络，以多种媒体形式浏览世界各地当天的报纸，查阅各地图书馆的图书，办公，受教育，收看电视，欣赏音乐，购物，看病，发布广告新闻，发送电子邮件，聊天等。

（8）模式识别。模式识别是计算机在模拟人的智能方面的一种应用。例如，根据频谱分析的原理，利用计算机对人的声音进行分解、合成，使机器能辨识各种语音，或合成并发出类似人的声音。又如，利用计算机来识别各类图像甚至人的指纹等。

2. 计算机的发展趋势

与计算机应用领域的不断拓宽相适应，计算机的应用发展趋势也从单一化向多元化转变，计算机的发展表现为巨型化、微型化、多媒体化、网络化和智能化五种趋势。

（1）巨型化。巨型化是指发展高速、大存储容量和强功能的超大型计算机。这既是诸如天文、气象、宇航、核反应等尖端科学以及进一步探索新兴科学，诸如基因工程、生物工程的需要，也是为了能让计算机具有人脑学习、推理的复杂功能。

（2）微型化。因大规模、超大规模集成电路的出现，计算机微型化迅速。因为微型机可渗透到诸如仪表、家用电器、导弹弹头等中小型机无法进入的领地。当前微型机的标志是运算部件和控制部件集成在一起，今后将逐步发展到对存储器、通道处理机、高速运算部件、图形卡、声卡的集成，进一步将系统的软件固化，达到整个微型机系统的集成。

（3）多媒体化。多媒体是“以数字技术为核心的图像、声音与计算机、通信等融为一体的信息环境”的总称。多媒体技术的目标是：无论在什么地方，只需要简单的设备就能自由自在地以交互和对话方式收发所需要的信息。多媒体技术的实质就是让人们利用计算机以更接近自然方式交换信息。

（4）网络化。计算机网络是计算机技术发展中崛起的又一重要分支，是现代通信技术与计算机技术结合的产物。所谓计算机网络，就是在一定的地理区域内，将分布在不同地点的不同机型的计算机和专门的外部设备用通信线路互联起来，组成一个规模大、功能强的网络系统，实现互通信息、共享资源。

（5）智能化。智能化是建立在现代化科学基础之上、综合性很强的边缘学科。它是让计算机来模拟人的感觉、行为、思维过程的机理，使计算机具备视觉、听觉、语言、行为、思维、逻辑推理、学习、证明等能力，形成智能型、超智能型计算机。

计算机正日益渗透到社会的各个角落，改变着人们的生活方式及观察世界的方式，并成为人们时刻不能离开的工具和帮手。

1.2　计算机系统的组成

一个完整的计算机系统由两大部分组成：计算机硬件系统和软件系统。硬件是实实在在的物体，是计算机工作的基础。指挥计算机工作的各种程序的集合称为计算机软件系统，是计算机的灵魂，是控制和操作计算机工作的核心。没有软件的计算机称为裸机，是一堆废物，不能使用。没有硬件对软件的物质支持，软件的功能则无从谈起。所以，把计算机系统当作一个整体来看，它既包括硬件，也包括软件，两者不可分割，硬件和软件相互结合才能充分发挥电子计算机系统的功能。

1.2.1　计算机硬件系统

计算机硬件（Hardware）指的是计算机系统中由电子、机械和光电元件组成的各种计算机部件和设备，是组成计算机的物理实体，它提供了计算机工作的物质基础。

虽然目前计算机的种类很多，其制造技术发生了极大的变化，但在基本的硬件结构方面，一直沿袭着冯•诺依曼的体系结构。按照该体系结构，计算机硬件系统基本结构模式由运算器、控制器、存储器、输入设备和输出设备五个功能部分组成。

计算机五大组成部分的功能：

①控制器（Control Unit）。控制器的功能是产生各种控制信号，控制计算机各个功能部件协调一致地工作。控制器是计算机的神经中枢和指挥中心，计算机由控制器控制其全部动作。

②运算器（Arithmetic Unit）。运算器的功能是对数据进行加工和处理（主要功能是对二进制编码进行算术运算和逻辑运算），是计算机的核心部件。它主要由一系列的寄存器、加法器、移位器和控制电路组成。

③存储器（Memory Unit）。存储器是具有记忆能力的部件，其功能是用来存储以内部形式表示的各种信息，用来保存数据和程序。

④输入设备（Input Device）。输入设备的功能是将要加工处理的外部信息转换为计算机能够识别和处理的内部形式，以便于处理；输入设备是人与计算机系统进行交互的工具，它将程序和数据的信息转换成相应的电信号，让计算机能识别和接收，即将程序和数据输入到计算机。

⑤输出设备（Output Device）。输出设备的功能是将信息从计算机的内部形式转换为使用者所要求的形式，以便能为人们识别或被其他设备所接收；输出设备也是人与计算机交互的工具，它将计算机内部信息传递出来，即将计算机结果输出。

1.2.2 计算机软件系统

软件是整个计算机系统中的重要组成部分。软件（Software）是指计算机程序和相关文档的集合，是计算机的灵魂，它包括指挥控制计算机各部分协调工作并完成各种功能的程序和各种数据，是对硬件功能的扩充。一个性能优良的计算机硬件系统能否发挥其应有的功能，很大程度上取决于所配置的软件是否完善和丰富。软件不仅提高了机器的效率、扩展了硬件功能，也方便了用户使用。

计算机程序指为了得到某种结果而可以由计算机等具有信息处理能力的装置执行的代码化指令序列。

文档指用自然语言或者形式化语言所编写的用来描述程序的内容、组成、设计、功能规格、开发情况、测试结构和使用方法的文字资料和图表。

文档与程序的关系：文档不同于程序，程序是为了装入机器以控制计算机硬件的动作，实现某种过程，得到某种结果而编制的；而文档是供有关人员阅读的，通过文档人们可以清楚地了解程序的功能、结构、运行环境、使用方法，更便于人们使用软件、维护软件。因此在软件概念中，程序和文档是一个软件不可分割的两个方面。

软件内容丰富、种类繁多，通常根据软件用途可将其分为系统软件和应用软件两类。

（1）系统软件。系统软件是对计算机的软硬件资源进行控制和管理，提高计算机系统的使用效率，从而方便用户使用的各种通用软件。常用的系统软件有操作系统、程序设计语言以及语言处理系统、数据库管理系统、连接和各种诊断系统等。

（2）应用软件。应用软件是在系统软件下二次开发的、为解决各类专业和实际问题而编制的应用程序或用户程序。从使用角度看用户并不能直接对硬件进行操作，而是通过应用软件对计算机进行操作。而应用软件也不能直接对硬件进行操作，而是通过系统软件对硬件进行操作。常用的应用软件有文字处理软件、表格处理软件、图像处理软件、统计分析软件等。

1.2.3 计算机系统的组成结构

计算机系统的组成结构如图 1-1 所示。

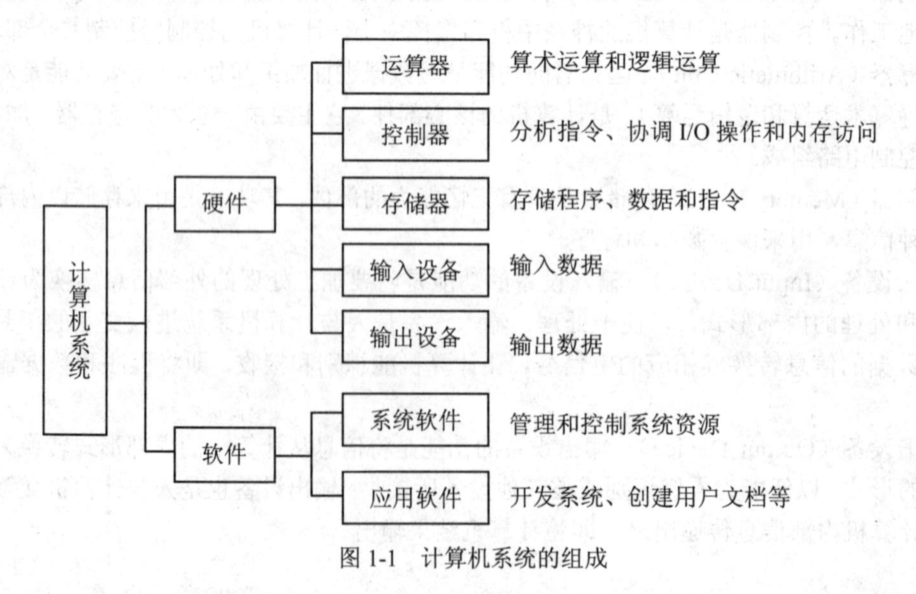

图 1-1 计算机系统的组成

1.2.4 计算机系统的层次结构

作为一个完整的计算机系统，硬件和软件是按一定的层次关系组织起来的。最内层是硬件，然后是软件中的操作系统，而操作系统的外层为其他软件，最外层是用户程序。所以说，操作系统是直接管理和控制硬件的系统软件，自身又是系统软件的核心，同时也是用户与计算机打交道的桥梁——接口软件。

操作系统向下控制硬件，向上支持其他软件，即所有其他软件都必须在操作系统的支持下才能运行。也就是说，操作系统最终把用户与物理机器隔开了，凡是对计算机的操作一律转化为对操作系统的使用，所以用户使用计算机变成了使用操作系统。这种层次关系为软件开发、扩充和使用提供了强有力的手段。

计算机系统的层次结构如图 1-2 所示。

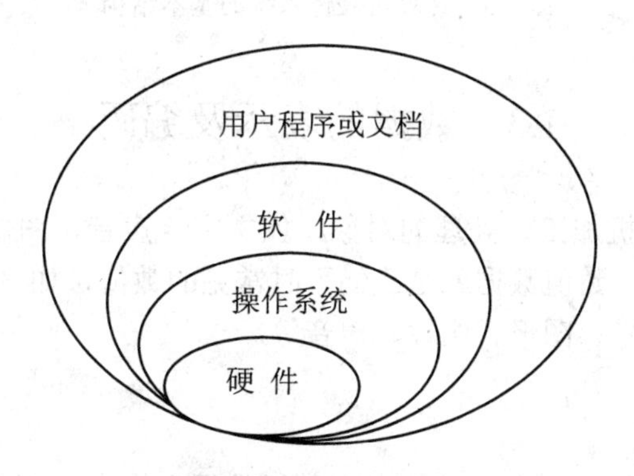

图 1-2 计算机系统的层次结构

1.2.5 计算机的基本工作原理

存储程序原理是指把程序存储在内存储器中，使计算机能像快速存取存储单元的数据一样，能快速存取组成程序的指令。这一概念是由著名的数学家、现代电子计算机的奠基人之一冯・诺依曼（Von Neumann）在发表于 1945 年的一篇报告中首次提出。他提出采用“二进制”表示数据和指令，并提出“程序存储”的概念。

冯・诺依曼提出的计算机新方案指出：

①为了使计算机自动地连续工作，必须预先将构成程序的一系列指令和数据送入具有存储能力的电子部件上。

②在程序开始执行时，计算机应能知道第一条指令的存放地址。

③在执行完一条指令之后，又能自动取下一条指令执行。

④指令和数据均以二进制存储。

⑤计算机至少应由五个部件组成：控制器、运算器、存储器、输入设备、输出设备。

该方案简化了计算机结构，提高了计算机自动化程度和运算速度，这一思想被称为存储程序原理，按这一原理设计的计算机称作冯・诺依曼体系结构的计算机。计算机硬件系统结构以及工作原理如图 1-3 所示。

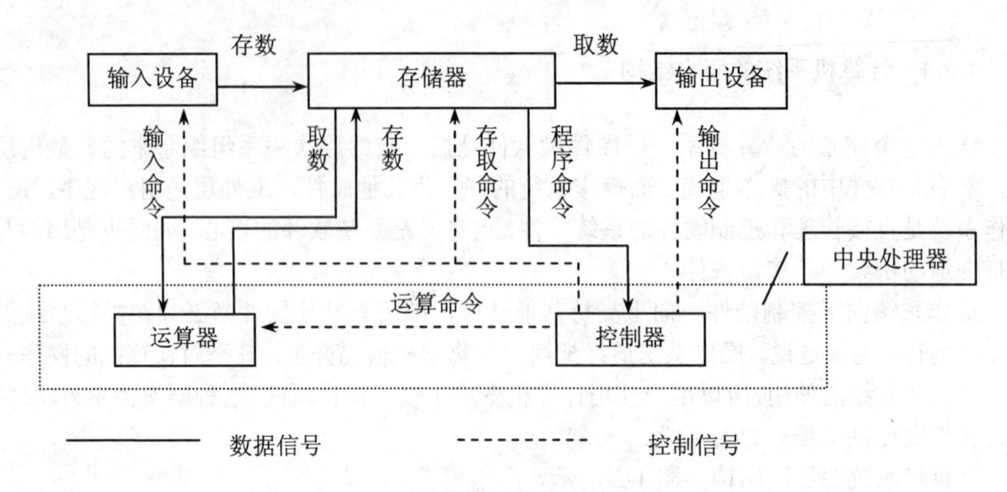

图 1-3 计算机硬件系统的基本结构

1.3 数据的表示及编码

数据是指可以被计算机加工、处理的对象，如文字、声音、图像等。数据可以分为数值数据和非数值数据两大类。数值数据就是我们平时常见的数值，如 30、28.6 等；非数值数据包括字母、汉字、各种符号、图形、图像、声音等。

1.3.1 数据的表示

在冯·诺依曼型计算机中，所有的信息（包括数据和指令）都是采用二进制编码。即不论是数值型（numeric）还是非数值型（non-numeric），诸如数字、文字、符号、图形、图像、声音、色彩和动画等信息，必须转换成二进制数编码形式。

在二进制系统中只有两个数：0 和 1。在计算机内部，数据的存储、计算和处理都采用二进制计数。采用二进制表示数据有以下优点：

（1）可行性。若用十进制数，需要 0，1，…，9 等不同的 10 个基数，用电子技术实现这 10 种状态就很困难。而用二进制数，则只需 0、1 两个基数，表示两个状态，这在物理技术上的实现最为容易，因为具有这两种稳定状态的物理元器件很多，如门电路的导通和截止、电压的高和低、点灯的开与关等。

（2）可靠性。因二进制数只要两个状态，数字转移和处理干扰能力强，不易出错，这样计算机工作（鉴别信息）的可靠性就高。

（3）简易性。数学推导证明，对 R 进制数进行算术求和、求积运算，其运算规则为 R(R+1)/2 种，二进制的加法、减法法则都只有三个。二进制数运算法则简单，运算法则少，使计算机运算器物理器件的设计大大简化，控制也随之简化。

（4）通用性。由于二进制数只要 0，1 两个数码，正好与逻辑代数中的“假”和“真”相对应，这就是在计算机中使用二进制的逻辑性，从而为计算机实现逻辑运算和逻辑判断提供了方便。

虽然计算机内部均采用二进制数来表示各种数据信息，但计算机与外部交往仍然采用人们熟悉和便于阅读的形式，如十进制数据、文字显示以及图形描述等。它们之间的转换，则由计算机系统的硬件和软件来实现。

1.3.2 数据在计算机中的存储方式

数据有数值型和非数值型两类，这些数据在计算机中都是采用二进制的形式进行存储、运算、处理和传输。一串二进制数既可表示数量值，也可表示一个字符、汉字或其他。一串二进制数代表的数据不同，含义也不同。那么，在进行数据处理时，这些数据在计算机的存储设备中是如何进行组织存储的？

1. 数据单位

位（bit）：表示二进制中的一位，是计算机存储设备的最小单位。一个二进制位只能表示2^1种状态，即只能存放二进制数“0”或“1”。

计算机采用二进制，运算器运算的是二进制数，控制器发出的各种指令也表示成二进制数，存储器中存放的数据和程序也是二进制数，在网络上进行数据通信时发送和接收的还是二进制数。显然，在计算机内部到处都是由0和1组成的数据流，故计算机中最小的数据单位是二进制的一个数位。

（1）字节（Byte，B）：一个字节由8个二进制位组成，即1B=8bit，如图所示。字节是计算机处理数据的基本单位，即以字节为单位解释信息。各种信息在计算机中存储、处理至少需要一个字节。例如，一个英文字母占用1个字节；一个汉字占用2个字节；整数占2个字节等。

（2）字（word）：在计算机处理数据时，一次存取、处理和传输的数据长度称为字，即一组二进制数作为一个整体来参加运算或处理的单位。一个字通常由一个或多个字节构成，用来存放一条指令或一个数据。

（3）字长：一个字中所包含的二进制位数的多少称为字长。不同的计算机，字长是不同的，常用的字长有16位、32位和64位等，也就是经常说的16位机、32位机或64位机。例如，一台计算机如果用64个二进制位表示一个字，就说该机是64位机。字长是衡量计算机性能的一个重要标志。字长值越大（越长），速度也就越快、精度越高、性能越好。

注意：字与字长的区别在于字是单位，而字长是指标，指标需要用单位衡量。就像生活中重量与公斤的关系，公斤是单位，重量是指标，重量需要用公斤加以衡量。

位、字节和字长之间的关系如图1-4所示。

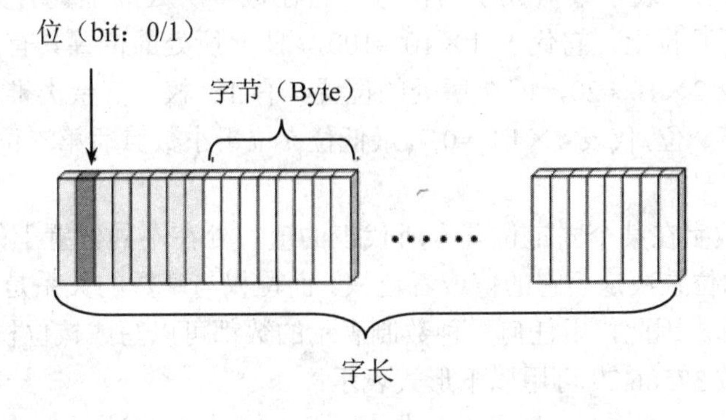

图1-4 位、字节和字长之间的关系

2. 数据存储

信息存储在存储设备中，无论哪一种存储设备，存储设备的最小单位是“位”，存储信息的单位是字节，也就是说按字节组织存放数据。

（1）存储单元。表示一个数据的总长度称为计算机的存储单元。在计算机中，当一个数据作为一个整体存入或取出时，这个数据存放在一个或几个字节组成的一个存储单元中。存储单元的特点是，只有往存储单元输入新数据时，该存储单元的内容用新值代替旧值，否则永远保持原有数据。

（2）存储容量。某个存储设备所能容纳的二进制信息量的总和称为存储设备的存储容量。存储容量用字节数来表示，常用的表示存储容量的单位还有：千字节（KB）、兆字节（MB）以及十亿字节（GB）等，它们之间存在下列换算关系：

1KB=1024B（字节），“K”读“千”；

1MB=1024KB（字节），“M”读“兆”；

1GB=1024MB（字节），“G”读“吉”；

1TB=1024GB（字节），“T”读“太”。

（3）编址与地址。每个存储设备都是由一系列存储单元组成的，为了对存储设备进行有效的管理，区别存储设备中的存储单元，就需要对各个存储单元编号。对计算机存储单元编号的过程称为“编址”，是以字节为单位进行的，而存储单元的编号称为地址。地址号与存储单元是一一对应的，CPU 通过单元地址访问存储单元中的信息。

1.3.3 数制

按进位的原则进行计数，称为进位计数制，简称“数制”。在日常生活中经常要用到数制，除了十进制计数以外，还有许多非十进制的计数方法。例如，60 分钟为 1 小时，用的是六十进制计数法；1 星期有 7 天，是七进制计数法；1 年有 12 个月，是十二进制计数法。在计算机系统中采用二进制，其主要原因是由于使用二进制可以使电路设计简单、运算简单、工作可靠和逻辑性强。

不论是哪一种数制，其计数和运算都有共同的规律和特点。

（1）逢 N 进一。N 是指数制中所需要的数字字符的总个数，称为基数。例如，十进制数用 0、1、2、3、4、5、6、7、8、9 等 10 个不同的符号来表示数值，这个 10 就是数字字符的总个数，也是十进制的基数，表示逢十进一。

（2）位权表示法。表示数值大小的符号与它在数中所处的位置有关。例如，十进制数 123.45，符号 1 位于百位上，它代表 $1\times10^2=100$，即 1 所处的位置具有 10^2 权（即位权）；2 位于十位上，它代表 $2\times10^1=20$，即 2 所处的位置具有 10^1 权；其余类推，3 代表 $3\times10^0=3$，而 4 位于小数点后第一位，代表 $4\times10^{-1}=0.4$，最低位 5 位于小数点后第二位，代表 $5\times10^{-2}=0.05$，如此等等。

位权是指一个数字在某个固定位置上所代表的值，处在不同位置上的数字符号所代表的值不同，每个数字的位置决定了它的值或者位权。而位权与基数的关系是：各进位制中位权的值是基数的若干次幂。因此，用任何一种数制表示的数都可以写成按位权展开的多项式之和。

例如：十进制数 37586.29 可用以下形式表示：

$(37586.29)_{10}=3\times10^4+7\times10^3+5\times10^2+8\times10^1+6\times10^0+2\times10^{-1}+9\times10^{-2}$

小数点左边（整数部分）：从右向左，每一位对应权值分别为 10^0、10^1、10^2、10^3、10^4、……、10^n。小数点右边（小数部分）：从左向右，每一位对应的权值分别为 10^{-1}、10^{-2}、……、10^{-m}。

一般而言，对于任意的 R 进制数：

$a_{n-1}a_{n-2}\ldots a_1a_0.a_{-1}\ldots a_{-m}$ （其中 n 为整数位数，m 为小数位数）

可以表示为以下和式：

$a_{n-1}\times R^{n-1}+a_{n-2}\times R^{n-2}+\ldots+a_1\times R^1+a_0\times R^0+a_{-1}\times R^{-1}+\ldots+a_{-m}\times R^{-m}$ （其中 R 为基数）

1．常用的数制

在计算机中常用的计数制有十进制、二进制、八进制、十六进制，一般在数字后面用特定字母表示该数所对应的进制。表 1-2 列出了常用数制及其特点。

表 1-2 常用数制及其特点

数制	基数	数字符号	进位规则
十进制	10	0，1，2，3，4，5，6，7，8，9	逢十进一
二进制	2	0，1	逢二进一
八进制	8	0，1，2，3，4，5，6，7	逢八进一
十六进制	16	0,1,2,3,4,5,6,7,8,9,A,B,C,D,E,F	逢十六进一

常用数制的书写规则：

①字母后缀。

二进制：用 B（Binary）表示。

八进制：用 O（Octonary）表示。为了避免与数字 0 混淆，字母 O 常用 Q 代替。

十进制：用 D（Decimal）表示。十进制数的后缀一般可以省略。

十六进制：用 H（Hexadecimal）表示。

例如：10011B、2316O（或 2316Q）、8798（或 8798D）、1C37FH。

②括号加下标。

例如：$(10011)_2$、$(2316)_8$、$(8798)_{10}$、$(1C37F)_{16}$ 分别表示二进制数、八进制数、十进制数和十六进制数。

2．数制间的转换

将数由一种数制转换成另一种数制称为数制间的转换。由于计算机采用二进制，但用计算机解决实际问题时对数值的输入输出通常使用十进制，这就有一个十进制向二进制转换或由二进制向十进制转换的过程。也就是说，在使用计算机进行数据处理时首先必须把输入的十进制数转换成计算机所能接受的二进制数；计算机在运行结束后，再把二进制数转换为人们所习惯的十进制数输出。这两个转换过程完全由计算机系统自动完成，不需人们参与。

3．常用数制的对应关系

常用数制的对应关系如表 1-3 所示。

表 1-3 常用数制对应关系

十进制	二进制	八进制	十六进制
0	0	0	0
1	1	1	1
2	10	2	2
3	11	3	3
4	100	4	4

续表

十进制	二进制	八进制	十六进制
5	101	5	5
6	110	6	6
7	111	7	7
8	1000	10	8
9	1001	11	9
10	1010	12	A
11	1011	13	B
12	1100	14	C
13	1101	15	D
14	1110	16	E
15	1111	17	F
16	10000	20	10
…	…	…	…

1.3.4 编码

所谓编码是指对输入到计算机中的各种非数值型数据用二进制数进行编码的方式。计算机只能识别 1 和 0，所以能被计算机加以处理的数字、字母、符号等都要以二进制数码的组合形式来代表，这些规定的形式就是数据的编码。

对于不同机器、不同类型的数据其编码方式是不同的，编码的方法也很多。为了使信息的表示、交换、存储或加工处理方便，在计算机系统中通常采用统一的编码方式，因此制定了编码的国家标准或国际标准，如 ASCII 码和汉字编码等。

1. ASCII 码

在计算机中，要为每个字符指定一个确定的编码，作为识别与使用这些字符的依据，它们必须按规定好的二进制码来表示，计算机才能处理。

ASCII 码（American Standard Code for Information Interchange，美国标准信息交换码），在计算机界，尤其是在微型计算机中得到了广泛使用。ASCII 码已被世界公认，并在全世界范围内通用。

标准的 ASCII 码采用七位二进制位编码，共可表示 2^7=128 个字符，见表 1-4。前 32 个码和最后一个码通常是计算机系统专用的，代表一个不可见的控制字符。数字字符 0~9 的 ASCII 码是连续的，从 30H~39H（H 表示是十六进制数）；大写字母 A~Z 和小写英文字母 a~z 的 ASCII 码也是连续的，分别从 41H 到 5AH 和从 61H 到 7AH。因此在知道一个字母或数字的 ASCII 码后，很容易推算出其他字母和数字的编码。

例如：大写字母 A，其 ASCII 码为 1000001，即 ASC(A)=65

小写字母 a，其 ASCII 码为 1100001，即 ASC(a)=97

可推得 ASC(D)=68，ASC(d)=100。

表 1-4　7 位 ASCII 码表

键名 高三位		0	1	2	3	4	5	6	7
低四位		000	001	010	011	100	101	110	111
0	0000	NUL	DEL	SP	0	@	P	`	p
1	0001	SOH	DC1	!	1	A	Q	a	q
2	0010	STX	DC2	"	2	B	R	b	r
3	0011	ETX	DC3	#	3	C	S	c	s
4	0100	EOT	DC4	$	4	D	T	d	t
5	0101	ENQ	NAK	%	5	E	U	e	u
6	0110	ACK	SYN	&	6	F	V	f	v
7	0111	BEL	ETB	'	7	G	W	g	w
8	1000	BS	CAN	(	8	H	X	h	x
9	1001	HT	EM	)	9	I	Y	i	y
A	1010	LF	SUB	*	:	J	Z	j	z
B	1011	VT	ESC	+	;	K	[	k	{
C	1100	FF	FS	,	<	L	\	l	|
D	1101	CR	GS	-	=	M	]	m	}
E	1110	SO	RS	.	>	N	^	n	~
F	1111	SI	US	/	?	O	_	o	DEL

由于 ASCII 码采用七位二进制位编码，而计算机中常以 8 个二进制位即一个字节为单位存储信息，因此将 ASCII 码的最高位取 0。

A=	0	1	0	0	0	0	0	1

2. 汉字编码

计算机在处理汉字信息时也要将其转化为二进制码，这就需要对汉字进行编码。通常汉字有国标码和机内码两种编码。

（1）国标码。计算机处理汉字所用的编码标准是我国于 1980 年颁布的国家标准 GB 2312-80，即《中华人民共和国国家标准信息交换汉字编码》，简称国标码。国标码的主要用途是作为汉字信息交换码使用。

国标码与 ASCII 码属同一制式，可以认为它是扩展的 ASCII 码。在 7 位 ASCII 码中可以表示 128 个信息，其中字符代码有 94 个。国标码是以 94 个字符代码为基础，其中任何两个代码组成一个汉字交换码，即由两个字节表示一个汉字字符。第一个字节称为“区”，第二个字节称为“位”。这样，该字符集共有 94 个区，每个区有 94 个位，最多可以组成 94×94=8836 个字。

国标码本身也是一种汉字输入码，由区号和位号共 4 位十进制数组成，通常称为区位码输入法。例如，汉字“啊”的区位码是“1601”，即在 16 区的第 01 位。

区位码最大的特点就是没有重码，虽然不是一种常用的输入方式，但对于其他输入方法难以找到的汉字，通过区位码却很容易得到，但需要一张区位码表与之对应。

例如，汉字“丰”的区位码是“2365”。

（2）机内码。机内码一般都采用变形的国标码。所谓变形的国标码是国标码的另一种表示形式，即将每个字节的最高位置1。这种形式避免了国标码与ASCII码的二义性，通过最高位来区别是ASCII码字符还是汉字字符，如图1-5所示。

b_7	b_6	b_5	b_4	b_3	b_2	b_1	b_0	b_7	b_6	b_5	b_4	b_3	b_2	b_1	b_0
1	×	×	×	×	×	×	×	1	×	×	×	×	×	×	×

图1-5 机内码格式

由于汉字具有特殊性，计算机处理汉字信息时，汉字的输入、存储、处理及输出过程中所使用的汉字代码不相同，所以汉字处理中需要经过汉字输入码、汉字机内码、汉字字形码的三码转换。

输入码：汉字的输入。键盘上无汉字，不能直接与键盘上的键位对应，需要一种方法实现汉字的输入。

机内码：汉字在计算机中的存储。为了便于汉字的查找、处理、传输以及通用性，需要统一的方式来表示汉字。

字型码：汉字的输出。汉字数量多，字型变化复杂，为了便于输出，需要用对应的字库来存储汉字的字型。

1.4 信息与信息技术

信息作为一种社会资源自古就有，只是利用的能力和水平很低而已。人类社会已经从以资源经济为主的农业社会和以资本经济为主的工业社会发展到了今天以信息资源的利用占主导地位的知识经济的信息社会。如今，能源、材料与信息已成为社会发展的三大支柱。

在信息社会中，信息的概念和信息技术是必须学习的基础知识。了解信息的概念、特征及重要作用，了解信息技术及其发展和计算机在信息技术中的重要地位，掌握计算机文化的内涵是十分重要的。

1.4.1 信息及其特点

信息同物质和能源一样，是人们赖以生存与发展的重要资源。人类通过信息认识各种事物，借助信息的交流沟通人与人之间的联系，互相协作，从而推动社会前进，信息资源能被利用来扩展人类的智力能力。

信息是人类的一切生存活动和自然存在所传达出来的信号和消息。在现实世界中，人们每时每刻都离不开信息，人们通过信息相互交流沟通。人类通过信息认识各种事物，借助信息的交流沟通人与人之间的联系，互相协作，从而推动社会前进。

1. 信息

广义地说，信息就是人类的一切生存活动和自然存在所传达出来的信号和消息。信息是用数据作为载体来描述和表示的客观现象。数据经过处理后仍然是数据，处理数据是为了便于更好地解释。只有经过解释（或加工），数据才有意义，才成为信息。可以说信息是经过加工并对客观世界产生影响的数据。

数据是信息的载体，是信息的表示形式，是形成信息的基础，也是信息的组成部分。没有数据，就没有信息。信息则是数据所表达的含义，是人们通过对数据的分析于理解所得到的。例如有个数是 60，这是一个数据，但是如果这是某个同学的考试成绩，那么这“60”就成了信息，它反映了该同学的学习情况；又比如我们可以把各班级学生的考试成绩数据输入计算机，通过加工处理得到各班级的平均分、总分等，成为反映各个班级学习状况有用的信息。

数据只有经过处理、建立相互关系并给予明确的意义后才形成信息。要使数据提升为信息，需要对其进行采集与选择、组织与整序、压缩与提炼、归类与导航；而将信息提升为知识，还需要根据用户的实际需求，对信息内容进行提炼、比较、挖掘、分析、概括、判断和推论。

2. 信息的主要特征

信息的主要特征有以下几个方面：

（1）社会性。与物质、能源在其原始状态就可以被应用不同，信息只有经过人类加工、取舍、组合，并通过一定的形式表现出来才真正具有使用价值。因此，真正意义上的信息离不开社会。

（2）传载性。信息本身只是一些抽象符号，如果不借助于媒介载体，我们对于信息是看不见摸不着的。一方面，信息的传递必须借助于语言、文字、声音、图像、磁盘等物质形式的媒介，才能表现，才能被人接受，并按照既定目标进行处理和存储；另一方面，信息借助媒介的传递又是不受时间和空间限制的，这意味着人们能够突破时间和空间的界限，对不同地域、不同时间的信息加以选择，增加利用信息的可能性。信息在空间中的传递被称之为通信，信息在时间上的传递被称之为存储。而且信息源发出信息后，其自身的信息量并没有减少。

（3）不灭性。信息并不因为被使用而消失。信息可以被广泛使用、多重使用，这也导致其传播的广泛性。当然信息的载体可能在使用中被磨损而逐渐失效，但信息本身并不因此而消失，它可以被大量复制、长期保存、重复使用。

（4）共享性。信息作为一种资源，不同个体或群体在同一时间或不同时间可以共同享用，这是信息与物质的显著区别。信息交流与实物交流有本质的区别。实物交流，一方有所得，必使另一方有所失。而信息交流不会因一方拥有而使另一方失去拥有的可能，也不会因使用次数的累加而损耗信息的内容。信息可共享的特点，使信息资源能够发挥最大的效用。

（5）时效性。信息是对事物存在方式和运动状态的反映，如果不能反映事物的最新变化状态，它的效用就会降低。即信息一经生成，其反映的内容越新，它的价值越大；时间延长，价值随之减小。信息使用价值还取决于使用者的需求及其对信息的理解、认识和利用的能力。

（6）能动性。信息的产生、存在和流通，依赖于物质和能量，没有物质和能量就没有信息。但信息在与物质、能量的关系中并非是消极、被动的，它具有巨大的能动作用，可以控制或支配物质和能量的流动，并对改变其价值产生影响。

（7）可处理性。信息是可以加工处理的。它可以压缩、存储、有序化，也可以转换形态。在流通使用过程中，经过综合、分析等处理，原有信息可以实现增值，可以更有效地服务于不同的人群或不同的领域。例如，“职工登记表”包括以下内容：

职工的基本情况，如编号、姓名、性别、出生日期、民族、家庭住址、邮编等；职工简历，如主要工作经历、家庭主要成员等；身体状态，如身高、体重、视力、病史等。

这些信息经过选择、重组、分析、统计可以分别为档案室、图书馆、医疗处、人事处以及财务处等使用。

1.4.2 信息技术

信息技术包括信息的采集、传递、处理等技术。

1. 信息感测技术

感测技术包括传感技术和测量技术。人类用眼、耳、鼻、舌、身等感觉器官捕获信息。目前，科学家已经研制出许多应用现代感测技术的装置，不仅能代替人的感觉器官捕获各种信息，而且能捕获人的感觉器官不能感知的信息。同时，通过现代感测技术捕获的信息常常是精确的数字化数据，便于电子计算机处理。

2. 信息通信技术

信息只有通过交流才能发挥效益，信息的交流直接影响着人类的生活和社会的发展。人们使用电报、电话、电视、广播等通信手段传递信息。20 世纪以来，微波、光缆、卫星、计算机网络等通信技术得到迅猛发展，手持移动通信装置正以惊人的速度普及。“任何人可以在任何时间任何地方同任何人通信”的时代已经离人们不远了。

3. 信息处理技术

电子计算机是信息处理机，它是人脑功能的延伸，能帮助人更好地存储信息、检索信息、加工信息和再生信息。此外，一般认为，信息技术包括控制技术。控制技术的功能是根据指令信息对外部事物的运动状态和方式实施控制。

1.4.3 信息社会

信息社会是以信息活动为社会发展的基本活动，以信息技术为技术基础，以信息经济为主导经济，以信息产业为主导产业，以信息文化改变人类教育、生活和工作方式以及价值观念的新型社会形态。

1. 信息产业

信息产业是建立在信息科学和高、精、尖技术基础之上的产业，信息技术的发展不仅为信息产业部门开发高附加值的信息和开展经济、可靠、快捷、方便的信息服务提供了技术保障，而且其本身也是信息市场的交易对象，包括微电子、计算机、网络通信、多媒体技术的产业化。

信息产业的主要技术和产品范围包括：

①多媒体技术，其中包括多媒体计算机技术、PC 技术、液晶等高清晰度显示技术等。

②数据存储和处理技术，其中包括超巨型和超微型计算机技术、语言识别和神经网络等智能计算机技术、分子电子技术、计算机免疫系统技术等。

③传输技术，包括光纤和卫星等通讯技术、数字声像技术、各种调制和解调技术、各种传感器技术、交互式网络技术等。

2. 信息经济

信息经济（或称知识经济）就是在充分知识化的社会中以信息智力资源的占有、投入和配置，知识产品的生产、分配（传播）和消费（使用）为最重要因素的经济。信息经济与工业社会的资本经济相比，除前者依赖于知识的程度高于后者以及知识在经济增长中的作用和价值大于后者外，最本质的不同是信息和知识本身已成为知识经济中的一种最积极、最重要的投入要素。

1.4.4　信息素养以及大学生信息素养的基本要求

信息素养概念是从图书检索技能演变发展而来的。传统的检索技能包含很多实用的、经典的文献资料查找方法。计算机、网络的发展使这种能力同当代信息技术结合，成为信息时代每个公民需要具备的基本素养，这引起了世界各国教育界的高度重视。

1. 信息素养

信息素养是人能够判断确定何时需要信息，并且能够对信息进行检索、评价和有效利用的能力。信息素养主要由信息知识、信息能力以及信息意识与信息伦理道德三部分组成。

（1）信息知识。信息知识是指一切与信息有关的理论、知识和方法。信息知识是信息素养的重要组成部分，一般包括：

①传统文化素养。信息素养是传统文化素养的延伸和拓展。传统文化素养包括读、写、算的能力。在信息时代，必须具备快速阅读的能力，这样才能在各种各样、成千上万的信息中有效地获取有价值的信息。

②信息的基本知识。包括信息的理论知识，对信息、信息化的性质、信息化社会及其对人类影响的认识和理解，信息的方法与原则（如信息分析综合法、系统整体优化法等）。

③现代信息技术知识。包括信息技术的原理（如计算机原理、网络原理等），信息技术的作用，信息技术的发展史及其未来等。

④外语，尤其是英语。信息社会是全球性的，在互联网上有 80%以上的信息是英文，此外还有其他语种。要相互沟通，就要了解国外的信息；想要表达我们的思想观念，就应掌握一两门外语，以适应国际文化交流的需要。

（2）信息能力。信息能力是指人们有效地利用信息设备和信息资源获取信息、加工处理信息以及创造新信息的能力。这也就是终身学习的能力，即信息时代重要的生存能力。它主要包括：

①信息工具的使用能力。包括使用文字处理工具、浏览器和搜索引擎工具、网页制作工具、电子邮件等。

②获取识别信息的能力。它是个体根据自己特定的目的和要求，从外界信息载体中提取自己所需要的有用的信息能力。在信息时代，人们生活在信息的海洋中，面临无数信息的选择，需要有批判性的思维能力，根据自己的需要选择有价值的信息。

③加工处理信息的能力。个体从特定的目的和新的需求角度，对所获得的信息进行整理、鉴别、筛选、重组，提高信息使用价值的能力。

④创造、传递新信息的能力。获取信息是手段，而不是目的。个体应具有从新角度、深层次对现有信息进行加工处理，从而产生新信息的能力；同时，有了新创造的信息，还应通过各种渠道将其传递给他人，与他人交流、共享，促进更多新知识、新思想的产生。

信息技术犹如一把双刃剑，它在为人们提供极大便利的同时，也对人类产生了各种危害，如信息的滥用、虚假信息和各种信息“垃圾”的泛滥、计算机病毒的肆虐、计算机黑客、网络安全、网络信息的共享与版权等问题，都对人的道德水平、文明程度提出了新的要求。作为信息社会中的现代人，应认识到信息和信息技术的意义及其在社会生活中所起的作用与影响，有信息责任感，抵制信息污染，自觉遵守信息伦理道德和法规，规范自身的各种信息行为，主动参与理想信息社会的创建。

2. 大学生信息素养的基本要求

信息素养不仅是一定阶段的目标，而且是每个社会成员终身追求的目标，是信息时代每个社会成员的基本生存能力。作为信息时代的大学生，应该从以下六个方面不断地提高自己的信息素养：

①高效获取信息的能力。

②熟练、批判性地评价信息的能力（正确与错误、有用与没用）。

③有效地吸收、存储和快速提取信息的能力。

④运用多媒体形式表达信息、创造性地使用信息的能力。

⑤将以上一整套驾驭信息的能力转化为自主地、高效地学习与交流的能力。

⑥学习、培养和提高信息文化环境中公民的道德、情感、法律意识与社会责任。

学会自主学习，学会与不同专业背景的人在交流与协作中学习，学会运用现代教育技术高效地学习，学会在研究和创造中学习，这些学习能力是在信息社会中的基本生存能力。在大学生活中，学生不仅需要掌握好计算机网络知识，更重要的是使用计算机网络知识作为学习资源获取、信息交流、信息表达的工具，掌握更多的专业知识与技能。

第 2 讲 微型计算机系统

本讲的主要内容包括：

- 微型计算机的组成
- 微型计算机的硬件系统
- 微型计算机的软件系统
- 微型计算机的性能指标

人们平时所说的“电脑”的准确称谓应该是微型计算机系统，简称微机，是应用最广泛的一种计算机。其主要特点：体积小、功能强、造价低、使用广泛，所以受到广大用户的青睐。构成一个完整的计算机系统必须要有硬件和软件两部分，微型计算机也是如此。硬件是微机的躯体，软件是微机的灵魂，二者缺一不可。

2.1 微型计算机的硬件系统

微机虽然体积小，却具有许多复杂的功能和很高的性能，因此在系统组成上几乎与大型电子计算机系统没有什么不同。所以，一台微机的硬件系统必须由 5 个部分组成，即运算器、控制器、存储器、输入设备和输出设备。根据微型计算机的特点，通常将硬件分为主机和外部设备两部分，如图 2-1 所示。

2.1.1 主机系统

从外观上看，微型机的基本配置主要有：主机箱、键盘或鼠标、显示器，如图 2-2 所示。主机箱内部又包括硬盘、软盘驱动器、光盘驱动器、电源和微型机的核心部件——主板。下面对微型机的主要功能部件进行介绍。

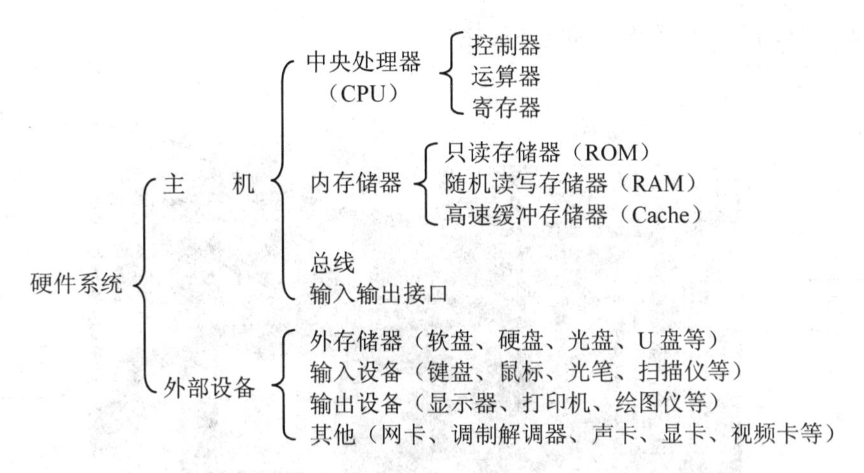

图 2-1 微型计算机的基本组成

图 2-2 微型计算机的基本配置

1. 主板

主板也称系统板，是微机硬件系统集中管理的核心载体。主板上布满了各种电子元件、插槽、接口等。它为 CPU、内存和各种功能卡提供安装插座（槽）；为各种磁、光存储设备、打印和扫描等 I/O 设备提供接口。实际上电脑通过主板将 CPU 等各种器件和外部设备有机地结合起来形成一套完整的系统。主板的主要结构如图 2-3 所示。

主板主要由以下部件构成：

（1）CPU 插座：用于固定连接 CPU 芯片。

（2）内存条与插槽：随着内存扩展板的标准化，主板给内存预留了专用插槽，只要购买所需数量并与主板插槽匹配的内存条，就可实现扩充内存和即插即用。

（3）总线结构：总线就是各种信号线的集合，是计算机各部件之间传送数据、地址和控制信息的公共通路。

（4）功能插卡和扩展槽：系统主板上有一系列的扩展槽，用来连接各种插卡（接口板）。用户可以根据自己的需要在扩展槽上插入各种用途的插卡（如显示卡、声卡、防病毒卡、网卡等），在操作系统支持下实现即插即用。

（5）输入输出接口：是 CPU 与外部设备之间交换信息的连接电路，I/O 接口一般做成电路插卡的形式，所以常把它们称为适配卡。如软硬盘驱动器适配卡、网卡及声卡等。主板上还设置了连接硬盘、软盘驱动器和光盘驱动器的电缆插座，以及连接鼠标器、打印机、绘图仪、调制解调器、移动存储设备等外部设备的接口。

图 2-3　主板

（6）基本输入输出系统 BIOS 及 CMOS：BIOS 实际上是一组存储在 EPROM 中的软件，它被固化在主板上，负责对基本 I/O 系统进行控制和管理。而 CMOS 是一种存储 BIOS 所使用的系统配置的存储器，它分为两部分：一部分存储口令，另一部分存储启动信息。当计算机断电时，其内容由一个电池供电予以保存。用户利用 CMOS 可以对微机的基本参数进行设置。

2. 微处理器（CPU）

微处理器是微型计算机（PC）的核心部件，是微机的心脏，微处理器品质的高低直接决定了计算机系统的性能。

其主要性能指标有字长和主频。主频是微处理器内部时钟晶体振荡频率，是协调同步各部件行动的基准，主频率越高，CPU 运算速度越快。字长越长，CPU 处理数据的能力也就越强。

常用的微处理器有：Intel 公司的微处理器，如图 2-4 所示。

3. 内存储器

在微型机中所使用的主存储器是以“内存条”的形式出现的，如图 2-5 所示。内存条的容量有多种，如 2GB、4GB 等，用户可以根据需要进行选择。内存储器用来暂时存储 CPU 正在使用的指令和数据，它和 CPU 的关系最为密切。

图 2-4　Intel 酷睿 i7

图 2-5　内存条

内存储器的主要技术指标是存储容量，所谓存储器的容量是指存储器中所包含的字节数。一般来说，存储器的容量越大，所能存放的程序和数据就越多，计算机的解题能力也就越强。

内存储器按其工作方式的不同可分为随机存取存储器（RAM）、只读存储器（ROM）。

随机存储器（Random Access Memory，简称 RAM）：既能读又能写数据的存储器，是计算机工作的存储区，一切要执行的程序和数据都要装入该存储器中。主要特点：存储器中的数据可以反复使用；只有向存储器写入新数据时存储器中的内容才被更新；存储器中的信息会随着计算机的断电自然消失。

只读存储器（Read Only Memory，简称 ROM）：只能读数据不能写数据的存储器，由设计者和制造商事先编制好的一些程序固化在里面。特点是：计算机断电后存储器中的数据仍然存在。

4. 高速缓冲存储器

高速缓冲存储器简称 Cache，它的作用是加快 CPU 与 RAM 之间的数据交换速率。Cache 的容量越大，计算机的总体性能越好。现代微机中的 Cache 一般分为两级，并将二级高速缓存集成到 CPU 中，容量通常为 512KB~2MB。

5. 外存储器

外存储器一般用来存储需要长期保存的各种程序和数据。存储在外存储器上的信息不能被 CPU 直接访问，必须先调入内存才能被 CPU 利用。外存与内存相比，外存存储容量比较大，但速度比较慢。常用的外存储器有以下几种：

（1）软盘存储器：软盘存储器包括软盘驱动器、软盘及软盘适配器。软盘则是涂有磁性材料的塑料片，它具有体积小、携带方便、能与硬盘传递信息、价格便宜等优点，但比硬盘传输速率低、容量小。目前微机中使用较多的是 3.5 英寸双面高密度 1.44MB 软盘，结构如图 2-6 所示：

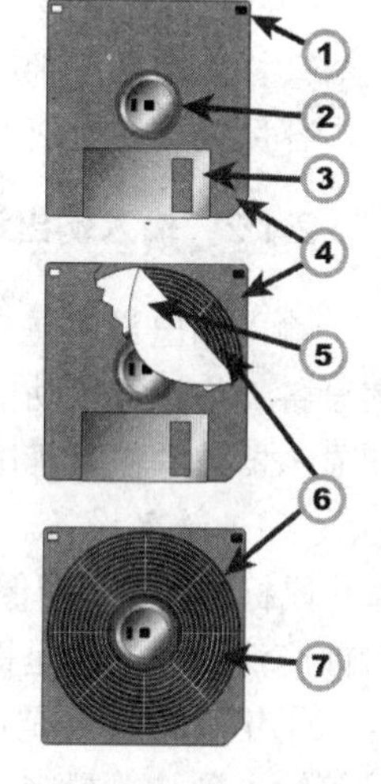

图 2-6 软盘的结构

①写保护开关（开=保护） ②中心轴
③活动挡板 ④塑料外壳
⑤纸环 ⑥盘片
⑦磁道、扇区

软盘在使用之前必须要先格式化，完成这一过程后，磁盘被分成若干个磁道，每个磁道又分为若干个扇区，每个扇区存储 512 个字节。

软盘的存储容量=面数×磁道数×扇区数×扇区字节数。例如，一个 1.44M 的软盘，格式化后有 80 个磁道，每个磁道有 18 个扇区，两面都可以存储数据。软盘的容量：80×18×2×512＝1440K≈1.44M。

（2）硬盘存储器：硬盘存储器（如图 2-7 所示）是最主要的外存储器。硬盘驱动器采用温彻斯特技术（称温盘），即把磁头、盘片及执行机构都密封在一个容器内，与外界环境隔绝。其优点是磁盘容量大、存取速度快、可靠性高、存储成本低等。

为了便于标识和存储，通常将硬盘赋予标号 C，当硬盘用于更多的用途时，可以对其进行逻辑分区，按顺序赋予标号 C，D，E，F……。

（3）光盘存储器：光盘是利用激光照射来记录信息，光盘驱动器再将盘片上的光学信号读取出来。具有高容量、高速度、工作稳定可靠、耐用性强等特点。

（4）移动存储器。随着网络技术、多媒体技术的飞速发展，以及计算机间交换、共享数据的需要令人们对容量的要求越来越高。易操作和方便携带的存储产品，又称移动存储器应运而生。目前此类产品主要又优盘、移动硬盘等。

①优盘（如图 2-8 所示）是一种基于 USB 接口的无需驱动器的微型高容量移动存储设备。主要有：体积小、重量轻、容量大、不需要驱动器、无外接电源、使用简单、即插即用、带电插拔、存取速度快、可靠性好、抗震、防潮、携带方便等优点。

图 2-7 硬盘

图 2-8 优盘

②移动硬盘：采用 USB 接口方式，具有不需要驱动器，无外接电源；使用简单，即插即用，容量大，存取速度快，可靠性好等特点。

2.1.2 输入输出设备

输入输出设备是实现计算机系统于人或其他系统之间进行信息交换的设备。也可以把外部设备看作计算机功能的扩充，每个用户都可以根据自己的需要选择外部设备。而鼠标、键盘和显示器被看作是标准的输入输出设备。常见的外部设备如下：

（1）输入设备。计算机的输入设备按功能可以分为：字符输入设备：键盘；图形输入设备：鼠标、光笔；图像输入设备：摄像机、扫描仪、传真机；模拟输入设备：语音、模数转换。目前广泛使用的还是键盘和鼠标，其次是扫描仪。

①键盘：键盘是计算机中常用的输入设备。通过键盘，可以将英文字母、数字、标点符号等输入到计算机中，从而向计算机发出命令、输入数据等。

键盘由 4 部分组成：

- 主键盘区：与普通英文打字机的键盘类似，可以直接键入英文字符。遇有上下两档符号键位时，通过换档键（Shift）来切换。
- 数字小键盘区：位于键盘右侧，主要便于右手输入数据、左手翻动单据的数据录入员使用。也可通过数字锁定键（Num Lock）对数字和编辑键进行切换。
- 功能键区：在键盘第一行，有 F1～F12 共 12 个功能键，它们在不同的软件中代表不同的功能。
- 编辑键区：位于主键盘与数字小键盘的中间，用于光标定位和编辑操作。

②鼠标：鼠标是利用本身的平面移动来控制显示屏幕上光标移动位置，并向主机输送用户所选信号的一种手持式的常用输入设备。它广泛用于图形用户界面的使用环境中，可以实现良好的人机交互。

③其他输入设备：用于图形图像输入的摄像机、扫描仪、数码照相机等设备；用于声音输入的麦克风、录音机、语音识别系统等设备。

（2）输出设备。输出设备的主要作用是把计算机处理的数据、计算结果等内部信息转换成人们习惯接受的信息形式（如字符、图像、表格、声音等）送出或以其他机器所能接受的形式输出。输出设备的种类也很多，其中显示器、打印机是计算机最基本的输出配置。

①显示器：用于显示电脑输出的各种数据，将电信号转换成可以直接观察到的字符、图形或图像，也称为监视器。它由监视器（Monitor）和显示控制适配器（Adapter，又称显示卡或显卡）两部分组成。目前微机多采用液晶（LCD）显示器。

LCD 显示器的主要性能技术指标有：

像素：是指组成图像的最小单位，也即发光“点”。

分辨率：指屏幕上像素的数目，比如 640×480 的分辨率是说在水平方向上有 640 个像素，在垂直方向上有 480 个像素。分辨率越高，显示的字符图像越清晰。每种显示器均有多种供选择的分辨率模式，能达到较高分辨率的显示器的性能较好。

点距：屏幕上相邻两个同色点（比如两个红色点）的距离称为点距，常见的点距规格有 0.31mm、0.28mm、0.25mm 等。显示器点距越小，在高分辨率下越容易取得清晰的显示效果。

实际上，显示器的显示效果在很大程度上取决于显示卡。显示卡又称显示器适配卡，是体现计算机显示效果的关键设备。早期的显示卡只具有把显示器同主机连接起来的作用，而今天它还能起到处理图形数据、加速图形显示等作用，故有时也称其为图形适配器或图形加速器。

②打印机：打印机的种类和型号很多，一般按成字的方式分为击打式（Impact Printer）和非击打式（Nonimpact Printer）两种。非击打式打印机是靠电磁作用实现打印的，它没有机械动作，分辨率高，打印速度快，有喷墨、激光、热敏、静电等方式的打印机。

点阵打印机：也就是常见的针式打印机，如图 2-9（a）所示。点阵打印机的字符是以点阵的形式构成的。字符是由数根钢针打印出来的，钢针愈细，点阵愈大，点数愈多，像素愈多，分辨率愈高，打印字符就愈清晰、愈美观。特点：打印速度慢（大约每秒能输出 80 个字符），噪声大，但由于便宜、耐用、可打印多种类型纸张等，普遍应用在多种领域。

（a）针式打印机

（b）喷墨打印机

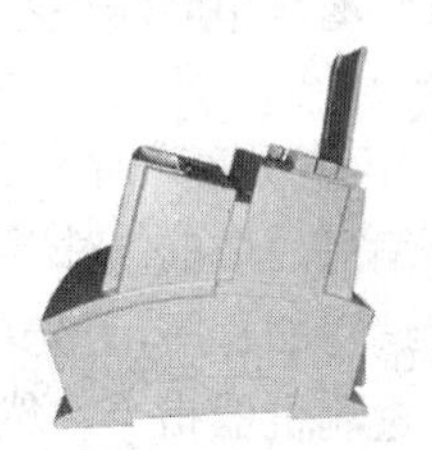

（c）激光打印机

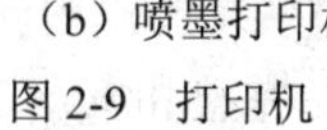

图 2-9 打印机

喷墨打印机：喷墨打印机使用喷墨来代替针打，靠墨水通过精制的喷头喷射到纸面上而形成输出的字符或图形，如图 2-9（b）所示。喷墨打印机价格便宜、体积小、无噪声、打印质量高，但对纸张要求高、墨水的消耗量大。

激光打印机：激光打印机利用激光技术和电子照相技术，使字符或图像印在纸上，如图 2-9（c）所示。激光打印机的特点：分辨率高、速度快，打印出的图形清晰美观，打印时无噪声，但价格高，对纸张要求高。

③其他输出设备有：多媒体输出设备投影仪、绘图仪、音箱、VCD 机等。

2.2 微型计算机的软件系统

软件内容丰富、种类繁多，通常根据软件用途可将其分为系统软件和应用软件两类，这些软件都是用程序设计语言编写的程序，如图 2-10 所示。

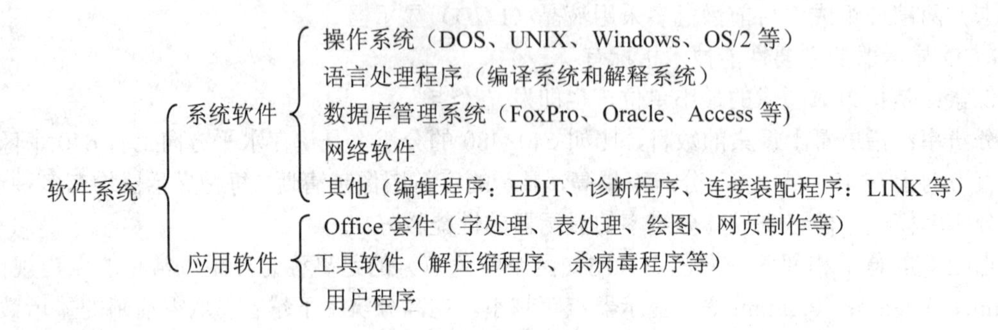

图 2-10 软件系统组成

2.2.1 系统软件

系统软件是指管理、控制和维护计算机系统资源的程序集合，这些资源包括硬件资源与软件资源。系统软件是计算机正常运行不可缺少的，一般由计算机生产厂家或软件开发人员研制。常用的系统软件有：操作系统、各种语言处理程序和一些服务性程序等。

（1）操作系统。操作系统来自英文 Operating System，简写成 OS，用于管理和控制计算机硬件和软件资源，是用户与计算机之间通信的桥梁。也就是说，用户通过操作系统提供的命令实现各种访问计算机的操作。操作系统是直接运行在裸机上的最基本的系统软件，是系统软件的核心，任何其他软件必须在操作系统的支持下才能运行。

微型机上常用的操作系统有：DOS、Windows XP、Windows 2010、UNIX、Netware、Windows NT Server 等。

（2）语言处理程序。程序是计算机语言的具体体现，是用某种计算机程序设计语言按问题的要求编写而成的。对于用高级语言编写的程序，计算机是不能直接识别和执行的。要执行高级语言编写的程序，首先要将高级语言编写的程序通过语言处理程序翻译成计算机能识别和执行的二进制机器指令，然后才能供计算机执行。

（3）数据库管理系统。数据库管理系统的作用就是管理数据库，具有建立、编辑、维护和访问数据库的功能，并提供数据独立、完整和安全的保障。按数据模型的不同，数据库管理系统可分为层次型、网状型和关系型 3 种类型。如 FoxPro、Oracle、Access 都是典型的关系型数据库管理系统。

（4）网络管理软件。网络管理软件主要是指网络通信协议及网络操作系统。其主要功能是支持终端与计算机、计算机与计算机以及计算机与网络之间的通信，提供各种网络管理服务，实现资源共享和分布式处理，并保障计算机网络的畅通无阻和安全使用。

2.2.2 应用软件

应用软件是由计算机生产厂家或软件公司为支持某一应用领域、解决某个实际问题而专门研制的应用程序。例如，Office 套件、标准函数库、计算机辅助设计软件、各种图形处理软件、解压缩软件、反病毒软件等。

（1）文字处理软件。专门用于各种文字处理的应用软件，提供了文字的输入、编辑、格式处理，页面布置，图形插入，表格编辑等功能。使人们可以在它所提供的环境中轻松处理自己的文章、著作，如金山 WPS、微软 Word 等。

（2）电子表格软件。电子表格软件是用计算机快速、动态地对建立的表格进行各类统计、汇总，其中还应提供丰富的函数和公式演算能力、灵活多样的绘制统计图表的能力、存取数据库中数据的能力等。常用的电子表格软件有：Lotus1.2.3、Excel 等。

（3）多媒体制作软件。多媒体制作软件是用于录制、播放、编辑声音和图像等多媒体信息的一组应用程序。包括专门用作平面图像处理的应用软件 Phtoshop，计算机设计绘图软件 AutoCAD，三维动画软件 3ds max，设计网页的软件 Authorware 和 FrontPage，动画制作软件 Flash 等。

（4）其他专用软件。由于计算机应用领域越来越广，如辅助财务管理、仓库管理系统、人事档案管理系统、设备管理系统等管理信息系统软件，还有大型工程设计、建筑装潢设计、服装裁剪、网络服务工具各种应用软件，使用户不需要学习计算机编程而直接使用现成的应用程序，就能够得心应手地解决本行业的各种问题。

2.3　微型计算机的主要性能指标

1. 字长

字长是指一台计算机所能处理的二进制代码的位数。微型计算机的字长直接影响到它的精度、功能和速度。字长愈长，能表示的数值范围就越大，计算结果的有效位数也就越多；字长愈长，能表示的信息就越多，机器的功能就更强。目前常用的是 32 位字长的微型计算机。

2. 运算速度

运算速度是指计算机每秒钟所能执行的指令条数，一般用 MIPS（Million of Instructions Per Second，即每秒百万条指令）为单位。由于不同类型的指令执行时间长短不同，因而运算速度的计算方法也不同。

3. 主频

主频是指计算机 CPU 的时钟频率，它在很大程度上决定了计算机的运算速度。一般时钟频率越高，运算速度就越快。主频的单位一般是 MHz（兆赫）或 GHz（吉赫）。

4. 内存容量

内存容量是指内存储器中能够存储信息的总字节数，现在一般以 GB 为单位。内存容量反映了内存储器存储数据的能力。目前微型机的内存容量有 1GB、2GB、4GB 等。

5. 外设配置

外设是指计算机的输入/输出设备以及外存储器，如键盘、鼠标、显示器、打印机、扫描仪、磁盘驱动器等。

6. 软件配置

软件是计算机系统必不可少的重要组成部分，软件配置包括操作系统、计算机程序设计语言、数据库管理系统、网络通信软件、汉字软件及其他各种应用软件等。

第3讲　计算机安全基础

本讲的主要内容包括：

- 计算机病毒及防治
- 信息安全相关知识
- 计算机犯罪及相关法律

随着计算机应用的日益深入和计算机网络的普及，为了保证计算机系统的正常运行和数据的安全性，以及保障计算机用户的合法权益，计算机安全问题已日益受到广泛的关注和重视。计算机安全主要涉及到计算机系统硬件、软件和数据等方面。

3.1　计算机病毒及防治

计算机病毒是一组人为设计的程序，这些程序隐藏在计算机系统中，通过自我复制来传播，满足一定条件即被激活，从而给计算机系统造成一定损害甚至严重破坏。这种程序的活动方式与生物学中的病毒相似，所以被称为计算机"病毒"。计算机病毒不单单是计算机学术问题，而是一个严重的社会问题。

3.1.1　计算机病毒及特点

1. 计算机病毒

中华人民共和国计算机信息系统安全保护条例对计算机病毒的定义是："编制或者在计算机程序中插入的破坏计算机功能或者毁坏数据，影响计算机使用，并能自我复制的一组计算机指令或者程序代码"。

2. 计算机病毒的来源

计算机病毒主要来源于：从事计算机工作的人员和业余爱好者的恶作剧、寻开心制造出的病毒；软件公司及用户为保护自己的软件被非法复制而采取的报复性惩罚措施；旨在攻击和摧毁计算机信息系统和计算机系统而制造的病毒，蓄意进行破坏；用于研究或有益目的而设计的程序，由于某种原因失去控制产生了意想不到的效果。

3. 计算机病毒的特点

（1）寄生性：计算机病毒必须寄生在一个合法的计算机程序之上，如系统的引导程序、可执行程序等。

（2）潜伏性：计算机病毒可以长时间地潜伏在文件中，传染条件满足时，病毒可能在系统传染但不触发破坏，因而不易被人发现。而当在某一条件下激活了它的破坏机制时，其破坏性是相当巨大的。

（3）触发性：当计算机病毒满足某种触发条件和遇到某种触发机制（包括一定的日期、时间，特殊的标识符号、文件的使用次数等）时，病毒就会发作。

（4）繁衍性：计算机病毒可以在一个或多个（种）文件中自我复制、繁殖，还能复制与旧版或同类文件代码不同的指令集合，进而演化为新的及变形的病毒。

（5）传染性：这是计算机病毒的重要特性。病毒可以从一个程序传染到另一个程序，从一台计算机传染到另一台计算机，从一个计算机网络传染到另一个计算机网络，在各种系统上传染蔓延。同时使被传染的计算机程序、计算机、计算机网络成为计算机病毒的生存环境及新的传染源。

（6）破坏性：计算机病毒可以在计算机系统之间广泛传染复制，吞噬正常存储空间和系统、用户程序数据，破坏计算机及网络的各种资源和工作环境，使其陷于瘫痪，无法工作，造成个人、企业甚至整个国家信息资源和经济的重大损失。

3.1.2 计算机病毒的危害及防治

计算机病毒的危害可分以下几种：

（1）删除磁盘上的可执行文件或数据文件。如删除磁盘上的系统文件，使系统无法启动。

（2）破坏文件分配表（FAT），使文件名与文件内容失去联系，造成磁盘上的数据丢失。

（3）修改、破坏磁盘上系统信息或改变磁盘数据的分配形式。比如，更改卷标记、磁盘容量、引导扇区内容，修改重要文件中的日期、数值、单位，造成写入数据出错等。

（4）在系统中繁殖，使系统的存储空间减少，影响内存中常驻程序的执行，使正常的数据不能存储。

（5）对磁盘进行非法格式化，破坏磁盘的原始信息。

（6）非法加密或解密用户的特殊文件。

（7）在磁盘上产生坏的扇区，从而减少磁盘的可用存储空间。

（8）改变系统的正常运行进程，降低系统的运行速度。

1. 计算机感染病毒后的常见症状

了解计算机感染病毒后的各种症状，有助于及时发现病毒。常见的症状有：

（1）屏幕上出现某些莫名其妙的画面，莫名其妙的问候语，或直接显示某种病毒的标志信息；机器发出奇怪的声音。

（2）原来正常运行的程序现在无法运行。

（3）系统运行速度明显降低；原来能正常运行的程序现在无法运行或运行速度明显减慢，经常出现异常死机或重新启动。

（4）文件名称、扩展名、日期等属性被更改，文件长度加长，文件内容改变，文件被加密，文件打不开，文件被删除，甚至硬盘被格式化等；莫名其妙地出现许多来历不明的隐藏文件或者其他文件；可执行文件运行后，神秘地消失，或者产生新的文件；某些应用程序被屏蔽，不能运行。

（5）计算机系统出现死机，不能启动。

（6）打印机无法打印，无故打印不出汉字。

（7）系统失去了磁盘设备，如不认识命令中的磁盘标识符；或者硬盘无法启动，无法格式化修复；CMOS 中的数据被改写，不能继续使用等。

（8）磁盘上的空间突然减少，经常无故读/写磁盘，或磁盘驱动器“丢失”等。

（9）内存空间骤然变小，出现内存空间不足，不能加载执行文件的提示。

（10）网络上的信息无法正常接收、发送和下载。

当系统出现上述现象时，使用计算机病毒清除工具进行检查和消毒。

2. 杀毒软件

杀毒软件也称反病毒软件，是用于消除计算机病毒、特洛伊木马和恶意软件，保护计算机安全的一类软件的总称，可以对资源进行实时的监控阻止外来侵袭。杀毒软件通常集成病毒监控、识别、扫描和清除以及病毒库自动升级等功能。杀毒软件的任务是实时监控和扫描磁盘，实时监控方式因软件而异。大部分的杀毒软件还具有防火墙功能。

目前，常用的杀毒软件有卡巴斯基、诺顿、瑞星、江民、金山毒霸等，具体信息可在相关网站中查询。由于计算机病毒种类繁多，新病毒又在不断出现，病毒对反病毒软件来说永远是超前的，也就是说，清除病毒的工作具有被动性。切断病毒的传播途径，防止病毒的入侵比清除病毒更重要。

3. 计算机病毒的防治

对待计算机病毒如同对待生物学的病毒一样，应提倡“预防为主，防治结合”的方针。一般来说，可以采取如下预防措施：

（1）不要使用来历不明的软件，也不要使用盗版、非法复制或解密的软件。

（2）系统启动盘要专用，而且要加上“写保护”，以防病毒侵入。

（3）对所有系统软件和重要数据的软件要定期备份，并使这些软盘“写保护”。

（4）发现计算机系统有异常现象，应及时采取检测和消毒措施，不得带病毒操作。

（5）经常更新清除病毒软件的版本。

（6）要遵守网络软件的规定，不要在网络上随意下载非法软件。

3.2 信息安全概述

科技的进一步发展，给人们的生活带来了便利，但是信息安全的问题却越来越严重，病毒的侵扰、黑客的攻击，每年都要造成上百亿美元的损失。随着信息化进程的不断加快，信息安全的问题也日渐凸现。作为信息化最为重要的部分——安全性问题，目前成为各国政府和企业信息化进程的主要问题。对企业来讲，信息安全已经是个不可回避的问题。很多企业因此面临选择，担心企业的机密会不会随着信息化的加强而变得透明。

3.2.1 信息安全及意义

1. 信息安全

信息入侵者不管采用何种手段，他们都是通过攻击信息的下列四个特征来达到目的。所谓“信息安全”，在技术上的含义就是保证在客观上杜绝对信息四个特征的安全威胁，使得信息的拥有者在主观上对其信息的本源性放心。信息安全具有以下四个基本特征：

（1）完整性（Integrity）。完整性即信息在存储或传输过程中保持不被修改、不被破坏和不丢失的特性。信息的完整性是信息安全的基本要求。破坏信息的完整性是影响信息安全的常用手段。目前对于动态传输的信息，许多通信协议确保信息完整性的方法大多是误码重传、丢弃后续包。但黑客可以改变信息包内部的内容。

（2）可用性（Availability）。可用性是指信息可被合法用户访问并按要求的特性使用，即当需要时能否存取所需信息。例如在网络环境下破坏网络和有关系统的正常运行就属于对可用性的攻击。

（3）保密性（Confidentiality）。保密性是指信息不泄漏给非授权的个人和实体，或供其利用的特性。

（4）可控性（Controllability）。可控性是指对信息的传播及内容具有控制能力。任何信息都要在一定传输范围内可控，如密码的托管政策。托管政策即将加密算法交由第三方或第四方管理，在使用时要严格按有关管理规定执行。

2. 信息安全的意义

信息是人类社会宝贵的智力资源，也是国家的关键战略资源。善于开发利用这种资源，就能有效地促进经济和社会的发展。特别是在信息革命正在世界范围内广泛兴起的今天，大力发展利用信息资源，发展信息事业，对于繁荣本国经济、强大国防和军事力量、促进社会安定和发展、提高国家综合实力和在国际社会中的地位等都具有十分重要的意义。

如今，信息和信息基础设施已成为国民经济快速发展和强大国防的关键，必须保证信息安全，信息安全直接关系到国家的安全和政权的巩固。

3.2.2　黑客及防御策略

近来，很多人提起有关计算机黑客的问题，关心预防计算机犯罪的方法，现就黑客的问题做简单介绍。

1. 黑客（Hacker）的定义

“黑客”一词在信息安全范畴内的普遍含意是特指对计算机系统的非法侵入者。

2. 防御黑客入侵的方法

利用加密技术对数据和信息传输加密，可以解决：钥匙管理和权威部门的钥匙分发工作、保证信息的完整性、数据加密传输、密钥解读和数据存储加密等安全问题。

网络采用防火墙是对系统外部的访问者实施隔离的一种技术措施。实现：访问控制——对内部与外部，内部不同部门之间实行的隔离；授权认证——授权并对不同用户访问权限的隔离；安全检查——对流入网络内部的信息流进行检查或过滤，防止病毒和恶意攻击的干扰破坏；加密——提供防火墙与移动用户之间在信息传输方面的安全保证，同时也保证防火墙与防火墙之间信息安全；对网络资源实施不同的安全对策，提供多层次和多级别的安全保护；集中管理和监督用户的访问；报警功能和监督记录。

3.2.3　防火墙

防火墙是在 Internet 中，为了保证内部网与 Internet 之间的安全所设的防护系统。防火墙是在两个网络之间执行访问控制策略的系统（软件、硬件或两者兼有）。它在内部网络与外部网络之间设置障碍，以阻止外界对内部资源的非法访问，也可以防止内部对外部的不安全访问，如图 3-1 所示。

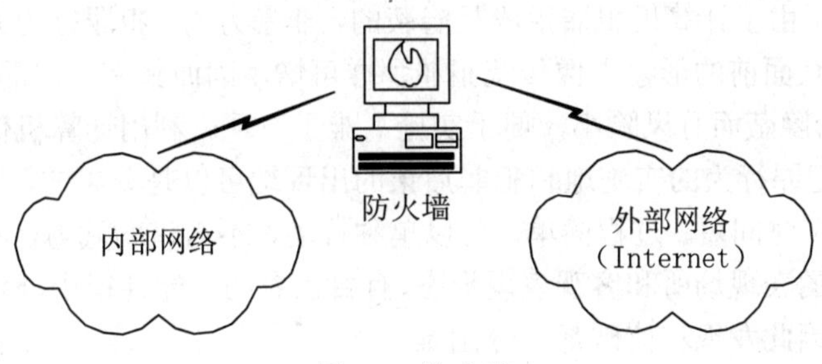

图 3-1　防火墙

3.3 计算机犯罪

随着信息化时代的到来，社会信息化程度的日趋深化以及社会各行各业计算机应用的广泛普及，计算机犯罪也越来越猖獗。计算机犯罪以其犯罪目的的多样化，作案手段更加隐蔽复杂，危害领域不断扩大，已对国家安全、社会稳定、经济建设以及个人合法权益构成了严重威胁。面对这一严峻形势，为有效地防止计算机犯罪，且在一定程度上确保计算机信息系统安全地运作，不仅要从技术上采取一些安全措施，还要在行政管理方面采取一些安全手段。

3.3.1 计算机犯罪的概念

到目前为止，国际上对计算机犯罪问题尚未形成一个统一的认识。世界各国对计算机犯罪有不同的定义。计算机犯罪也许只是人类社会发展过程中的一个暂时性的犯罪名称，因为人类从来没有以作案工具来命名犯罪名称的先例。也有人把计算机犯罪叫做智能犯罪或科技犯罪，但这些均不确切，因为计算机犯罪所包含的内容既有最原始的、传统的破坏行为，又有高智慧型的破坏行为。

3.3.2 计算机犯罪的基本类型

计算机犯罪的基本类型有以下几种：

（1）非法截获信息、窃取各种情报。随着社会的日益信息化，计算机网络系统中意味着知识、财富、机密情报的大量信息已成为犯罪分子的重要目标。

（2）复制与传播计算机病毒、黄色影像制品和精神垃圾。犯罪分子利用高技术手段可以极为容易地产生、复制、传播各种错误的、对社会有害的信息。

（3）利用计算机技术伪造篡改信息、进行诈骗及其他非法活动。犯罪分子还可以利用电子技术伪造政府文件、护照、证件、货币、信用卡、股票、商标等。

（4）借助于现代通信技术进行内外勾结、遥控走私、贩毒、恐怖及其他非法活动。

3.3.3 计算机犯罪的主要特点

（1）犯罪行为人的社会形象具有一定的欺骗性。与传统的犯罪不同，计算机犯罪的行为人大多是受过一定教育和技术训练、具有相当技能的专业工作人员，而且大多数是受到上司信任的雇员，他们具有一定的社会经济地位。犯罪行为人作案后大多都无罪恶感，甚至还有一种智力优越的满足感。由于计算机犯罪手段是隐蔽的、非暴力的，犯罪行为人又有相当的专业技能，他们在社会公众面前的形象不像传统犯罪那样可憎，因而具有一定的欺骗性。

（2）犯罪行为隐蔽而且风险小，便于实施，难于发现。利用计算机信息技术犯罪不受时间和地点的限制，犯罪行为的实施地和犯罪后果的出现地可以是分离的，甚至可以相隔十万八千里，而且这类作案时间短、过程简单，可以单独行动，不需借助武力，不会遇到反抗。由于这类犯罪没有特定的表现场所和客观表现形态，有目击者的可能性很少，而且即使有作案痕迹，也可被轻易销毁，因此发现和侦破都十分困难。

（3）社会危害性巨大。由于高技术本身具有高效率、高度控制能力的特点以及它们在社会各领域的作用越来越大，高技术犯罪的社会危害性往往要超出其他类型犯罪。

（4）监控管理和惩治等法律手段滞后。社会原有的监控管理和司法系统中的人员往往对高技术不熟悉，对高技术犯罪的特点、危害性认识不足，或没有足够的技术力量和相应的管理措施来对付它们。因此，大部分的计算机犯罪很难被发现。

3.4 道德与相关法律

在计算机及网络给人类带来极大便利的同时，也不可避免地引发了一系列新的社会问题。因此，有必要建立和调整相应的社会行为道德规法和相应的法律制度，从法律和伦理两个方面约束人们在计算机使用中的行为。

3.4.1 道德规范

在计算机使用中，我们应该养成以下良好的道德规范：

（1）不能利用计算机网络盗窃国家机密，盗取他人密码，传播、复制色情内容等。

（2）不能利用 BBS 服务进行人身攻击、诽谤、诬陷等。

（3）不破坏他人的计算机系统资源。

（4）不制造和传播计算机病毒。

（5）不盗取他人的软件资源。

（6）使用正版软件。

3.4.2 法律法规

多年来，我国政府和有关部门制定了多个相关的法律法规。以下是一些相关法律法规：

（1）《计算机软件保护条例》中明确规定：未经软件著作权人的同意私自复制其软件的行为是侵权行为，侵权人要承担相应的民事责任。

（2）《中华人民共和国计算机信息系统安全保护条例》中明确了什么是计算机信息系统，计算机信息系统安全包括的范围以及有关单位的法律责任、义务，违犯者所受的处罚规定等。

（3）新《刑法》中对计算机犯罪作了以下三条规定：第 285 条规定“非法侵入计算机信息系统罪”；第 286 条规定“破坏计算机信息系统罪”；第 287 条规定“以计算机为工具的犯罪”。

（4）《计算机信息网络国际联网安全保护管理办法》中第一章第六条规定：“任何单位和个人不得从事危害计算机信息网络安全的活动”，同时规定了入围单位的安全保护责任、安全监督办法、违犯者应承担的法律责任和处罚办法等。

（5）《计算机病毒防治保护管理办法》中第五条规定“任何单位和个人不得制作计算机病毒”。第六条规定了任何单位和个人不得有传播计算机病毒的行为，否则，将受到相应的处罚；还规定了计算机信息系统的使用单位在计算机病毒防治工作中应尽的职责、对病毒防治产品的规定、违反后的处罚办法等。

习题

一、单项选择题

1．世界上第一台计算机的名称是（　　）。

A．ENIAC　　B．APPLE　　C．UNIVAC-I　　D．IBM-7000

2．计算机与计算器的本质区别是（　）。

A．运算速度不一样　　B．体积不一样

C．是否具有存储能力　　D．自动化程度的高低

3．计算机应用最早，也是最成熟的应用领域是（　）。

A．数值计算　　B．数据处理　　C．过程控制　　D．人工智能

4．冯·诺依曼结构计算机工作原理的核心是（　）和程序控制。

A．顺序存储　　B．存储程序　　C．集中存储　　D．运算存储分离

5．微型计算机的硬件系统主要是由（　）组成的。

A．主机　　B．外设

C．微处理器、输入和输出设备　　D．主机和外设

6．在计算机中，应用最普遍的键盘字符的编码是（　）。

A．BCD 码　　B．汉写编码　　C．机器码　　D．ASCII

7．根据软件的功能和特点，计算机软件一般可分为（　）。

A．系统软件和非系统软件　　B．系统软件和应用软件

C．应用软件和非应用软件　　D．系统软件和管理软件

8．“CPU”是（　）的英文缩写。

A．中央处理器　　B．主（内）存储器

C．控制器　　D．128 位机

9．在内存中，每一个基本存储单元都被赋予一个唯一的编号，这个编号称为（　）。

A．字节　　B．字　　C．地址　　D．容量

10．下列是有关存储器读写速度的排列，正确的是（　）。

A．RAM>Cache>硬盘>软盘　　B．Cache>RAM>硬盘>软盘

C．Cache>硬盘>RAM>软盘　　D．RAM>硬盘>软盘>Cache

11．操作系统的主要功能是（　）。

A．实现软、硬件转换　　B．管理计算机的软硬件资源

C．把源程序转换为目标程序　　D．进行数据处理

12．为解决各类应用问题而编写的程序，例如人事管理系统，被称为（　）。

A．系统软件　　B．支撑软件　　C．应用软件　　D．服务性程序

13．字节是计算机（　）的基本单位。

A．计算容量　　B．存储容量　　C．输入数据　　D．存取数据

14．十进制数 846 转换成十六进制数为（　）。

A．34AH　　B．34EH　　C．3AEH　　D．27BH

15．下列数中，最小数是（　）。

A．$(101001)_2$　　B．$(52)_{10}$　　C．$(23)_{16}$　　D．$(37)_8$

16．计算机能够直接识别和执行的语言是（　）。

A．汇编语言　　B．自然语言　　C．机器语言　　D．高级语言

17．CPU 能直接进行交换的存储器是（　）。

A．内存储器　　B．外存储器　　C．磁盘　　D．光盘

18．微机在工作中尚未进行存盘操作，突然电源中断，则计算机（　）将全部消失，再次通电后也不会恢复。

A．ROM 和 RAM 中的信息　　B．ROM 中的信息

C．已存盘的数据和程序　　D．RAM 中的信息

19．下列设备中，既能向主机输入数据又能接收由主机输出数据的是（　）。

A．CD-ROM　　B．显示器　　C．硬盘　　D．键盘

20．在计算机中表示存储容量时，下列描述中正确的是（ ）。

A．1KB=1024MB　　B．1MB=1024KB

C．1KB=1000B　　D．1MB=1024B

21．计算机性能指标中，64 位计算机是指（ ）。

A．每个字节含 64 位二进制数

B．一次可并行处理 64 位二进制数

C．内存的每个存储单元为 64 位二进制数

D．它们只能运行用 64 位指令编写的程序

22．在计算机内部，用来传送、存储、加工处理的数据或指令都是以（ ）形式进行的。

A．二进制码　　B．拼音简码

C．八进制码　　D．五笔字型码

23．按照汉字“输入→处理→输出打印”的处理流程，不同阶段使用的汉字编码分别对应为（ ）。

A．国标码→交换码→字形码　　B．输入码→国标码→机内码

C．输入码→机内码→字形码　　D．拼音码→交换码→字形码

24．ASCII 是字符的编码，这种编码用（ ）个二进制数表示一个字符。

A．8　　B．7　　C．10　　D．16

25．数字字符“1”的 ASCII 码的十进制表示是 49，那么数字字符“8”的 ASCII 码的十进制表示是（ ）。

A．56　　B．58　　C．60　　D．54

26．国标码（GB2312-80）依据使用频度，把汉字分成（ ）。

A．简化字和繁体字　　B．一级汉字、二级汉字、三级汉字

C．常用汉字和图形符号　　D．一级汉字、二级汉字

27．在下列选择中，（ ）是一种计算机程序设计语言。

A．DOS　　B．C++　　C．Windows　　D．Excel

28．用高级程序设计语言编写的源程序需要经过（ ）之后才能执行。

A．汇编　　B．连接　　C．编译　　D．运行

29．解释程序的功能是（ ）。

A．解释执行高级语言程序　　B．将高级语言程序翻译成目标程序

C．解释执行汇编语言程序　　D．将汇编语言程序翻译成目标程序

30．在计算机系统中，通常用文件的扩展名来表示（ ）。

A．文件的内容　　B．文件的版本

C．文件的类型　　D．文件的建立时间

31．准确地说文件是存储在（ ）。

A．内存中的数据集合　　B．外存中的一组相关信息的集合

C．存储介质上的一组相关信息的集合　　D．打印纸上的一批数据集合

32．计算机辅助系统中，CAD 是指（ ）。

A．计算机辅助制造　　B．计算机辅助设计

C．计算机辅助教学　　D．计算机辅助测试

33．下列设备中，最常用作输出的设备是（ ）。

A．鼠标器　　B．键盘　　C．显示器　　D．打印机

34．目前常用的 CD-ROM 光盘是（ ）的。

A．只读　　B．读写　　C．可擦　　D．可写

35．决定微处理器速度性能的重要指标是（ ）。

A．内存的大小　　B．微处理器的型号

C．主频　　　　　　　　　　　D．内存储器

36．每片磁盘的信息存储在很多个不同直径的同心圆上，这些同心圆称为（　　）。

A．扇区　　B．磁道　　C．磁柱　　D．以上都不对

37．微型计算机的硬盘是一种（　　）。

A．主机的一部分　　B．主存储器　　C．内部存储器　　D．外部存储器

38．决定显示器分辨率的主要因素是（　　）。

A．显示器的尺寸　　　　　　　B．显示器适配器

C．显示器的种类　　　　　　　D．操作系统

39．内存储器是计算机系统中的记忆设备，它主要用于（　　）。

A．存放数据　　　　　　　　　B．存放程序

C．存放数据和程序　　　　　　D．存放地址

40．微型计算机的总体性能可以用 CPU 的字长、运算速度、时钟频率和（　　）进行描述。

A．存储器容量　　　　　　　　B．内存容量

C．联网能力　　　　　　　　　D．多媒体信息处理能力

41．计算机病毒是指（　　）。

A．错误的计算机程序　　　　　B．编译不正确的计算机程序

C．已被破坏的计算机程序　　　D．以危害系统为目的的、特制的计算机程序

42．在下列 4 项中，不属于计算机病毒特征的是（　　）。

A．潜伏性　　B．可激活性　　C．传播性　　D．免疫性

43．目前使用的防病毒软件的作用主要是（　　）。

A．查出任何已感染的病毒　　　B．查出并清除任何病毒

C．清除已感染的任何病毒　　　D．查出已知的病毒，清除部分病毒

44．若发现某 U 盘已经感染病毒，则可（　　）。

A．将该 U 盘报废

B．将该 U 盘上的文件拷贝到硬盘上使用

C．用杀毒软件清除该 U 盘上的病毒或者在确认无病毒的计算机上格式化该 U 盘

D．换一台计算机再使用该 U 盘上的文件

45．为预防计算机病毒的侵入，应从（　　）方面采取措施。

A．管理　　B．技术　　C．硬件　　D．管理和技术

46．防病毒软件（　　）所有病毒。

A．是有时间性的，不能消除　　B．是一种专门工具，可以消除

C．有的功能很强，可以消除　　D．有的功能很弱，不能消除

47．下面关于计算机病毒描述正确的有（　　）。

A．只要计算机系统的工作不正常，一定是被病毒感染了

B．只要计算机系统能够使用，就说明没有被病毒感染

C．将磁盘写保护，可以预防计算机病毒

D．计算机病毒不会来自网上

48．下列关于计算机病毒的叙述中，正确的一条是（　　）。

A．反病毒软件可以查、杀任何种类的病毒

B．计算机病毒是一种被破坏了的程序

C．反病毒软件必须随着新病毒的出现而升级，提高查、杀病毒的功能

D．感染过计算机病毒的计算机具有对该病毒的免疫性

49．下列关于计算机的叙述中，不正确的一条是（　　）。

A．软件就是程序、关联数据和文档的总和

B．计算机只能处理数值和文字，不能处理图像。

C．断电后，信息会丢失的是 RAM。

D．MIPS 是表示计算机运算速度的单位。

50．下列软件中能合法复制的是（　　）。

A．自由软件　　　　B．盗版软件

C．A 和 B　　　　D．复制任何软件都是违法的

二、填空题

1．在计算机系统软件中，最关键、最核心的软件是________。

2．一般说来，一台计算机指令的集合称为它的________。

3．已知某进制数运算 2×3=10，则 4×5=_________。

4．某学校的教务管理系统属于________软件。

5．一个字节由________个二进制位组成，它能表示的最大二进制数为________，即(________)$_{10}$。

6．已知小写的英文字母“m”的十六进制 ASCII 码值为 6D，则小写英文字母“c”的十六进制 ASCII 码值是________。

7．每个汉字的机内码占用________个字节，每个字节的最高位都是________，以此在信息处理时和 ASCII 码加以区别。

8．微型计算机使用的主要逻辑部件是________集成电路。

9．用高级语言编写的源程序，需要加以翻译处理，计算机才能执行。翻译处理一般有________和________两种方式。

10．存储容量通常以 KB 为单位，1KB 表示是________个字节。

11．计算机的内存储器与外存储器相比，________速度较快，而________容量较大。另外，________才能被 CPU 直接访问。

12．计算机中用来表示内存储器容量大小的最基本单位是________。

13．用汇编语言编写程序比用高级语言编写程序，其优势在于________。

14．微型计算机中 CPU 与其他部件之间传送数据是通过________进行的。

15．十六进制数 AEH 转换成十进制无符号数是________。

16．磁盘中的程序是以________的方式来存储的。

17．ROM 的含义是________。在微机中，它是________的一部分。

18．在微机系统中，打印机是常用的________设备之一，键盘是常用的________设备之一。

19．用鼠标选定一个对象的操作，通常是用鼠标________该对象。

20．微机系统中存取速度最快的存储器是________，通常它的配置容量很小。

21．计算机显示器参数中，参数 640×480、1024×768 等表示________。

22．二进制数 1011011 转换成十六进制数等于________，转换成十进制数等于________。

23．操作系统是一种系统软件，它是________之间交互的接口。

24．计算机病毒具有很强的再生和扩散能力，如自身复制等，这称为病毒的________性。

25．计算机病毒主要通过网络、盗版光碟和________传播。

26．已知字符 K 的 ASCII 码的十六进制数是 4BH，则 ASCII 码的十六进制数 48H 对应的字符应为________。

27．格式化磁盘对盘上原有信息的影响是________。

28．微型计算机使用的键盘中________控制键和其他字符键组合，可以输入键盘的上档字符。

29．在微型计算机中，U 盘通过________与系统硬件相连。

30．任何单位和个人，制作和传播计算机病毒都属于________。

习题参考答案

一、单项选择题

1. A	2. D	3. A	4. B	5. D	6. D	7. B	8. A	9. C	10. B
11. B	12. C	13. B	14. B	15. D	16. C	17. A	18. D	19. C	20. B
21. B	22. A	23. C	24. B	25. A	26. D	27. B	28. C	29. A	30. C
31. B	32. B	33. C	35. A	35. C	36. B	37. D	38. B	39. C	40. B
41. D	42. D	43. D	44. C	45. D	46. A	47. C	48. C	49. B	50. A

二、填空题

1．操作系统
2．指令系统
3．32
4．应用
5．8，11111111B，255
6．77
7．2，1
8．大规模和超大规模集成电路
9．编译，解释
10．1024
11．内存，外存，内存
12．字节
13．代码执行效率高
14．数据总线
15．174
16．文件
17．只读型存储器，内存
18．输出，输入
19．单击
20．Cache
21．显示器的分辨率
22．5B，91
23．人与计算机
24．传播性
25．可移动存储器
26．H
27．清除所有信息
28．Shift
29．USB 接口
30．违法行为

第二部分　Windows XP 操作系统

第 4 讲　Windows XP 基本操作

本讲的主要内容包括：

- Windows XP 的界面元素
- Windows XP 的中文处理操作

Windows XP 中文全称为视窗操作系统，是微软公司 2001 年 10 月 25 日发布的一款单用户、多任务、图形界面的操作系统，它具有良好的兼容性和易操作性，是微机领域中应用最为广泛的操作系统之一。

4.1　Windows XP 的界面元素

4.1.1　桌面

Windows XP 的桌面也称为桌面或工作台，桌面也是人机交互的图形用户界面，通常指视窗系统所占据的屏幕空间。启动 Windows XP 后，若无启动其他应用程序，则此时显示在屏幕上的就是 Windows XP 的桌面，它主要由三部分组成：常用图标、任务栏和“开始”菜单。

1. 常用图标

Windows XP 桌面上的常用图标主要有“我的电脑”、“我的文档”等，它们的图标形状及其说明请见表 4-1。

表 4-1　Windows XP 桌面图标及其说明

桌面元素	基本用途
我的电脑	“我的电脑”是系统预先设置的一个系统文件夹。利用“我的电脑”可以管理计算机的所有资源、包括进行磁盘、文件夹和文件操作，配置计算机硬件环境，设置控制面板和计算机的各种参数
我的文档	“我的文档”是系统预先设置的一个系统文件夹，主要用来保存 Windows XP 及其支持的应用程序所编辑和使用的文档、图片、Web 页等文件
回收站	“回收站”是用来保存被用户删除的文件和文件夹，当用户需要恢复它们时可以将这些文件还原到原来的位置
网上邻居	若计算机连接到网络上，桌面上就会显示“网上邻居”图标，通过它可以访问网络上的其他计算机，共享其他计算机的资源
Internet Explorer	Internet Explorer 是 Windows XP 内嵌的浏览器，它是专门用来定位和访问网络信息的工具

【例 4.1】移动桌面图标形成一个“三角形”。

操作步骤提示：单击选中图标，在选中的图标上按住鼠标左键不放，将其拖动到目标位置再释放鼠标即可。

说明：在移动桌面图标之前，先右键单击桌面空白处，在弹出的快捷菜单中，取消选择“桌面图标”→“自动排列”命令，否则无法移动图标。

操作技巧：

（1）按住 Ctrl 键，依次单击多个桌面图标，可以选中多个连续或不连续的图标。

（2）在桌面图标区域上方按住鼠标左键不放，拖动可绘制矩形区域，释放鼠标左键，可以选中矩形区域内的所有图标。

【例 4.2】按“类型”重新排列桌面图标。

操作步骤提示：右键单击桌面空白处，在弹出的快捷菜单中，选择“排列图标”→“类型”。

操作技巧：在弹出的快捷菜单中取消“排列图标”→“显示桌面图标”命令，可以隐藏桌面图标；反之则显示桌面图标。

2. 任务栏

任务栏就是 Windows XP 桌面上最底部的工具栏，如图 4-1 所示，它显示了系统正在运行的程序、打开的窗口、当前时间等内容，用户通过任务栏可以完成许多操作，而且用户也可以根据自己的需要设置任务栏。

图 4-1 任务栏组成

任务栏各组成元素的名称和功能如表 4-2 所示。

表 4-2 任务栏各组成元素及其功能说明

任务栏元素	功能说明
“开始”按钮	用于打开“开始”菜单，执行 Windows 的各项命令
快速启动栏	用于一些常用程序的快速启动
任务栏按钮	用于多个任务之间的切换
语言栏	选择中文输入法或中、英文输入状态切换
系统区	开机状态下常驻内存的一些项目，如系统时钟、音量等

【例 4.3】设置任务栏。要求：①移动任务栏到桌面上方；②改变任务栏的大小；③隐藏“任务栏”属性设置；④将“我的电脑”工具栏添加到任务栏。

操作步骤提示：

（1）在任务栏空白处按下鼠标左键不放，直接拖动鼠标到桌面的上方，再释放鼠标；

（2）鼠标移到任务栏外框上，当鼠标指针变为双向箭头时，按住鼠标左键向上（或向下）拖动，此时可以看到任务栏变宽（或变窄）了；

（3）右键单击任务栏空白处，在弹出的快捷菜单中选择“属性”→“任务栏”→“自动隐藏任务栏”；

（4）右键单击任务栏空白处，在弹出的快捷菜单中选择“工具栏”→“新建工具栏”。在出现的“新建工具栏”对话框中，找到“我的电脑”，单击“确定”按钮。

3. “开始”菜单

桌面上的“开始”菜单是 Windows XP 应用程序的入口，是执行程序最常用的方式。“开始”菜单的主要功能说明见表 4-3。

表 4-3　“开始”菜单中的命令及功能

命令	功能
程序	用于快速启动其中的应用程序
文档	显示“我的文档”等文件夹和最近打开过的文档清单
设置	用于对“控制面板”、“网络连接”等一些重要项目的设置
搜索	查找文件、文件夹、用户以及网络中的其他计算机等信息，或在 Internet 上搜索信息
帮助和支持	启动 Windows XP 的联机帮助工具
运行	通过键入命令来运行程序、打开文档或浏览资源
注销	注销用户
关闭计算机	用于“关闭”、“重新启动”计算机等操作

【例 4.4】使用“开始”菜单，要求：①设置 XP 风格的“开始”菜单；②增加“常用程序列表”的程序数目为 5；③清除“我最近的文档”中的快捷方式；④在桌面显示“网上邻居”。

操作步骤提示：

（1）右键单击任务栏空白处，在弹出的快捷菜单中选择“属性”→“开始菜单”；

（2）在“开始菜单”选项卡中，选择“开始菜单”单选按钮，单击“自定义“按钮，打开“自定义开始菜单”对话框，选择“常规”选项卡，修改“开始菜单上的程序数目”为 5 个即可；

（3）在“自定义开始菜单”对话框中，选择“高级”选项卡，单击“清除列表内容”按钮即可；

（4）右键单击“开始”菜单中“网上邻居”→“在桌面上显示”。

4.1.2　窗口

Windows XP 的窗口是是屏幕上与一个应用程序相对应的矩形区域，应用程序可在自已的窗口内运行全部操作，用户通过窗口可以观察应用程序的运行情况，观察文档和文件夹的内容，也可以对应用程序、文档或文件夹进行操作。图 4-2 是 Windows XP 中的一个写字板程序的窗口。表 4-4 是窗口的各个组成部分及说明。

【例 4.5】打开、关闭记事本程序，要求：①打开“记事本”程序；②仔细观察“记事本”程序窗口；③在多个程序之间切换；④关闭“记事本”程序。

操作步骤提示：

（1）“开始”→“程序”→“附件”→“记事本”；

（2）认识“记事本”程序窗口；

（3）单击任务栏上相应程序的按钮切换程序。

（4）单击“关闭”按钮。

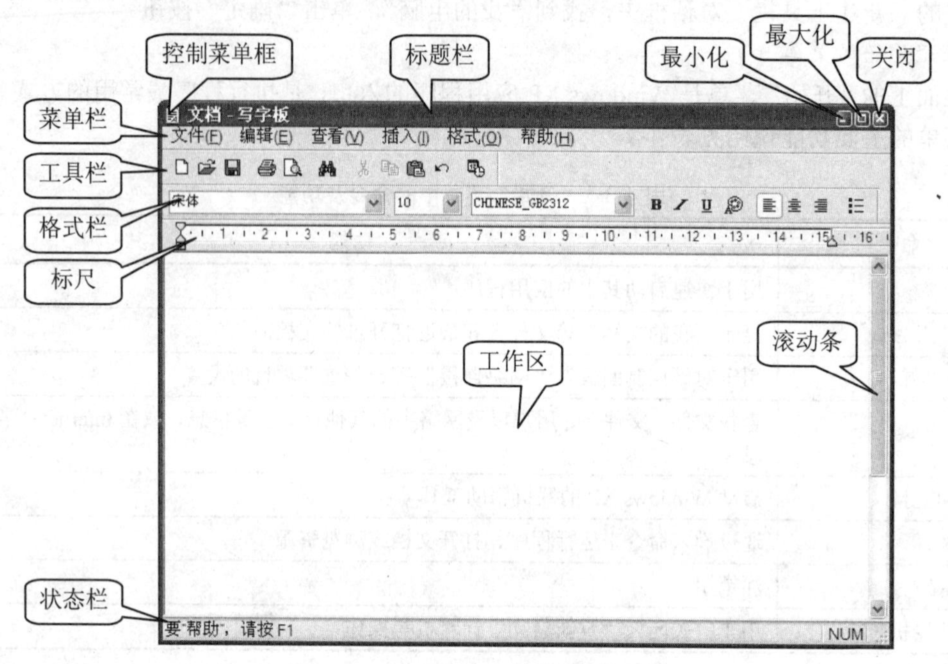

图 4-2 “写字板”应用程序窗口

表 4-4 窗口的组成及说明

窗口组成	说明
标题栏	标题栏上的文字是窗口的名称，左边是控制菜单图标
控制菜单框	位于窗口左上角，单击可弹出控制菜单，双击可关闭当前窗口
窗口控制按钮	位于窗口右上角，从左到右依次是 “最小化”、 “最大化”和 “关闭”
菜单栏	菜单栏通常由多个菜单构成，每个菜单含有多个菜单选项，分别用于执行相应的命令
工具栏	工具栏通常由各种工具按钮组成，每一个按钮代表一个常用的命令，用鼠标单击各个按钮就执行了该按钮代表的操作
格式栏	工具栏由各种格式按钮、列表框等组成，用于对文本、段落等格式进行设置
工作区	窗口中进行文本编辑、处理等工作的区域
滚动条	当窗口中的文件内容太宽或太长时，窗口就会自动出现滚动条用以协助浏览
状态栏	用以显示当前工作的信息及一些重要的状态信息

操作技巧：

（1）关闭程序方法。

- 双击该程序窗口左上角的控制菜单框
- 按 Alt+F4 组合键
- 单击程序窗口左上角的控制图标，从弹出的快捷菜单中选择“关闭”命令
- 按 Alt+空格键，从弹出的快捷菜单中选择“关闭”命令
- 选择“文件”菜单中的“关闭”命令

（2）切换程序的其他方法。

- 使用快捷键 Alt + Tab 或 Alt + Shift + Tab 也可切换程序

4.1.3　对话框

对话框是系统与用户对话、交互的场所，是一种特殊的窗口，用户可以在对话框中进行信息输入、阅读提示、设置选项等操作，Windows XP 通过对话框获取用户信息，并用用户信息来改变系统设置、选择选项或进行其他操作。对话框常见的组成部件，如表 4-5 所示。

表 4-5　对话框几种常见的组成部件

部件名称	图例	说明
文本框	文件名(N):	用户输入文字信息的区域。对话框中有时有几个文本框，需要向哪个文本框填写内容，就把鼠标光标移动到该框中单击，出现插入点后即可输入文字信息
组合框	保存在(I): 我的文档	是下拉列表框与文本框的组合体，用户可以根据需要从下拉列表框中选择或在文本框中输入某一项目
复选框	常规选项 后台重新分页(B) 蓝底白字(U) 提供声音反馈(S) 提供动画反馈(K) 打开时确认转换(O)	用来在多种选择状态间进行切换，当选择左边方框中的“√”时，表明该复选项被选中；若再次单击该复选框，则取消选中。用户可同时选中多个复选框
单选框	页码编排 续前节(C) 起始页码(A)	用于在一组选项中做出选择，被选中的按钮上出现一个黑点“•”，在同一组选项中有且仅有一项被选中
命令按钮	确定　取消	用来确认选择，执行某项操作
微调器	设置值(A): 0.25	用于显示一个数值，可以单击微调框右边的上下箭头改变数值大小，也可以直接输入一个数值
选项卡	页边距　纸张　版式	常出现在设置内容较多的对话框中，用以组织设置内容
滑标	少　多 1280 x 1024 像素	常用于调整参数大小，左右拖动滑标可以改变数值大小
下拉列表框	两端对齐 左对齐 居中 右对齐 两端对齐 分散对齐	单击下拉列表框的向下箭头可以打开列表供用户选择，列表关闭时显示被选中的选项

4.1.4　菜单

菜单是 Windows XP 中用于接收用户指令的主要方式之一。Windows XP 中有三种常见的菜单形式：窗口菜单、开始菜单、快捷菜单。Windows XP 对所有的菜单的命令项都有统一的标记符号，其含义见表 4-6。使用菜单命令的方法通常有三种：用鼠标选择菜单命令、用快捷键选择菜单命令、用键盘选择菜单命令。用户右击一个图标、桌面、图形或文本等时，会弹出一个快捷菜单。右击的对象不同，弹出的快捷菜单也不同。快捷菜单的使用方法与一般菜单的使用方法相同。

表 4-6　菜单命令项标记的含义

命令项	说明
灰色显示的菜单项	表示当前状态下该菜单不起作用
后面带省略号“…”	执行该菜单命令后会打开一个对话框
后面带三角“▶”	级联菜单。表示有下级菜单，当鼠标指向它时，会弹出一个子菜单

续表

命令项	说明
分组线	菜单项之间的分隔线条，通常按功能分组
前面带符号“●”	表示可选项，但在分组菜单中，只有一个选项带有符号“●”，表示被选中
前面带符号“√”	选择标记。当菜单项前有此符号时，表示该命令有效，如果再一次选择，则删除该标记，命令无效
带有双向下箭头符号	当菜单太长时，在菜单中会出现这个符号。鼠标指针指向该符号时，菜单会自动伸长
菜单名后带下划线的字母（X）	带下划线的字母为该命令的快捷键
快捷键	显示在菜单项右侧的键盘符号。标识执行该菜单项的操作可以不通过菜单，只要按下对应的组合键就可以了。如在 Word 中，执行“编辑”菜单中的“复制”命令，可直接在键盘上按组合键 Ctrl＋C

4.2 中文处理操作

4.2.1 键盘与打字

1. 键盘布局

键盘布局是指按键在键盘上分布的方式。Windows XP 默认的是 104 键的标准键盘，如图 4-3，此类键盘通常分为如下 4 个区：

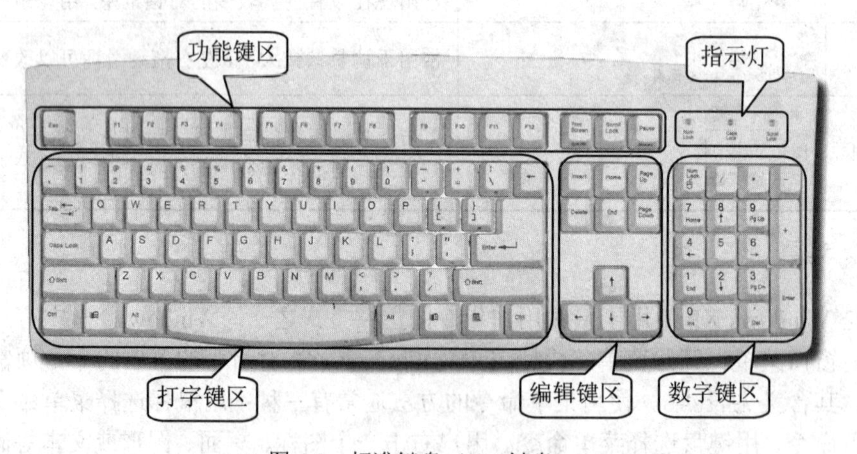

图 4-3 标准键盘（104 键盘）

请尤其注意键盘右上角的指示灯。其中，Caps Lock 指示灯，用于表示当前的大小写状态，该指示灯亮表示当前打出的英文字母均为大写，灯灭表示为小写状态；Num Lock 指示灯，用于表示数字键区的状态，该灯亮数字键区可作为一个数字键盘使用，灯灭数字键区等同于编辑键区，其功能也与编辑键区相同。

2. 打字姿势

正确的打字姿势有利于打字的准确和速度的提高，也使身体不易疲劳，如图 4-4 所示。正确的打字姿势要点如下：

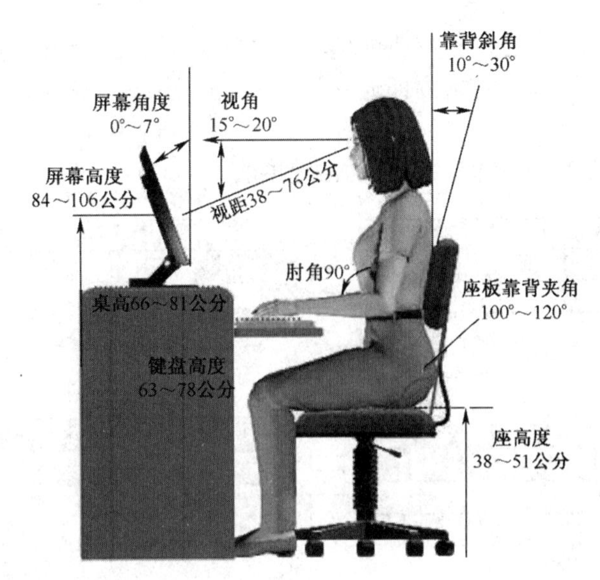

图 4-4 打字的姿势

（1）坐姿端正，腰背挺直，双脚自然平放在地上，勿悬空；

（2）座位高度适中，使肘部与台面大致平行，上臂自然下垂，两肘轻贴腋边；

（3）下臂和手腕略微向上倾斜，与键盘保持相同的斜度；

（4）手指微曲，轻轻压在与各手指相关的基本键位上；

（5）显示屏与眼睛距离通常不少于 50 厘米，在放置输入原稿前，先将键盘右移 5 厘米，再把原稿紧靠键盘左侧放置，以便于阅读；

（6）打字时两眼不看键盘，视线专注于文稿或屏幕。

3. 基本指法

（1）定位基本键。在键盘字母区域中，F 和 J 是左右手的基本键，这两个键的键帽上各有一个凸起的横杆，左右手的食指时刻轻放在这两个键上。其他手指依次放在各基本键上，即：

左手：小指、无名指、中指、食指分别放在 A、S、D、F 键帽上；

右手：小指、无名指、中指、食指分别放在；、L、K、J 键帽上；

而右手拇指轻置在空格键上。

（2）十指分工，包键到指。每个手指都分工控制几个键，如图 4-5 所示。

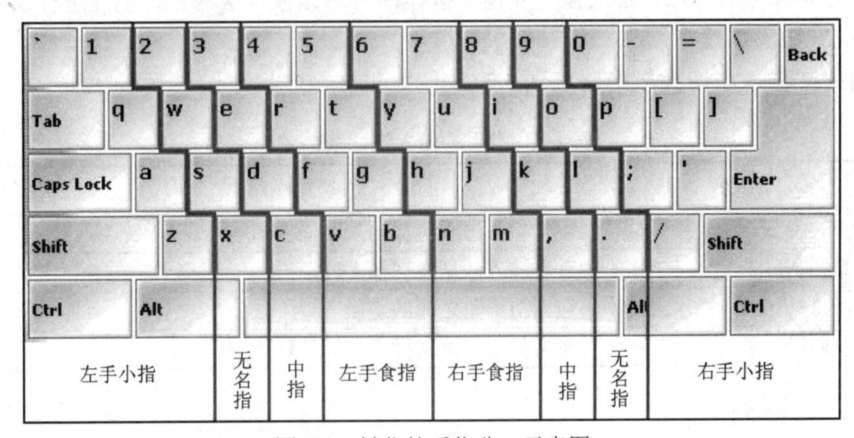

图 4-5 键位按手指分工示意图

（3）用指技巧。平时手指应稍弯曲拱起，轻放在基本键上。手腕悬起不要压着键盘。击键时，伸屈手指，轻而迅速地击键后立即返回基本键。击键应力度适中，快慢均匀，有节奏感，切忌越位击键。

图 4-6 演示了“J”、“P”、“X”、“E”的击键指法。

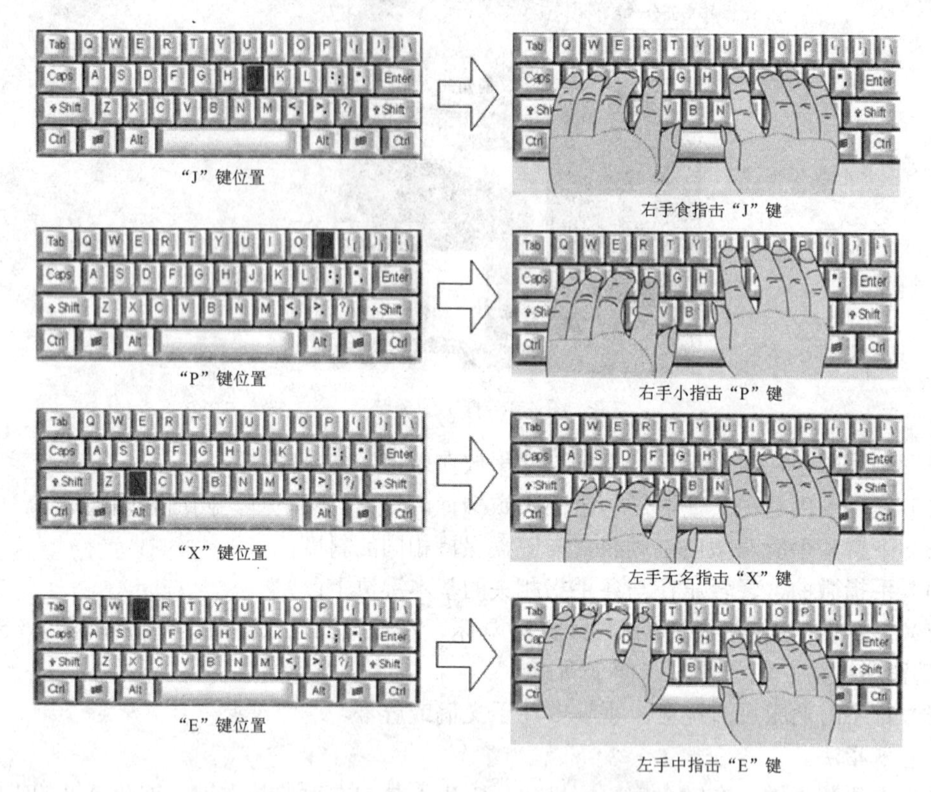

图 4-6 “J”、“P”、“X”、“E”的击键指法

4.2.2 中文输入法及其使用

Windows XP 中文版通常已默认安装了全拼、双拼、微软拼音、区位、智能 ABC、郑码等输入法。用户可对输入法进行添加、删除或设置等操作，例如需要对“智能 ABC”输入法调整设置，可调出“智能 ABC”输入法，然后按“属性”按钮即可对该输入法的各种属性进行调整。

1. 输入法切换热键

常用的中文输入法切换热键请见表 4-7。

表 4-7 常用的输入法切换热键

键名	功能说明
Ctrl + Space	中文输入法和英文输入之间的切换
Ctrl + Shift	各种输入法循环切换
Shift + Space	全角与半角之间的切换
Ctrl + .	中文标点与英文标点之间的切换

2. 输入法工具栏

在汉字输入状态时，屏幕上会显示汉字输入法工具栏。各种输入法工具栏的组成大致相同，都有类似如图 4-7 所示的输入法工具栏，上有 5 个按钮，从左至右分别为：中/英文切换按钮、输入方式切换、半角/全角切换按钮、中/英文标点切换按钮和软键盘开关按钮。

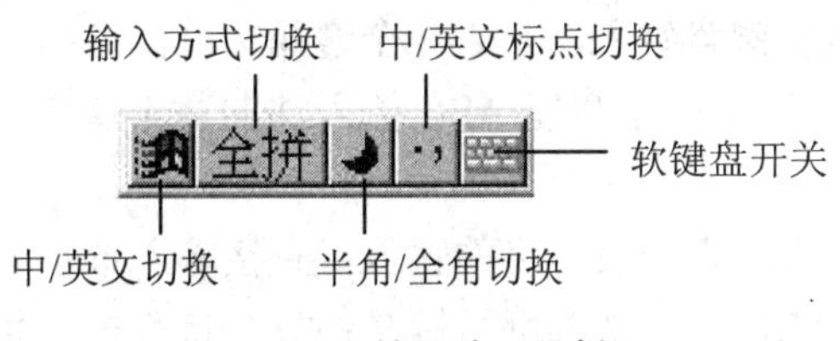

图 4-7　输入法工具栏

（1）中/英文切换按钮。单击该按钮可以切换中西文的输入状态。

（2）输入方式切换按钮。主要用于显示当前输入法的名称。另外，有时单击该按钮也可以切换输入方式，如智能 ABC 输入法中有标准与双打两种方式。

（3）半角/全角切换按钮。该按钮在半角方式时显示为月牙形，而全角方式显示为圆形。在半角状态下输入的所有符号和数字均为单字节的英文符号和数字，在全角状态下输入的所有符号和数字均为双字节编码的汉字符号和数字。例如：在半角状态下输入“Soft”共占 2 个字节，而在全角状态下输入显示为“Soft”共占 4 个字节。若非特殊要求，输入英文字符就是输入英文的半角字符，而不要输入英文的全角字符，否则容易出错。

（4）中/英文标点切换按钮。中文标点符号与键盘按键的对照表如表 4-8 所示。

表 4-8　中文标点符号与键位对照表

中文符号	键位	说明	中文符号	键位	说明
。	.	句号	）	)	右括号
，	,	逗号	〈《	<	书名号，自动嵌套
；	;	分号	〉》	>	书名号，自动嵌套
：	:	冒号	……	^	省略号，双符处理
？	?	问号	——	_	破折号，双符处理
！	!	感叹号	、	\	顿号
“”	“	双引号，自动配对	·	@	间隔号
‘’	‘	单引号，自动配对	—	&	连接号
（	(	左括号	￥	$	人民币符号

（5）软键盘开关按钮。单击该按钮可以切换是否显示软键盘。而右击该按钮将弹出一个软键盘快捷菜单，如图 4-8（a）所示，从中选择一项，如“标点符号”，即可显示出有相应符号的软键盘如图 4-8（b）所示，单击软键盘上某一键，即可输入相应的符号。

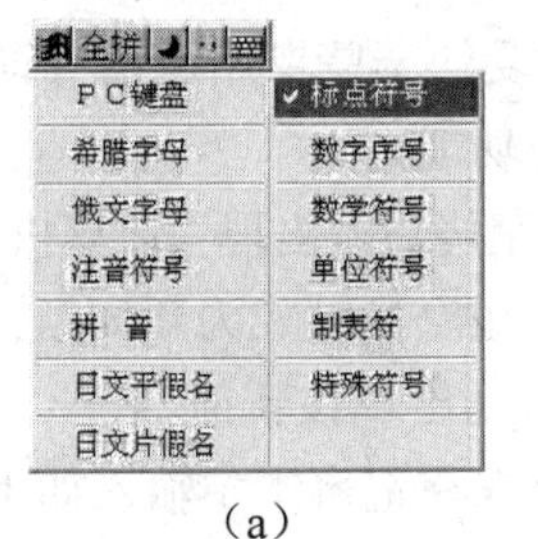

（a）

（b）

图 4-8　软键盘

4.2.3 智能ABC输入法

智能ABC是一种智能化键盘输入法，它完全遵循标准汉字拼音方案，具有操作简便、自动造词、智能选字等特点，以下介绍智能ABC输入法的基本操作。

1. 单字的输入

（1）单字输入的基本方法。一般单字的输入可直接输入该字的全部拼音，然后在出现的重码字中翻页寻找。智能ABC输入法的翻页键是："]"或"＋"为向下翻页键；"["或"－"为向上翻页键。因汉语中同音字现象普遍，所以单字的输入方式效率低下，通常只有在输入单字词时才采用。

（2）拼音"ü"的输入。拼音"ü"用替代键v，例如：输入"女"（音nǚ ）可键入"nv"。

（3）以词定字。以词定字是一种在词中选择字来输入的方式，可适当解决输入中的重码问题。以词定字的方法是使用词组拼音加选字键（默认方式下按"["取词组中的第一个字，按"]"键则取最后一个字）。例如：要得到"键盘"的"键"字，可输入"jianpan["即可得到"键"字；而若输入"jianpan]"得到的则是"键盘"这个词中的"盘"字。

2. 词语的输入

智能ABC的基本词库约有6万个词条，利用词组输入可以提高输入速度，减少重码。输入时，可以用全拼、简拼和混拼等方式输入汉语拼音。

（1）全拼输入。要输入词组，可输入这个词组的所有拼音字母，并按空格键。与同音字相比，同音词组较少，若只有一个，则只需再按一次空格即可。例如输入"daxuesheng"，并连按两次空格键，则可输入词组"大学生"。

（2）简拼输入。简拼输入是指只输入词组中各个汉字拼音的第一个字母。例如：

计算机　jsj　　　文化　wh

而对于复合声母zh、ch、sh，则需要输入前两个字母，例如：

中华　zhh　　　成功　chg

（3）混拼输入。混拼输入是指输入词组时，可以使用全拼与简拼相结合的方法进行输入，例如：

标准　bzhun，biaoz　　成功　cgong，chengg　　研究生　yjius，yanjs，yjsheng

（4）隔音符。两个或多个字的拼音之间需要切分每个字的音节，每个字音节之间要使用隔音符分隔。智能ABC中的隔音符号为"'"。例如，输入"西安"该词时，必须键入"xi'an"，其中需用隔音符分隔，否则输入法将理解为"xian"。

3. 自造词的输入

输入法的词库覆盖了汉语中常用的词组，但是用户所需要的一些专用术语等词很可能没有包含在基本词库中。此时用户可以用智能ABC中的自造词功能。

例如词库中没有"计算机系统"一词。则输入"jsjxt"＋空格后，出现"计算机xt"候选，按数字键选1后，候选窗口继续显示"1.系统…"，再度选1，按空格键成为新词组。这样就构造了"计算机系统"这一新词。以后只要输入"jsjxt"就会自动出现该新词。

【例4.6】打开记事本程序，练习中文输入法的操作，要求在记事本中输入如下内容：

（1）大写字母：A B C D

（2）小写字母：a b c d

（3）全角数字：１２３４５６

（4）半角数字：123456

（5）中文标点：，。！：？、　°　±

（6）英文标点：,.!:?°　±

（7）软键盘输入：☆★○●◎◇◆

（8）输入词语：天安门、旅行

（9）将你的姓名构造成一个自造词

操作步骤提示：

打开记事本，调整输入法，进行文字的输入。

操作技巧：

（1）中文、英文切换的快捷方式：Ctrl+空格；

（2）全角、半角切换的快捷方式：Shift+空格；

（3）各种输入法之间切换的快捷方式：Ctrl+Shift；

（4）中文、英文标点切换的快捷方式：Ctrl+.。

4.3　Windows XP 操作演示一（基本操作）

1. 熟悉快捷菜单

（1）右击桌面空白处，弹出快捷菜单。

（2）将鼠标移动到“排列图标”上，选择“自动排列”进行图标的自动排列，观察图标排列的结果。

（3）分别选中按“名称”、“大小”、“类型”和“修改时间”菜单选项，观察图标的排列情况。

2. 熟悉窗口的操作

（1）打开“我的电脑”窗口。

（2）最大化窗口。单击该窗口的“最大化”按钮（即□按钮），观察窗口有何变化；再单击该窗口上的“还原”按钮（即□按钮），观察窗口有何变化。

（3）最小化窗口。单击该窗口的“最小化”按钮（即□按钮），此时，在任务栏上可以见到“我的电脑”任务按钮。在任务栏单击该任务按钮，则可在桌面上显示“我的电脑”窗口。

（4）移动窗口。把鼠标指针指向标题栏，按下左键把它拖动到另一新位置。

（5）改变窗口大小。把鼠标指针移动到该窗口的边框或 4 个边角位置，拖动鼠标来改变窗口的大小。

（6）关闭窗口。单击“关闭”按钮（即☒按钮），可退出“我的电脑”。

3. 更改桌面的背景图案

（1）鼠标右键单击桌面空白处，在弹出的快捷菜单中选择“属性”。

（2）单击“桌面”选项卡。

（3）在“背景”中选择“Cool”主题。

（4）在“位置”中选择“平铺”。

（5）单击“确定”按钮。

4. 变更“回收站”的属性

（1）右击桌面上回收站图标，在弹出的快捷菜单中选择“属性”选项。

（2）单击“全局”选项卡，将单选项“所有驱动器均使用同一设置”设置为有效。

（3）将复选项“删除时不将文件移入回收站，而是彻底删除”设置为有效，单击“确定”按钮。

（4）设置完成后，尝试删除一个无用的文件，然后观察回收站中有无该文件。

5. 强制关闭当前正在运行的程序

当正在运行的程序不能正常关闭或发现活动异常的程序时，可使用任务管理器来强行关闭。

（1）打开“附件”中的“记事本”应用程序，新建一个空白文档，并将它另存为“test.txt”文本文件，然后再在“test.txt”文件中任意输入若干文字（注意：输完文字后不要存盘）。

（2）按下 Ctrl+Alt+Delete 组合键，调出“Windows 任务管理器”，单击“进程”选项卡。

（3）找到“映像名称”为“notepad.exe”的进程，单击选中它，单击“结束进程”按钮，在弹出的“任务管理器警告”对话框中单击“是”按钮，确认结束该进程。

（4）再次用“记事本”打开“test.txt”文件，观察该文本文件中存有什么文字，分析用“Windows 任务管理器”强行结束进程后数据是否会丢失。

4.4 Windows XP 实验一（基本操作）

（1）移动桌面图标形成一个“心形”；

（2）按“修改时间”重新排列桌面图标；

（3）移动任务栏到桌面右侧，改变任务栏的大小，再将任务栏恢复原样；

（4）使用“开始”菜单，将“开始”菜单的风格设置为“经典「开始」菜单”，将任务栏设置成为“自动隐藏任务栏”和“隐藏不活动的图标”；

（5）汉字录入。

新建一个文本文档，输入下面的中文文字，并将文档以“CERNET.TXT”文件名存盘，注意各种字符的输入。

国家教育部主管中国教育科研网（CERNET）。CERNET 是 1994 年 11 月批准立项的国家重点工业试验项目，由国家教育部支持。该网络由 DDN 通过美国 Sprint 公司接入国际互联网络，速率为 128Kb/s。CERNET 覆盖了华北、西北、西南、华南、华中、东北、华东南、华东北 8 大地区，有二百多所高校联入 CERNET 网，并同时建立使用了自己的校园信息互联网 Intranet，不仅能查阅图书资料、选课、查看直接的学分，还能把自己的疑难问题传给老师，查看老师布置的作业等。

（6）尝试用 Ctrl+Alt+Delete 组合键强制关闭记事本，然后再打开 CERNET.TXT 文件，观察文档中的内容；

（7）将桌面的显示主题改为：Windows 经典；

（8）尝试注销当前用户，然后再重新登录。

第 5 讲　文件管理

本讲的主要内容包括：

- 文件的基本概念
- 文件管理操作

5.1　文件的基本概念

文件是具有名字、存储于外存的一组相关且按某种逻辑方式组织在一起的信息集合。文件可以是一个程序、一幅图片、一段声音、一批数据或其他各种信息。计算机中的所有数据和程序都是以文件的形式保存在存储介质上的。文件是操作系统能独立进行存取和管理信息的最小单位。计算机数据处理的对象是文件，数据管理也是通过文件管理来完成的。因此，文件和文件系统在操作系统中占有非常重要的地位。

5.1.1　文件的命名

为了识别与组织管理文件，必须对文件命名。在 Windows XP 中对文件的命名有如下规则：

（1）文件名由文件主名与扩展名组成。一般情况下，文件主名与扩展名中间用符号“.”分隔。文件名格式为：文件主名.扩展名。

（2）文件名可以使用汉字、西文字符、数字和部分特殊符号。

（3）文件名可以使用的最多字符数量为：255 个 ASCII 字符或 127 个汉字。

（4）文件的扩展名不是必需的，扩展名的作用是表示文件的类型，每种类型的文件通常都有一种特有的图标与之对应。常见的文件扩展名及其图标请见表 5-1。

（5）文件名字符可以使用大小写，但不能利用大小写进行文件的区别，即大小写不敏感。例如：文件“ABC.TXT”与文件“abc.txt”被认为是同名文件。

（6）不能使用以下 9 个字符作为文件名，它们是：

\ / : * ? " < > →

表 5-1　常见的文件扩展名及其图标

扩展名	文件类型	图标
.exe	可执行文件	
.doc	Word 文档	
.xls	Excel 工作簿	
.ppt	PowerPiont 演示文稿	
.bmp	位图文件	
.wav	波形声音文件	
.txt	文本文件	
.fon	字体文件	

5.1.2 文件夹

1. 文件夹的概念

文件夹可以理解为用来存储文件和文件夹的容器，在 Windows XP 中文件夹用图标表示，相当于 DOS 中“目录”的概念，文件夹下的子文件夹，则相当于 DOS 中的“子目录”。

2. Windows XP 中的树形文件结构

外存储器上通常存有大量的文件，为了便于管理与操作通常必须对文件分门别类地组织。在 Windows XP 中仍然采用树形结构的文件夹实现对所有文件夹的组织和管理。这个树形结构通常以磁盘作为树根，即根文件夹，根文件夹中可以包含若干个子文件夹和文件，如同一棵树的主干分枝和树叶，子文件夹中又可以包含多个子文件夹和文件，就这样一层接一层，对所有的文件进行了分级。图 5-1 是一个典型的树形文件结构。

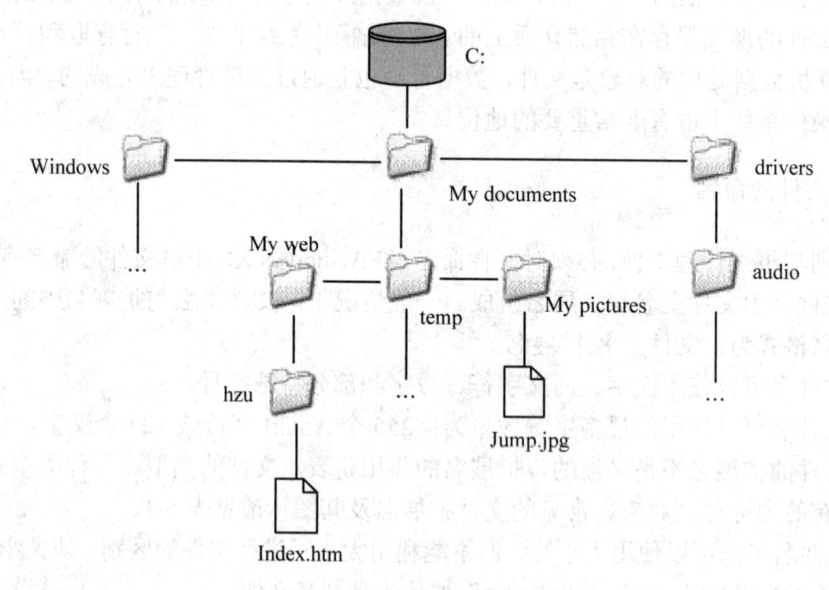

图 5-1 典型的树形文件结构

3. 路径

文件夹除了充当存放文件的场所之外，还承担着组织路径的任务。路径就是要查找一个文件所必须提供的能找到该文件的有效“通道”。路径通常由一系列文件夹名加上分隔符“\”组成。例如，要表示图 5-1 中的文件 index.htm，则其路径是：C:\My documents\My web\hzu。

5.2 文件管理操作

5.2.1 资源管理器

Windows XP 利用资源管理器实现对系统软硬件资源的管理，它是 Windows XP 一个有力的管理工具。资源管理器可通过“开始”→“所有程序”→“附件”→“资源管理器”方式打开。如图 5-2 所示，Windows XP 的资源管理器窗口是一个典型的 Windows 窗口。

图 5-2 资源管理器窗口

利用“工具”菜单中“文件夹选项”命令来设置在资源管理器内文件的查看方式。方法是：选择“工具”菜单→“文件夹选项”命令→单击“查看”标签，将出现如图 5-3 所示的窗口。在该窗口的高级设置中，可以更改许多选项，如“隐藏已知文件类型的扩展名”和“隐藏文件和文件夹”等。

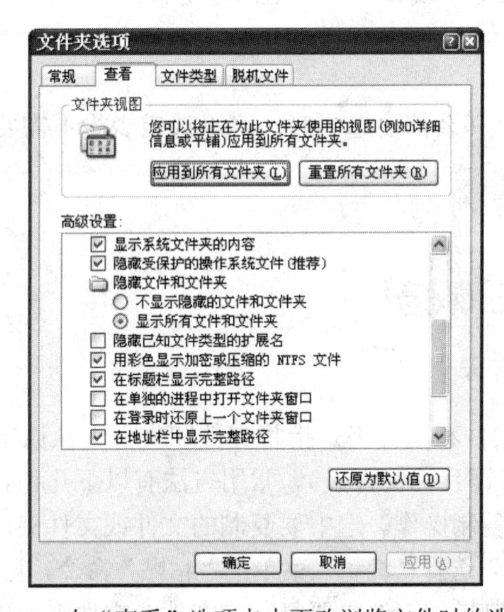

图 5-3 在“查看”选项卡中更改浏览文件时的选项

【例 5.1】文件管理器设置练习。要求：

（1）将“我的文档”里的“私人文件”文件夹设置为“隐藏”属性；

（2）设置使用 Windows 传统风格的文件夹；

（3）设置显示所有的文件和文件夹，显示已知文件类型的扩展名。

操作步骤提示：

（1）打开“我的文档”，找到“私人文件”文件夹，单击右键→“属性”→“隐藏”；

（2）双击打开“我的电脑”→“工具”→“文件夹选项”→“常规”；

（3）双击打开“我的电脑”→“工具”→“文件夹选项”→“查看”。

5.2.2 选定文件或文件夹

在使用计算机时，用户经常要对文件和文件夹进行复制、移动、删除和重命名等基本操作。在对文件进行这些操作之前，通常必须首先选定被操作对象。在资源管理器中，一般在文件列表窗格（即右窗格）中选定对象，且被选定的对象将反白显示。主要的操作方式是：

（1）选定单个文件或文件夹。

鼠标操作：单击所要选定的文件或文件夹；

键盘操作：用 Tab 键选定工作区，再用箭头键（即↑、↓、→、←键）选择。

（2）选定多个连续的文件和文件夹。

鼠标操作：单击第一个对象，然后按住 Shift 键，单击最后一个对象。也可在空白处按住左键并移动鼠标，直至用虚线框把选定的对象都框住；

键盘操作：移动光标至第一个对象，单击左键，然后按住 Shift 键不放，移动光标至最后一个对象。

（3）选定多个不连续的对象。

按住 Ctrl 键不放，逐个单击欲选中的对象。

（4）选定所有对象。

菜单方式：选择菜单命令“编辑”→“全部选定”；

键盘方式：Ctrl＋A。

（5）反向选定。

如果除了少量对象外，其余都要选中时，可以选定少量不需要的文件，然后选择菜单命令“编辑”→“反向选择”。

（6）撤消选定。

撤消全部：单击任意空白处；

撤消某对象：Ctrl＋单击该对象。

5.2.3 复制文件或文件夹

复制（或称为拷贝）文件和文件夹是指将文件和文件夹从原来的位置（即源文件或文件夹）复制到一个新的位置（即目标文件夹）。常用方法有以下几种。

（1）用窗口菜单实现复制操作。选中要复制的文件或文件夹，选择“编辑”菜单的“复制”命令，打开目标文件夹，选择“编辑”菜单的“粘贴”命令，见图 5-4（步骤①②③④⑤）。

（2）用工具栏实现复制操作。选中要复制的文件或文件夹，单击工具栏“复制”命令按钮，打开目标文件夹，单击“粘贴”命令按钮。

（3）用快捷菜单实现复制操作。选中要复制的文件或文件夹后单击鼠标右键，在弹出的快捷菜单中选择“复制”命令，打开目标文件夹后单击鼠标右键，在弹出的快捷菜单中选择“粘贴”命令。

（4）用快捷键实现复制操作。选中要复制的文件或文件夹，按 Ctrl+C 复制组合键，打开目标文件夹，按 Ctrl+V 粘贴组合键。

（5）用鼠标拖动实现复制操作。按住 Ctrl 键的同时用鼠标将选定的文件或文件夹拖曳到目标文件夹中。

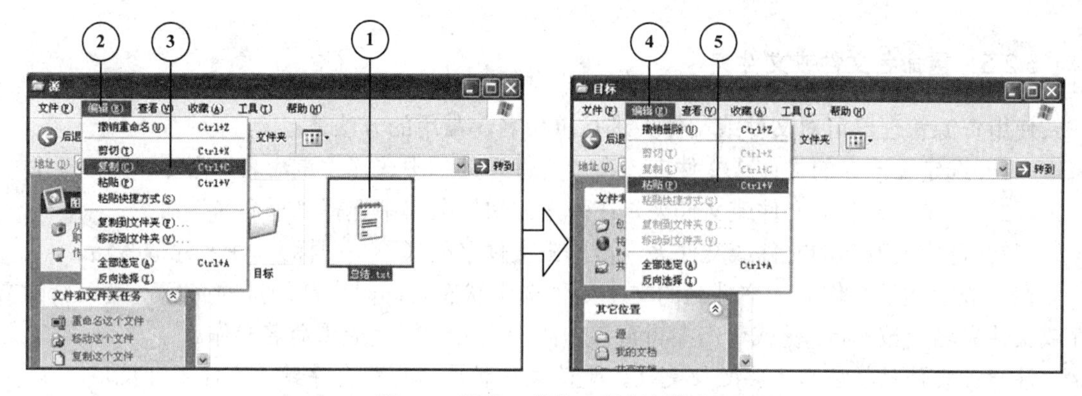

图 5-4　用窗口菜单实现复制操作

需要注意的是，复制时，若发现目标文件夹中已有同名对象存在，系统将给出一个“确认文件替换”对话框，询问是否替换。

5.2.4　移动文件或文件夹

移动文件或文件夹是指将文件和文件夹从源文件夹移动到目标文件夹中。移动与复制类似，其本质区别是：移动后，源文件夹中不存在被移动的对象；而复制后，源文件夹中仍然保留被复制的对象。与复制操作类似，移动操作常用方法有以下几种。

（1）用窗口菜单实现移动操作。选中要移动的文件或文件夹，选择“编辑”菜单的“剪切”命令，打开目标文件夹，选择“编辑”菜单的“粘贴”命令，见图 5-5（步骤①②③④⑤）。

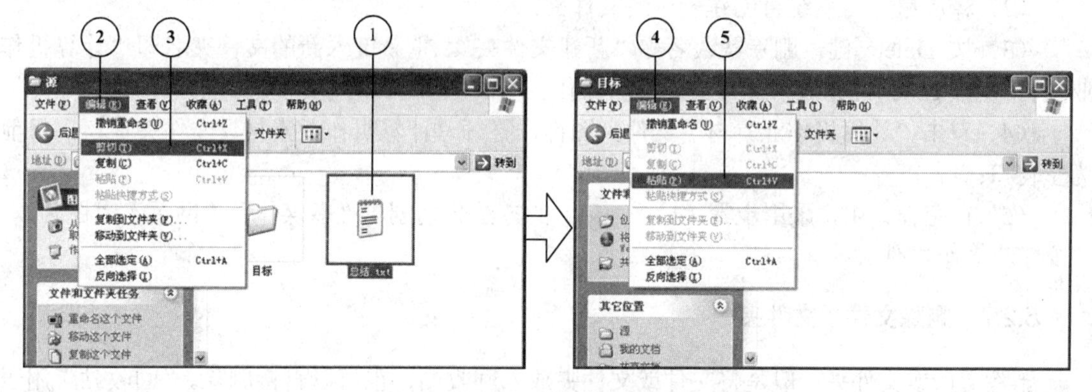

图 5-5　用窗口菜单实现移动操作

（2）用工具栏实现移动操作。选中要移动的文件或文件夹，单击工具栏“剪切”命令按钮，打开目标文件夹，单击“粘贴”命令按钮。

（3）用快捷菜单实现移动操作。选中要移动的文件或文件夹后单击鼠标右键，在弹出的快捷菜单中选择“剪切”命令，打开目标文件夹后单击鼠标右键，在弹出的快捷菜单中选择“粘贴”命令。

（4）用快捷键实现移动操作。选中要移动的文件或文件夹，按 Ctrl+X 复制组合键，打开目标文件夹，按 Ctrl+V 粘贴组合键。

（5）用鼠标拖动实现移动操作。用鼠标将选定的文件或文件夹直接拖曳到目标文件夹中即可。

5.2.5 重命名文件或文件夹

使用资源管理器可对文件或文件夹进行重命名，常用的方法是：

（1）选定要改名的文件或文件夹，在“文件”菜单中选择“重命名”命令；

（2）右击要改名的文件或文件夹，在弹出的快捷菜单中选择“重命名”命令；

（3）选定要改名的文件或文件夹，再单击文件名处（不是图标），使名称框激活。

在完成上述的操作后，文件名的文字处于选中状态，同时出现闪烁的光标，键入新的文件或文件夹名，按 Enter 键或单击编辑窗口中的空白处，即完成重命名操作。

注意：文件的扩展名不要随便更改，更改文件扩展名可能会导致该文件不可使用。

5.2.6 创建文件夹

使用资源管理器可以在桌面或磁盘中的任意文件夹中创建新文件夹，方法是：

（1）在左窗格中选定要创建新文件夹的驱动器或文件夹，即确定创建位置；

（2）选择“文件”菜单（或单击鼠标右键选择快捷菜单）中的“新建”→“文件夹”命令；

（3）在出现的框中键入新文件夹名，然后按回车键或单击编辑窗口中的空白处。

【例 5.2】在 C 盘中创建一系列的文件夹。

操作步骤提示：

（1）选中资源管理器中 C 盘的图表，选择“文件”→“新建”→“文件夹”命令；

（2）释放鼠标，系统将创建一个新文件夹；

（3）按 Delete 健，删除默认名称“新建文件夹”。重新键入新的文件夹名即“计算机作业素材”，按 Enter 键完成新文件夹的命名操作；

（4）双击“计算机作业素材”文件夹图标，打开“计算机作业素材”文件夹窗口，目前为空窗口；

（5）在空窗口中，采用步骤（1）～（3）的方法分别创建“多媒体”、“网页”、“图片”、“文字”各个文件夹。

5.2.7 删除文件或文件夹

删除文件或文件夹一般是将文件或文件夹放入回收站，也可以直接删除。“回收站”用于存放用户从硬盘中临时删除的文件或文件夹，该文件夹实质上也是系统在硬盘上分配的一段存储空间。“回收站”的作用是临时保护用户不需要的文件，以免用户误操作删除了有用文件或者用户暂时不确定是否需要某文件。放入回收站的文件或文件夹根据需要还可以恢复。

删除文件或文件夹通常需要选中待删除的文件或文件夹，然后选择以下任意一种方法操作。

（1）选择“文件”菜单中的“删除”命令，出现如图 5-6 所示的“确认文件删除”对话框，单击“是”按钮后删除操作完成；

（2）单击工具栏“删除”命令按钮，在“确认文件删除”对话框中单击“是”按钮；

（3）按 Delete 键，在“确认文件删除”对话框中单击“是”按钮；

（4）将选中的文件或文件夹直接拖曳到回收站图标上或回收站窗口中；

（5）单击鼠标右键，在弹出的快捷菜单中选择“删除”命令，在“确认文件删除”对话框中单击“是”按钮。

若按住 Shift 键的同时按 Delete 键，文件或文件夹将从计算机中直接删除，而不存放到回收站。此时出现如图 5-7 所示的“确认文件删除”对话框，单击“是”按钮后删除操作完成。注意，这样删除的文件或文件夹，将不能恢复。

图 5-6　彻底删除文件时出现的对话框

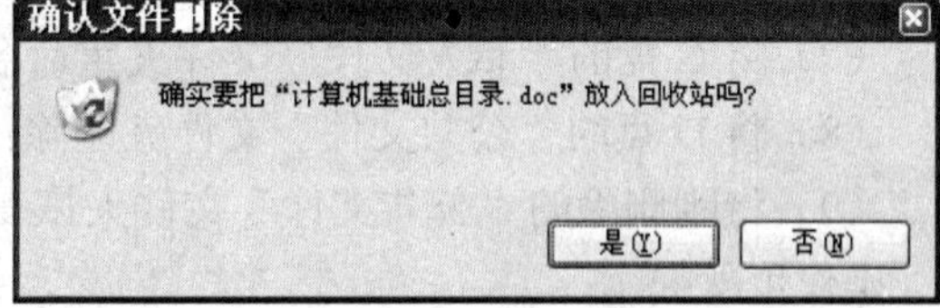

图 5-7　“确认文件删除”对话框

5.2.8　恢复文件或文件夹

在进行文件或文件夹管理的过程中，难免会由于误操作而将有用的文件或文件夹删除，若要恢复，可采用恢复文件或文件夹操作来实现。常用的方法是：

（1）恢复刚刚被删除的文件或文件夹。选择“编辑”菜单中的“撤消删除”命令即可。

（2）恢复以前被删除的文件或文件夹。双击桌面上的“回收站”图标，打开“回收站”窗口。选择要恢复的文件或文件夹，在“文件”菜单（或快捷菜单）选择“还原”命令，如图 5-8 所示（步骤①②③）；也可以直接将要恢复的文件或文件夹拖放在目的文件夹中。

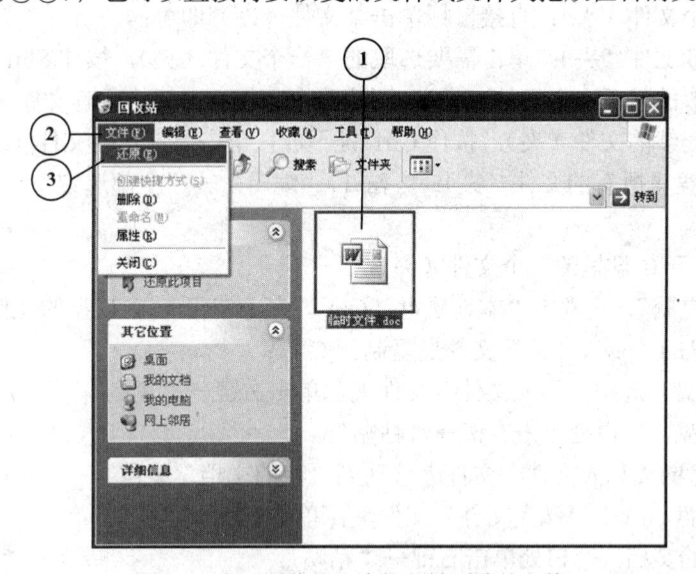

图 5-8　在“回收站”中恢复被删除的文件

注意：以下几种情况，被删除的文件是不能恢复的：

①选择“删除”命令的同时按下 Shift 键；

②删除了一个大于回收站剩余容量的文件；

③非固定硬盘文件被删除；

④使用“清空回收站”命令删除了回收站中的文件。

【例 5.3】文件管理器设置练习。要求：

（1）在“D 盘”新建一个名为“私人文件”的文件夹；

（2）在新建立的“私人文件”里新建一个以自己学号命名的记事本文件；

（3）选定 C 盘里的某一个、某四个连续的、某四个不连续的、C 盘的全部文件（夹）；

（4）任意打开 C 盘里的一个文件（夹）；

（5）将 D 盘的“私人文件”文件夹复制到 C 盘；

（6）将 D 盘的“私人文件”文件夹移动到“我的文档”中；

（7）将 C 盘的“私人文件”文件夹重命名为“公共文件”；

（8）将 D 盘的“公共文件”文件夹删除；

（9）将刚删除的“公共文件”文件夹恢复。

操作步骤提示：

（1）在“D 盘”新建一个名为“私人文件”的文件夹：

- 双击“我的电脑”→ 双击“本地磁盘（D:）”；
- 在窗口的空白处单击鼠标右键 → 在弹出的快捷菜单中选择“新建”→“文件夹”，新建“私人文件”。

（2）在新建立的“私人文件”里新建一个以自己学号命名的记事本文件：

- 双击“私人文件”文件夹；
- 在窗口的空白处单击鼠标右键 → 在弹出的快捷菜单中选择“新建”→“文本文档”，将新建的文本文档以自己的学号命名。

（3）选定 C 盘里的某一个、某四个连续的、某四个不连续的、C 盘的全部文件（夹）：

- 选定单个文件（夹）：直接鼠标单击某文件（夹）即可；
- 选定连续文件（夹）：单击需要选取的第一个文件（夹），按住 Shift 键不放，再单击需要选取的最后一个文件（夹），则这两个文件夹之间的所有文件（夹）都被选中；
- 选定不连续的文件（夹）：按住 Ctrl 键不放，单击要选定的文件（夹）；
- 选定 C 盘里所有的文件（夹）：方法 1，“编辑”→“全部选定”；方法 2，Ctrl+A 快捷键；

（4）任意打开 C 盘里的一个文件（夹）：

双击“我的电脑”→ 双击“本地磁盘（C:）”，任意打开一个 C 盘的文件夹。

（5）将 D 盘的“私人文件”文件夹复制到 C 盘：

- 打开 D 盘，选中“私人文件”文件夹，单击右键→“复制”；
- 打开 C 盘，空白处单击右键→“粘贴”。

（6）将 D 盘的“私人文件”文件夹移动到“我的文档”中：

- 打开 D 盘，选中“私人文件”文件夹，单击右键→“剪切”；
- 打开我的文档，空白处单击右键→“粘贴”。

（7）将 C 盘的“私人文件”文件夹重命名为“公共文件”：

打开 C 盘，选中“私人文件”文件夹，单击右键→“重命名”。

（8）将 D 盘的“公共文件”文件夹删除：

打开 C 盘，选中“公共文件”文件夹，单击右键→“删除”。

（9）将刚删除的“公共文件”文件夹恢复：

双击“回收站”图标，打开回收站窗口。选中要恢复的文件（夹），单击鼠标右键，选择“还原”。

5.2.9　更改文件或文件夹的属性设置

在 Windows XP 中，文件的属性一般有 4 种，见表 5-2。用户可以查看或修改其中 3 种属性，即只读、隐藏、存档属性。

表 5-2　文件或文件夹的属性

属性	含义
存档	表示该文件未作过备份，或上次备份后又作过修改
只读	表示该文件只可以读取或执行，但不能修改文件内容。设定此属性可防止被修改或意外删除
隐藏	属性为“隐藏”的文件或文件夹的图标通常不显示出来，只有修改“资源管理器”的“工具”菜单中的“文件夹选项”子菜单下的“查看”选项卡中的“显示所有文件和文件夹”才会显示出来。将文件或文件夹设置为隐藏属性后，能够防止因误操作而被删除
系统	表示该文件是系统文件之一。默认情况下，Windows XP 系统文件不被显示出来。不能随意删除系统文件，否则会导致 Windows XP 不能正常工作。文件夹没有系统属性

查看和修改文件、文件夹属性的操作方法是：

选定要查看、修改的文件或文件夹，在“文件”菜单（或右击，在弹出的快捷菜单中）选择“属性”命令，打开“属性”对话框，用户可以根据需要在复选框上单击。

5.2.10　搜索文件或文件夹

1. 通配符

在 Windows XP 中搜索文件或文件夹通常需要与通配符一起配合使用。通配符也称统配符、替代符、多义符或全称文件名符，就是可以表示一组文件名的符号。通配符有两个，即星号“*”和问号“?”。

（1）“*”通配符。也称为多位通配符，它代表所在位置开始的所有任意字符串。例如：

“c*.*”——表示第 1 个字符是“c”的所有文件。

“k*.doc”——表示主文件名是以字母 k 开头的、后面为任意字符串，并且文件扩展名为“doc”的这一类文件。

（2）“?”通配符。也称单位通配符，仅代表所在位置上的一个任意字符。例如：

“c?.doc”——表示主文件名由两个字符组成，第一个字符为“c”，后一个为任意字符，扩展名为“doc”的这类文件。

“?ab?.exe”——表示主文件名第 2 个字符是“a”，第 3 个字符是“b”，文件主名长度不超过 4 个字符，且扩展名为“exe”的这类文件。

（3）通配符的混合使用。“*”和“?”可以相互配合使用。例如：

“?q??.f*”——表示文件主名的第 1 个字母任意、第 2 个字母为“q”，全部主名限制在 4 个字母以内，扩展名为“f”开头且其后为任意字母的文件。

“??a*.*”——表示文件主名的第 3 个字符是“a”所有文件。

（4）一个例子。为了进一步说明，这里举一个综合性的例子，帮助读者深入理解通配符的概念。

假设当前文件夹中有如下几个文件：a.txt、ab.txt、abc.txt、abc.t、abc.tt、abc.ttt、abc.xt、bc.txt。

*.*可以匹配所有的文件；

a*.*可以匹配除 bc.txt 外的所有文件；

a?.*可以匹配 ab.txt；

*.t*可以匹配除 abc.xt 外的所有文件；

*.t?可以匹配 abc.tt

2. 搜索文件（夹）

在 Windows XP 中，用户可以运用其搜索功能在本机中查找文件或文件夹，其步骤是：

（1）启动“搜索”对话框。

方法 1：单击“开始”菜单中的“搜索”→“文件或文件夹”选项；

方法 2：在“资源管理器”窗口中，单击工具栏上的“搜索”按钮；

方法 3：在“资源管理器”窗口右击硬盘图标，利用快捷菜单中的“搜索”命令；

方法 4：右击“开始”按钮，采用快捷菜单的“搜索”命令。

在使用以上任一种方法后，都会打开如图 5-9 所示的窗口。

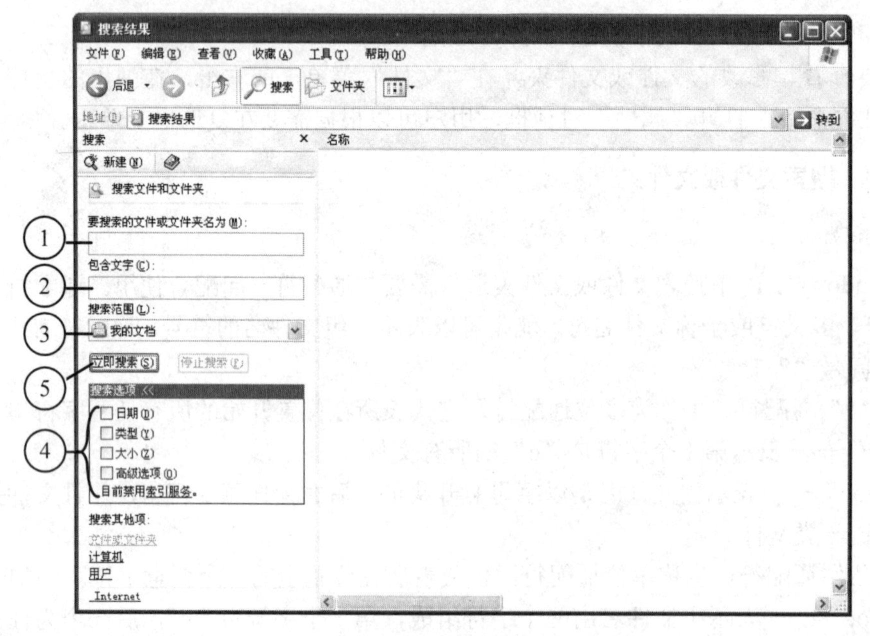

图 5-9 搜索文件或文件夹

（2）在“要搜索的文件或文件夹名为”文本框中输入要搜索的文件或文件夹名称，可以使用通配符“*”和“?”（步骤①）。

（3）用户可以在“包含文字”文本框中输入要搜索的文件或文件夹中包含的文字内容，以缩小搜索范围，提高搜索速度（步骤②）。

（4）设置“搜索范围”。可以设置为“我的电脑”、“我的文档”、“桌面”及其中包含的文件夹（步骤③）。

（5）设置“搜索选项”（步骤④）。系统提供可选的“搜索选项”，它们是：

日期设置：设置要搜索的文件或文件夹有关日期方面的辅助条件；

类型设置：可以选择要搜索的文件类型；

文件大小设置：可以设定搜索文件的大小范围；

高级设置：用户可以在其中设置“搜索系统文件夹”、“搜索隐藏文件和文件夹”、“搜索子文件夹”、“区分大小写”和“搜索磁带备份”各子选项。

（6）单击“立即搜索”按钮，即可按用户所设置的选项进行搜索，搜索结果列在右边的窗口中（步骤⑤）。

【例 5.4】在 C 盘中查找名为 ding.wav 的文件，将其复制到【例 5.2】建立的“计算机作业素材”文件夹中的“多媒体”子文件夹内。

操作步骤提示：

（1）单击资源管理器的“搜索”按钮，在“要搜索的文件和文件夹名为”文本框中输入搜索式：ding.wav；

（2）单击“立即搜索”，稍等片刻，在搜索结果窗口中可见到搜索到的 ding.wav 文件夹；

（3）右键单击 ding.wav 文件，在快捷菜单中选择“复制”命令；

（4）令资源管理器左窗格显示整个系统的文件夹树，选中 C 盘下的“计算机作业素材\多媒体”子文件夹；

（5）执行文件夹窗口中的“编辑”→“粘贴”命令。

5.2.11　快捷方式

快捷方式是一种无需进入安装位置即可启动常用程序或打开文件或文件夹的方法，使用快捷方式可以迅速打开项目。一个快捷方式可以与用户界面中的任意对象相连，它是一种特殊类型的文件。每一个快捷方式用一个左下角带有弧形箭头的图标表示，称之为快捷图标。快捷图标是一个连接对象的图标，它不是这个对象本身，而是指向这个对象的指针。因此，无论快捷图标建在什么位置，它并不改变它所指向的文件，删除快捷方式也并不会删除它所指向的文件。

快捷方式有多种创建方式，最为常用的是在桌面上创建快捷方式，其创建方法主要有以下几种：

（1）用鼠标右键拖动要创建快捷方式的项目到桌面空白处，在弹出的菜单中选择“在当前位置创建快捷方式”命令即可。

（2）右击要创建快捷方式的项目，在弹出的快捷菜单中选择“发送到”→“桌面快捷方式”命令，如图 5-10 所示。

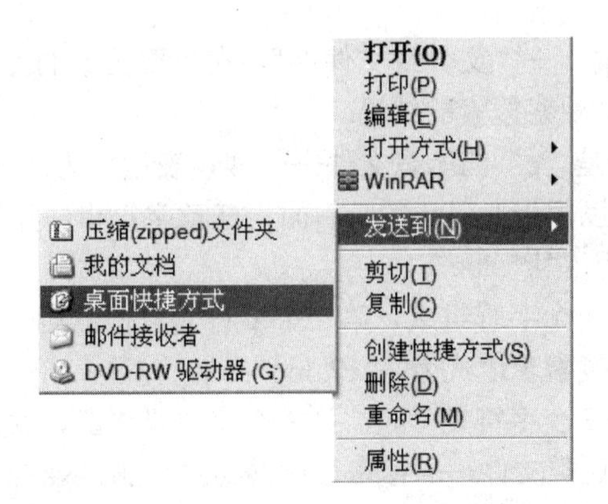

图 5-10　用“发送到”命令创建桌面快捷方式

（3）用鼠标右键将“开始”菜单中的某个快捷方式项目直接拖动到桌面空白处，在弹出的快捷菜单中选择“复制到当前位置”或“在当前位置创建快捷方式”命令。

5.3 Windows XP 操作演示二（文件管理）

1. 管理文件

操作步骤：

（1）在 C 盘目录下建立如下的文件夹结构：

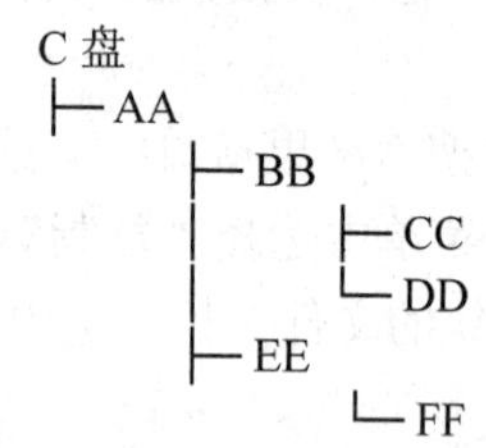

（2）从 Windows 安装文件夹下的 system32 子文件夹（例如“C:\Windows\system32”）下选择“calc.exe（即计算器程序文件）”文件，复制到“AA”文件夹下；

（3）将“calc.exe”文件移动到“EE”文件夹下，注意观察“AA”文件夹下是否还有“calc.exe”文件；

（4）将“calc.exe”文件重命名为“计算器.exe”；

（5）在桌面上创建“计算器.exe”的快捷方式；

（6）返回 Windows XP 桌面，双击“计算器.exe”的快捷方式，观察是否能打开“计算器”程序；

（7）将“计算器.exe”文件删除到回收站中（注意不是彻底删除），然后再次双击桌面上的“计算器.exe”的快捷方式观察是否能打开“计算器”程序；

（8）在回收站中将“计算器.exe”文件还原，然后再次双击桌面上的“计算器.exe”的快捷方式观察是否能打开“计算器”程序；

（9）用记事本在“BB”文件夹下创建一个名为“test.txt”的文本文件，在该文件中输入“2008 奥运，加油！”一行文字，然后关闭该文件。

2. 查找文件（夹）

操作步骤：

选择“开始”→“搜索”→“文件或文件夹”，在“要搜索的文件或文件夹名为”文本框中键入不同的搜索表达式，观察搜索的结果。

（1）搜索第 1 个字符是“c”的所有文件——搜索表达式为：“c*.*”；

（2）搜索主文件名是以字母 k 开头的、后面为任意字符串，并且文件扩展名为“doc”的这类文件——搜索表达式为：“k*.doc”；

（3）搜索主文件名由两个字符组成，第一个字符为“c”，后一个为任意字符，扩展名为“doc”的这一类文件——搜索表达式为：“c?.doc”；

（4）搜索主文件名第 2 个字符是“a”，第 3 个字符是“b”，文件主名长度不超过 4 个字符，且扩展名为“exe”的这类文件——搜索表达式为：“?ab?.exe”；

（5）搜索文件主名的第 1 个字母任意、第 2 个字母为“q”，全部主名限制在 4 个字母以内，扩展名为“f”开头且其后为任意字母的文件——搜索表达式为：“?q??.f*”；

（6）搜索文件主名的第 3 个字符是“a”所有文件——搜索表达式为：“??a*.*”。

5.4 Windows XP 实验二（文件管理）

1. 按照以下要求练习文件夹的基本操作。

（1）在 C 盘上建立“娱乐”文件夹；

（2）在“娱乐”文件夹里建立“音乐”、“图片”、“电影”、“小说”、“作业”五个文件夹；

（3）在“小说”文件夹里建立“我是一片海”的文本文档；

（4）把“小说”文件夹复制到 D 盘；

（5）把“作业”文件夹移动到 D 盘；

（6）把 D 盘里的“小说”文件夹重命名为“文学”；

（7）删除 D 盘上的“文学”文件夹；

（8）恢复被删除的文件夹；

（9）搜索你计算机里的所有临时文件，并删除；

（10）把 C 盘的“作业”文件夹设置成为“只读”、“隐藏”属性。

2. 按照以下要求练习文件夹的操作。

（1）打开资源管理器，在 C 盘根目录下新建文件夹“我的练习”；

（2）在“我的练习”文件夹中新建一个 Microsoft Word 文档名为“我的 Word 文档”；

（3）将“我的 Word 文档”，发送到“桌面快捷方式”；

（4）在“我的练习”文件夹中新建以下一系列文件夹：“AA”、“BB”、“CC”；

（5）将 C 盘下的“我的练习”文件夹的前三个文件移动到 D 盘中，并打开 D 盘进行查看；

（6）用拖动的方式将“我的练习”文件夹中的“DD”文件夹复制到 D 盘；

（7）利用对话框将“我的 Word 文档”文件，复制到 D 盘中;

（8）搜索 C 盘中小于 1MB 的所有 EXE 文件；

（9）搜索 C 盘上第二个字符为 X 的文件和文件夹；

（10）在“我的电脑”中搜索 D 盘中以 ABC 开头，第四个字符任意的所有文件；

（11）在“我的电脑”中搜索所有的 TXT 文件；

（12）搜索 C 盘中上个星期内的文件和文件夹。

第 6 讲 控制面板、磁盘管理及附件程序

本讲的主要内容包括：

- 控制面板的使用
- 磁盘管理程序的使用
- 常用附件程序的使用

6.1 控制面板

“控制面板”是 Windows XP 中一个重要的系统文件夹，其中包含许多独立的工具或程序，可以用来对设备进行设置与管理、调整系统的环境参数默认值和各种属性、添加新的硬件和软件等。

打开“控制面板”的方法有：

（1）选择“开始”→“设置”→“控制面板”命令；

（2）打开“我的电脑”窗口，指向并单击其中的“控制面板”图标；

（3）打开“资源管理器”窗口，在左窗格中选定“控制面板”文件夹。

控制面板的设置功能很多，以下介绍几种常见的系统设置。

6.1.1 显示属性的调整

“显示”对话框用于对显示器的属性进行设置。显示器是计算机中最为重要的输出设备之一，是计算机正常工作必需的组成部分。设置显示器属性的操作方法是：在桌面上右击，在弹出的快捷菜单中选择“属性”命令，在弹出的“显示属性”对话框中进行设置，如图 6-1 所示。“显示属性”对话框中主要的选项卡及说明见表 6-1。

图 6-1 “显示属性”对话框

表 6-1 任务管理器主要的选项卡及说明

选项卡	说明
主题	该选项卡可对桌面整体外观进行设置，包括背景、屏幕保护程序、图标、窗口、鼠标指针和声音等，以使每个计算机的用户均可拥有一个极富个性化的整体外观设置
桌面	该选项卡设置的是桌面的背景图片，用户可以在“背景”列表框中选择满意的图片，然后将其设置为桌面背景
屏幕保护程序	屏幕保护程序是指用户在一段指定的时间内没有对计算机进行操作时，为保护屏幕不至于长时间处于同一个静止画面而影响显示器的性能，并且为了使屏幕上的数据不轻易被其他人看到，而在屏幕上显示一些动画效果的程序。用户可以通过该选项卡设置屏幕保护程序类型以及出现屏保的时间等

续表

选项卡	说明
外观	该选项卡用于设置 Windows XP 中的样式，包括设置窗口标题栏的颜色、字体大小、按钮大小等
设置	该选项卡用于设置显示器的颜色质量、屏幕分辨率（是指显示器能够支持的水平和垂直方向的点阵密度）以及在相应高级选项中可以选择显示字体的大小和屏幕的刷新频率等硬件方面的属性

6.1.2 添加/删除程序

在 Windows XP 操作系统中，应用程序一般都包含自己的安装程序，因此只要执行该程序就可以把相应的应用程序安装到计算机上。但是，很多的应用程序并没有提供卸载程序，因此，当安装软件后，若需再将软件删除掉，就可能需要依靠 Windows XP 的“控制面板”中的“添加或删除程序”来实现。执行“开始”→“设置”→“控制面板”，即可打开该窗口，如图 6-2 所示。

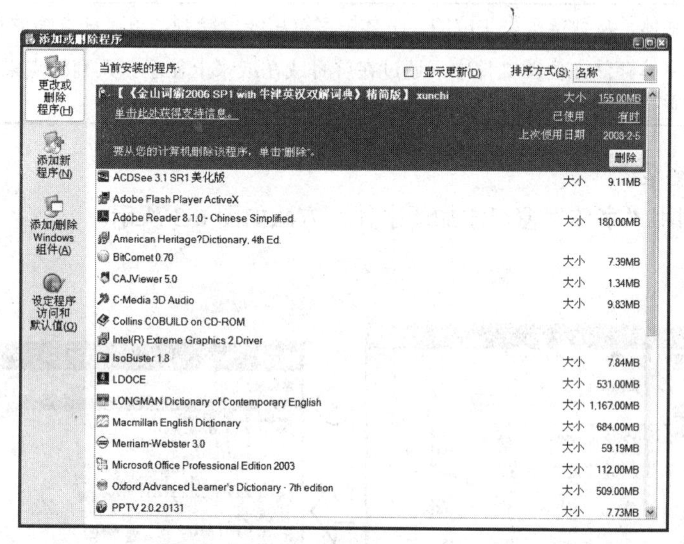

图 6-2 “添加或删除程序”窗口

“添加或删除程序”的两个主要操作“添加新程序”和“更改或删除程序”的操作方法如下：

1. 安装应用程序

（1）在“添加或删除程序”窗口中，单击“添加新程序”按钮切换到“添加新程序”窗口；

（2）单击“软盘或光盘”按钮，打开“从软盘或光盘安装程序”向导对话框；

（3）在驱动器中插入需要安装的程序所在的软盘或光盘；

（4）单击“下一步”按钮，系统自动寻找安装程序，或用户单击“浏览”按钮自己搜索安装程序，安装成功后单击“完成”按钮。

2. 更改或删除程序

（1）在“添加或删除程序”对话框中，单击“更改或删除程序”按钮；

（2）在“目前安装的程序”列表框中，选择要删除或更改的应用程序（或应用程序组）；

（3）若选中的是应用程序组，可单击“更改”按钮，将可添加或修复该应用程序组的组件，也可单击“删除”按钮，则可删除该应用程序组；

（4）若选中的是应用程序，则可单击“更改/删除”按钮，删除该应用程序。

6.1.3 字体的添加与删除

1. Windows 中字体的概念

字体描述了特定的字样和其他性质，如大小、间距和斜度等。在 Windows XP 中，字体是字样的名称。字体主要用于数字、符号和字符集合的图形设计，用于在屏幕上显示文本和打印文本。Windows XP 支持轮廓字体、矢量字体和光栅字体三种字体，这些字体的特点请见表 6-2。

表 6-2 三种字体的特点

字体	特点
轮廓字体	该字体由直线和曲线命令生成，可以任意缩放和旋转。该字体在 Windows XP 中最为常见，为最主要的字体形式，包括 TrueType 类型（用图标A表示）、OpenType 类型（用图标O表示）和 Type1 类型（用图标T表示）
矢量字体	该字体是从数学模型生成的，字体中字符用线段绘制，可以任意缩放和任意的纵横比
光栅字体	该字体存储在位图文件中，通过在屏幕或在纸张上显示一系列的点来创建，它不能缩放和旋转

2. 新字体的安装

用户还可以利用“字体”窗口添加新字体，方法如图 6-3 所示。

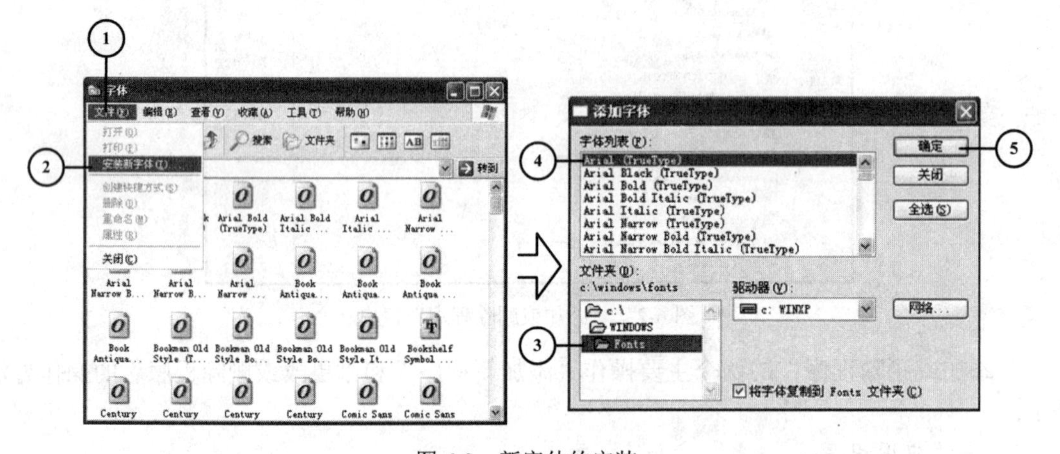

图 6-3 新字体的安装

（1）在“控制面板”中双击“字体”图标，打开“字体”窗口；

（2）在“文件”菜单上，单击“安装新字体”（步骤①②）；

（3）在“驱动器”中，单击新字体的文件所在的驱动器，双击新字体的文件所在的文件夹（步骤③）；

（4）在“字体列表”中，单击要添加的字体，然后单击“确定”按钮（步骤④⑤）。

3. 字体的删除

要从系统中删除字体，可在“字体”窗口中，单击要删除的字体，然后单击“文件”菜单上的“删除”命令即可。

6.1.4　日期和时间设置

1. 设置日期和时间的状况

在如下一些情况下，用户需要设置系统的日期和时间。

（1）初次安装 Windows XP 后；

（2）需要修正时间误差（计算机的时间是由机内电池支持的时钟逻辑电路提供的，一个月误差约 2 分钟）；

（3）由于某种原因，如为了避开某些病毒的发作时间等。

2. 日期和时间设置的方法

日期和时间的设置方法如图 6-4 所示。

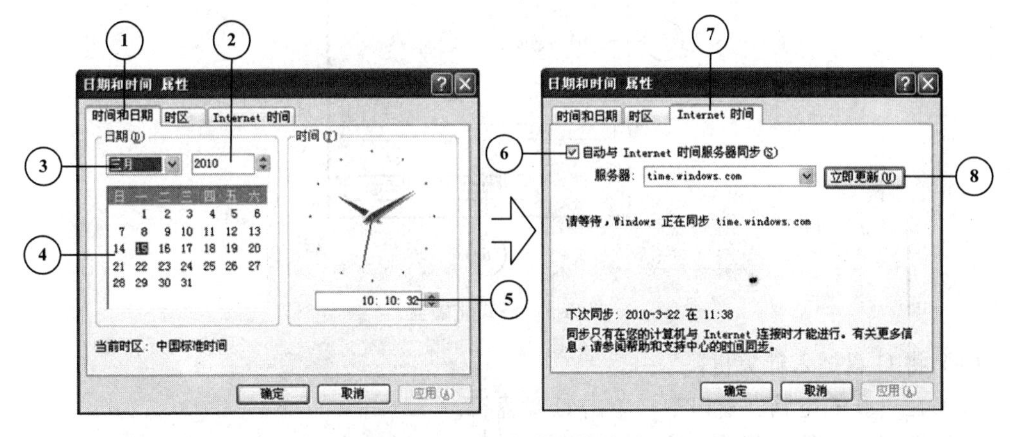

图 6-4　日期和时间的设置

（1）在“控制面板”中双击“日期和时间”图标，或直接双击任务栏最右边的时钟显示，即可打开“日期和时间属性”对话框；

（2）在“时间和日期”选项卡中，可设定正确的年、月、日、时间（步骤①②③④⑤）；

（3）在“Internet 时间”选项卡中，可利用国际互联网对系统时间进行精确校准。方法是，选中“自动与 Internet 时间服务器同步”选项，然后确定时间同步服务器，单击“立即更新”，系统会自动连接时间同步服务器，校对系统时钟，时间同步操作成果成功后会给予提示说明（步骤⑥⑦⑧）。

6.2　磁盘管理

6.2.1　格式化磁盘

1. 格式化磁盘的意义

格式化磁盘是操作系统对磁盘进行加工的一种操作，其目的是把磁盘划分成操作系统能够对磁盘进行管理的格式，从而满足系统的特定要求，格式化磁盘还能发现磁盘中损坏的扇区并表示出来，避免计算机向这些坏扇区记录数据。格式化磁盘会彻底删除磁盘上的所有数据，因此在进行磁盘格式化操作之前，一定要谨慎地确认磁盘上所有的数据是否均可删除，当然由于格式化磁盘有全部删除数据的特点，有时候也可用于对磁盘进行病毒清除。

2. 格式化磁盘的方法

下面以格式化一个U盘（即USB闪存盘，英文名称USB Flash Disk）为例介绍格式化磁盘的方法，见图6-5，具体操作步骤如下：

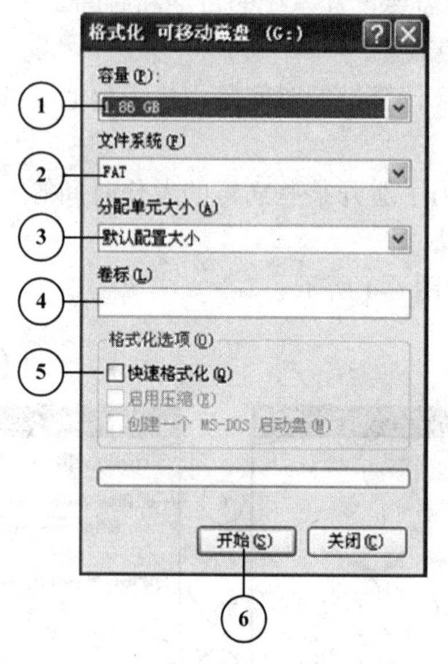

图6-5 格式化磁盘

（1）将U盘插入计算机；

（2）在“我的电脑”窗口中，单击U盘盘符；

（3）选择“文件”菜单中的“格式化”命令，出现 “格式化”对话框；

（4）选择格式化的设置选项，如可在“容量”、“文件系统”、“分配单元大小”下拉列表框中选择磁盘的容量、文件系统格式（FAT或FAT32格式）、分配单元的大小，在“卷标”文本框中可输入该磁盘的卷标，若需要快速格式化，可选中“快速格式化”复选框。必须注意的是，快速格式化不扫描磁盘的坏扇区，而直接从磁盘上删除文件，只有在磁盘已经进行过格式化而且确信该磁盘没有损坏的情况下，才使用该选项（步骤①②③④⑤）；

（5）单击“开始”按钮（步骤⑥），将弹出“格式化警告”对话框，若确认要进行格式化，单击“确定”按钮即可开始进行格式化操作。这时在“格式化”对话框中的“进程”框中可看到格式化的进程。

这里再一次提醒您：格式化磁盘将会删除磁盘上的所有信息，操作必须谨慎。

6.2.2 磁盘清理

1. 磁盘清理的作用

系统在运行过程中，会产生一些以后不再使用的临时文件，如访问Internet站点时存放的临时文件、回收站里的文件、Windows XP安装程序时创建的日志文件、应用程序存放的临时文件等。这些临时文件会占用一定的磁盘空间，可以使用磁盘清理工具来自动清除这些不再需要的文件，以释放其所占用的磁盘空间。

2. 磁盘清理的操作

磁盘清理的操作见图6-6，具体操作步骤如下：

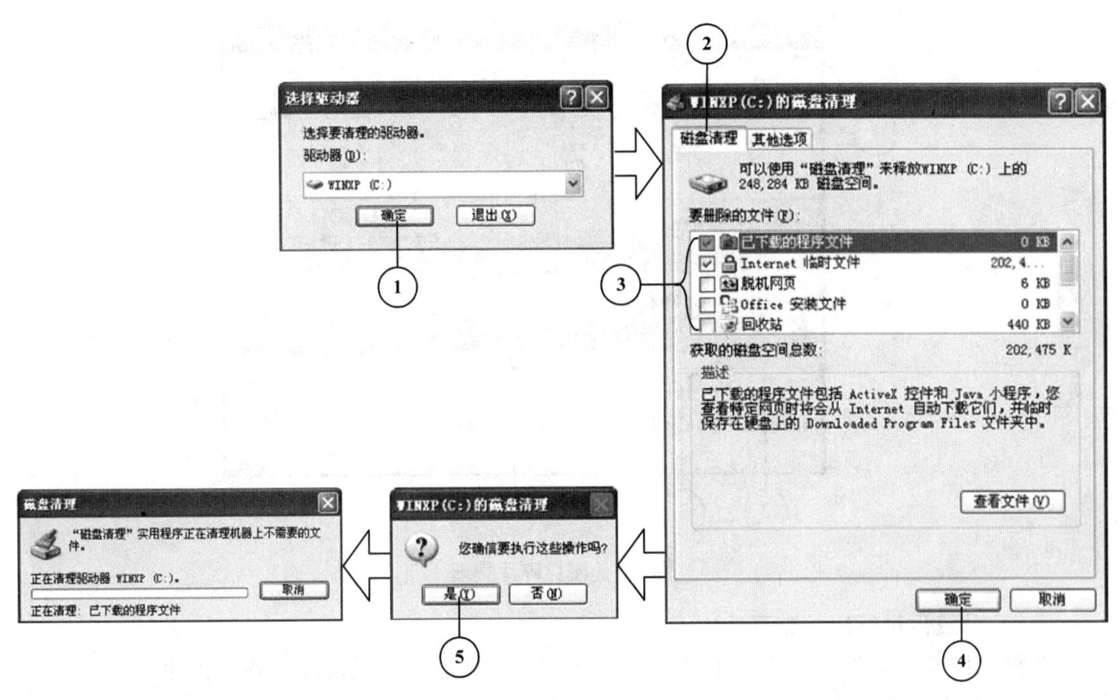

图 6-6　磁盘清理操作

（1）单击“开始”→“程序”→“附件”→“系统工具”→“磁盘清理”命令，出现“选择驱动器”对话框（步骤①）；

（2）确定要进行清理的驱动器，然后单击“确定”按钮（步骤①）；

（3）在弹出的磁盘清理对话框中选中磁盘清理“磁盘清理”选项卡，选择要删除的文件类型，单击“确定”按钮（步骤②③④）；

（4）在弹出的“磁盘清理”对话框中单击“是”按钮（步骤⑤）；

（5）系统执行磁盘清理操作。

6.2.3　磁盘碎片整理

1. *磁盘碎片整理的作用*

磁盘使用了一段时间后，经过大量的新建文件和删除文件操作，会产生很多的磁盘碎片，用户往往会发现磁盘的读写效率降低了，这时可以使用 Windows XP 提供的“磁盘碎片整理程序”重新安排磁盘的空间，使同一文件存储在连续的磁盘空间中，以提高磁盘读写速度。

2. *磁盘碎片整理的操作*

磁盘碎片整理的操作见图 6-7，具体操作步骤如下：

（1）单击“开始”→“程序”→“附件”→“系统工具”→“磁盘碎片整理程序”命令，出现“磁盘碎片整理程序”对话框。

（2）选择要整理的磁盘，单击“分析”按钮，即可对该磁盘的碎片情况进行分析，单击“碎片整理”按钮系统即进行该磁盘的碎片整理，碎片整理通常耗时较长，若中途需要中断，可单击“停止”按钮终止磁盘碎片整理程序（步骤①②③④）。

【例 6.1】练习对磁盘进行碎片整理和对磁盘进行整理。

操作步骤提示：

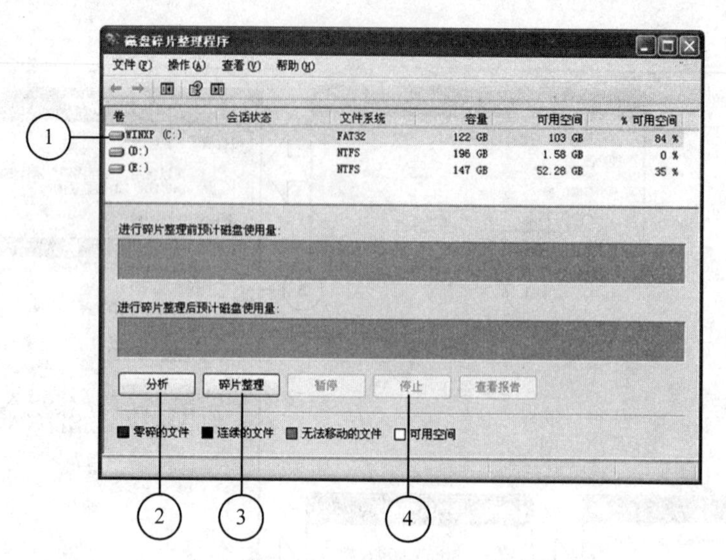

图 6-7 磁盘碎片整理

（1）对磁盘进行碎片整理。

选择“控制面板”→“管理工具”→“计算机管理”→“磁盘碎片整理程序”。

（2）对磁盘进行整理。

选择“控制面板”→“管理工具”→“计算机管理”→“磁盘整理”，在右窗格中可以查看到磁盘的分区信息；使用“操作”菜单或右键快捷菜单，可以更改驱动器名和路径、格式化磁盘等。

操作技巧：

（1）在整理碎片时，尽量关闭应用程序，包括屏幕保护、自动待机、杀毒软件、防火墙等，最好还应断开网络连接，防止磁盘碎片整理期间被黑客控制；

（2）磁盘清理不是越频繁越好。一般情况下，如果经常下载并删除一些文件，或频繁安装和卸载应用程序，最好能定期进行磁盘清理。如果很少删除文件，即使使用磁盘清理也不会对计算机的运行效率有很大的提升；

（3）清理 C 盘时不要频繁进行磁盘读写。

6.3 附件程序

中文版 Windows XP 的“附件”程序为用户提供了许多使用方便且功能强大的工具，当用户要处理一些要求不是很高的工作时，可以利用附件中的工具来完成。以下介绍几个最常用的附件程序。

6.3.1 画图

“画图”程序是一个位图编辑器，可以对各种位图格式的图画进行编辑，还可供用户自己绘制图画，也能对扫描的图片进行编辑修改。位图编辑完成后，可以 BMP、JPG、GIF 等格式存档。打开“画图”程序的方法是：执行“开始”→“程序”→“附件”→“画图”命令。“画图”程序窗口各部分说明见表 6-3。

表 6-3 “画图”程序窗口说明

名称	说明
菜单栏	提供画图程序的各类控制菜单选项
工具箱	提供各类作图工具，请参考下图。 任意形状的裁剪 选定 橡皮/彩色橡皮擦 用颜料填充 取色 放大镜 铅笔 刷子 喷枪 文字 直线 曲线 矩形 多边形 椭圆 圆角矩形
颜料盒	提供作图用的各种颜色的设置程序，见下图说明。 前景色 背景色 基本颜色
工作区	提供给用户作图的工作区域

画图的操作主要有两种：画图操作和图像处理操作。

1. 画图操作

（1）执行菜单中的“文件”→“新建”命令，创建一个空白的图形文件；

（2）执行菜单中的“图像”→“属性”命令，确定画布的大小；

（3）在“颜料盒”中，使用鼠标设置前景色（即画笔的颜色）与背景色（即橡皮擦的颜色）；

（4）在“工具盒”中选择绘图工具绘制图形，例如要画直线，单击“直线”工具，然后选定直线的宽度等，用鼠标在工作区绘出一条直线；

（5）根据需要，重复步骤（4）；

（6）图片绘制好后，执行菜单中的“文件”→“另存为”命令，在弹出的对话框中指定图形文件保存的文件夹、图形文件的存盘文件类型，输入文件的文件名后，单击“保存”按钮，保存创建的图形。

2. 图像处理

“画图”程序提供了简单的图形编辑功能，可以对增幅图画或图画中的一部分进行复制、剪切、移动、旋转、拉伸以及改变颜色等操作。

（1）执行菜单中的“文件”→“打开”命令，打开一个现存的图形文件；

（2）选取画面。用工具箱中的“任意形状选取工具”或“矩形选取工具”，沿着要选取的画面区域拖动，被选区域将被一个虚线框包围；

（3）图像编辑。利用“编辑”菜单中的命令可以对选定的区域进行移动、复制、剪切和粘贴等操作，利用“图像”菜单中的命令可以对选定的区域进行旋转、拉伸等操作。

6.3.2 Windows Media Player

“Windows Media Player”是一个通用的多媒体播放器，可用于接收以最流行的格式制作的音频、视频和混合型多媒体文件，利用这个播放器不仅可以播放本地的多媒体类型文件，而且可以播放来自 Internet 或局域网的流媒体文件。播放媒体文件的方法和步骤如图 6-8 所示。

（1）执行“开始”→“程序”→“附件”→“娱乐”→“Windows Media Player”命令；

（2）选择“文件”→“打开”菜单项，打开一个现存的多媒体文件（步骤①②③④）；

（3）单击开始播放，单击停止播放（步骤⑤⑥）。

图 6-8 Windows Media Player 播放器

6.3.3 录音机

Windows XP 中的“录音机”是一个用来录制、播放和编辑数字波形声音，并可进行简单特殊效果处理的应用程序。在使用“录音机”之前务必事先检查计算机内的声卡是否能正常工作，检查信号源连线与声卡是否正确连接，即话筒插入了声卡的 MIC IN 插孔，其他声源接入了声卡的 LINE IN 插孔等。

执行“开始”→“程序”→“附件”→“娱乐”→“录音机”选项，即可打开“录音机”

程序。“录音机”可以执行的操作主要有：播放声音、录制声音和编辑声音等。

1. 播放声音

播放声音的步骤如图 6-9 所示。

（1）选择“文件”→“打开”菜单项，打开一个现存的声音文件（步骤①②③④）；

（2）单击▶开始播放声音；单击■停止播放（步骤⑤⑥）。

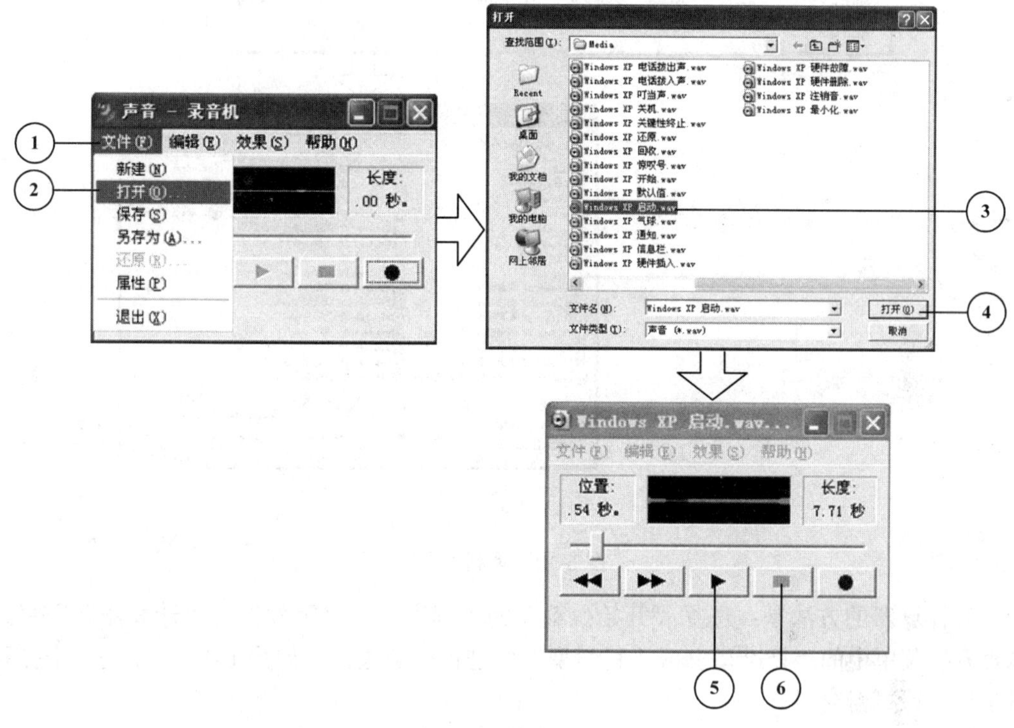

图 6-9 播放声音

2. 录制声音

录制声音的步骤如图 6-10 所示。

（1）选择“文件”→“新建”菜单项，新建一个声音文件（步骤①②）；

（2）单击●开始录音，在录制过程中可单击■停止录音，录制完成后可单击▶播放已录制的声音（步骤③④⑤）；

（3）录制结束后，可选择“文件”→“保存”菜单项，将刚录制的声音保存（步骤⑥⑦）。

3. 编辑声音

“录音机”程序可对波形文件进行一些简单的编辑处理，例如调整声音质量、更改文件格式、改变播放声音的速度、添加回音、插入声音文件、删除文件中部分声音等，通过这些简单的声音处理可以获得一些特殊的效果。

6.3.4 计算器

“计算器”有标准型和科学型两种。使用标准型计算器，可执行简单的算术运算，如加、减、乘、除等；使用科学型计算器，则可以执行复杂的数学运算，如阶乘、数据转换、统计分析、指数运算和三角函数运算等。

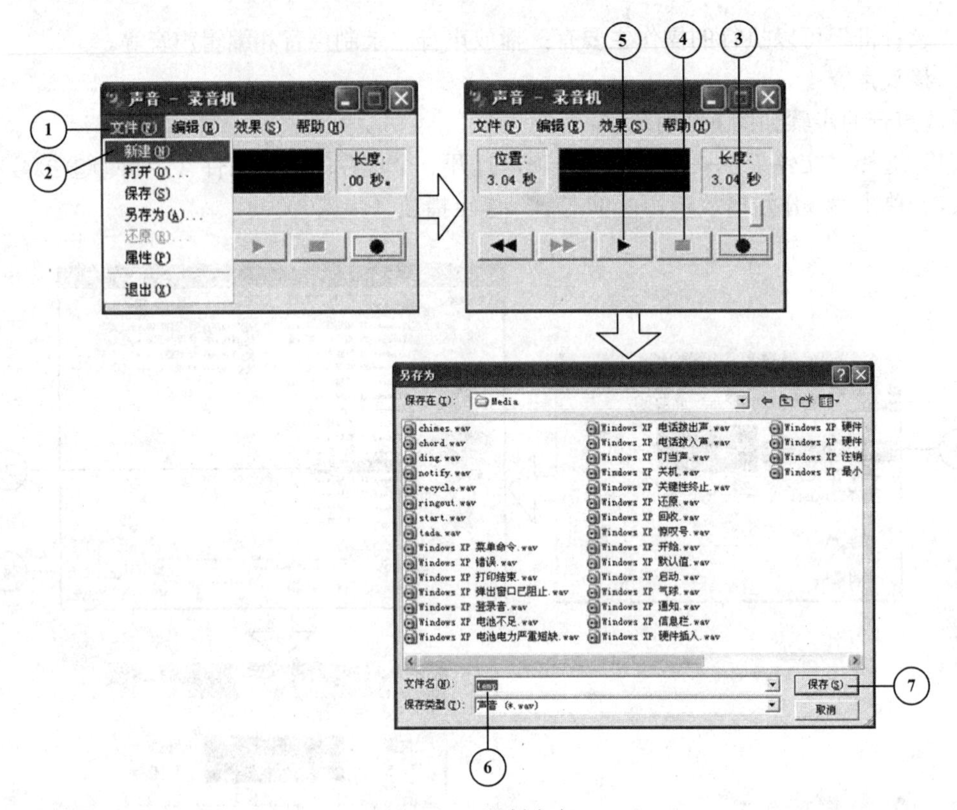

图 6-10 录制声音

打开计算器的方法是：选择“开始”菜单的“程序”→“附件”→“计算器”程序。单击“查看”菜单中的“标准型”或“科学型”可进行类型选择。如图 6-11 所示是一个打开的“科学型”计算器窗口。

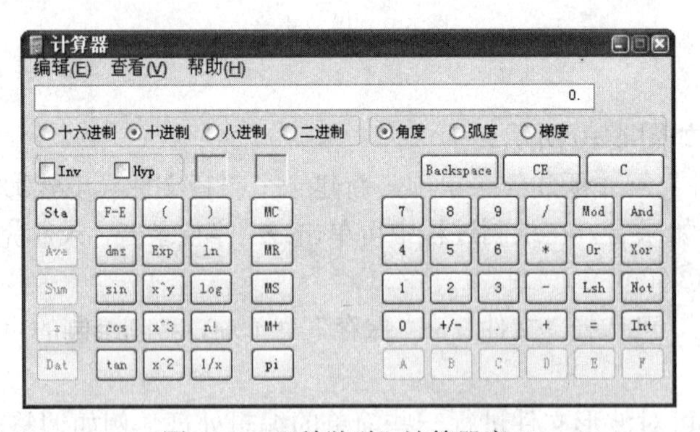

图 6-11 “科学型”计算器窗口

【例 6.2】用计算器程序计算下列各式。

（1）$438\times15-127$；

（2）$23.68\div(4.71+3.25)$；

（3）7.9^2；

（4）$(3.01-4.54)\times\frac{3}{7}$。

操作步骤提示：

（1）4→3→8→*→1→5→1→2→7→=；
（2）4→.→7→1→+→3→.→2→5→=→MS→C→2→3→.→6→8→/→MR→=；
（3）7→.→9→x^2；
（4）3→.→0→1→-→4→.→5→4→*→3→7→=。

操作技巧：

计算器上几个特殊按钮的含义：

MC——清除存储的数字（存储数变为 0，标志位“M”标记消失）；
MR——在显示栏中显示存储的数字；
MS——存储显示栏中的数字（计算器标志位出现“M”标记）；
M+——将显示栏中的数字加到存储的数字。

6.4 Windows XP 操作演示三（控制面板、磁盘管理和附件程序）

1. 调整显示器的分辨率

操作步骤：

（1）选择“开始”→“设置”→“控制面板”→“显示”。
（2）在“显示 属性”对话框中选择“设置”选项页。
（3）单击“设置”选项页中的“高级”按钮。
（4）在弹出的“即插即用监视器”对话框中，选择“适配器”选项页。
（5）在“适配器”选项页中，单击“列出所有模式”按钮。
（6）在弹出的“列出所有模式”对话框的“有效模式列表”中选择：“800×600，增强色（16 位），60 赫兹”。
（7）单击“确定”按钮。观察并记录屏幕的变化情况，注意屏幕上字体大小的变化情况。

2. 校准系统时间

操作步骤：

（1）选择“开始”→“设置”→“控制面板”→“日期和时间”命令。
（2）单击“Internet 时间”选项卡。
（3）选中“自动与 Internet 时间服务器同步”选项。
（4）任选一个时间服务器，如“time.windows.com”。
（5）确保计算机已接入国际互联网后，单击“立即更新”。
（6）稍后，观察时间同步是否成功，若更新成功，可单击“确定”关闭对话框。

3. 输入法的添加

操作步骤：

（1）单击“开始”→“设置”→“控制面板”→“区域和语言选项”。
（2）在弹出的“区域和语言选项”对话框中，单击“语言”选项卡。
（3）单击选项卡上的“详细信息”按钮。
（4）在弹出的“文字服务和输入语言”对话框中，单击“设置”选项卡。
（5）单击“添加”按钮。
（6）在弹出的“添加输入语言”对话框中，选中“键盘布局/输入法”选项。
（7）在下拉列表框中选中名为“中文（简体）一内码”的输入法，单击“确定”按钮即可。

4. 磁盘清理操作

操作步骤：

（1）单击“开始”→“程序”→“附件”→“系统工具”→“磁盘清理”。

（2）确定要进行清理的驱动器（如 C 盘），然后单击“确定”按钮，系统开始计算可以释放空间的大小。

（3）在“磁盘清理”对话框中，选择要删除的文件类型。

（4）单击“确定”按钮。

（5）在出现的磁盘清理确认对话框中单击“是”按钮，开始清理磁盘。

（6）磁盘清理完毕后，重新查看磁盘属性，将整理前与整理后的磁盘“可用空间”进行对比，记录前后变化的情况。

5. 磁盘碎片整理操作

操作步骤：

（1）单击“开始”→“程序”→“附件”→“系统工具”→“磁盘碎片整理程序”命令，启动磁盘碎片整理程序。

（2）确定要进行碎片整理的驱动器（如 C 盘）。

（3）单击“分析”按钮，稍后。

（4）在“磁盘碎片整理程序”对话框中单击“分析报告”。

（5）查看该分析报告，记录并理解该报告的内容，查看完毕后单击“关闭”按钮。

（6）单击“碎片整理”按钮，观察碎片整理过程。

6. 可移动磁盘操作

操作步骤：

（1）准备一个闪存盘（或称“U 盘”），打开闪存盘的写保护（如果有的话），进行备份数据文件、格式化和恢复数据文件的操作。

（2）把闪存盘插入计算机的 USB 接口。

（3）再将闪存盘上的所有内容备份到计算机本地硬盘（如 C 盘）上。

（4）将光标指向闪存盘盘符，单击右键，在弹出的快捷菜单中选择“格式化”命令。

（5）格式化闪存盘。注意所有的格式化选项均采用默认值。

（6）将刚才备份在计算机中的闪存盘内容拷贝回闪存盘。

（7）双击任务栏系统区上的“安全删除硬件”图标。

（8）选择安全移除闪存盘后，将闪存盘从 USB 接口拔出。

7. 计算器的使用

用 Windows 的计算器将十进制数 2008 转换为十六进制数据。

操作步骤：

（1）执行“开始”→“程序”→“附件”→“计算器”命令。

（2）选择计算器的“查看”菜单→“科学型”。

（3）单击“十进制”单选按钮，输入数字“2008”。

（4）单击“十六进制”单选按钮，记录数出结果。

8. 画图程序的使用

操作步骤：

（1）执行“开始”→“程序”→“附件”→“图画”命令。

（2）观察画图程序窗口，练习使用各种作图工具。

6.5　Windows XP 实验三（控制面板、磁盘管理和附件程序）

（1）调整显示器当前的分辨率，将其改为 1024×768，然后将其再改回；

（2）将系统时间变动（可调快几分钟），然后利用 Windows XP 的“自动与 Internet 时间服务器同步”功能将系统时间校正；

（3）删除智能“ABC”输入法，然后再将其添加回来；

（4）对 D 盘进行磁盘清理并对磁盘碎片进行整理；

（5）利用计算器将下列各种进位制的数据转换成十进制数据：

$(6D8F3)_{16}$、$(342)_8$、$(1001001)_2$、$(123)_{10}$

（6）利用“画图”程序绘制一幅卡通画；

（7）利用“录音机”程序通过麦克风录制一段声音，并将该段声音设置成为 Windows 开机的启动音乐。

Windows XP 综合实验

1. 桌面

（1）在桌面上创建“记事本”程序的快捷方式；

（2）在桌面上创建以你的姓名为文件名的 txt 文档；

（3）在桌面上创建以你的学号为名的文件夹；

（4）将桌面上的图标按“名称”排列；

（5）将“我的电脑”图标改为其他任意图标；

（6）通过“设置”菜单，为显示器设置“壁纸”和“屏幕保护”程序；

（7）将“Windows”文件夹下的“记事本”添加到“开始”菜单上，名称为“我的记事本”；

（8）删除上述步骤添加的“我的记事本”菜单项；

（9）使用“搜索”命令，查找计算机中是否有扩展名为“.mp3”的文件。

2. 文件管理

（1）在 D 盘中建立如下的树形目录结构：

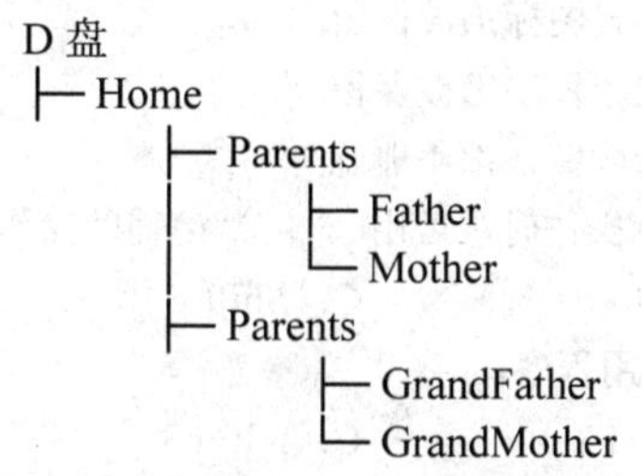

（2）在“Parents”文件夹下建立“写字板”应用程序快捷方式，并命名为“写字板程序”；

（3）搜索扩展名为“.jpg”的文件，将搜索结果的前两个文件复制到“Father”文件夹下；

（4）搜索 C 盘中小于 1MB 的所有.com 文件；

（5）搜索C盘上第3个字符为a的文件和文件夹；

（6）在“我的电脑”中搜索C盘中以ca开头、第3个字符任意的所有文件；

（7）在“我的电脑”中搜索所有的.doc文件。

3. 其他练习

（1）查找计算机中的“.wav”文件，并播放；

（2）利用“画图”应用程序，任意画一幅图，并以“大作”为文件名存放到“home”文件夹中；

（3）将计算机屏幕拷贝下来，以“.bmp”文件格式存入“home”文件夹中，文件名为“屏幕图象”；

（4）利用“写字板”输入以下文字，并以“打字测试”为文件名，存入“home”文件夹中；

“阆苑储英”出自丰湖书院山长梁鼎芬为书院撰写的楹联：“水湄山晖，平湖聚秀；春华秋实，阆苑储英。”阆苑，传说中是神仙居住的地方，这里可指美丽的花园、书院、校园等；储英，指聚集和培养人才。“人竞向学”出自嘉庆24年任惠州知府的程含章《增广丰湖书院膏火碑记》：“进所属俊髦士延师而教之，为之正其趋向，发其志气，增其书舍，厚其膏火。严其课考，亲为书童讲解文字，于是从者云集，人竞向学矣!”。

（5）打开“附件”中的“计算器”，利用计算器中的帮助查找出科学型计算器上的 Sta 键的使用方法，并用该键计算出下列数的标准误差：33、44、55、66.3、77.98。

习题

一、单项选择题

1. 在Windows XP的资源管理器窗口中，要剪切选定的文档，可以用（　）组合键。

A．Ctrl+C　　B．Ctrl+V　　C．Ctrl+X　　D．Ctrl+M

2. 在“记事本”或“写字板”窗口中，若对当前正在编辑的文档进行存盘，可以用组合键（　）。

A．AIt+F　　B．Alt+S　　C．Ctrl+S　　D．Ctrl+F

3. 在Windows XP的桌面上移动Windows的窗口，可以用鼠标拖动该窗口的（　）。

A．标题栏　　B．边框　　C．滚动条　　D．菜单

4. 若删除Windows XP桌面上的快捷方式图标，将（　）。

A．会把快捷方式图标和应用程序一起删除

B．只删除应用程序，而快捷方式图标仍被保留

C．只删除快捷方式图标，而应用程序仍被保留

D．快捷方式图标和应用程序均隐藏，都不删除

5. 在Windows XP窗口间进行复制操作时，可用（　）键辅助操作，拖动完成复制操作。

A．Alt　　B．Ctrl　　C．Shift　　D．Enter

6. 按（　）组合键可关闭当前应用程序。

A．Alt+F1　　B．Alt+F2　　C．Alt+F3　　D．A1t+F4

7. 汉字输入法的选择不仅可以用鼠标选取，还可以用（　）组合键选取。

A．Ctrl+Shift　　B．Ctrl+Space　　C．Alt+Shift　　D．Alt+Space

8. 选择汉字输入方法后，需要临时进行中英文的切换，可用（　）组合键。

A．Ctrl+Shift　　B．Ctrl+Space　　C．Alt+Shift　　D．Alt+Space

9．“关闭计算机”对话框中的功能按钮没有（　　）。

A．注销　　B．重新启动　　C．待机　　D．关闭

10．使用（　　）可以释放硬盘空间，删除临时文件、Internet 缓存文件等不需要的文件。

A．格式化　　B．磁盘清理程序

C．整理磁盘碎片　　D．磁盘查错

11．使用（　　）可以重新安排文件在磁盘中的存储位置，合并可用空间，提高磁盘存取速度。

A．格式化　　B．磁盘清理程序

C．整理磁盘碎片　　D．磁盘查错

12．在 Windows XP 正常安装的应用程序都可以在（　　）中启动执行。

A．窗口　　B．桌面

C．对话框　　D．程序菜单

13．要想在任务栏上激活某一窗口，不能使用的操作是（　　）。

A．单击该窗口对应的任务栏图标

B．右击该窗口对应的任务栏图标，从弹出的菜单中选择最大化命令

C．右击该窗口对应的任务栏图标，从弹出的菜单中选择最小化命令

D．右击该窗口对应的任务栏图标，从弹出的菜单中选择恢复命令

14．Windows XP 系统的任务栏上的内容为（　　）。

A．当前窗口的图标　　B．当前正在前台执行的应用程序名

C．所有已打开的应用程序的图标　　D．已经打开的文件名

15．Windows XP 系统中，安全地关闭计算机的正确操作是（　　）。

A．直接按主机面板上的电源按钮

B．先关闭显示器，再关闭主机

C．单击“开始”菜单，选择“关闭计算机”选项中的关闭命令

D．选择程序中的 MS-DOS 方式，然后再关机

16．在 Windows XP 系统中，若一个窗口表示一个应用程序，则打开窗口意味着（　　）。

A．显示该应用程序的内容　　B．将该应用程序的窗口最大化

C．运行该应用程序　　D．将该应用程序调至前台运行

17．若 Windows XP 系统的桌面上已经有某个应用程序的图标，要运行该程序，可以使用的操作是（　　）。

A．用鼠标左键单击该图标　　B．用鼠标右键单击该图标

C．用鼠标左键双击该图标　　D．用鼠标右键双击该图标

18．在同一时刻，Windows XP 系统中的活动窗口可以有（　　）。

A．前台窗口和后台窗口各一个　　B．255 个

C．任意多个，只要内存足够　　D．唯一一个

19．关闭一台运行 Windows XP 系统的计算机之前应首先（　　）。

A．关闭所有已打开的应用程序　　B．关闭 Windows XP 资源管理器

C．断开服务器连接　　D．直接关闭电源

20．以下关于操作系统的叙述中，正确的是（　　）。

A．操作系统是一种重要的应用软件

B．操作系统只管理硬件资源，不管理软件资源

C．操作系统只管理软件资源，不管理硬件资源

D．操作系统是计算机中所有软硬件资源的组织者和管理者

21．在操作系统中，存储管理主要是对（　　）。

A．外存的管理　　B．内存的管理

C．辅助存储器的管理　　D．内存和外存的统一管理

22．Windows XP 的任务栏上不能显示的信息是（　　）。

A．在前台运行的程序图标　　B．系统中安装的所有程序图标

C．在后台运行的程序图标　　D．打开的文件夹窗口图标

23．将一个应用程序窗口最小化，表示（　　）。

A．终止该应用程序的运行

B．该应用程序转入后台但不再运行

C．该应用程序转入后台并继续运行

D．该应用程序窗口缩小为桌面上（不在任务栏中）的一个图标按钮

24．在资源管理器中，排序文件的最快方法是（　　）。

A．使用菜单中的命令

B．鼠标左键单击右窗口中的“文件列表”按钮

C．使用工具栏

D．鼠标右键单击右窗口中的“文件列表”按钮

25．在驱动器的不同文件夹之间复制文件，正确的操作是（　　）。

A．直接拖动鼠标左键　　B．拖动鼠标左键的同时按住 Ctrl 键

C．拖动鼠标左键的同时按住 Shift 键　　D．拖动鼠标左键的同时按住 Alt 键

26．以下关于“回收站”的叙述中，不正确的是（　　）。

A．放入回收站的信息可以恢复

B．回收站的容量可以调整

C．回收站是专门用于存放从软盘或硬盘上删除的信息

D．回收站是一个系统文件夹

27．在资源管理器中，不能使文件名按（　　）的顺序显示。

A．日期　　B．大小　　C．字母　　D．属性

28．在 Windows XP 中进行复制操作，可使用快捷键（　　）。

A．Ctrl+Y　　B．Ctrl+X　　C．Ctrl+C　　D．Ctrl+V

29．在 Windows XP 中选定当前文件夹中的全部文件和文件夹，可使用快捷键（　　）。

A．Ctrl+C　　B．Ctrl+A　　C．Ctrl+V　　D．Ctrl+Z

30．通过剪贴板在 Windows XP 应用程序间共享数据，可选择（　　）菜单中的命令来实现。

A．文件　　B．编辑　　C．格式　　D．工具

31．在资源管理器中，选定多个相邻文件的操作是：①选定第一个文件；②按住（　　）键；③选定最后一个文件。

A．Shift　　B．Ctrl　　C．Space　　D．Alt

32．运行中的 Windows XP 应用程序在（　　）中有对应的图标按钮。

A．“开始”菜单　　B．资源管理器　　C．任务栏　　D．我的电脑

33．以下关于 Windows XP 的叙述中，错误的是（　　）。

A．可同时运行多个程序　　B．可以有多个活动窗口

C．可随时终止某个程序的运行　　D．可运行所有的 DOS 应用程序

34．启用 Windows XP 中的“搜索”功能，错误的操作是（　　）。

A．鼠标左键单击“开始”按钮，从快捷菜单中选择“搜索”命令

B．鼠标右键单击“开始”按钮，从快捷菜单中选择“搜索”命令

C．鼠标右键单击“我的电脑”或某文件夹图标，从快捷菜单中选择“搜索”命令

D．鼠标右键单击桌面，从快捷菜单中选择“查找”命令

35．不能关闭资源管理器的操作是（　　）。

A．双击“控制菜单”图标　　B．单击窗口右上角的“×”按钮

C．按快捷键 Alt+F4　　　　　　　　　　D．按 Esc 键

36．在 Windows XP 中，将当前屏幕上的整个画面复制到剪贴板的操作是（　　）。

A．按 PrintScreen　　　　　　　　　　B．按 Alt+PrintScreen

C．按 Ctrl＋PrintScreen　　　　　　　D．按 Shift+PrintScreen

37．在资源管理器中，具有“隐藏”属性的文件（　　）。

A．通过设置可以显示文件名　　　　　　B．只能显示文件名，不能显示扩展名

C．在任何情况下都能显示文件名　　　　D．在任何情况下都不能显示文件名

38．在 Windows XP 中可以同时运行（　　）程序。

A．1 个　　　B．2 个　　　C．最多 5 个　　　D．多个

39．在 Windows XP 的附件中，用于编辑纯文本文件的应用程序是（　　）。

A．写字板　　　B．画图　　　C．记事本　　　D．映像

40．以下说法不正确的是（　　）。

A．用鼠标右键单击某个对象可打开与这个对象相关的快捷菜单

B．任务栏的快速启动工具栏中有已经打开的文件的对应图标

C．应用程序窗口和文件夹窗口均有相应的控制菜单，可用来关闭窗口

D．格式化软盘时，可以从软盘快捷菜单中选择“格式化”命令

41．在使用下拉菜单时，可以用（　　）键和各菜单项旁带下划线的字母组合来选中对应菜单项。

A．Shift　　　B．Ctrl　　　C．Alt　　　D．Ctrl+Shift

42．打开多个应用程序后，可使用组合键（　　）来切换不同的应用程序窗口。

A．Alt+Tab　　　B．Ctrl+F4　　　C．Alt+Esc　　　D．Ctrl+Esc

43．在 Windows XP 中，若一个程序长时间不响应用户要求，可使用组合键（　　）调出 Windows 任务管理器，强行结束该程序。

A．Ctrl＋Alt＋Shift　　　　　　　　B．Ctrl+Alt+Tab

C．Ctrl+Alt+Del　　　　　　　　　　D．Ctrl+Alt+Esc

44．打开 Windows XP 系统的“开始”菜单，可使用快捷键（　　）。

A．Alt＋Shift　　　B．Alt+Tab　　　C．Ctrl+Esc　　　D．Ctrl＋Shift

45．以下关于 Windows XP 文件命名的叙述中，不正确的是（　　）。

A．文件名中可以使用汉字、空格等字符　　B．文件名中允许使用多个圆点分隔符

C．扩展名的概念已经不存在了　　　　　　D．文件名可长达 255 个字符

46．当鼠标指针呈沙漏形状时，表示（　　）。

A．正在执行打印任务

B．没有执行任何任务

C．正在执行一项任务，不可以执行其他任务

D．正在执行一项任务，但仍可执行其他任务

47．以下关于“剪贴板”的说法中，不正确的是（　　）。

A．剪切或复制到剪贴板中的信息将一直保留在剪贴板中，当另一段信息剪切或复制到剪贴板或者退出 Windows 时，该信息才会改变或消失

B．只要剪贴板中有剪切或复制的信息，用户就可以随时将其粘贴到需要的地方，而且可以反复粘贴

C．在 Windows 中，要使用剪贴板，必须先运行“剪贴板查看程序”

D．剪贴板是 Windows 为不同应用程序间传递信息而提供的一种方式，运行 Windows 期间，随时都可以使用它

48．Windows XP 中的“桌面”是指（　　）。

A．整个屏幕　　　B．全部窗口　　　C．某个窗口　　　D．活动窗口

49．在桌面上双击（　　）图标可浏览网络中的全部计算机。

A．我的电脑　　B．我的文档　　C．网上邻居　　D．我的公文包

50．Windows XP 中，窗口中的内容不能完全显示时便会在窗口中出现（　　）。

A．对话框　　B．滚动条　　C．列表框　　D．图标

二、填空题

1．视窗（Windows）操作系统是美国________公司开发的。

2．Windows XP 操作系统可以同时运行多个________。

3．所有运行中的应用程序都列在________中，可以进行应用程序间的切换。

4．删除文件后，可以在________中选择恢复已删除的文件或彻底清除文件。

5．单击鼠标________键，可以随即弹出对应操作的快捷菜单。

6．在“资源管理器”窗口中，为了显示文件或文件夹的详细信息，应使用窗口菜单栏中________菜单。

7．“回收站”是存在于________的一片存储空间。

8．Windows XP 中的文件管理通常是用________来完成。

9．在 Windows XP 中有多个窗口排列时，排在最前面的窗口是当前窗口，也称为________。

10．从网上搜寻某一个联网用户或计算机，可以使用“开始”菜单中的________命令。

11．用 Windows XP 操作系统中的________程序，可以直接创建新的 TXT 纯文本文件。

12．Windows XP 操作系统中的________程序，可以对文档内容进行字体等格式编排。

13．打开一个已有的文件，就是把该文件从磁盘读入________。

14．打开“资源管理器”，所有系统用户资源按________结构列在左窗口中。

15．“剪贴板”中的文档，可以粘贴到其他打开的文档文件中________次。

16．用鼠标拖动的方法复制文件，应同时按下________键。

17．一张物理上完好的软盘，被病毒感染不能使用，通常的处理方法是对该盘进行________。

18．用鼠标把磁盘上一应用程序直接拖动到桌面上，即为该应用程序创建了________图标。

19．在 Windows XP 中，如果文件的路径名是从“\”开始的，即从根文件夹开始顺序查找文件，则所走过的路径称为________。

20．在 Windows XP 操作系统中，按________组合键可操作结束当前系统任务。

21．在 Windows XP 操作系统中，按 Alt+F4 组合键可结束________应用程序。

22．西文输入状态下的标点符号“\”对应的中文标点符号是________。

23．在“控制面板”中，________提供了与网络和 Internet 连接相关的多个任务。

24．Windows XP 提供的________功能可以使用户方便地自行定义常用词组。

25．文件名的长度可以多达________个字符。

26．可将整个桌面内容存放到剪贴板中的按键为________。

27．Windows XP 实现粘贴操作的组合键为________。

28．在“回收站”窗口中，要想恢复选定的文件或文件夹，可使用“文件”菜单中的________选项。

29．安装或删除一个应用程序，必须先打开________窗口，然后双击其中的“添加/删除程序”图标。

30．“画图”程序创建的新文件，默认的文件扩展名为________。

31．“记事本”程序创建的新文件，默认的文件扩展名为________。

32．Windows XP 中，进行中英文输入模式切换的组合键为________。

33．用鼠标双击窗口“控制菜单”按钮的作用是________。

34．在 Windows XP 的菜单中，若一个菜单选项呈灰色，则表示________。

35．在 Windows XP 的菜单中，若一个菜单选项后面有“…”标记表示________。

36．设置屏幕的外观，可以使用控制面板中的________项。

37．资源管理器左窗口显示的是树形文件结构，右窗口中显示的是________。

38．“OLE 技术”的中文名称为________技术，它可以实现不同应用程序之间的信息传递和共享。
39．在 Windows XP 窗口中，单击滚动条上的向上箭头，可使窗口中的内容________。
40．剪贴板是在________中开辟的一片特殊存储区域。

习题参考答案

一、单项选择题

1．C	2．C	3．A	4．C	5．B	6．D	7．A	8．B	9．A	10．B
11．C	12．D	13．C	14．C	15．C	16．D	17．C	18．D	19．B	20．D
21．D	22．B	23．C	24．D	25．B	26．C	27．D	28．C	29．B	30．B
31．A	32．A	33．B	34．D	35．D	36．A	37．A	38．D	39．C	40．B
41．C	42．A	43．C	44．C	45．C	46．C	47．C	48．A	49．C	50．B

二、填空题

1．微软	2．应用程序	3．任务栏
4．回收站	5．右	6．查看
7．硬盘中	8．Windows 资源管理器	9．活动窗口
10．搜索	11．记事本	12．写字板
13．内存	14．树形	15．多
16．Ctrl	17．格式化	18．快捷方式
19．绝对路径	20．Ctrl＋Alt＋Delete	21．当前
22．、（顿号）	23．网络连接	24．自造词
25．255	26．PrintScreen	27．Ctrl+V
28．还原	29．控制面板	30．.BMP
31．.TXT	32．Ctrl+Space	33．关闭当前窗口
34．该菜单项无效	35．选中将出现对话框	36．显示
37．当前文件夹内容	38．对象的连接与嵌入	39．向上滚动
40．内存		

第三部分　计算机网络基础及应用

第 7 讲　计算机网络基础

本讲的主要内容包括：

- 计算机网络的基础知识
- IP 地址和域名
- 计算机网络的工作原理
- 计算机网络的主要性能指标

7.1　计算机网络的基本知识

1. 计算机网络定义

计算机网络是现代通信技术与计算机技术相结合的产物。计算机网络是信息收集、分配、存储、处理、消费的最重要的载体，是网络经济的核心，深刻地影响着经济、社会、文化、科技，是工作和生活的最重要工具之一。

计算机网络的定义：为了实现计算机之间的通信和资源共享，通过介质和协议，将地理位置分散的、独立的计算机系统连接起来的系统。

2. 计算机网络的组成

从逻辑功能上看，计算机网络由资源子网和通信子网两大部分组成，如图 7-1 所示。

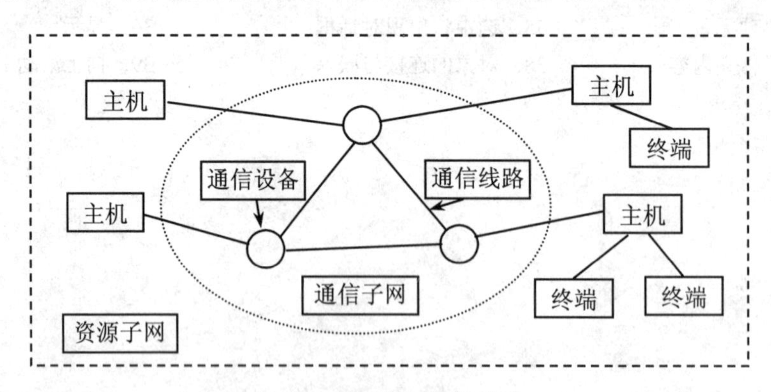

图 7-1　计算机网络的组成

资源子网负责网络数据处理和向网络拥护提供数据资源。如主计算机、终端、软件等都属于资源子网，其目标就是实现软硬件资源的共享。

通信子网负责网络数据的传输、加工和信号变换等通信工作。如路由器、交换机等通信设备以及各种介质的通信线路都属于通信子网，其目标就是保证网络数据的正确传输。

3．计算机网络的分类

计算机网络可以从不同的角度进行分类，常见的分类包括按地理范围、按拓扑结构和按工作模式。

（1）根据网络覆盖地理范围的由大到小，计算机网络可分为广域网（WAN）、城域网（MAN）、局域网（LAN）、个域网（PAN）。

（2）根据网络的拓扑结构（即网络的物理连接形式），计算机网络可分为总线型、星型、环型、树型和网状。

（3）根据网络的工作模式，计算机网络可分为客户机/服务器模式和对等模式。

4．计算机网络的应用

计算机网络的应用越来越广泛，深刻地影响着社会发展的进程。主要应用如下：

（1）对分散的信息进行集中、实时处理。如航空订票系统、工业控制系统、军事系统等。

（2）共享资源。实现对信息资源、硬件资源、软件资源的共享。

（3）电子化办公与服务。借助计算机网络，得以实现电子政务、电子商务、电子银行、电子海关等一系列现代化办公和商务应用。

（4）通信。电子邮件、即时通信系统等众多的通信功能，极大地方便了人与人之间的交流。

（5）远程教育。利用计算机网络搭建的远程教育平台，学生可以更加方便地自学，提高学习效率。

（6）娱乐。娱乐是人的天性，对大多数人来说，工作之余都需要娱乐活动来丰富自己的生活。网络提供各种各样的娱乐活动，既满足了社会需要，又带来了巨大的经济效益。

7.2　IP地址与域名

1．IP地址

在Internet中，每台主机都必须有一个唯一的合法的网络地址，俗称“IP地址”。在Internet中，任何进行数据通信的设备都必须有IP地址，否则无法通信。

目前Internet的网络层协议主流是IPv4，少部分为IPv6，不久的将来全部为IPv6。IPv4的IP地址为4字节，32位二进制数，每8位用“.”分隔为四段。为了便于记忆，常常把二进制数转换成十进制数，每个数字取值为0～255，这种方法叫“点分十进制法”。例如202.118.64.7，202.192.154.56等。

IP地址分为内部IP和外网IP，两种IP都可以接入因特网。内部IP无法直接访问Internet，必须使用NAT（网络地址转换）协议将内部IP转换为可以访问Internet的外网IP。内网IP分为如下三个网段：A类 10.0.0.0～10.255.255.255；B类 172.16.0.0～172.31.255.255；C类 192.168.0.0/16～192.168.255.255。外网IP是出了内部IP以外的IP地址，由ISP（Internet Service Provider，因特网服务供应商）分配给客户端，一般为自动获取，也可以手动设置。

2．域名

在早期网络规模很小时，用IP地址访问计算机不是很困难，但随着网络规模的扩大，主机数量的几何级增长，用户无法记住网络中众多的主机IP地址。因此，必须使用便于记忆的地址，这种地址称为“域名”。例如，采用域名www.hzu.edu.cn代表惠州学院的站点IP地址59.33.247.68，以便记忆。

域名采用层次结构，一般含有3～5个子段，中间用“.”隔开。例如，在“www.hzu.edu.cn”

中，最右边的 cn 称为顶级域名，edu 为 cn 下的子域名，hzu 为 cn 下 edu 下的子域名，www 是惠州学院网站的主机名称。完整的域名结构如图 7-2 所示。

常见顶级域名简介如下：.com：商业机构，任何人都可以注册；.edu：教育机构；.gov：政府部门；.int：国际组织；.mil：美国军事部门；.net：网络组织，例如因特网服务商和维修商，现在任何人都可以注册；.org：非盈利组织，任何人都可以注册；.biz：商业；.info：网络信息服务组织；.pro：用于会计、律师和医生；.name：用于个人；.museum：用于博物馆；.coop：用于商业合作团体；.aero：用于航空工业；.idv：用于个人；.cn、.tw、.hk 等：国家地区顶级域名。

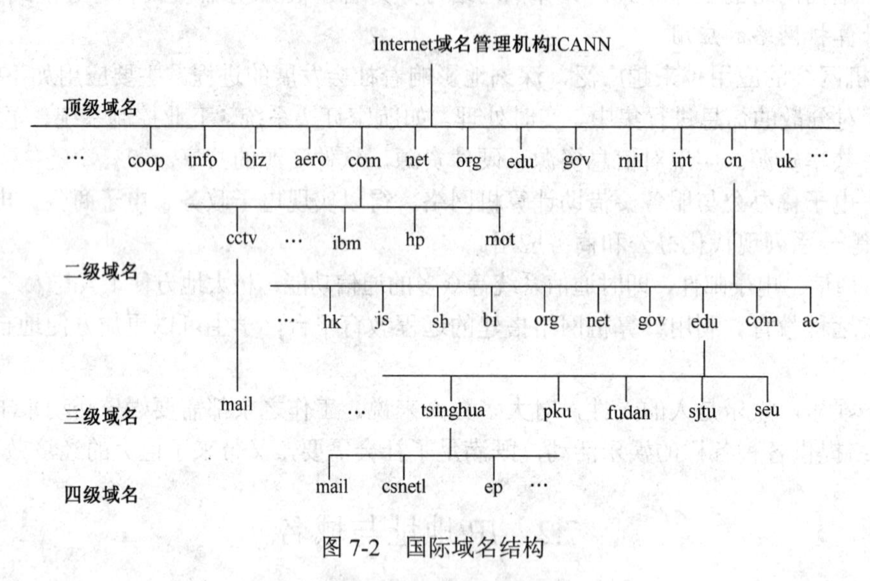

图 7-2 国际域名结构

7.3 计算机网络的工作原理

计算机网络通信本身是一个复杂的过程，可利用分层来实现。分层的主要思想是：把复杂的任务层次化、简单化。计算机网络中两台主机之间的通信原理如图 7-3 所示。

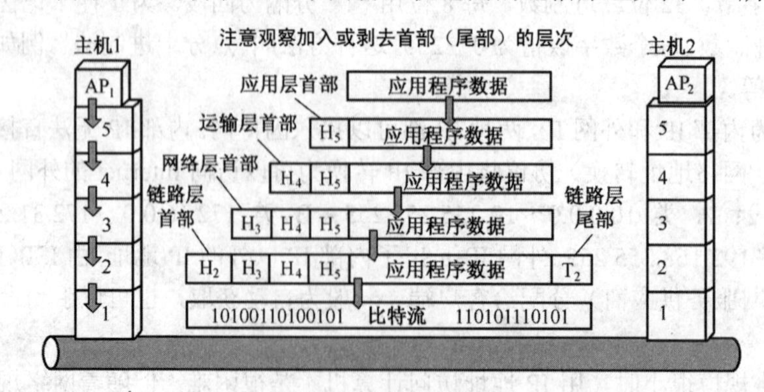

图 7-3 主机间的通信

在实际的 Internet 中，使用的是四层的 TCP/IP 体系结构。其中 TCP/IP 是 Internet 的基础核心协议，其定义的是一种计算机数据打包和寻址的标准方法。在数据传送中，可以形象地理解为有两个信封，TCP 和 IP 就像是信封，要传递的信息被划分成若干段，每一段塞入一个 TCP

信封，并在该信封面上记录有分段号的信息，再将 TCP 信封塞入 IP 大信封，发送上网。在接受端，一个 TCP 软件包收集信封，抽出数据，按发送前的顺序还原，并加以校验，若发现差错，TCP 将会要求重发。因此，TCP/IP 在 Internet 中可以实现数据的可靠传送。

7.4　计算机网络的性能指标

1．速率

速率即数据率（data rate）或比特率（bit rate）是计算机网络中最重要的一个性能指标。速率的单位是 b/s、或 kb/s、Mb/s、Gb/s 等速率往往是指额定速率或标称速率。

2．带宽

带宽（bandwidth）本来是指信号具有的频带宽度，单位是赫（或千赫、兆赫、吉赫等）。

现在“带宽”是数字信道所能传送的“最高数据率”的同义语，单位是“比特每秒”，或 b/s（bit/s）。更常用的带宽单位是：

千比每秒，即 kb/s（103 b/s）；

兆比每秒，即 Mb/s（106 b/s）；

吉比每秒，即 Gb/s（109 b/s）；

太比每秒，即 Tb/s（1012 b/s）。

3．吞吐量

吞吐量（throughput）表示在单位时间内通过某个网络（或信道、接口）的数据量。

吞吐量更经常地用于对现实世界中的网络的一种测量，以便知道实际上到底有多少数据量能够通过网络。吞吐量受网络的带宽或网络的额定速率的限制。

4．时延（delay 或 latency）

网络时延一般由以下三部分构成：

（1）发送时延。取决于带宽的大小，需要传输的数据一定，带宽越大，发送速度也越快，同理接收时的时延取决于接收带宽。

（2）处理时延。指的是这些数据在终端或者途中被各种设备转发处理所花费的时间，例如，如果途中遇到的路由器处理速度非常慢或者网络拥塞，那么处理时延就会较大。

（3）传输时延。是数据在传输线中需要花费的时间，理论上可以用传输距离除以光速。

5．信道利用率

信道利用率指某信道有百分之几的时间是被利用的（有数据通过）。完全空闲的信道的利用率是零。信道利用率并非越高越好。

第 8 讲　因特网的基本概念和接入方式

本讲的主要内容包括：

- 因特网的基础知识
- 接入因特网的方式

8.1 因特网的基础知识

1. Internet、Internet 与 Intranet

（1）Internet。因特网，专有名词。把世界各地的计算机网、数据通信网以及公用电话网，通过路由器和各种通信线路在物理上连接起来，再利用 TCP/IP 协议实现不同类型的网络之间相互通信，是一个“网络的网络”，Internet 的基础是现存的各种计算机网络和通信网络。

（2）Internet。Internet 是普通名词，泛指一般的互连网（互联网）。一些相互连接的计算机网络的集合（网络的网络）。

（3）Intranet。在一个单位或企业内为实现（TCP/IP 协议）建立的网络。它可以是一个局域网也可以是一个广域网。

2. 因特网在中国的发展概况

从 1994 年正式接入国际互联网以来，中国的互联网一直保持着快速发展的势头。CNNIC（中国互联网络信息中心）于 2011 年 7 月 19 日发布了《第 28 次中国互联网络发展状况统计报告》，《报告》显示，截至 2011 年 6 月底，中国网民规模达到 4.85 亿，手机网民规模达到 3.18 亿，家庭电脑宽带网民达到 3.90 亿，农村网民规模达到 1.31 亿，我国的域名总数达到 786 万个，中国境内网站数量达到 183 万个。最引人注目的是，在大部分娱乐类应用使用率有所下滑，商务类应用呈平缓上升的同时，微博用户数量以高达 208.9%的增幅，从 2010 年底的 6311 万爆发增长到 1.95 亿，成为用户增长最快的互联网应用模式。

中国互联网知名网站：

百度 http://www.baidu.com

谷歌 http://www.google.com

腾讯 http://www.qq.com

网易 http://www.163.com

新浪 http://www.sina.com.cn

搜狐 http://www.sohu.com

淘宝 http://www.taobao.com

雅虎 http://www.yahoo.com.cn

3. 名词解释

（1）网站。网站就是在互联网上一块固定的面向全世界展示、发布消息的地方。它由域名（也就是网站地址）和网站空间构成。

（2）网站空间。网站是建立在网络服务器上的一组电脑文件。它需要占据一定的硬盘空间。这就是一个网站所需的网站空间。

一个中小型公司网站，其基本网页文件和图片大概需要 10～20M 的空间，加上产品照片和各种介绍性页面，一般在 30M 左右，再加上程序文件和数据库、Flash 动画等，一般来说大概需要 60～200M 的网站空间。

（3）电子商务。电子商务是指通过计算机网络进行的生产、经营、销售和流通等活动，它不仅指基于 Internet 进行的交易活动，而且指所有利用电子信息技术来解决问题、扩大宣传、降低成本、增加价值和创造商机的商务活动。

（4）IDC 服务。互联网数据中心（Internet Data Center，IDC），就是电信部门利用已有的互联网通信线路、带宽资源，建立标准化的电信专业级机房环境，为企业、政府提供服务器托管、租用以及相关增值等方面的全方位服务。通过使用电信的 IDC 服务器托管业务，企业或政府单位无需再建立自己的专门机房、铺设昂贵的通信线路，也无需高薪聘请网络工程师，即可解决自己使用互联网的许多专业需求。IDC 主机托管主要应用范围是网站发布、虚拟主机和电子商务等。比如网站发布，单位通过托管主机，从电信部门分配到互联网静态 IP 地址后，即可发布自己的 www 站点，将自己的产品或服务通过互联网广泛宣传；虚拟主机是单位通过托管主机，将自己主机的海量硬盘空间出租，为其他客户提供虚拟主机服务，使自己成为 ICP 服务提供商；电子商务是指单位通过托管主机，建立自己的电子商务系统，通过这个商业平台来为供应商、批发商、经销商和最终用户提供完善的服务。国内几个比较著名的 IDC 服务提供商有中国万网（http://www.net.cn）、新网（http://www.xinnet.cn）、商务中国（http://www.bizcn.om）、上海信息数据中心（http://www.shdata.com.cn）等。

8.2　因特网的接入方式

因特网是世界上最大的国际性互联网。只要经过有关管理机构的许可并遵守有关的规定，使用 TCP/IP 协议通过互连设备接入因特网。

接入因特网需要向 ISP（Internet Service Provider，因特网服务供应商）提出申请。ISP 的服务主要是指因特网接入服务，即通过网络介质把计算机或其他终端设备连入因特网，中国知名 ISP 有中国电信、中国联通、中国移动、长城宽带等数据业务部门。

常见的因特网接入方式主要有：拨号接入方式、专线接入方式、无线接入方式和局域网接入方式，如表 8-1 所示。

表 8-1　因特网接入方式

接入方式	细分的接入方式
拨号接入方式	1．普通 Modem 拨号接入方式（向本地 ISP 申请） 2．ISDN 拨号接入方式（向本地 ISP 申请） 3．ADSL 虚拟拨号接入方式（向本地 ISP 申请）
专线接入方式	1．Cable Modem 接入方式（向广播电视部门申请） 2．DDN 专线接入方式（向本地 ISP 申请） 3．光纤接入方式（向本地 ISP 申请）
无线接入方式	1．GPRS 接入技术（向本地 ISP 申请） 2．蓝牙技术和 HomeRF 技术（向本地 ISP 申请）
局域网接入方式	1．有线局域网接入 2．无线局域网接入

1．拨号接入方式

（1）普通 Modem 拨号接入方式。有电话线，就可以上网，安装简单。拨号上网时，Modem 通过拨打 ISP 提供的接入电话号（如 96169、95578 等）实现 Internet 接入。缺点：一是其传输速率低（56kb/s），这个是理论上的，而实际的连接速率至多达到 45～52kb/s，上传文件只能达到 33.6kb/s；二是对通信线路质量要求很高，任何线路干扰都会使速率马上降到 33.6kb/s

以下；三是上网和打电话无法同时进行。

（2）ISDN 拨号接入方式。综合业务数字网，能在一根普通的电话线上提供语音、数据、图像等综合业务，可以供两部终端（例如一台电话、一台传真机）同时使用。ISDN 拨号上网速度很快，它提供两个 64kb/s 的信道用于通信，用户可同时在一条电话线上打电话和上网，或者以最高为 128kb/s 的速率上网，当有电话打入或打出时，可以自动释放一个信道，接通电话。

（3）ADSL 虚拟拨号接入方式。ADSL（Asymmetrical Digital Subscriber Line，非对称数字用户环路）是一种能够通过普通电话线提供宽带数据业务的技术，它具有下行速率高、频带宽、性能优、安装方便、不需交纳电话费等优点，成为继 Modem、ISDN 之后的又一种全新的高效接入方式。

ADSL 方案的最大特点是不需要改造信号传输线路，完全可以利用普通铜质电话线作为传输介质，配上专用的 Modem 即可实现数据高速传输。ADSL 支持上行速率 640kb/s～1Mb/s，下行速率 1Mb/s～8Mb/s，其有效的传输距离在 3～5 公里范围内。

在 ADSL 接入方案中，每个用户都有单独的一条线路与 ADSL 局端相连，它的结构可以看作是星型结构，数据传输带宽是由每一个用户独享的。

2. 专线接入方式

（1）Cable Modem 接入方式。Cable Modem（线缆调制解调器）是利用现成的有线电视（CATV）网进行数据传输，已是比较成熟的一种技术。由于有线电视网采用的是模拟传输协议，因此网络需要用一个 Modem 来协助完成数字数据的转化。Cable Modem 与以往的 Modem 在原理上都是将数据进行调制后在 Cable（电缆）的一个频率范围内传输，接收时进行解调，传输机理与普通 Modem 相同，不同之处在于它是通过有线电视 CATV 的某个传输频带进行调制解调的。

Cable Modem 连接方式可分为两种：对称速率型和非对称速率型。前者的上传速率和下载速率相同，都在 500kb/s～2Mb/s 之间；后者的数据上传速率在 500kb/s～10Mb/s 之间，数据下载速率为 2Mb/s～40Mb/s。

采用 Cable Modem 上网的缺点是，由于 Cable Modem 模式采用总线型网络结构，这就意味着网络用户共同分享有限带宽；另外，购买 Cable Modem 和初装费也不便宜，这些都阻碍了 Cable Modem 接入方式在国内的普及。但是，它的市场潜力是很大的，毕竟中国 CATV 网已成为世界第一大有线电视网。随着有线电视网的发展，通过 Cable Modem 利用有线电视网访问 Internet 已成为更多人接受的一种高速接入方式。不过，Cable Modem 技术主要是在广电部门原有线电视线路上进行改造时采用，此种方案与新兴宽带运营商的社区建设进行成本比较没有意义。

（2）DDN 专线接入方式。DDN 是英文 Digital Data Network 的缩写，这是随着数据通信业务发展而迅速发展起来的一种新型网络。DDN 的主干网传输媒介有光纤、数字微波、卫星信道等，用户端多使用普通电缆和双绞线。DDN 将数字通信技术、计算机技术、光纤通信技术以及数字交叉连接技术有机地结合在一起，提供了高速度、高质量的通信环境，可以向用户提供点对点、点对多点透明传输的数据专线出租电路，为用户传输数据、图像、声音等信息。DDN 的通信速率可根据用户需要在 N×64kb/s（N=1～32）之间进行选择，当然速度越快租用费用也越高。

用户租用 DDN 业务需要申请开户。DDN 的收费一般可以采用包月制和计流量制，这与一般用户拨号上网的按时计费方式不同。DDN 的租用费较贵，普通个人用户负担不起，因此 DDN 主要面向集团公司等需要综合运用的单位。

（3）光纤接入方式。PON（无源光网络）技术是一种点对多点的光纤传输和接入技术，下行采用广播方式，上行采用时分多址方式，可以灵活地组成树型、星型、总线型等拓扑结构，在光分支点不需要节点设备，只需要安装一个简单的光分支器即可，具有节省光缆资源、带宽资源共享、节省机房投资、设备安全性高、建网速度快、综合建网成本低等优点。

3. 无线接入方式

（1）GPRS 接入方式。通用分组无线业务（General Packet Radio Service，GPRS），是一种新的分组数据承载业务。下载资料和通话是可以同时进行的。目前 GPRS 达到 115kb/s，是常用 56kb/s Modem 理想速率的两倍。

（2）蓝牙技术与 HomeRF 技术。蓝牙技术：10 米左右的短距离无线通信标准，用来设计在便携式计算机、移动电话以及其他移动设备之间建立起一种小型、经济、短距离的无线链路。

HomeRF 主要为家庭网络设计，采用 IEEE 802.11 标准构建无线局域网，能满足未来家庭宽带通信。

4. 局域网接入方式

局域网接入方式一般可以采用 NAT（网络地址转换）或代理服务器技术让局域网内部用户用户访问因特网。

第 9 讲　因特网的应用

本讲的主要内容包括：

- 拨号连接、宽带连接的创建
- 浏览器的设置、使用
- 电子邮件的收发
- 搜索引擎的使用

9.1　拨号连接、宽带连接的创建

9.1.1　IP 地址的设置

因特网的接入必须有唯一的 IP 地址，无论内部 IP 或外网 IP。IP 地址的获取有两种方式，一种为自动获取，一种为手动设置。

1. 自动获取 IP

右键单击桌面上的“网上邻居”→选择“属性”，如图 9-1 所示，双击网络适配器（网卡）对应的“本地连接”，选择“常规”→“属性”→“Internet 协议（TCP/IP）”→“属性”，如图 9-2 所示。在“Internet 协议（TCP/IP）属性”对话框，选择“自动获得 IP 地址”和“自动获得 DNS 服务器地址”即可。

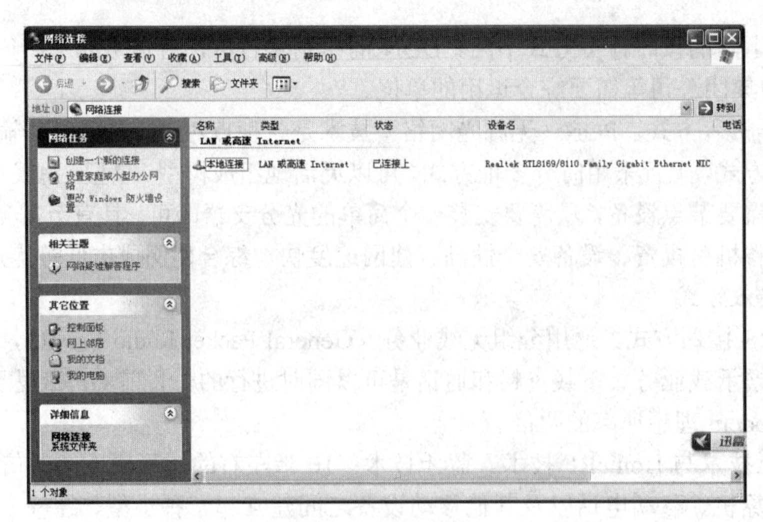

图 9-1 网络连接

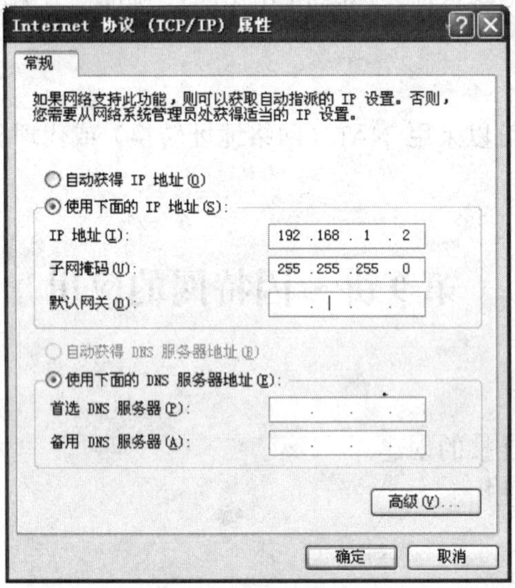

图 9-2 IP 设置

2. 手动设置 IP

如图 9-2 所示的“Internet 协议（TCP/IP）属性”对话框，选择“使用下面的 IP 地址”和“使用下面的 DNS 服务器地址”，并进行相应设置，如：

IP：192.168.1.x（x 为 2～254 之间的任何数）；

子网掩码：255.255.255.0；

网关：如主机和网络设备直接相连，属于同一网段，无需设置网关，否则需要设置；

DNS：如客户端使用 IP 地址直接访问网络设备，无需设置 DNS，否则需要设置。

根据 ISP 提供的 IP 地址、子网掩码、网关、DNS 进行对应设置。

9.1.2 拨号连接、宽带连接的创建

在如图 9-1 所示的“网络连接”窗口，单击左侧的“创建一个新的连接”，弹出“新建连接向导”对话框，单击“下一步”→选择“连接到 Internet”，单击“下一步”按钮→选择“手

动设置我的连接”，单击“下一步”按钮，弹出的对话框如图 9-3 所示。

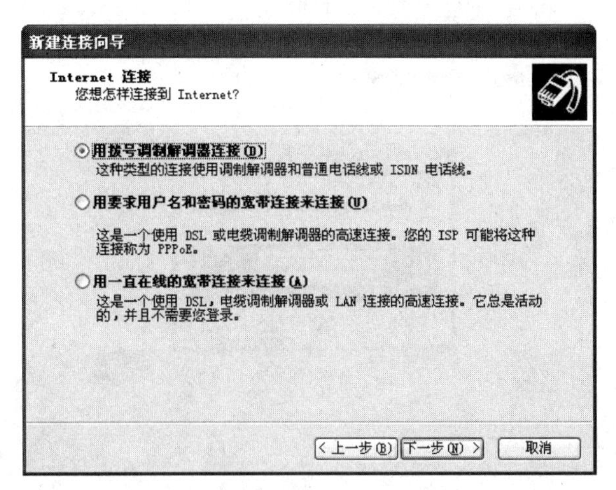

图 9-3　拨号连接、宽带连接的创建

1. 拨号连接的创建

如图 9-3 所示，选择“用拨号调制解调器连接”，单击“下一步”按钮，依次完成“ISP 名称”、“电话号码”、“用户名、密码”、“桌面快捷方式”等设置，单击“完成”按钮即可。

2. 宽带连接的创建

如图 9-3 所示，选择“用要求用户名和密码的宽带连接来连接”，单击“下一步”按钮，依次完成“ISP 名称“、“用户名、密码”、“桌面快捷方式”等设置，单击“完成”按钮即可。

9.1.3　计算机网络实验一（无线路由器的 Web 访问和简单上网设置）

1. 实验要求

Web 访问 TP-LINK 无线路由器，并进行简单的上网设置。

2. 实验步骤

（1）将 Modem、无线路由器和主机进行物理连接。首先，用网线连接 Modem 和无线路由器的 WAN 接口；然后，用网线连接无线路由器的 LAN 接口和台式机的网卡接口；

（2）确定 TP-LINK 无线路由器管理端口的 IP 地址，可根据产品说明书获取其管理 IP 为 192.168.1.1；

（3）如图 9-2 所示的“Internet 协议（TCP/IP） 属性”对话框，设置 IP 地址为：192.168.1.x（x 为 2～254 之间的任何数），子网掩码为：255.255.255.0，网关和 DNS 无需设置（如果无线路由器已配置并开启 DHCP 服务器，此步骤可省略）；

（4）打开 IE，在地址栏输入：http://192.168.1.1，在弹出的“账号、密码输入”窗口中，输入账号“admin”和密码“admin”（产品说明书提供），如图 9-4 所示，单击“确定”按钮即可访问路由器管理界面；

（6）根据弹出的向导窗口，完成路由器的系统模式、SSID（无线局域网名称）、接入方式（选择 PPPoE）、宽带账号密码（申请 ADSL 宽带时的账号、密码）、无线局域网密码（终端设备加入无线局域网时的密码）等设定。如图 9-5、图 9-6、图 9-7 所示；

（7）重新启动路由器，所有网络终端设备即可搜索到该无线局域网并加入该无线局域网。

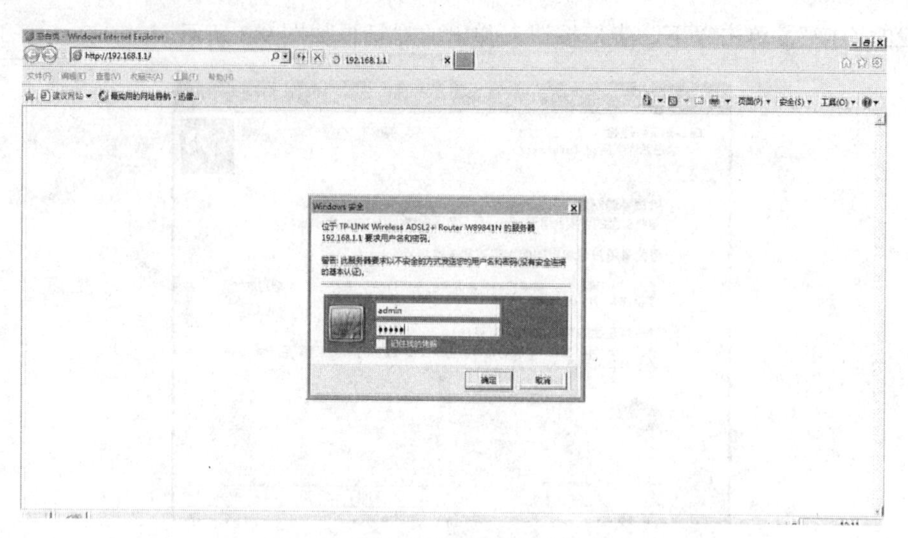

图 9-4　登录无线路由器的账号密码

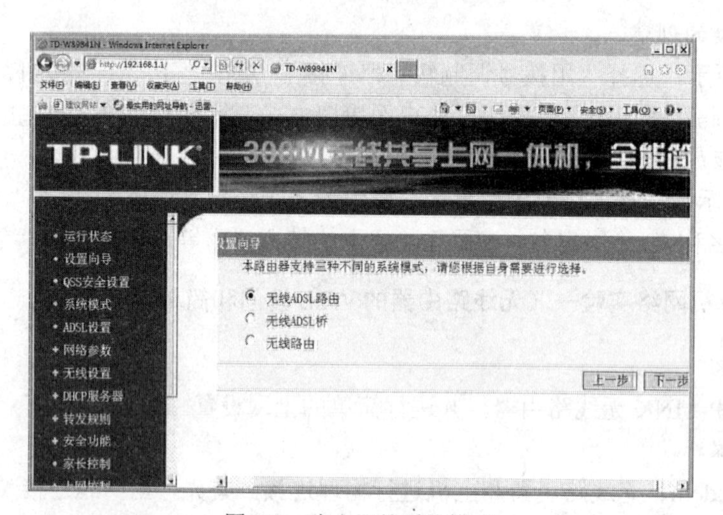

图 9-5　路由器的系统模式

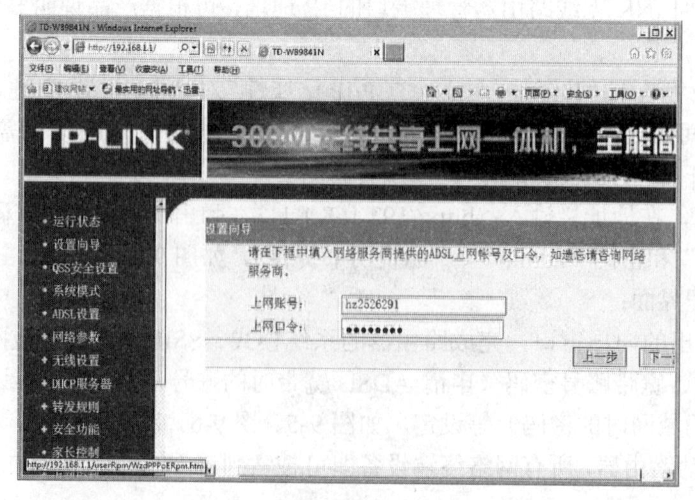

图 9-6　ISP 提供的账号和密码

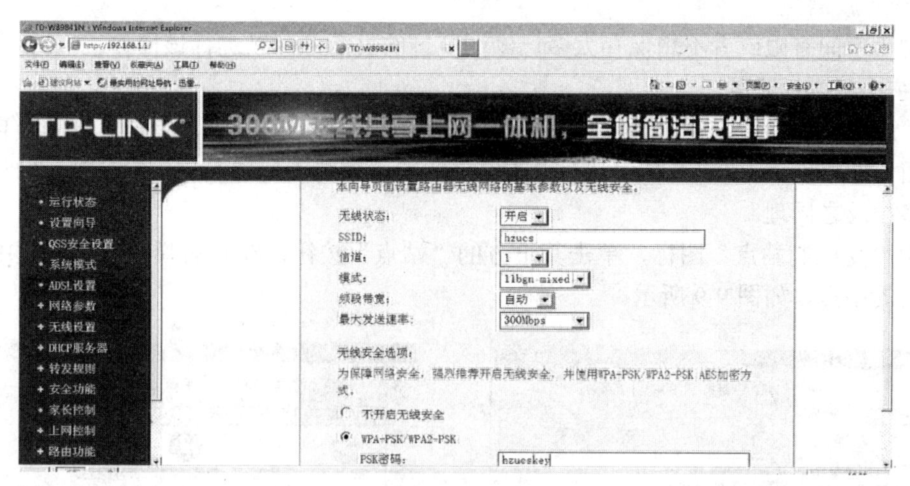

图 9-7　无线局域网的主要设置界面

9.2　浏览器（IE 6.0）

9.2.1　网页浏览器简介

全球网（Web，WWW）是一种把所有 Internet 的数据组织成超文本文件形式文件存储的分布式系统。通过全球网能访问 Internet 的所有资源，只需用浏览器"读"适当的文件即可。

浏览器是指一个运行在用户计算机上的应用程序，它负责下载、解释和显示 Web 页面，并让用户与这些页面交互，因此也称为 Web 客户程序。网页浏览器主要通过 HTTP 协议与网页服务器交互并获取网页。大部分的浏览器本身除了支持.HTML 之外，还支持 JPEG、PNG、GIF 等图像格式，并且能够扩展支持众多的插件（Plug-ins）。另外，许多浏览器还支持其他的 URL 类型及其相应的协议，如 FTP、Gopher、HTTPS（HTTP 协议的加密版本）。

常见的网页浏览器包括Internet Explorer、火狐、傲游、世界之窗、谷歌浏览器、360 安全浏览器、搜狗浏览器、腾讯 TT 浏览器、opera 浏览器等。

9.2.2　IE 浏览器的设置

IE 全称 Internet Explorer，是 Windows 操作系统内置的 Web 浏览器。IE 的常见设置主要在 IE 的"工具"菜单→"Internet 选项"中完成。

1. 默认主页的设置

在"Internet 选项"→"常规"标签的"主页"栏中，输入设置的域名，单击"确定"按钮。如图 9-8 所示，设置惠州学院主页为默认主页。这样以后打开 IE 就是惠州学院的主页。

优点：可以迅速进入最常使用的页面。

缺点：如果要进入其他页面，必须先点"停止"，再输入域名进入，效率低。

普通用户不推荐设置主页为某一固定页面。

2. 历史记录的设置

在"Internet 选项"→"常规"标签→"历史记录"栏中，可以单击"清除历史记录"，所有历史记录即被清除，如图 9-8 所示。并且修改历史记录保存时间，控制保存时间。

当硬盘空间有限或者不想保存太多已经浏览过的页面，可以进行该操作。

3．安全级别的设置

在“Internet 选项”→“安全”标签项中，选中“Internet”图标，单击下方的“自定义级别”按钮，即可设置 IE 浏览器浏览网页的安全级别，级别越高越安全，但是浏览网页时，受限制越多；反之同理。

选中“受限制站点”图标，单击其下方的“站点”按钮，在其后弹出的对话框中可设置限制访问的站点，如图 9-9 所示。

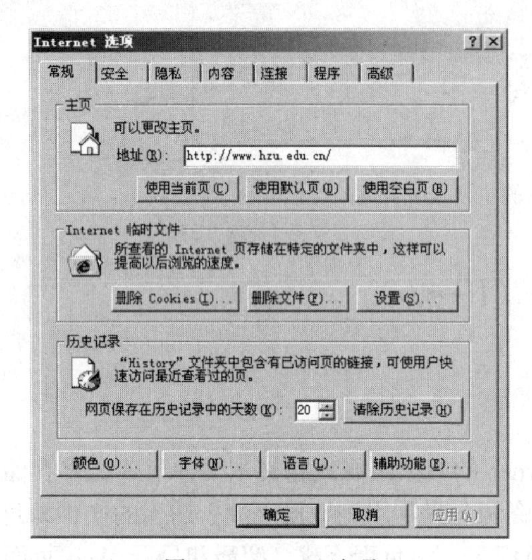

图 9-8 Internet 选项

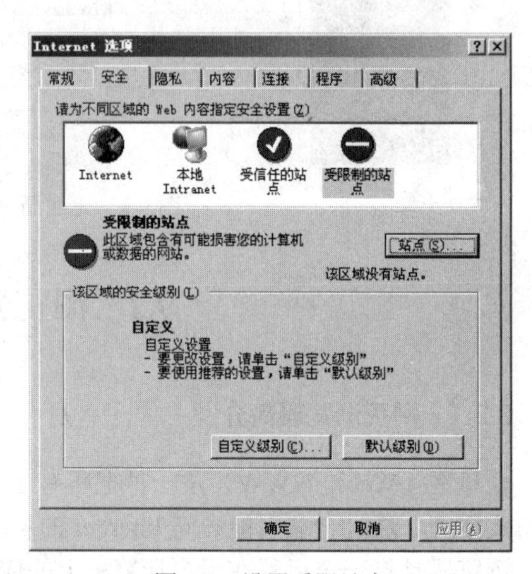

图 9-9 设置受限站点

4．代理的设置

代理服务器英文全称是 Proxy Server，其功能就是代理网络用户去取得网络信息。形象的说：它是网络信息的中转站。在一般情况下，使用网络浏览器直接去连接其他 Internet 站点取得网络信息时，是直接联系到目的站点服务器，然后由目的站点服务器把信息传送回来。代理服务器是介于浏览器和 Web 服务器之间的另一台服务器，有了它之后，浏览器不是直接到Web 服务器去取回网页而是向代理服务器发出请求，信号会先送到代理服务器，由代理服务器来取回浏览器所需要的信息并传送给客户浏览器。

在Internet 选项的“连接”选项卡中，单击“局域网代理”设置按钮，输入代理服务器的 IP 地址和端口号即可，如图 9-10 所示。

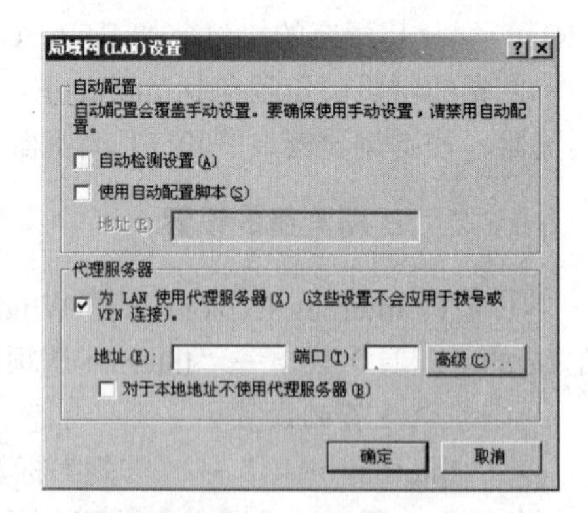

图 9-10 代理服务器设置

9.2.3 IE 浏览器的使用

1．收藏夹的使用

收藏夹是上网时的有利助手，帮助记录常用的网站。

（1）把网页添加到收藏夹。

方法一：直接添加法

打开收藏的页面，单击“收藏”菜单→“添加到收藏夹”命令，在窗口中为网页输入一个容易记忆的名称，单击“创建到”按钮可选择网页收藏的路径。如果打算把网址收藏在新的文件夹中，则单击“新建文件夹”按钮，输入文件夹名称，单击“确定”按钮，如图 9-11 所示。

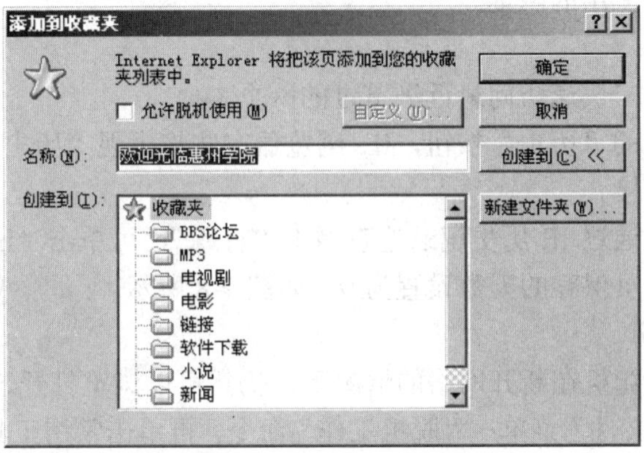

图 9-11　添加到收藏夹

方法二：右键添加法

在当前网页的空白处单击鼠标右键，然后在弹出的菜单中选择“添加到收藏夹”，再按方法一进行操作。

方法三：快捷键添加法

同时按下键盘上的 Ctrl 键和 D 键也会出现“添加到收藏夹”对话框，而且使用这种方法更加快捷。

方法四：网页链接添加法

如果打算把网页中的一些网页链接添加到收藏夹，不必打开链接，直接用鼠标指向有关的链接网址，再右击选择“添加到收藏夹”则可。

（2）整理收藏夹。随着上网时间的增长，IE 收藏夹中存放了大量的网页地址，不但查找时间长，而且管理不方便，所以要定期整理 IE 收藏夹的记录：

单击“收藏”菜单→“整理收藏夹”命令，弹出“整理收藏夹”对话框，如图 9-12 所示。该对话框左侧 4 个按钮作用如下：

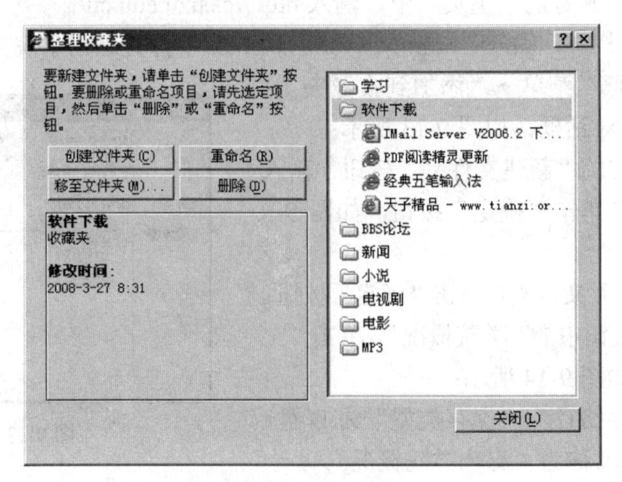

图 9-12　整理收藏夹

创建文件夹：利用新建的各类文件夹来管理收藏的网址整齐有序、查找方便。

记录重命名：重新命名繁杂的网址便于记忆。

移动文件夹：把相应的网址收藏到对应的文件夹中，便于管理。

删除文件夹：删除无用的网址。

2. 历史的使用

“历史”可帮助用户快速访问最近浏览过的网页。

单击常用工具栏上的“历史”按钮，IE 浏览器左侧将出现“历史记录”小窗口，其保存着最近浏览过的页面链接。

如果不希望其他人通过 IE 历史记录追查网上“行踪”，可单击“Internet 选项”→“清除历史记录”按钮，将网页保存的天数设置为 0，如图 9-8 所示。

3. 脱机浏览的使用

脱机浏览就是让计算机在断开网络的情况下，仍然可以浏览打开过的页面。

操作方法：单击“文件”菜单→“脱机工作”命令，再单击常用工具栏上的“历史”按钮，在 IE 浏览器左侧将出现“历史”小窗口，选取在线浏览过的页面浏览。

4. 页面的保存和打印

保存网页：单击“文件”菜单→“另存为”命令，选择保存的位置和类型，输入保存的文件名称，单击“确定”按钮。

打印网页：单击“文件”菜单→“打印”命令，设置相关打印参数，单击“确定”按钮。

9.2.4 计算机网络实验二（IE 浏览器的设置与使用）

1. 实验要求

（1）设置惠州学院计算机系网址（http://cs.hzu.edu.cn/）为主页；

（2）将惠州学院网址（http://www.hzu.edu.cn/）添加到收藏夹中的“工作”文件夹；

（3）将惠州学院网站中“学院概况”网页另存为“惠州学院概况.txt”，并保存在 D 盘根目录下。

2. 实验步骤

（1）打开 IE 浏览器，单击“工具”→“Internet 选项”；

（2）在“常规”标签的“主页”中，输入 http://cs.hzu.edu.cn/；

（3）在 IE 地址栏中，输入“http://www.hzu.edu.cn/”打开惠州学院主页；

（4）单击“收藏”菜单→“添加到收藏夹”，弹出“添加到收藏”对话框，如图 9-13 所示；

（5）单击右下方的“新建文件夹”按钮，输入文件夹名称“工作”，单击“确定”按钮，如图 9-9 所示；

（6）选择“工作”文件夹，单击“确定”按钮；

（7）单击导航按钮中的“学院概况”，单击“文件”→“另存为”，如图 9-14 所示；

（8）确定“保存路径”、“保存类型”为 D 盘、文本文件，确定文件名称为“惠州学院概况”。

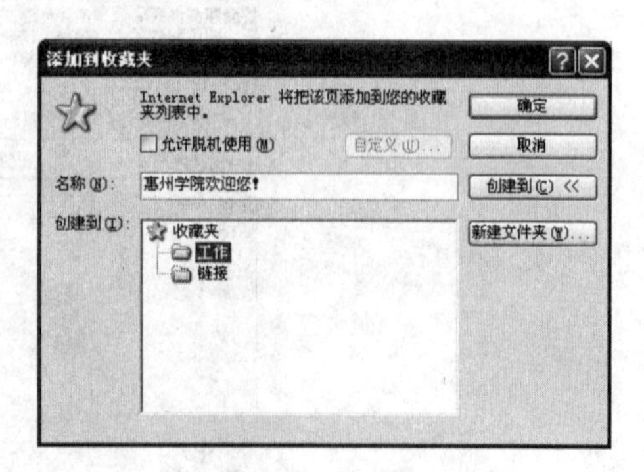

图 9-13 收藏夹

图 9-14 网页的 txt 保存

9.3 电子邮件的收发

9.3.1 电子邮件的概念

电子邮件（Electronic Mail，简称 E-Mail，标志为@，昵称为“伊妹儿”）又称电子信箱、电子邮政，它是一种用电子手段提供信息交换的通信方式，是 Internet 应用最广的服务之一。通过网络的电子邮件系统，用户可以用非常低廉的价格，以非常快速的方式，与世界上任何一个角落的网络用户联系，这些电子邮件可以是文字、图象、声音等各种方式。电子邮件还可以方便地进行一对多的邮件传递，同一邮件可以一次发送给许多用户。

在 Internet 中，邮件地址如同自己的身份，一般而言邮件地址的格式如下：

somebody@domain_name

此处的 domain_name 为域名的标识符，也就是目的邮件服务器的域名。而 somebody 则是在该域名上的收件人账号。例如 cs@hzu.edu.cn，cs 为账号，hzu.edu.cn 为域名。

9.3.2 OE 的设置和使用

OE 全称 Outlook Express，是 Windows 系统自带的一个电子邮件客户程序。其优点是方便快捷编辑的邮件更精美，尤其是当拥有多个常用邮箱时，其表现更加突出。

下面以中文版 Outlook Express 6 和 cs@hzu.edu.cn 为例讲解 OE 的设置：

（1）打开 Outlook Express 6 后，执行“工具”菜单→“账户”命令，如图 9-15 所示。

（2）单击“邮件”标签→“添加”按钮，在弹出的菜单中选择“邮件”。

（3）弹出的对话框中，根据提示，输入“账号”，如 cs；然后单击“下一步”按钮。

（4）输入电子邮件地址 cs@hzu.edu.cn，单击“下一步”按钮。

（5）输入邮箱的的 POP 和 SMTP 服务器地址：如图 9-16 所示，单击“下一步”按钮。

POP：mail.hzu.edu.cn

SMTP：mail.hzu.edu.cn

图 9-15　Outlook Express 6 账号添加

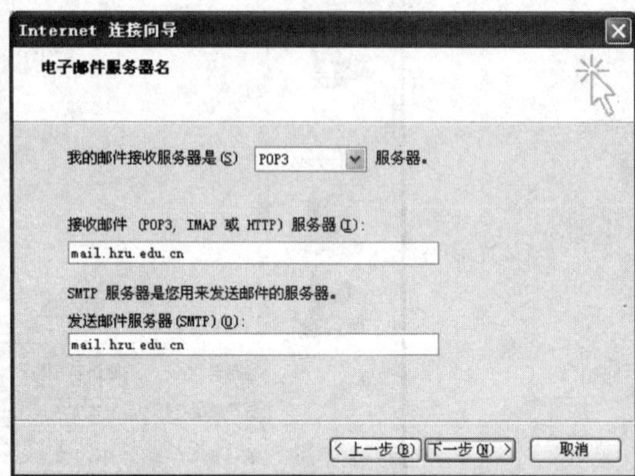

图 9-16　邮件服务器的设置

（6）输入账号 cs 和密码（此账号为登录此邮箱时用的账号，仅输入@前面的部分），再单击“下一步”按钮；单击“完成”按钮保存设置。

（7）设置 SMTP 服务器身份验证：在“邮件”标签中，双击刚才添加的账号，弹出此账号的属性框，如图 9-17 所示。

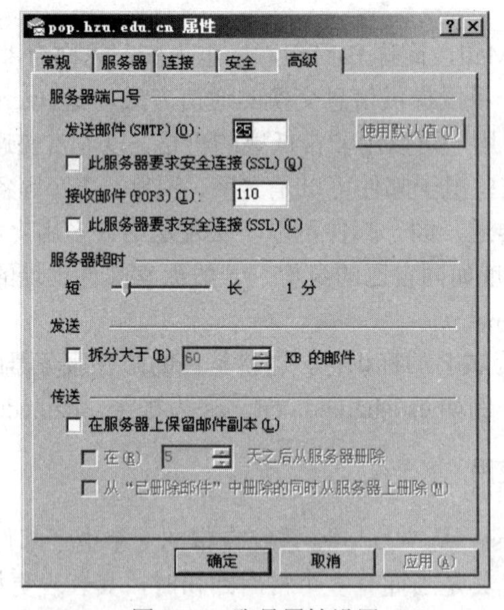

图 9-17　账号属性设置

（8）单击“服务器”标签→“发送邮件服务器”，选中“我的服务器要求身份验证”选项，并单击右边“设置”标签，选中“使用与接收邮件服务器相同的设置”。

（9）在账号属性对话框的“高级”标签的“传送”栏中，勾选“在服务器保留邮件副本”。如图 9-13 所示。单击“确定”，关闭账户属性。

cs@hzu.edu.cn 已设置成功，单击主窗口（图 9-15）中的“发送/接收”按钮即可进行邮件收发。

9.3.3　计算机网络实验三（OE 的设置与使用）

1．实验要求

（1）完成 cs@hzu.edu.cn 和 hzucs0752@163.com 的设置；

（2）进行邮件互发。

2．实验步骤

（1）打开 OE，如图 9-15 所示；

（2）“工具”菜单→“账户”命令，弹出“Internet 账户”对话框，如图 9-18 所示；

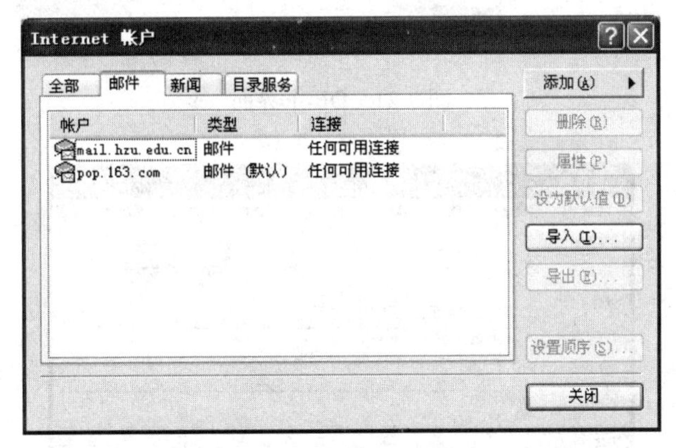

图 9-18　Internet 账户

（3）创建账户 mail.hzu.edu.cn 和 pop.163.com，如图 9-18 所示；

（4）mail.hzu.edu.cn 账户的属性如图 9-19 所示，pop.163.com 账户的属性如图 9-20 所示；

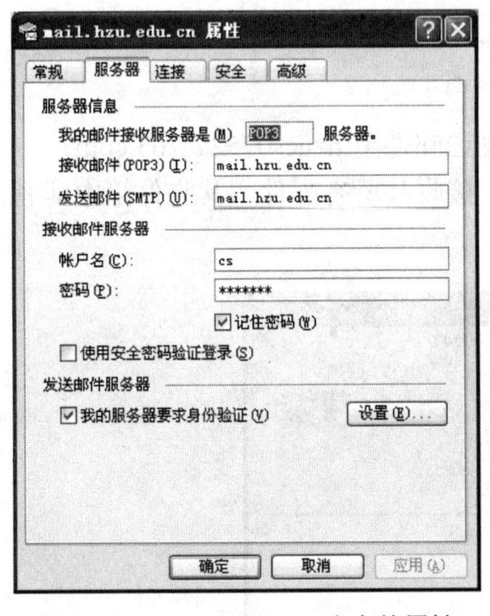

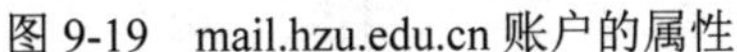

图 9-19　mail.hzu.edu.cn 账户的属性

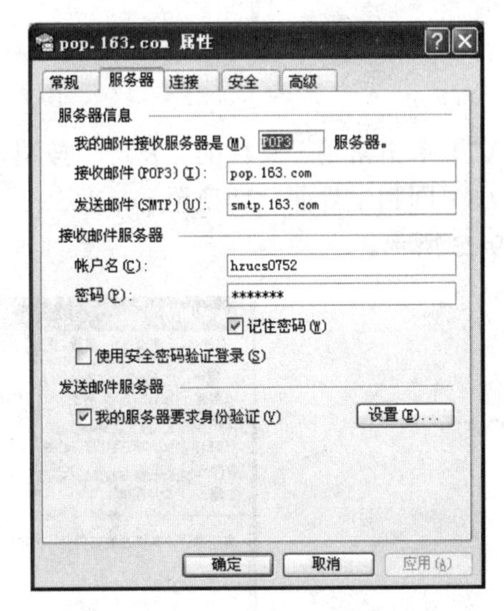

图 9-20　pop.163.com 账户的属性

（5）返回 OE 主界面，单击常用工具栏上的“发送/接收”按钮旁边的下拉箭头，选择“接收全部邮件”，如图 9-21 所示，即可接收默认账号 mail.hzu.edu.cn 的所有邮件；

（6）返回 OE 主界面，单击常用工具栏上的“创建邮件”按钮，弹出的对话框如图 9-22 所示；

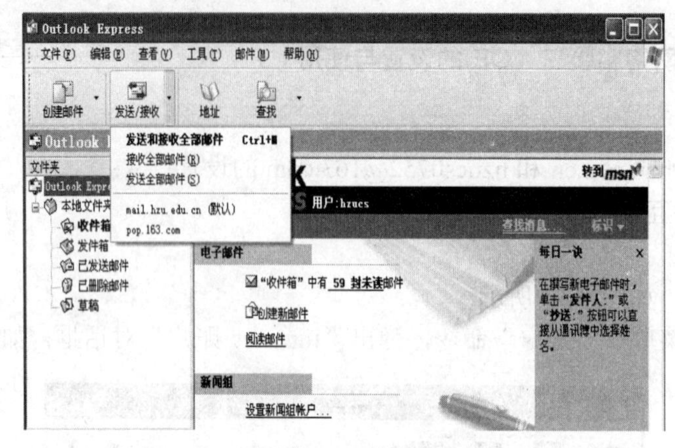

图 9-21 OE 主界面

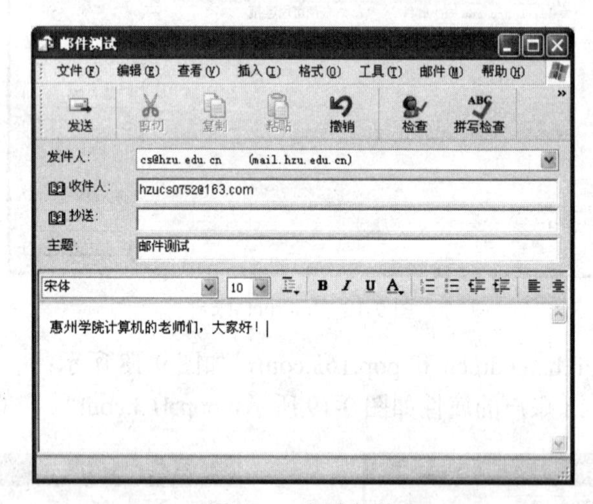

图 9-22 创建邮件

（7）单击常用工具栏的"发送"按钮，即可发送邮件至 hzucs0752@163.com；

（8）回到主界面，切换至 pop.163.com 账号，接收其所有邮件，其收件箱中即有邮件，如图 9-23 所示。

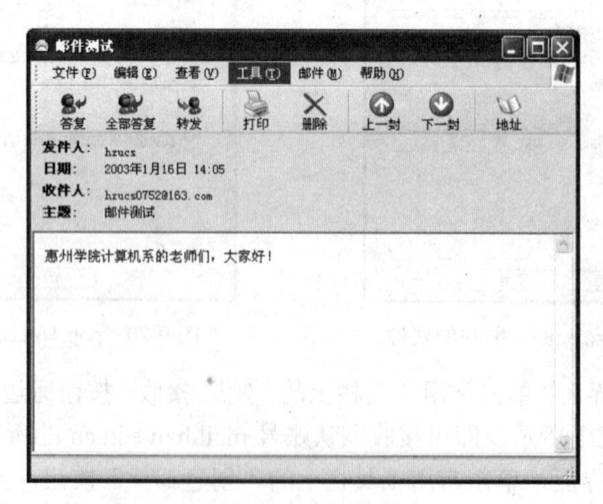

图 9-23 查阅邮件

9.4　搜索引擎的使用

网络改变生活。没有网络的时候，碰到问题困难第一反应都是找牛人找书籍，而网络普及的现今第一反应则是找百度找谷歌。

9.4.1　搜索引擎的概念

搜索引擎（Search Engine）是指根据一定的策略、运用特定的计算机程序搜集互联网上的信息，在对信息进行组织和处理后，为用户提供检索服务的系统。

从使用者的角度看，搜索引擎提供一个包含搜索框的页面，在搜索框输入词语，通过浏览器提交给搜索引擎后，搜索引擎就会返回跟用户输入的内容相关的信息列表。

9.4.2　信息查询的基本技巧

1. 简单查询

在搜索引擎中，输入关键词，然后单击“搜索”即可，系统很快会返回查询结果，这是最简单的查询方法，使用方便，但是查询的结果却不准确，可能包含着许多无用的信息。

2. 双引号用（" "）

给要查询的关键词加上双引号（半角，以下要加的其他符号同此），可以实现精确的查询，这种方法要求查询结果要精确匹配，不包括演变形式。例如在搜索引擎中输入“电传”表示返回网页中含有“电传”这个关键字的网址，而不会返回诸如“电话传真”之类的网页。

3. 使用加号（+）

在关键词的前面使用加号，也就等于告诉搜索引擎该单词必须出现在搜索结果中的网页上。例如，在搜索引擎中输入“+电脑+电话+传真”就表示要查找的内容必须要同时包含“电脑、电话、传真”这三个关键词。

4. 使用减号（–）

在关键词的前面使用减号，作用是在查询结果中不能出现该关键词。例如，在搜索引擎中输入“电视台–中央电视台”，它就表示最后的查询结果中一定不包含“中央电视台”。

5. 通配符（*和?）

通配符包括星号（*）和问号（？），“*”表示匹配的字符数量不受限制，“？”表示匹配的字符数为 1，主要用在英文搜索引擎中。例如输入“computer*”，就可以找到“computer、computers、computerised、computerized”等单词，而输入“comp?ter”，则只能找到“computer、compater、competer”等单词。

9.4.3　计算机网络实验四（搜索引擎的应用）

1. 实验要求

搜索“OFFICE 2003 SP3 简体中文完整版”软件，并下载保存至 D 盘 download 文件夹。

2. 实验步骤

（1）打开 IE，输入 http://www.google.com;

（2）在搜索框中，输入关键词“OFFICE 2003+SP3+简体中文完整版+下载-升级包”，按下回车，如图 9-24 所示；

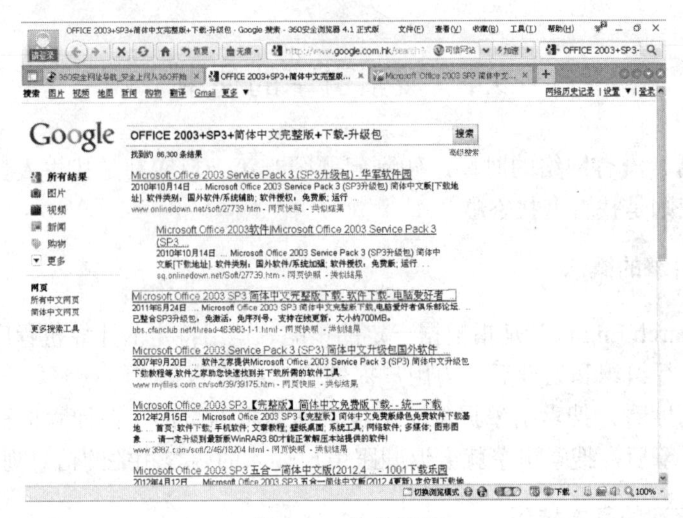

图 9-24 搜索结果

（3）选择正确的链接下载，本实验选择“电脑爱好者”网站的下载链接；

（4）在“电脑爱好者”网站的 Office 2003 下载页面中，确定下载链接地址，并在下载链接地址上单击右键，在弹出的快捷菜单中选择“使用迅雷下载”，如图 9-25 所示；

（5）在迅雷“新建任务”对话框中，选择下载路径 D:\download，单击“立即下载”按钮，如图 9-26 所示。

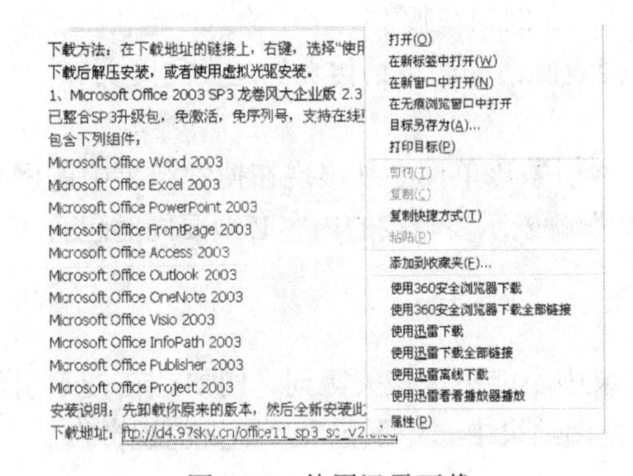

图 9-25 使用迅雷下载

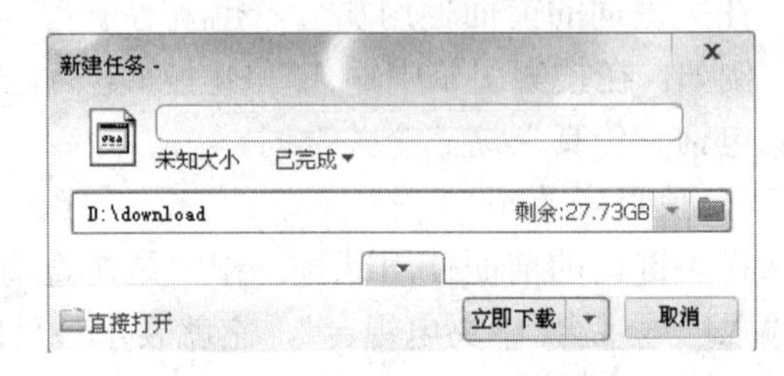

图 9-26 确定下载路径

习题

一、单项选择题

1．以下关于计算机网络叙述正确的是（ ）。

A．受地理约束　　B．不能实现资源共享

C．不能远程信息访问　　D．不受地理约束、实现资源共享、远程信息访问

2．下列有关计算机网络叙述错误的是（ ）。

A．利用 Internet 网可以使用远程的超级计算中心的计算机资源

B．计算机网络是在通信协议控制下实现的计算机互联

C．建立计算机网络的最主要目的是实现资源共享

D．以接入的计算机多少可以将网络划分为广域网、城域网和局域网

3．TCP/IP 协议是 Internet 中计算机之间通信所必须共同遵循的一种（　　）。

A．信息资源　　B．通信规定　　C．软件　　D．硬件

4．为了以拨号的方式接入因特网，必须使用的设备是（　　）。

A．Modem　　B．网卡　　C．电话机　　D．声卡

5．电子邮件地址的一般格式为（　　）。

A．用户名@域名　　B．域名@用户名

C．IP 地址@域名　　D．域名@IP 地址名<mailto：域名@IP 地址名>、

6．POP3 服务器用来（　　）邮件。

A．接收　　B．发送　　C．接收和发送　　D．以上均错

7．Internet 上各种网络和各种不同类型的计算机互相通信的基础是（　　）协议。

A．HTTP　　B．IPX　　C．X.25　　D．TCP/IP

8．某台计算机的 IP 地址为 132.121.100.001，那么它属于（　　）网。

A．A 类　　B．B 类　　C．C 类　　D．D 类

9．计算机网络建立的主要目的是实现计算机资源的共享。计算机资源主要指计算机（　　）。

A．软件与数据库　　B．服务器、工作站与软件

C．硬件、软件与数据　　D．通信子网与资源子网

10．调制解调器（Modem）的主要功能是（　　）。

A．模拟信号的放大　　B．数字信号的整形

C．模拟信号与数字信号的转换　　D．数字信号的编码

11．关于网络协议，下列（　　）选项是正确的。

A．是网民们签定的合同

B．协议，简单的说就是为了网络信息传递共同遵守的约定

C．TCP/IP 协议只能用于 Internet，不能用于局域网

D．拨号网络对应的协议是 IPX/SPX

12．合法的 IP 地址是（　　）。

A．202:196:112:50　　B．202、196、112、50

C．202，196，112，50　　D．202.196.112.50

13．在 Internet 中，主机的 IP 地址与域名的关系是（　　）。

A．IP 地址是域名中部分信息的表示　　B．域名是 IP 地址中部分信息的表示

C．IP 地址和域名是等价的　　D．IP 地址和域名分别表达不同含义

14．计算机网络最突出优点是（　　）。

A．运算速度快　　B．联网的计算机能够相互共享资源

C．计算精度高　　D．内存容量大

15．关于 Internet，下列说法不正确的是（　　）。

A．Internet 是全球性的国际网络　　B．Internet 起源于美国

C．通过 Internet 可以实现资源共享　　D．Internet 不存在网络安全问题

16．LAN 通常是指（　　）。

A．广域网　　B．局域网　　C．子源子网　　D．城域网

17．www.zzu.edu.cn 是 Internet 中主机的（　　）。

A．硬件编码　　B．密码　　C．软件编码　　D．域名

18．国家作为顶级域名，中国的顶级域名是（　　）。

A．cn　　B．ch　　C．chn　　D．china

19．默认的 HTTP（超文本传输协议）端口是（　　）。

A．21　　B．23　　C．80　　D．8080

20．IPv4 地址有（　）位二进制数组成。

A．16　　B．32　　C．64　　D．128

21．HTML 是指（　）。

A．超文本标记语言　　B．超文本文件

C．超媒体文件　　D．超文本传输协议

22．Internet Explorer 浏览器本质上是一个（　）。

A．连入 Internet 的 Tcp/IP 程序　　B．连入 Internet 的 SNMP 程序

C．浏览 Internet 上 Web 页面的服务器程序　　D．浏览 Internet 上 Web 页面的客户程序

23．要在 IE 中返回上一页，应该（　）。

A．单击“后退”按钮　　B．按 F4 键

C．按 Delete 键　　D．按 Ctrl+D 键

24．要想在 IE 中看到您最近访问过的网站列表可以（　）。

A．单击“后退”按钮　　B．按 Backspace 键

C．按 Ctrl+F 键　　D．单击“标准按钮”工具栏上的“历史”按钮

25．在 Internet 上搜索信息时，下列说法不正确的是（　）。

A．windows and client 表示检索结果必须同时满足 windows 和 client 两个条件

B．windows or client 表示检索结果只需满足 windows 和 client 中一个条件即可

C．windows not client 表示检索结果中不能含有 client

D．windows client 表示检索结果中含有 windows 或 client

26．登录在某网站已注册的邮箱，页面上的“发件箱”文件夹一般保存的是（　）。

A．已经抛弃的邮件　　B．已经撰写好，但是还没有发送的邮件

C．包含有不合时宜想法的邮件　　D．包含有不礼貌（outrageous）语句的邮件

27．下面（　）是 FTP 服务器的地址。

A．http://192.163.113.23　　B．ftp://192.168.113.23

C．www.sina.com.cn　　D．c:\windows

28．在 CuteFTP 中，一个文件中断后断点续传的次数是（　）。

A．1 次　　B．2 次　　C．3 次　　D．不限制

29．匿名 FTP 的用户名和密码是（　）。

A．Guest 本机密码　　B．Anonymous 自己的 E-mail 地址

C．Public 000　　D．Scott 自己邮箱的密码

30．当电子邮件在发送过程中有误时，则（　）。

A．电子邮件服务器将自动把有误的邮件删除

B．邮件将丢失

C．电子邮件服务器会将原邮件退回，并给出不能寄达的原因

D．电子邮件服务器会将原邮件退回，但不给出不能寄达的原因

31．局域网的网络硬件设备主要包括服务器、客户机、网络适配器、集线器和（　）。

A．网络拓扑结构　　B．传输介质

C．网络协议　　D．路由器及网桥

32．使用匿名 FTP 的正确含义是（　）。

A．免费文件下载　　B．不需要文字

C．用化名　　D．非法使用文件

33．如果计算机没有打开，电子邮件将（　）。

A．退回给发信人　　B．保存在 ISP 服务器

C．对方等一会再发　　D．发生丢失永远也收不到

34．主机域名 www.xjnzy.edu.cn 由四个子域组成，其中（　）表示最低层域。

A．www　　B．edu　　C．xjnzy　　D．cn

35．电子邮件与传统的邮件相比最大的特点是（　）。

A．速度快　　B．价格低　　C．距离远　　D．传输量大

36．调制解调器的作用是（　）。

A．防止计算机病毒进入计算机中　　B．数字信号和模拟信号的转换

C．把声音送进计算机　　D．把声音传出计算机

37．HTML 的正式名称为（　）。

A．主要作语言　　B．超文本标识语言

C．WWW　　D．Internet 编程应用语言

38．在收发电子邮件的过程中，有时收到的电子邮件有乱码，其原因是（　）。

A．图形图像信息与文字信息的干扰　　B．声音信息与文字信息的干扰

C．计算机病毒的原因　　D．汉字编码的不统一

39．IP 地址由一组（　）的二进制数组组成。

A．8 位　　B．16 位　　C．32 位　　D．64 位

40．为了连入 Internet，以下哪项是不必要的（　）。

A．一条电话线　　B．一个调制解调器

C．一个 Internet 账号　　D．一个打印机

41．下面列举的四个工具软件中，（　）是用来下载软件的。

A．Winzip　　B．Winamp　　C．网际快车　　D．杀毒软件

42．在计算机网络中，表示数据传输可靠性的指标是（　）。

A．传输率　　B．误码率　　C．信息容量　　D．频带利用率

43．Internet 上，访问 Web 信息时用的工具是浏览器。下列（　）是目前常用的 Web 浏览器之一。

A．Internet Explorer　　B．Outlook Express

C．Yahoo　　D．FrontPage

44．域名中的后缀.gov 表示机构所属类型为（　）。

A．军事机构　　B．政府机构　　C．教育机构　　D．商业公司

45．为了能在 Internet 上正确通信，每台网络设备和主机都分配了唯一的地址，该地址由数字并用小数点分隔开，它称为（　）。

A．WWW 服务器地址　　B．TCP 地址

C．WWW 客户机地址　　D．IP 地址

46．关于电子邮件，下列说法中错误的是（　）。

A．发送电子邮件需要 E-mail 软件支持　　B．发件人必须有自己的 E-mail 账号

C．收件人必须有自己的邮政编码　　D．必须知道收件人的 E-mail 地址

47．关于“链接”，下列说法中正确的是（　）。

A．链接指将约定的设备用线路连通　　B．链接将指定的文件与当前文件合并

C．单击链接就会转向链接指向的地方　　D．链接为发送电子邮件做好准备

48．电子邮件是 Internet 应用最广泛的服务项目，通常采用的传输协议是（　）。

A．SMTP　　B．TCP/IP　　C．CSMA/CD　　D．IPX/SPX

49．目前网络传输介质中传输速率最高的是（　）。

A．双绞线　　B．同轴电缆　　C．光缆　　D．电话线

50．E-mail 地址格式为：username@hostname，其中 hostname 为（　）。

A．用户地址名　　B．某公司名　　C．ISP 主机的域名　　D．某国家名

二、填空题

1．计算机网络分为________和________两个子网。
2．按覆盖的地理范围大小，计算机网络分为________、________和________。
3．计算机网络中常用的三种有线传输介质是________、________和________。
4．ISP 是________的简称。
5．IP 地址的记录方法为________。
6．网页浏览器主要通过________协议与网页服务器交互并获取网页。
7．收藏夹的作用是________。
8．发送电子邮件需要________服务器。
9．即时通信软件的功能有________、________、________和________。
10．BBS 是________的简称。
11．BT 下载最显著的特点是________。
12．支持 Internet 扩展服务的协议是________。
13．个人用户访问 Internet 最常用的方式是________。
14．Internet 最初创建的目的是用于________。
15．E-mail 地址的通用格式是________。
16．对网络中的计算机，Windows XP 可以通过________来访问网络中其他计算机中的信息。
17．拨号上网除计算机外，还需要电话线、账号和________。
18．我国与 1993 年开始实施的三金工程是________。

习题参考答案

一、单项选择题

1．D	2．D	3．B	4．A	5．A	6．A	7．D	8．B	9．C	10．C
11．B	12．D	13．C	14．B	15．D	16．B	17．D	18．A	19．C	20．B
21．A	22．D	23．A	24．D	25．D	26．B	27．B	28．D	29．B	30．C
31．B	32．A	33．B	34．C	35．A	36．B	37．B	38．D	39．C	40．D
41．C	42．B	43．A	44．B	45．D	46．C	47．C	48．A	49．C	50．C

二、填空题

1．资源子网，通信子网
2．广域网，城域网，局域网
3．双绞线，同轴电缆，光纤
4．因特网服务供应商
5．点分十进制法
6．HTTP
7：便于记忆网址和快速打开网站
8．POP 和 SMTP
9．文字聊天，音频视频聊天，传送文件，浏览资讯或发送短信
10．电子公告栏
11．下载的人数越多，下载速度越快
12．TCP/IP
13．公共电话网
14．军事
15．用户名@主机域名
16．网上邻居
17．调制解调器
18．金桥工程、金关工程、金卡工程

第四部分　文字处理软件 Word 2003

第 10 讲　Word 概述、文档基本操作及排版技术

本讲的主要内容包括：

- Word 2003 概述
- Word 文档的基本操作
- Word 文本的编辑
- Word 文档的排版

10.1　Word 2003 概述及文档的基本操作

10.1.1　概述

1. Word 2003 功能简介

Office 2003 是微软公司推出的一套功能强大的办公自动化应用套装软件。Word 2003 是 Office 2003 套装软件之一，具有文字和图表处理等功能的编辑排版软件，是当前办公自动化不可缺少的软件之一。Word 2003 功能强大，现将其主要功能列举如下：

（1）文字编辑排版功能。Word 具备对文字内容的基本编辑排版功能，包括即点即输、复制、移动、删除等基本编辑功能，以及字体格式设置、段落格式设置、页面设置等。

（2）表格处理功能。Word 具备表格处功能，包括制作表格，如插入/绘制表格、调整表格、设置表格格式等功能，以及对表格进行简单的计算和排序功能。

（3）图形处理功能。Word 具备插入图形、图像等对象以实现图文混排功能，包括插入图片、绘制简单图形、插入艺术字、图表、组织结构等对象，并能对插入的对象进行格式设置。

（4）其他功能。以上是 Word 2003 的主要功能，除了这些功能以外，还提供一些帮助编辑排版的其他功能，比如提供文档格式复制及模板向导、邮件合并、目录自动生成、字数统计、拼写错误检查、自动更正等功能。

2. Word 2003 的启动与退出

（1）Word 2003 的启动。

在安装了 Office 2003 的计算机中，启动 Word 2003 和启动其他应用程序类似，可以通过如下步骤启动：单击“开始”按钮，然后在“开始”菜单中选择“程序”→“Microsoft Office”→“Microsoft Office Word 2003”命令即可启动。

（2）Word 2003 的退出。

如果需要退出 Word 2003，则选择“文件”菜单→“退出”命令，或者单击窗口右上角的“关闭”按钮。

注意：退出 Word 2003 时，如果所退出的编辑文档没有保存，则会弹出一个对话框，提问

是否保存文档，单击“是”则保存退出 Word 2003，单击“否”则不保存退出 Word 2003，单击“取消”则不会退出 Word 2003 并回到原来的编辑文档。

3. Word 2003 窗口

启动 Word 2003 后，会出现如图 10-1 所示窗口。

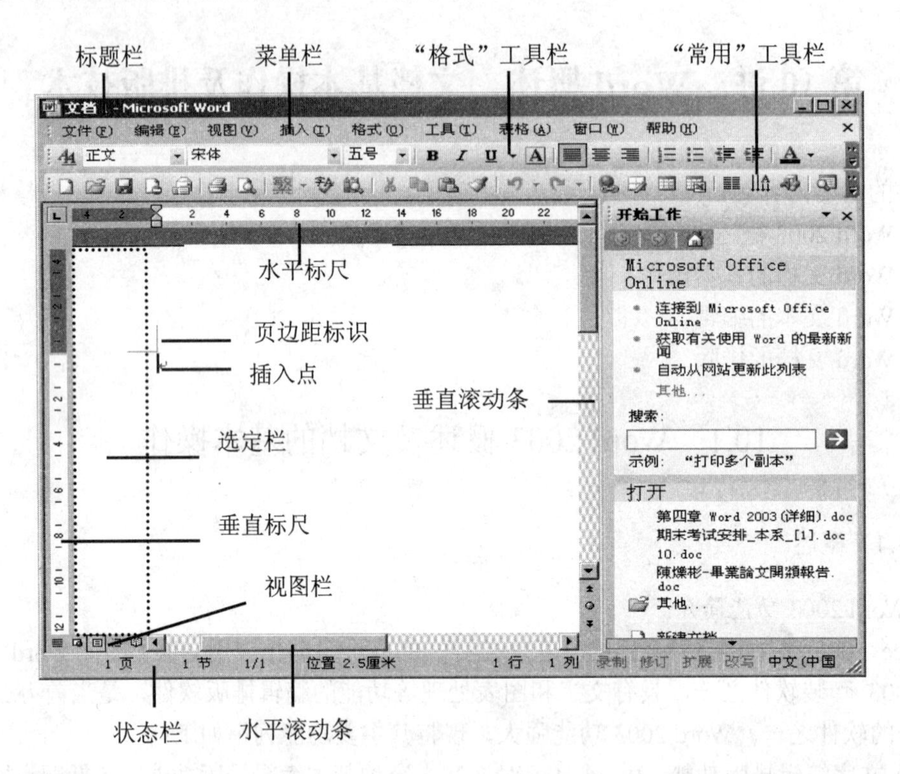

图 10-1 Word 2003 窗口

（1）标题栏。标题栏位于窗口的最上方，它主要显示正在编辑的文档名称和应用程序名称“Microsoft Word”。在标题栏最左边即 Word 图标是控制菜单，最右边有三个控制按钮，分别是“最小化”、“最大化/还原”以及“关闭”按钮。通过控制菜单或者右边的三个按钮可以控制 Word 窗口。

（2）菜单栏。菜单栏位于标题栏下方，在菜单栏中包含了编辑软件 Word 所提供的所有功能命令。按照命令的功能不同，分成文件、编辑、视图、插入、格式、工具、表格、窗口、帮助菜单。

（3）工具栏。工具栏是为了方便用户更快的编辑排版 Word 文档，把常用的一些菜单命令以工具栏（一组按钮）的形式直接显示在编辑界面中。工具栏根据功能不同分为常用工具栏、格式工具栏、图片工具栏等。

工具栏的显示/隐藏有两种方式：一是通过选择“视图”菜单→“工具栏”命令，如图 10-2 所示，在工具栏子菜单中有☑的则代表显示相应的工具栏，通过单击相应的子菜单内容完成对工具栏的显示/隐藏设置；二是右击“菜单栏”或者已显示的“工具栏”的任何位置，同样会出现工具栏选项，单击相应选项可显示/隐藏对应的工具栏。

（4）文档编辑区。窗口中间的空白区域即为文档编辑区域，文档的编辑排版等工作都是在此区域内完成。文档编辑区域包括如下内容：

①页边距标记。页边距标记标识了文档内容的范围，图 10-1 中标记出的页边距标记标识了 Word 文档内容文字距离最左方和最上方的距离。页边距标记共有四个，共同限制了输入的文字内容等只能在页边距标记的范围内。

②插入点。插入点即当前输入文字所插入的位置，通过一个闪烁的短竖线来表示。

③选定栏。位于编辑区域的左则，即左上角“页边距标记”下方的区域，此区域主要用来帮助用户选定文档内容。鼠标移动到此区域会变成一个向右 45 度角的空心箭头。

（5）滚动条。包括水平和垂直滚动条，分别用来改变窗口水平和垂直方向上的显示内容。

（6）视图栏。用于切换 Word 文档的视图方式。

（7）标尺栏。包括水平（位于编辑区上方）和垂直（位于编辑区左侧）标尺。标尺主要用于标志文档中正文的位置，还可以用来调整页边距和表格的行高、列宽等。通过“视图”菜单→“标尺”命令，可以显示/隐藏标尺。

（8）状态栏。位于整个窗口的下方，主要显示当前编辑过程中的一些信息，比如显示当前插入点所在页、行列位置等。

（9）任务窗格。任务窗口是 Word 2003 新推出的一项功能，主要将 Word 执行的一些任务比如新建文档、剪贴画、邮件合并等都集中在任务窗格中，如图 10-3 所示。可通过最右边的箭头▾选择任务窗格中显示的内容。

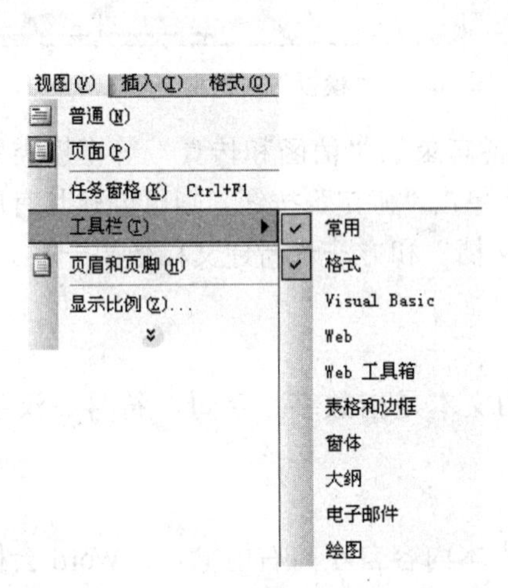

图 10-2 工具栏的显示/隐藏

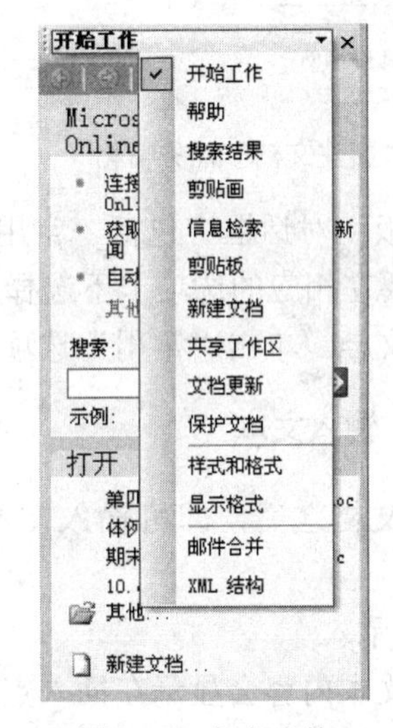

图 10-3 任务窗格

任务窗格默认位于窗口的右侧，启动 Word 时默认是不显示的。可以通过菜单“视图”→“任务窗口”显示/隐藏。当执行某些菜单命令，比如“文件”→“新建”等菜单命令会显示对应的任务窗格。

10.1.2 创建新文档

启动 Word 2003 时，系统会自动创建一个名为“文档 1”的空文档，如图 10-1 所示。同时 Word 还提供如下方法来创建新文档。

方法一：单击“常用”工具栏上的“新建空白文档”按钮，可以建立一个新文档，此文当采用默认的模板（即“空白文档”），其中包括一些简单的文档排版格式，如五号字、宋体、黑色字体等。

方法二：使用“文件”菜单创建文档。操作步骤如下：

（1）选择“文件”菜单→“新建”命令，在Word窗口右侧会显示如图10-4所示的任务窗格；

（2）在任务窗格中，用户可以根据需要选择相应的操作，说明如下：

- 新建：可以选择新建空白文档、XML文档、网页、电子邮件或者根据现有文档新建，只需要单击相应的命令即可。
- 模板：是指根据已有模板新建。任何Word文档都是以模板为基础。模板决定文档的基本结构和文档设置，例如字体、段落格式、页面设置、特殊格式和样式等。如选择“本机上的模板”，系统将弹出如图10-5所示的对话框。

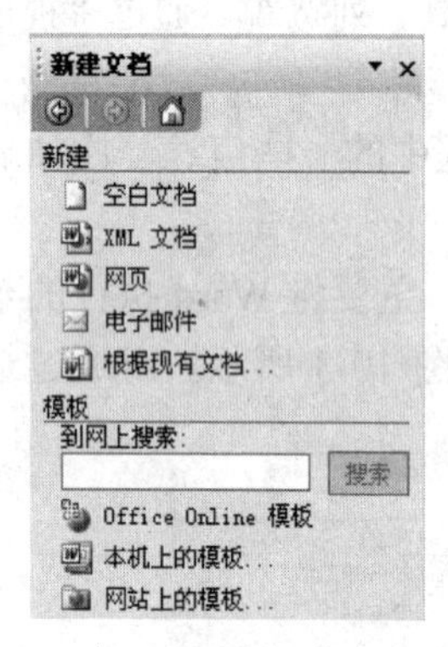

图10-4 “新建文档”任务窗格

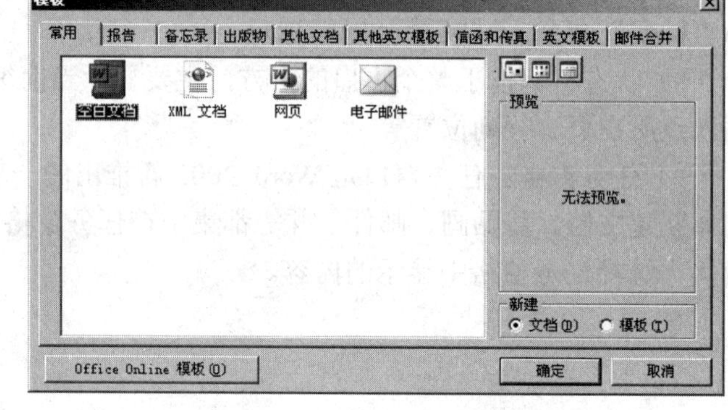

图10-5 “模板”对话框

在“模板”对话框中包括“常用”、“报告”、“备忘录”、“信函和传真”等模板类别选项卡，根据需要在相应的选项卡下选择所需模板，然后单击“确定”按钮，则可创建具有所选模板格式的新文档。单击“常用”选项卡下的“空白文档”和方法一新建文档效果一样。

10.1.3 输入文本

创建新文档之后，即可输入文本内容。这里的文本是指数字、字母、符号、汉字等的组合。

1. 文本录入

输入的文本内容会显示在插入点位置，输入时文本内容自左向右地输入，Word会根据页面大小自动换行。Word 2003提供“即点即输”功能，即把鼠标指针移到文档编辑区的任意位置上双击鼠标，即可在此位置输入文本。“即点即输”功能的启用和停止可以通过选择“工具”菜单→“选项”命令，会弹出如图10-6所示的“选项”对话框，选择“编辑”选项卡，然后在此选项卡下面选中“启用‘即点即输’”从而启用/停止“即点即输”功能。

2. 段落的生成与合并

（1）生成段落。将插入点移动到需要分段的位置，按回车键即可生成一个段落。按回车键时，系统会在行尾插入一个“↵”符号，称为“段落标记”符或“硬回车”，并将插入点移到新段落的首行。

如果需要在同一段落内换行，可以按Shift+Enter键，系统就会在行尾插入一个“↓”符号，称为“人工分行”符或“软回车”。也可以通过“插入”菜单→“分隔符”命令插入换行符。注意这样分开的两部分内容仍然属于一个段落。

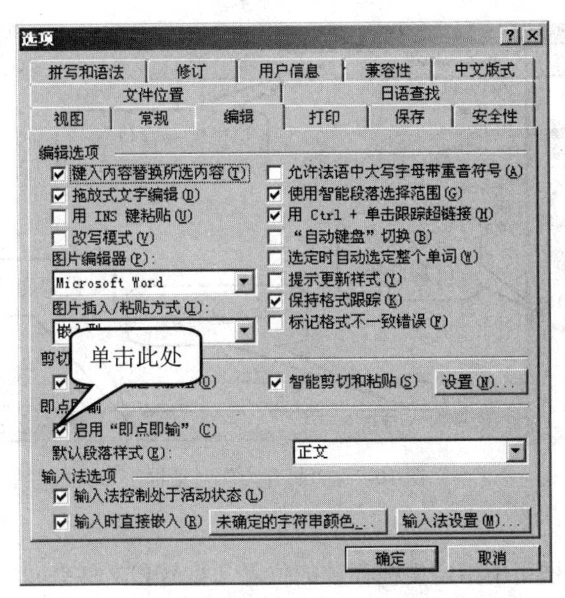

图 10-6 “选项”对话框

如果要显示/隐藏段落标记，可以通过单击“常用”工具栏上的“显示/隐藏编辑标记”按钮，或选择“视图”菜单→“显示段落标记”命令完成。

（2）合并段落。删除分段处的段落标记即可合并前后两个段落。操作方法：首先把插入点移到分段处的段落标记后，按 Delete 键删除该段落标记，即可合并该段落标记前后两个段落。

3. 插入特殊符号

如果输入符号无法通过键盘输入时，可以通过选择“插入”菜单→“符号”命令，系统弹出“符号”对话框，在此对话框中选择要插入的符号，然后单击“插入”按钮即可在插入点位置插入所选择的符号。

4. 插入另一个文档

在录入文本过程中，如果需要插入另一篇 Word 文档中的全部内容，可以通过选择“插入”菜单→“文件”命令，系统弹出一个选择文件的对话框，在此对话框中选择要插入的文件，然后单击“确定”按钮即可将选择文件中的全部内容插入到从插入点开始的位置。

10.1.4 文档的保存

Word 应用程序是在内存中运行的，即录入或者修改在屏幕上显示的内容是保存在内存之中，因此一旦关机或者退出文档，所录入/修改的内容都将丢失。为了长期保存文档以便今后使用，必须将文档从内存保存到外存储器（即文档保存）。为了防止编辑过程死机、断电等异常情况发生，造成编辑内容丢失，在编辑文档过程应注意及时保存。

保存文档命令在“文件”菜单下，包括“保存”（按原位置和原文件名保存）和“另存为”（可以更换保存位置和文件名字并保存）两个命令。根据保存对象或情况不同可分为以下几种：

1. 新文档保存

保存新建的文档，操作步骤如下：

（1）选择“文件”菜单→“另存为”或“保存”命令，或单击“常用”工具栏上的“保存”按钮，系统弹出如图 10-7 所示的对话框。

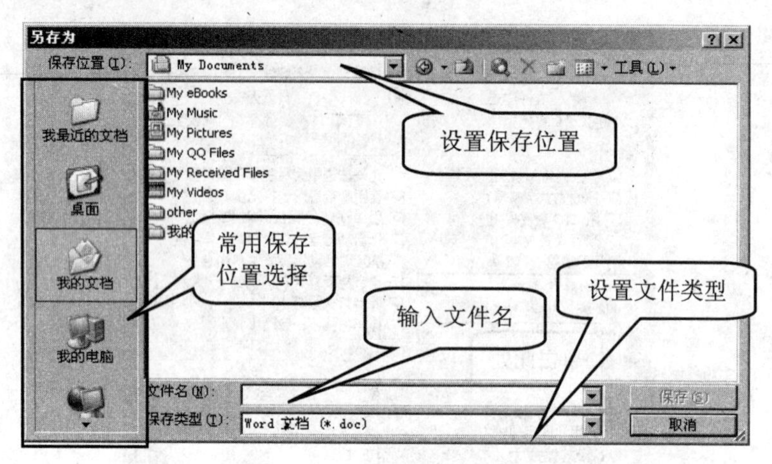

图 10-7 “另存为”对话框

（2）设置对话框：

- “保存位置”框用于指定文档存放的位置（盘号和文件夹）。通常“保存位置”的默认文件夹为“我的文档”，即用户如果不改动保存位置，文档将保存在该文件夹中。
- 改动保存位置的方法：单击“保存位置”框右边的下箭头，再从下拉列表框选择保存的盘号或文件夹（或者从对话框中左边的常用位置中选择一个保存位置），然后再从中间列出的文件夹中选择要保存的文件夹位置。
- “文件名”框用于输入要保存文档的文件名。
- “保存类型”框中的默认值为“Word 文档”，其扩展名为.doc。

说明：在“保存类型”框中，Word 提供了多种文件格式，如.rtf（Rich Text Format）、.txt（文本格式）、.html（HTML 格式）等。选择不同格式保存文档，可以实现对文档格式的转换。例如，若采用.html 格式保存，则把 Word 文档转换成 Web 页格式。

（3）单击“保存”按钮。

2. 已有文档保存

已有文档是指用户通过“打开”命令打开的文档，或者新文档在编辑过程中曾经保存过的文档，即在硬盘中已经存在的文档。用户对已有文档修改编辑之后，必须再次保存，否则修改无效。对已有文档的保存，有以下两种方式：

方法一：若按原文件名保存在原来的位置，选择“文件”菜单→“保存”命令（或按 Ctrl+S 键），或单击“常用”工具栏上的“保存”按钮。

方法二：若更换保存位置或文件名保存，选择“文件”菜单→“另存为”命令保存。

3. 多文档的保存

当打开多个文件，需要同时保存时，除了用上述两种方法逐个保存外。还可以按住 Shift 键同时，选择“文件”菜单→“全部保存”命令，可将打开的所有 Word 文档按原位置原文件名保存。

4. 自动保存设置

前面提到编辑过程如果出现死机、断电等异常情况发生，会造成编辑内容丢失。为了防止此种情况造成编辑内容大量丢失，Word 提供自动保存功能。此功能可以根据预设的时间间隔自动保存 Word 文档，如果出现异常情况，重启编辑文档时会出现恢复文档提示。同时在编辑文档所在文件夹会产生由“~$”开头的隐藏文件，这些文件是帮助恢复 Word 文档时使用的，关闭编辑的 Word 文档时系统会自动删除这些文件。

Word 自动保存的设置：选择“工具”菜单→“选项”命令，然后再选择“保存”选项卡，如图 10-8 所示，按照提示设置即可。

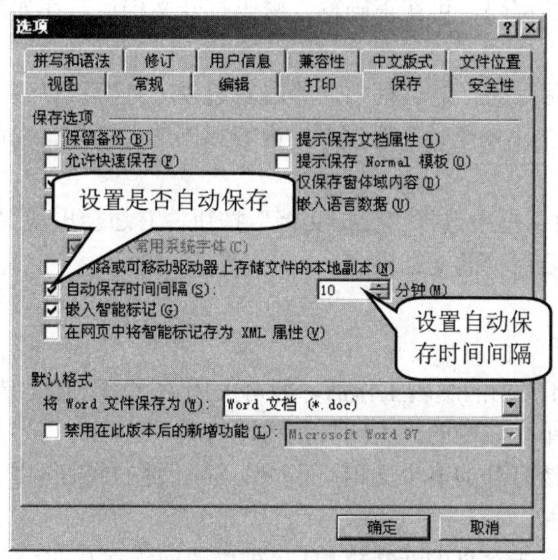

图 10-8　设置 Word 自动保存

10.1.5　文档的保护

如果用户希望保护自己的 Word 文档不被其他用户打开或编辑，可以通过以下方式保护：

1. 设置 Word 文档密码

方法一：

（1）选择“工具”菜单→“选项”命令，选择“安全性”选项卡，如图 10-9 所示；

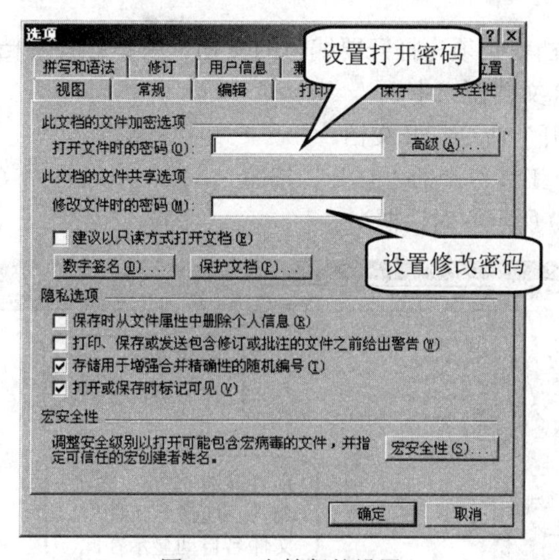

图 10-9　文档保护设置

（2）分别输入打开密码和修改密码。打开密码是指打开文档时候输入的密码；修改密码是指修改文档后如果要按原位置原文件名保存时需要的密码。如果只输入修改密码，则此文档打开时不需要密码，在修改后按原文件保存时才需要输入密码，如果输入密码错误将不能保存；

（3）单击“确定”按钮，再次输入确认密码，即可设置好文档密码。

注意：设置密码后，必须保存文档，所设置的密码才会生效。

如果要删除所设置的密码，可在正确输入密码打开文档后，在如图 10-9 所示对话框中删除相应的密码确定即可。

方法二：在文件“另存为”对话框中，单击右边“工具”，然后选择“安全措施选项”命令，也会弹出和图 10-9 的“安全性”选项卡中内容相同的对话框，也可用这种方式设置密码。

2. 保护文档

在如图 10-9 所示对话框中选择“保护文档”按钮，右边会出现保护文档的任务窗格，可以在此按提示设置具体要保护的文档内容。

10.1.6 关闭文档

在完成了一个 Word 文档的编辑工作后，即可关闭该文档。通过选择“文件”菜单→“关闭”命令，或者单击菜单栏右侧的“关闭”按钮即可关闭文档。

如果要关闭所有已经打开的多个文档，可按住 Shift 键的同时，单击“文件”菜单中的“全部关闭”命令。

如果被关闭的文档是未存盘的新文档，或已被修改而未保存的已有文档，Word 将弹出“是否保存”对话框。

【例 10.1】利用 Word 新建一个文档，在文档中输入“这是我的第一个 Word 文档。”，然后保存在桌面，文件名为“first.doc”。并设置此文档的打开密码为“first”。

操作提示：新建文档后，在“工具”→“选项”命令的“安全性”选项卡下设置密码，然后保存。

10.1.7 打开文档

如果要编辑已有文档就必须先打开要编辑的文档。所谓打开文档，就是将文档从磁盘读到内存，并显示在 Word 文档窗口中。

方法一：使用“打开”命令打开文档。

（1）单击“常用”工具栏上的“打开”按钮（），或选择“文件”菜单→“打开”命令，系统弹出如图 10-10 所示的对话框；

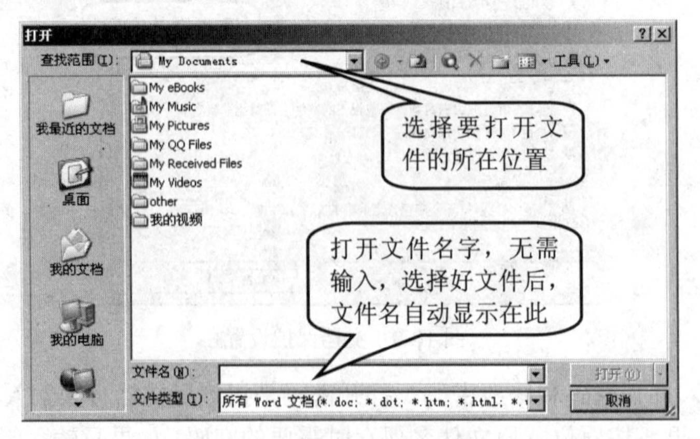

图 10-10 打开文件对话框

（2）选择要打开的文件；

（3）单击“打开”按钮。

方法二：使用“文件”菜单来打开最近使用过的文档。

Word 在“文件”菜单底部，保存有最近打开过的若干个文档名称（默认为 4 个），用户可以从这个文档名列表中选择要打开的文档。

方法三：通过“资源管理器”或者“我的电脑”找到要打开的文件，直接双击即可打开此文件。

文档被打开后，内容将显示在 Word 窗口的编辑区中，供用户进行编辑修改操作。

在 Word 中允许先后打开多个文档，被打开文档的文档按钮都在任务栏上，可单击任务栏上的文档按钮切换当前文档。

10.1.8　文档视图方式

视图是指 Word 工作的环境，每种视图会按不同的方式显示不同的内容，方便用户编辑文档。Word 2003 提供普通视图、Web 版式视图、页面视图、阅读版式视图、大纲视图、文档结构视图、打印预览视图、全屏显示视图等视图方式。在编辑文档时，用户可以根据需要选择其中一种视图方式。要切换视图方式，可通过“视图”菜单中选择对应命令，或者单击 Word 窗口左下角（水平滚动条的左边）的视图按钮切换。下面介绍几种常用的视图方式。

（1）普通视图。普通视图可用于录入、编辑、排版等工作，基本上实现了所见即所得的功能，但不能显示分栏、页眉、页脚、绘制的图形等。但在此视图下，可以显示插入的分隔符（如分页符、分节符等），删除插入的分隔符必须在此视图下完成。

（2）页面视图。在此视图方式所看到的文档效果，与实际打印效果一样。因此排版工作通常都在此视图方式下完成。

（3）大纲视图。在此视图方式下，可以把文档组织成多层次的文本结构。组织好后用户可以选择显示不同层次级别的内容，从而方便用户编辑，尤其方便对长文档的编辑工作。在 13.1 节中会详细介绍大纲视图的应用。

（4）全屏显示。在此视图方式下，文档编辑区最大，整个屏幕只显示文档内容。鼠标移向屏幕顶部可显示菜单项。按 Esc 键（或单击关闭全屏显示按钮）可以退出全屏显示。此外，可以通过“视图”菜单→“显示比例”命令，控制文档内容在屏幕上显示的大小。

10.2　Word 2003 文本的编辑

在文档内容处理过程中，经常要对输入文本内容进行修改和调整。本节介绍与此有关的编辑操作，如修改、移动、复制、删除、查找和替换等。

10.2.1　基本编辑技术

1. 插入点的移动

要对文档内容进行编辑修改操作，就必须将插入点移动到需要编辑修改的位置。可以采用如下方法移动插入点：

方法一：使用鼠标移动插入点。

将鼠标的指针移到插入点要移到的位置，然后单击即可。

方法二：使用键盘移动插入点。

使用键盘的操作键，也可以移动插入点，表 10-1 列出了各操作键及其功能描述。

表 10-1　移动插入点的操作键及其功能

操作键	功能描述	操作键	功能描述
←	左移一个字符	Ctrl+←	左移一个字词
→	右移一个字符	Ctrl+→	右移一个字词
↑	上移一行	Ctrl+↑	移到当前段首
↓	下移一行	Ctrl+↓	移到当前段尾
Home	移到插入点所在行的开始	Ctrl+Home	移到文档首
End	移到插入点所在行的最后	Ctrl+End	移到文档尾
PageUp	上移一屏	Ctrl+PageUp	移到窗口顶部
PageDown	下移一屏	Ctrl+PageDown	移到窗口底部

方法三：使用菜单命令移动插入点。

“编辑”菜单中的“定位”或“查找”命令可以把插入点移动到指定的页、行等或者字词位置。

2. 文本的修改

在录入文本过程中，一般需要对录入的文本进行修改，下面给出对文本修改需要用到的操作。注意在修改文本时，首先要将插入点移动到相应位置。

（1）删除文本所用的操作键。

- Backspace：删除插入点之前的一个字符。
- Delete：删除插入点之后的一个字符。
- Ctrl+Backspace：删除插入点之前的一个字词。
- Ctrl+Delete：删除插入点之后的一个字词。

（2）插入文本的操作。将插入点移动到要插入文本的位置，输入的文本即可插入到插入点位置。

注意：插入文本必须在“插入状态”下进行。当窗口状态栏内容右侧的“改写”二字为灰色字体时表示当前是“插入状态”，如果是“黑色”字体则为“改写状态”。可以通过按 Insert 键或双击状态栏“改写”按钮切换“插入状态”与“改写状态”。

（3）改写文本的操作。将状态切换到“改写状态”，输入字符就会替换插入点之后的字符。

10.2.2　文本的选定

录入文本之后，经常还需要对文本内容进行移动、复制、删除、格式化等操作。在对文本内容进行这些操作之前，都需要先选定文本。即先选定后操作，这是 Word 编辑排版时的一个重要原则，对于图片、表格也是一样。“选定文本”是指给要进行设置操作的文本做上标记，使其反白显示。下面介绍“选定文本”的常用方法。

1. 使用鼠标选定文本

（1）选定某一范围文本。

方法一：将鼠标 I 形指针移动到要选定文本的起始位置，按住鼠标左键，并拖动到要选定文本范围的最后位置，然后松开鼠标左键，则可选定拖动鼠标时所经过范围的文本。

方法二：将插入点移到要选定的文本之前，再把鼠标的I形指针移到要选定的文本末端，按住 Shift 键的同时单击文本末端，此时系统将选定插入点至单击位置之间的所有文本。

（2）选定一行文本。

将鼠标移动到要选定行左边的选定栏（如图 10-1 所示），当鼠标指针变为向右上方的空心箭头时单击鼠标。

（3）选定一个段落文本。

方法一：将鼠标移动到要选定段落左边的选定栏，当鼠标指针变为向右上方的空心箭头时双击鼠标。

方法二：在要选定段落的任何位置连续击鼠标左键三次。

（4）选定一个矩形区域。

把鼠标指针移到要选区域的左上角，按住 Alt 键不放，再按下鼠标左键并拖动到要选区域的右下角。

（5）选定整个文档。在任意一行左端的选定栏连续击鼠标三次，或按住 Ctrl 键的同时单击选定栏。

2. 使用键盘选定文本

先将插入点移到所要选的文本之前，按住 Shift 键不放，再使用箭头键、PageUp 键、PageDown 键等来实现。按 Ctrl+A 组合键可以选定整个文档。

3. 撤消选定的文本

要撤消对文本的选定，只需单击编辑区中任意位置或按键盘上任意箭头键即可。

10.2.3　文本的复制、移动和删除

1. 文本的复制

如果在编辑过程中，若要输入的文本正好是前面某个段落的重复，则可使用复制粘贴命令。复制是指将某部分文本复制一份完全相同的，粘贴到文档的别处。

在 Word 中复制文本过程是先选定文本，然后将已选定的文本复制到 Office 剪贴板上，再将其粘贴到文档的另一位置。因此要用到“复制”和“粘贴”两个命令。复制操作的常用方法有：

方法一：利用“复制”和“粘贴”命令复制文本。

（1）选定要复制的文本；

（2）单击“常用”工具栏上的“复制”按钮，此时系统将选定的文本复制到剪贴板；

（3）移动插入点到文本要复制的目标位置；

（4）单击“常用”工具栏上的“粘贴”按钮，所选文本便复制到插入点位置。

“复制”和“粘贴”在编辑菜单和右键菜单中也有，其中复制命令的快捷方式是 Ctrl+C 组合键，粘贴命令的快捷方式是 Ctrl+V 组合键。

注意：复制到剪贴板中的文本可以任意多次地粘贴到文档中。而且在 Word 2003 的剪贴板中可以保存多达 24 次剪贴内容，用户可以选择“视图”菜单→“任务窗格”，在任务窗格中选择显示“剪贴板”，从而将“剪贴板”中内容显示出来。用户可以从“剪贴板”中选择某一项内容或“全部粘贴”，也可以单击“全部清空”按钮清空剪贴板。默认情况下，“粘贴”的是最后一次复制（或剪切）的内容。

方法二：利用鼠标拖放方法复制文本。

（1）选定要复制的文本；

（2）把鼠标指针移到选定的文本范围上，然后在按住 Ctrl 键的同时，按住鼠标左键将文本拖到目标位置；

（3）松开鼠标左键，则完成了复制操作。

2. 文本的移动

移动文本的操作步骤与复制文本基本相同。

方法一：利用“常用”工具栏的“剪切”和“粘贴”按钮移动文本。

将复制方法一中的步骤（2）改为单击“常用”工具栏上的“剪切”按钮即可变为移动文本的操作。“剪切”命令在编辑菜单和右键菜单中也有，其快捷方式是 Ctrl+X 组合键。

方法二：利用鼠标拖放方法移动文本。

通过鼠标拖动复制文本时，如果不按住 Ctrl 键则为移动。

3. 文本的删除

在 10.2.1 节中，已经介绍了用 Delete 键或退格键来删除字符的方法，这两种方法一般用于删除字符不多的情况。当要删除很多字符时，最好采用如下方法：

（1）选定要删除的文本；

（2）按 Delete 键或 Backspace 键或单击“常用”工具栏上的“剪切”按钮。

【例 10.2】打开光盘中“Word 素材/第 10 讲/例题/例 10.2.doc”，交换文档中的第一段和第二段内容交换，并将最后一段内容删除。

操作提示：利用剪切和粘贴命令完成段落交换。

10.2.4 文本的查找和替换

1. 查找文本

当一篇文档内容很多时，要从中查找某一字词会比较费时，此时可用查找命令来快搜索指定文本或特殊字符。操作步骤如下：

（1）设定开始查找的位置（如文档的首部），通过移动插入点设定，Word 是从插入点位置开始查找；

（2）选择“编辑”菜单→“查找”命令，系统弹出如图 10-11 所示的对话框；

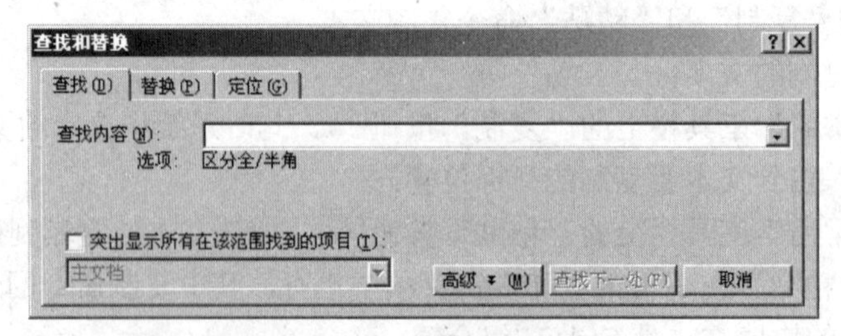

图 10-11 “查找和替换”对话框

（3）在“查找内容”框中输入要查找的文本；

（4）如果对查找内容有更多的要求，可以单击对话框中的“高级”按钮，系统将在对话框显示更多的选项，如图 10-12 所示。其中“不限定格式”按钮用于消除已设置的所有格式；

（5）单击“查找下一处”按钮，Word 便从插入点位置开始在文档中查找，并通过“选定”

标记所找到的文本。若要继续查找，单击“查找下一处”按钮；

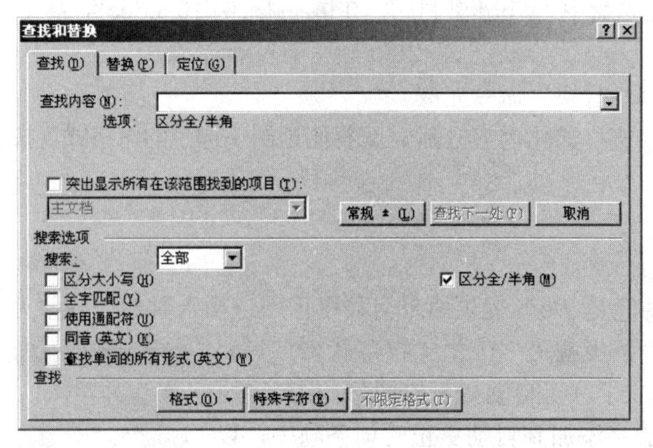

图 10-12　“查找”选项卡高级属性框

（6）结束查找时，单击“取消”按钮来关闭对话框。

2. 替换文本

Word 提供的替换功能，可以在当前文档中将某一文本内容统一替换为其他文本内容。操作步骤如下：

（1）通过插入点设置开始替换的位置；

（2）选择“编辑”菜单→“替换”命令，系统弹出如图 10-13 所示的对话框；

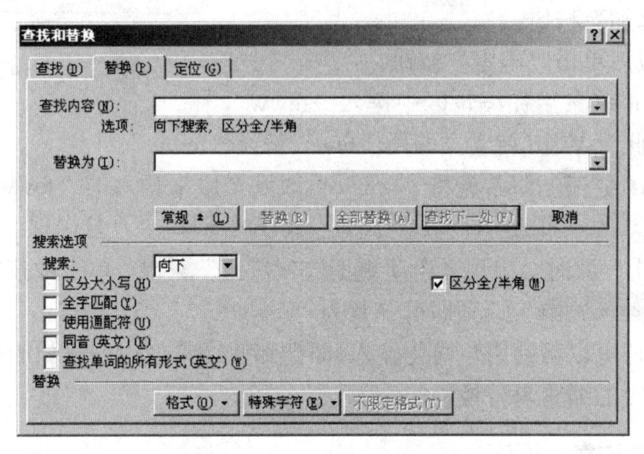

图 10-13　“替换”选项卡

（3）设置对话框：

- “查找内容”框中输入要查找的文本，而在“替换为”框中输入需要替换为的文本；
- 如果要设置更多内容，单击“高级”按钮，高级选项如图 10-13 所示。如果查找或替换内容有格式要求，先单击查找或者替换文本，然后单击“格式”按钮就可以设定查找或者替换文本的格式，设置好后在查找或替换内容下方会显示所设置的格式。如果要取消格式设置，先单击要取消格式的内容，然后再单击“不限定格式”按钮。

（4）替换操作：若要替换所有查找到的文本，则单击“全部替换”按钮；若要对找到的文本进行有选择的替换，则应先单击“查找下一处”按钮，Word 会选定找到的文本，如果要替换当前查找到的文本，则单击“替换”按钮，若单击“查找下一处”按钮可以继续查找；

（5）结束替换时，单击“取消”按钮来关闭对话框。

【例 10.3】打开光盘中“Word 素材/第 10 讲/例题/例 10.3.doc”，将文档中所有的的“驴子”替换为“小驴子”。

操作提示：使用“替换”命令完成。

在学完后面的字符格式化内容之后，试着通过图 10-13 的“格式”按钮下的命令，将文本中所有“驴子”改为红色字体。

10.2.5 自动更正

“自动更正”功能是 Word 提供用来自动更正用户输入时的一些常见错误，如将“abbout”改为“about”，将“按步就班”改为“按部就班”等。在 Word 中，已经建立了许多自动更正的词条，用户也可以将自己容易输错的字添加到自动更正的词条项中，以后一旦输错，Word 会自动更正。添加自动更正的词条，操作步骤如下：

（1）选择“工具”菜单→“自动更正选项”命令。系统弹出如图 10-14 所示的对话框；

（2）在“替换”和“替换为”文本框中，输入要求更正和更正为的单词或文字（如在“替换”框中输入“feww”，在“替换为”框中输入“few”）；

（3）单击“添加”按钮；

（4）操作完成后单击“确定”按钮。

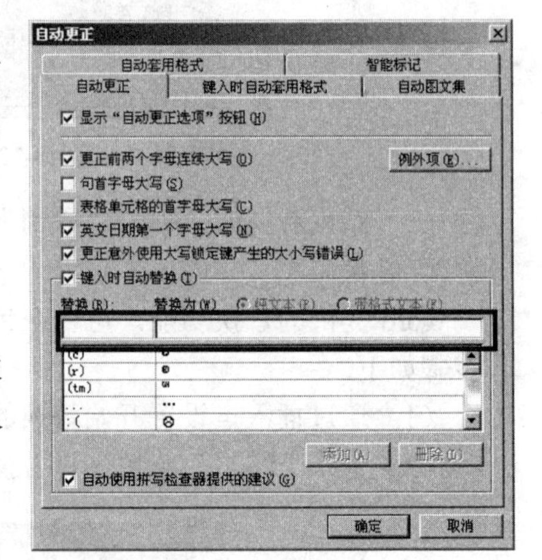

图 10-14 “自动更正”对话框

添加此自动更正词条后在编辑区中键入“feww”，然后再输入空格，此时 Word 就会立即用“few”替换“feww”。

如果要撤消自动更正，即希望将“few”再改回至原来输入的“feww”，操作步骤为：首先将鼠标移到自动更正后的字词即“few”上，在 few 的左下方会出现“横线”（如few），鼠标再移到“横线”上，此时会出现“自动更正选项按钮”，单击此按钮，从弹出的菜单中选择“改回至“feww”(H)”选项即可恢复为“feww”。

自动更正功能还可以帮助用户简化输入，即把那些经常使用的较长的词句定义成一个自动更正词条，用一个短的缩写码替换。

10.2.6 撤消与恢复

1. 撤消

Word 提供“撤消”命令可以撤消用户前面所做的操作，比如删除、修改以及后面将讲到的复制、替换等操作。

操作方法：单击常工具栏上“撤消”按钮，或选择“编辑”菜单→“撤消”命令。

2. 恢复

“恢复”命令用于恢复被“撤消”的各种操作。操作方法是：单击“常用”工具栏上的“恢复”按钮，或选择“编辑”菜单中→“恢复”命令。

如果要撤消/恢复多项操作，可单击“撤消”/“恢复”按钮右边的向下箭头，打开其下拉列表框，再从中选择需要撤消/恢复的多项操作。

10.2.7　多窗口编辑技术

在编辑过程中，有时需要对一个文档中的不同部分，或者对多个 Word 文档同时进行编辑。对于此种情况，Word 提供如下技术：

1．窗口的拆分

Word 窗口拆分技术可以将一个 Word 窗口分成上下两个部分，方便对同一个 Word 文档的不同部分进行编辑。比如要对一篇文档的最后一段进行编辑，但同时需要参考文档的第一段内容就可以用拆分窗口技术。拆分窗口可采用如下方法：

方法一：首先将鼠标移到窗口编辑区域右上角的横杠处，当鼠标变成双箭头时，向下拖动横杠到窗口中间（或其他）位置，则可把窗口分成上下两部分。

方法二：选择“窗口”菜单→“拆分”命令，在编辑窗口中间会出现一条黑线，移动鼠标将其移动到要拆分的位置，单击鼠标，即可完成拆分。

拆分后的两部分窗口可以独立显示同一个文档的不同部分（比如可以在上半部分窗口中显示第一段，在下半部分窗口中显示最后一段），方便用户编辑。

注意：虽然分成了两个窗口，但是编辑的文档都是同一个。

2．多文档窗口间的编辑

Word 提供“并排比较”和“全部重排”技术方便多个窗口同时编辑。

（1）并排比较。选择“窗口菜单”→“并排比较”命令，会出现如图 10-15 所示工具栏。其中表示两个文档会同步滚动；可以将两个窗口左右并排比较。

图 10-15　“并排比较”工具栏

（2）全部重排。“全部重排”技术可以将已打开但不处于最小化状态的 Word 文档，全部从上至下平铺到整个屏幕中。

10.3　Word 2003 文档的排版

录入文本之后，需要设置文档外观，即对文档进行排版。本节将介绍字符格式设置、段落格式设置、页面设置。

10.3.1　字符格式化

1．字符格式设置说明

（1）字符格式包括：字体、字形（加粗、倾斜等）、字体大小、字体颜色、下划线、着重号、效果（删除线、上标、下标、阴文、阳文等）、字体间距、文字效果。

（2）格式设置步骤。

方法一：先设置后输入文本。即先进行格式设置，所做的格式设置对插入点之后输入的文本都有效，直到重新设置新的格式为止。

方法二：先输入后设置。即先输入文本内容，然后再选定要设置格式的文本，然后再对选定的文本进行设置。

字符格式和段落格式都可以采用上述方法进行设置，本节例子中采用第二种方法。

（3）格式设置工具有：“格式”工具栏、“字体”对话框（“格式”菜单→“字体”命令）。

2. 设置字符格式

方法一：使用“格式”工具栏上有关命令按钮进行设置，“格式”工具栏的说明如图 10-16 所示。设置字体格式时，选定文本后单击相应按钮即可。

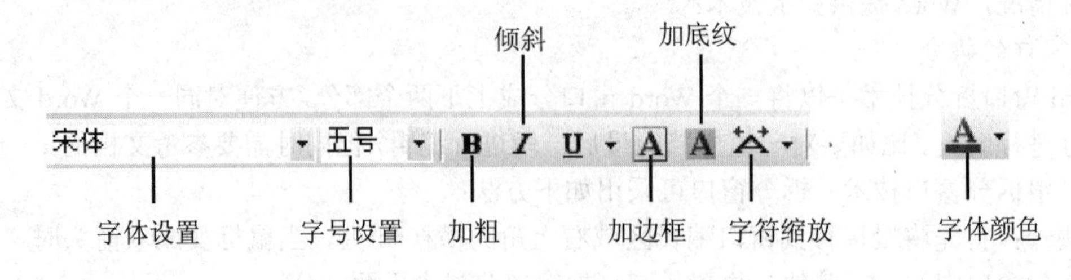

图 10-16 “格式”工具栏说明

方法二：使用“字体”对话框设置。选择“格式”→“字体”命令（右键菜单中也有“字体”命令），如图 10-17 所示。在此对话框中完成字体格式设置。

注意：

①利用常用工具栏设置字体后，所选定文本中的中文和英文都将变成所设置的字体格式。在字体对话框中可以分别设置中文和英文的字体格式；

②在“字体”对话框中有更多的修饰效果可以设置。删除线、上标、下标、阴影、空心、阳文、阴文等。设置时单击相应效果前面的多选框即可。

3. 字符间距和缩放

在“字体”对话框中的“字符间距”选项卡中可设置字符缩放、间距、位置等格式，如图 10-18 所示。

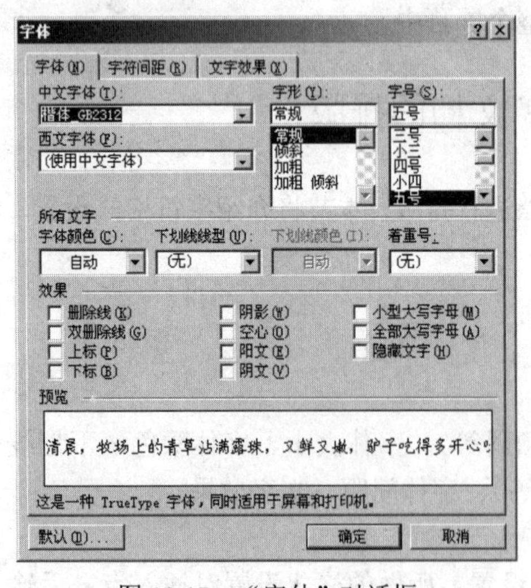

图 10-17 “字体”对话框

图 10-18 “字符间距”选项卡

（1）字符间距。字符间距是指相邻两个字符之间的距离。

说明：如果设置的宽度单位不是磅，而是其他单位（如厘米），只需要修改“磅值”框中的单位，如“0.5 厘米”，Word 系统会自动进行单位转换。其他有单位的设置也是一样。

（2）字符缩放。缩放是指缩小或扩大字符的宽、高的比值，用百分数来表示。当缩放值为 100%时，字符的宽高为系统默认值。当缩放值大于 100%时为扁形字符，当小于 100%时为长形字符。字符的缩放可以通过“字体”对话框的“字符间距”选项卡中的“缩放”框来设置。

（3）字符位置。字符可以在标准位置基础之上升降，例如“升”和“降”。字符的位置升降可以通过“字体”对话框的“字符间距”选项卡中的“位置”框来设置。注意字符位置设置和上标下标设置不同。

【例 10.4】打开光盘中“Word 素材/第 10 讲/例题/例 10.4.doc”，将文本中的标题设置为黑体、三号、粗体、倾斜，字符间距调整为加宽 2 磅，字符缩放为 120%，“驴子”的字符位置为“提升”4 磅；除标题以外的其他文本设置为楷体，驴子和狼的所有对话内容加上下划线，结果如图 10-19 所示。

操作提示：

（1）选定要设置的文本内容；

（2）利用“格式”工具栏和“字体”对话框设置。

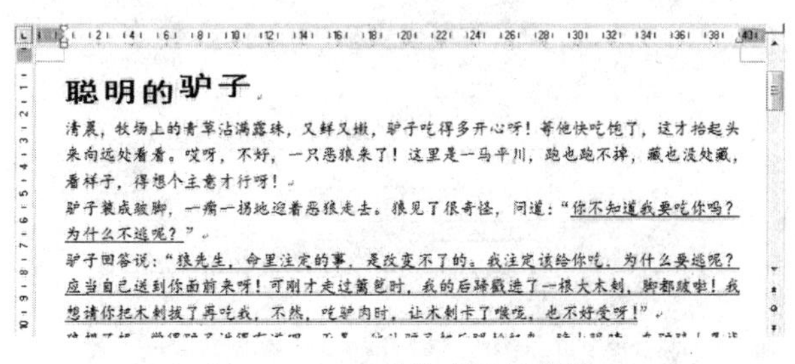
聪明的驴子

清晨，牧场上的青草沾满露珠，又鲜又嫩，驴子吃得多开心呀！等他快吃饱了，这才抬起头来向远处看看。哎呀，不好，一只恶狼来了！这里是一马平川，跑也跑不掉，藏也没处藏，看样子，得想个主意才行呀！

驴子装成跛脚，一瘸一拐地迎着恶狼走去。狼见了很奇怪，问道：“你不知道我要吃你吗？为什么不逃呢？”

驴子回答说：“狼先生，命里注定的事，是改变不了的。我注定该给你吃，为什么要逃呢？应当自己送到你面前来呀！可刚才走过篱笆时，我的后蹄戳进了一根大木刺，脚都跛啦！我想请你把木刺拔了再吃我，不然，吃驴肉时，让木刺卡了喉咙，也不好受呀！”

图 10-19　字体格式设置举例

4. 文字动态效果设置

Word 2003 中可以设置文字动态效果，注意此效果打印结果中不可显示。具体设置在“字体”对话框的“文字效果”选项卡中。

10.3.2　段落格式化

1. 段落格式设置说明

（1）段落格式内容。段落格式包括段落缩进（左缩进、右缩进、首行缩进和悬挂缩进）、段间距（段前距离、段后距离）、行间距、大纲级别和对齐方式等。

（2）段落格式设置工具有：“格式”工具栏、“段落”对话框、“水平标尺”。

2. 段落缩进

段落缩进包括左右缩进、首行缩进和悬挂缩进。左右缩进是指段落文字距离左右边距的距离；首行缩进是指段落首行文字距离左缩进边距的距离；悬挂缩进是指段落中除了首行以外的其他各行文字距离左缩进边距的距离，如图 10-20 所示。

设置段落缩进的方法有：

方法一：使用标尺设置段落缩进。

（1）选定要设置的段落。如果只设置一个段落，只需单击段落的任意位置；

（2）使用鼠标拖动标尺的左缩进标记（的下半部分）、右缩进标记、首行缩进标记或悬挂缩进（的上半部分），即可设置段落的左缩进、右缩进、首行缩进或悬挂缩进。

方法二：使用“段落”对话框设置段落缩进。

（1）选定要设置的段落；

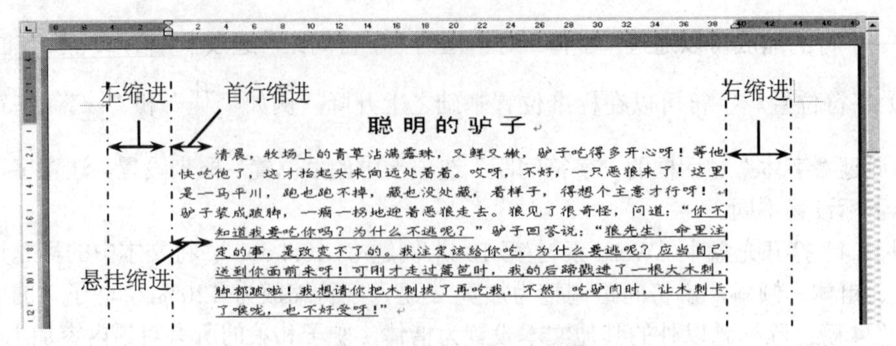

图 10-20　各项缩进说明

（2）选择“格式”菜单→“段落”命令，系统弹出“段落”对话框，如图 10-21 所示；

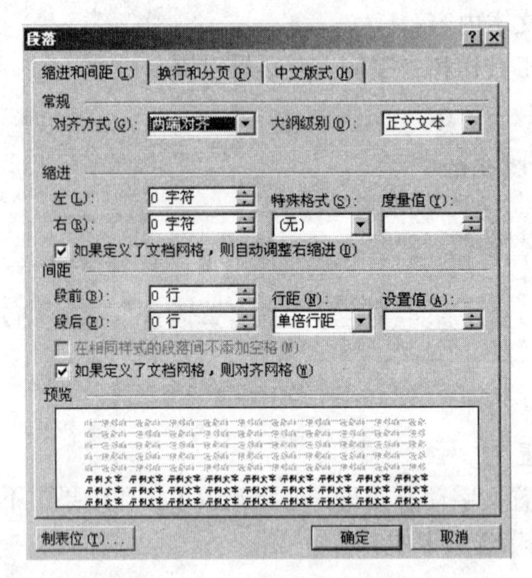

图 10-21　“段落”对话框

（3）选择“缩进和间距”选项卡：

- 左右缩进设置：在“缩进”的“左”、“右”框中分别选择或键入左右缩进的距离值；
- 首行缩进设置：在“特殊格式”下拉列表框中选择“首行缩进”，然后在“度量值”框中选择或键入首行缩进的距离值；
- 悬挂缩进设置：在“特殊格式”下拉列表框中选择“悬挂缩进”，然后在“度量值”框中选择或键入悬挂缩进的距离值。

注意：首行和悬挂缩进不能同时设置。如果两种缩进都不需要，就在“特殊格式”下拉列表框中选择“(无)”。

（4）单击“确定”按钮。

方法三：可以通过格式工具栏中的增加缩进量按钮和减少缩进量按钮来调整左缩进。

注意：如果要求输入文本内容所有段落首行空两格。可以在录入所有文本内容后再设置首行缩进，就可以免去每个段落开始键入两次空格的操作。

3. 对齐方式

段落对齐的方式通常有两端对齐、左对齐、居中、右对齐和分散对齐五种方式。前四种对齐方式可按字面意思理解，分散对齐是使段落中各行的字符等距排列。

方法一：使用“格式”工具栏上对齐方式按钮。

首先选定要设置的段落，然后根据需要，单击“格式”工具栏中的“两端对齐”、“居中”、“右对齐”或“分散对齐”按钮。

注意：“格式”工具栏中没有“左对齐”按钮。当所有对齐方式都未处于选定状态时则为“左对齐”。操作方法：如果当前为“两端对齐”按钮，则单击“两端对齐”按钮；如果是其他对齐方式，单击两次“两端对齐”按钮。

方法二：使用“段落”对话框的“对齐方式”框设置。

4. 间距

间距设置包括段落中的行间距，以及段落之间的距离。段落之间的距离设置通过本段落与前段（段前）、本段落与后段（段后）的间距设置。设置后用到“段落”对话框的“间距”框中有关选项（包括“段前”、“段后”及“行距”）进行设置。注意行距倍数如果在行距下拉列表中没有，可以直接在右边的框中键入（不用单位）。

【例 10.5】打开光盘中“Word 素材/第 10 讲/例题/例 10.5.doc”，将文档中标题设为“居中对齐”；除标题以外的各段首行缩进 2 字符；所有段落段后 0.2 厘米，行间距 1.25 倍。设置完毕后效果如图 10-22 所示。

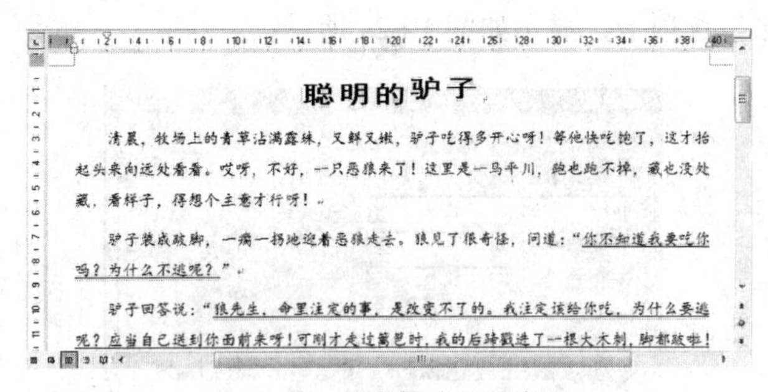
聪明的驴子

清晨，牧场上的青草沾满露珠，又鲜又嫩，驴子吃得多开心呀！等他快吃饱了，这才抬起头来向远处看看。哎呀，不好，一只恶狼来了！这里是一马平川，跑也跑不掉，藏也没处藏，看样子，得想个主意才行呀！

驴子装成跛脚，一瘸一拐地迎着恶狼走去。狼见了很奇怪，问道：“你不知道我要吃你吗？为什么不逃呢？”

驴子回答说：“狼先生，命里注定的事，是改变不了的。我注定该给你吃，为什么要逃呢？应当自己送到你面前来呀！可刚才走过篱笆时，我的后蹄戳进了一根大木刺，脚都跛啦！

图 10-22　段落格式设置举例

操作提示：通过选择“格式”菜单→“段落”命令设置。

10.3.3　页面设置

页面设置是对文档整个页面进行设置，如设置纸张大小、页边距、页眉/页脚等。从制作文档的顺序角度讲，设置页面格式应当先于字符和段落格式等排版文档，这样才方便文档排版过程中的版式安排。如果最后设置页面格式，比如最后改变纸张大小，就有可能造成有的表格、图片等对象在页面打印范围之外。

由于创建一个新文档时，系统已经按照默认的格式（模板）设置了页面，例如“空白文档”模板的默认页面格式为 A4 纸大小，上下页边距为 2.54 厘米，左右页边距为 3.17 厘米等，因此若无特别要求，可不用进行页面设置。

纸张大小和页边距决定了正文区域的大小，如图 10-23 所示，其关系如下：

正文区宽度=纸张宽度–左边距–右边距；

正文区高度=纸张高度–上边距–下边距。

1. 设置纸张大小

Word 支持多种规格纸张的打印，如果当前文档的纸张大小与所用打印纸的尺寸不符，可按如下方法重新设置文档纸张大小：

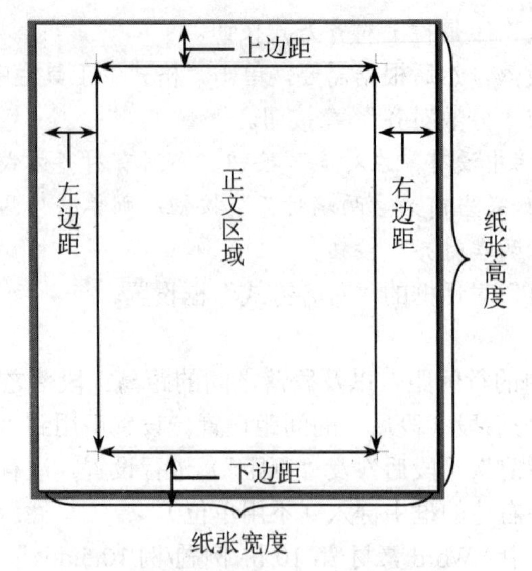

图 10-23 纸张大小与页边距

（1）选择“文件”菜单→“页面设置”命令，系统弹出“页面设置”对话框；

（2）选择“纸张”选项卡，显示如图 10-24 所示；

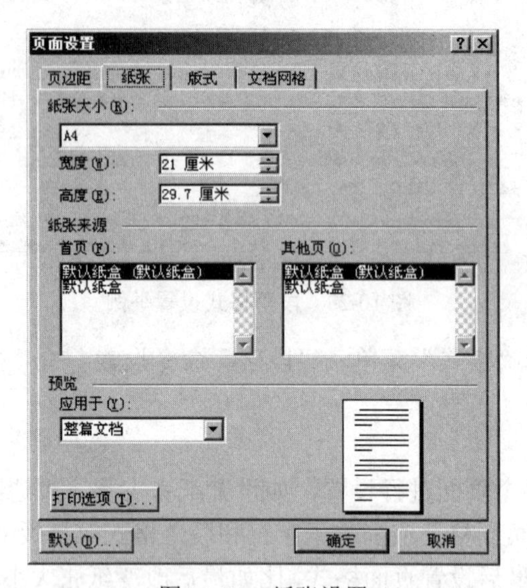

图 10-24 纸张设置

（3）在“纸张大小”下拉列表框中选择需要的纸张规格；

（4）单击“确定”按钮。

2. 设置页边距

页边距是指正文区与纸张边缘的距离，设置页边距操作步骤如下：

（1）在图 10-24 基础上选择“页边距”选项卡；

（2）在页边距的上、下、左、右框中选择或键入需要的值；

（3）单击“确定”按钮。

3. 页眉和页脚

页眉和页脚是指显示在每张页面的顶部（页眉）和底部（页脚）的信息（文本或图形），

通常页眉和页脚包含章节标题、页号等信息。

注意：页眉页脚内容需在“页面”视图方式下才能显示。

设置页眉页脚操作步骤如下：

（1）显示格式设置。

默认情况下，Word 在文档中的每一页显示相同的页眉和页脚。用户也可以设置成“首页不同”、或“奇偶页不同”、也可设置为“首页不同”且“奇偶页不同”。操作步骤如下：

①选择“文件”菜单→“页面设置”命令，系统弹出“页面设置”对话框；

②选择“版式”选项卡，按需选择“奇偶页不同”和“首页不同”选项；

③单击“确定”按钮。

说明：在“页面设置”对话框的“版式”选项卡中，“距边界”框中可设置“页眉”值和“页脚”值，这两个值分别表示页眉（上边）到纸张上边缘的距离和页脚（下边）到纸张下边缘的距离。

（2）页眉页脚内容设置。

- 选择“视图”菜单→“页眉和页脚”工具栏；
- 在“页眉和页脚”工具栏上，包括“插入页码”、“插入页数”、“设置页码格式”按钮、“插入日期”、“插入时间”、“在页眉/页脚间切换”、“显示前一项”、“显示后一项”等按钮，可以用于帮助用户设置页眉页脚内容。用户也可以在页眉页脚中输入需要的内容。

说明：

（1）工具栏中“设置页码格式”按钮，可以设置页码显示的格式，比如设置页码为阿拉伯数字、罗马数字等显示格式，设置页码的起始页等。

（2）“显示前一项”、“显示后一项”按钮用于同一文档不同页眉/页脚间切换。比如，将“页眉页脚”格式设置为“奇偶页不同”，那么在设置完奇数页的页眉页脚之后，单击“显示后一项”按钮就可以切换到偶数页的页眉/页脚。当然这个功能也可以用滚动条切换到要设置的页眉/页脚代替。

默认情况下，Word 将页面设置应用于整篇文档。如果用户想对预先选定的部分设置页边距、页眉页脚等，则按上述同样操作方法，同时在“页面设置”对话框中相应选项卡中设置“应用于”为“所选文字”即可。

4. 插入页码

如果只需要在文档中插入页码，而不用在页眉页脚插入其他内容时，可直接用“插入页码”命令。操作步骤如下：

（1）选择“插入”菜单→“页码”命令，系统弹出如图 10-25 所示的对话框；

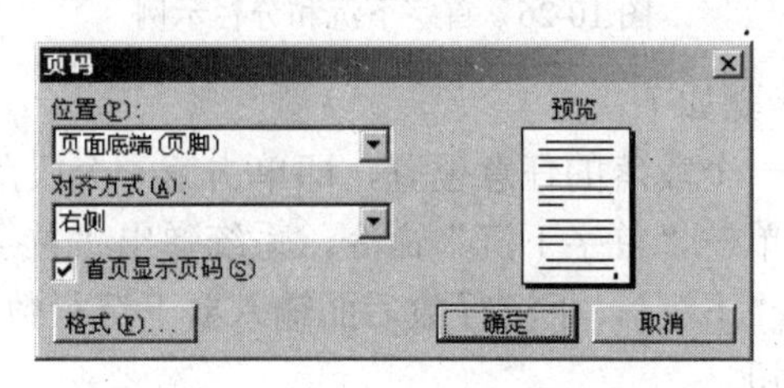

图 10-25　“页码”对话框

（2）分别在“位置”和“对齐方式”下拉列表框中选择一种需要的选项；

（3）如需设置页码格式，则单击“页码”对话框中的“格式”按钮，然后在“页码格式”对话框中选择合适的页码格式，再单击“确定”按钮；

（4）在“页码”对话框中单击“确定”按钮。

如果文档已设有页眉或页脚，则页码将被添加到已有的页眉或页脚中。

插入页码后，如果想删除它，可选择“视图”菜单→“页眉和页脚”命令，在页眉或页脚中，选定页码并按 Delete 键即可删除。

【例 10.6】打开光盘中“Word 素材/第 10 讲/例题/例 10.6.doc”，设置文档：页边距设为上、下、左、右 2 厘米；纸张大小为 16 开；页眉为“故事集”，字体为黑体；页脚中插入页码，页码的起始页为 3，居中显示。设置后效果如“Word 素材/第 10 讲/例题/例 10.6 排版效果.pdf”所示。

操作提示：

（1）选择“文件”→“页面设置”命令，在“页边距”和“纸张”选项卡下分别设置页边距和纸张大小；

（2）选择“视图”→“页眉和页脚”，切换到“页眉和页脚”视图，在此视图下设置页眉和页脚。

【例 10.7】打开光盘中“Word 素材/第 10 讲/例题/例 10.7.doc”，为文档插入页眉页脚，要求奇数页页眉为“笑话全集”，页脚中插入页码右对齐；偶数页页眉为“儿童笑话集”，页脚中插入页码左对齐。设置后效果如“Word 素材/第 10 讲/例题/例 10.7 排版效果.pdf”所示。

操作提示：

（1）选择“文件”→“页面设置”命令，在“版式”选项卡下设置“奇偶页不同”；

（2）选择“视图”→“页眉页脚”设置页眉页脚。

10.3.4 其他排版技术

1. 首字下沉

Word 提供的“首字下沉”功能可以将一个段落的第一个字符显示为大型字符，并转化为图形，设置首字下沉后效果如图 10-26 所示文本中的“清”字效果。

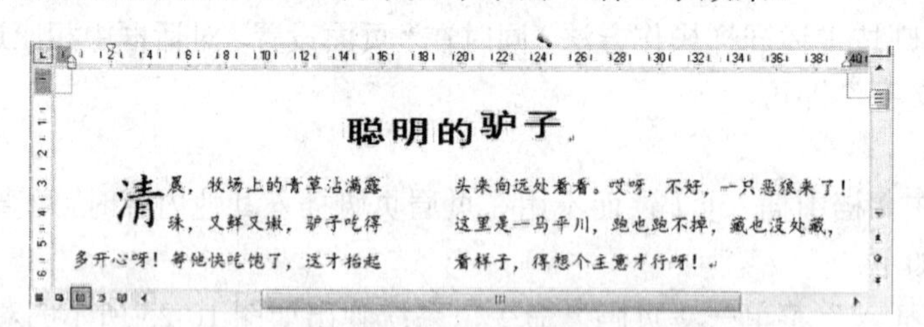

图 10-26 首字下沉和分栏示例

设置首字下沉的操作步骤如下：

（1）将插入点移到第一个段落的任意位置，即单击第一个段落的任意位置；

（2）选择“格式”菜单→“首字下沉”命令，系统弹出“首字下沉”对话框；

（3）在位置下方选择“下沉”，下沉行数后面输入要下沉行数的阿拉伯数字；

（4）单击“确定”按钮。

首字下沉选项说明：如果要将字体悬挂，在“位置”栏选择“悬挂”。要取消下沉，选择“无”即可。

注意：

①首字下沉所在段落前面一定不能有空格，否则“首字下沉”命令不可用。

②如果要下沉段首多个字，则要首先选定段首需要下沉的字。比如【例 10.8】中如果要下沉“清晨”二字，操作过程将步骤（1）改为选定“清晨”二字。

2. 分栏

分栏是指在报纸编辑中，将报纸的版面划分为若干栏，如图 10-26 所示是一个两栏式文档的示例。Word 提供分栏命令，可设置分栏的栏数、栏宽、栏间距等。但要在“页面”视图或“打印预览”视图下，才能显示多栏排版的效果。

设置分栏的操作步骤如下：

（1）选定要对其分栏的一个或者多个段落；

（2）选择“格式”工具栏→“分栏”命令，系统将弹出的“分栏”对话框；

（3）在“预设”框中，选择栏数或者在“栏数”后面输入数字。默认是“栏宽相等”，如果每栏宽度不同，则将“栏宽相等”前的√去掉，然后设置每栏的宽度。

说明：

（1）分栏时如果要设定每一栏的宽度以及栏间距，则要取消“分栏”对话框中“栏宽相等”的选择，才可以设置栏宽和栏间距；

（2）如果需要分割线，则选中多选项“分割线”；

（3）如果要取消分栏，在“预设”框中，选择“一栏”即可。

注意：

①如果分栏时不选定分栏文字，则是对整个文档设置分栏格式；

②对整个文档分栏时，如果文章的内容太少，可能出现文字只显示为一栏的情况（相当于是把整页分为了多栏，但文档内容还不够显示一栏）。此时可以通过选定要分栏的文字内容，在文字内容的最后留一个段落标记不选定，然后再分栏即可解决此问题。

【例 10.8】打开光盘中“Word 素材/第 10 讲/例题/例 10.8.doc”，设置第一段首字下沉，下沉两行。将第一段分为两栏，第一栏栏宽为 16，第二栏栏宽为 22。排版结果如图 10-26 所示。

操作提示：

（1）单击第一个段落的任意位置，选择“格式”菜单→“首字下沉”命令设置首字下沉。

（2）选择“格式”工具栏→“分栏”命令设置分栏。

3. 边框和底纹

边框和底纹功能可以为文字加上各种线条颜色的边框和各种颜色的底纹。边框底纹命令在“格式”菜单中。观看图 10-27，注意图中注释为“文本边框底纹”的部分与注释为“段落边框底纹”的部分在边框底纹上的区别。

为文本设置边框和底纹的操作步骤如下：

（1）选定加边框的内容，单击“格式”菜单→“边框和底纹”命令。

（2）加边框：

- 在“边框和底纹”对话框中选择“边框”选项卡；
- 在设置下面选择“方框”；
- 在“应用于”处选择“文本”。

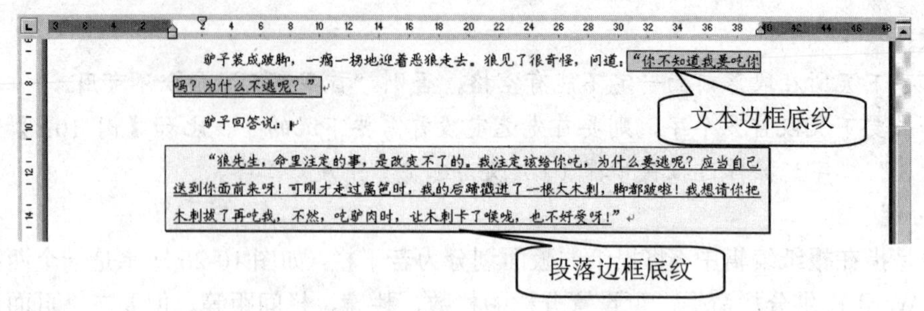

图 10-27　边框底纹排版效果

（3）加底纹：

- 在"边框和底纹"对话框中选择"底纹"选项卡；
- 在"图案"样式下选择要设置的样式；
- 在"应用于"下面选择"文本"。

（4）单击"确定"按钮。

设置段落的边框和底纹与设置文本的边框和底纹操作基本相同，只需要在设置"边框和底纹"具体步骤中的最后一步，"应用于"选择"段落"。

注意：在设置边框"线型"和"颜色"时，一定要先选择"线型"之后再选择"颜色"。

常用工具栏中的"边框和底纹"按钮相当于是默认的边框，15%样式底纹，应用范围为文本。

【例 10.9】打开光盘中"Word 素材/第 10 讲/例题/例 10.9.doc"，为文本设置如下格式，排版后效果如图 10-27 所示。

（1）为第二段中的说话部分，加上边框，底纹（15%灰色），应用范围为"文本"；

（2）将第三段中的说话内容分为独立的一段，并加上边框，底纹（灰度-5%），应用范围为"段落"。

操作提示：

选择"格式"菜单→"边框和底纹"命令，在弹出的"边框和底纹"对话框中设置。

4．项目符号和编号

项目符号和编号是放在文本前的点或其他符号，起到强调作用，如图 10-28 所示。

图 10-28　项目符号和编号示例

在文档的各段落之前加上项目符号或编号之后的效果，合理使用项目符号和编号，可以使文档的层次结构更清晰、更有条理、从而提高文档的可读性。但是如果这些项目符号或编号是作为文本的内容来录入，既会增加用户输入工作量，又不易插入或删除。为此 Word 提供了自动建立项目符号或编号的功能。

（1）对已有的文本添加项目符号或编号。操作步骤如下：

①选定要添加项目符号或编号的段落；

②选择"格式"菜单→"项目符号和编号"命令，弹出"项目符号和编号"对话框；

③根据需要单击"项目符号"、"编号"或"多级符号"选项卡；

④从列表框中选择所需的“项目符号”或“编号”样式；

⑤单击“确定”按钮。

此外，还可以通过“格式”工具栏上的“项目符号”或“编号”按钮来实现。

（2）在录入过程中添加项目符号或编号。在录入文本过程中，如果用户要为当前段落创建项目符号或编号，可单击“格式”工具栏上的“项目符号”或“编号”按钮。以后每增加一个段落时，Word 都会自动按已定样式添加项目符号或编号。

如果要结束自动添加项目符号或编号，在新文本段落开始处按退格键（Backspace 键）删除新添加的项目符号或编号即可。

（3）插入新的段落。如果在添加有项目符号或编号的段落之间添加新的段落，只需在插入新段的前一段落结束处按回车键，Word 会自动按照上一段落所确定的样式，插入新的项目符号或编号。

（4）删除项目符号或编号。选定要从中删除项目符号或编号的段落，再选择“格式”菜单→“项目符号和编号”命令，然后从相应的列表框中选择“无”选项。

（5）自定义项目符号和编号。如果项目符号或者编号格式不满足需要，在选定某种项目符号或者编号之后还可以通过“自定义”命令，定义不同的项目符号，或者编号格式，甚至设置项目编号为不同的字体格式，以及设置项目符号或编号位置、文字位置等。

（6）多级符号和列表样式。

当文档的符号为多个级别时，可以通过“项目符号和编号”命令的“多级符号”和“列表样式”设置自己所需的各级符号格式并应用以提高工作效率。

【例 10.10】打开光盘中“Word 素材/第 10 讲/例题/例 10.10.doc”，为文档中文本设置多级项目编号，设置后效果如图 10-29 所示。

操作步骤如下：

（1）选定所有的文本内容；

（2）选择“格式”菜单→“项目符号和编号”命令，选择“多级符号”选项卡，如图 10-30 所示，在此选项卡下选择第一行第二列的格式。

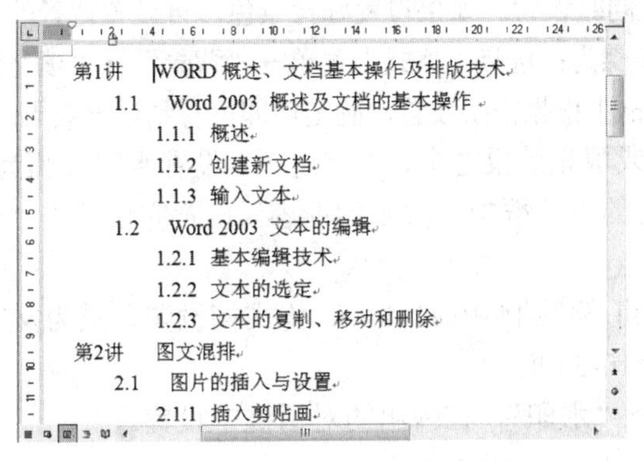

图 10-29　项目符号编号设置举例

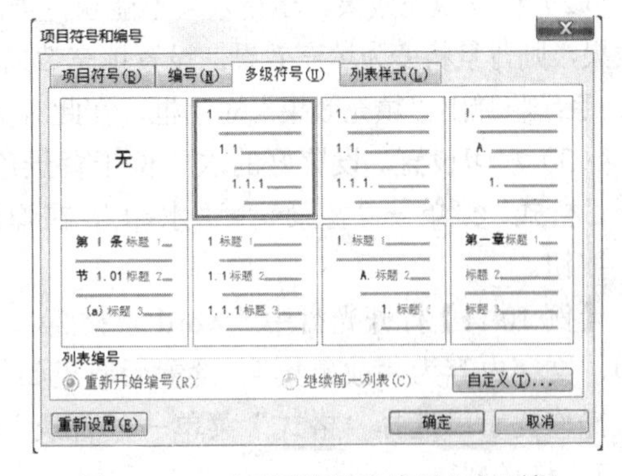

图 10-30　“项目符号和编号”对话框

（3）单击“自定义”按钮，在弹出的对话框中，分别设置各级的格式，设置 1 级格式为第 1 讲，如图 10-31 所示，其他各级可以采用默认格式。设置完毕之后单击“确定”按钮。

（4）调整各项内容的级别，利用 Tab 键或工具栏按钮降级，Shift+Tab 组合键或工具栏升级。

说明：在图 10-31 中单击“高级”按钮，可以将项目编号格式和样式关联起来。

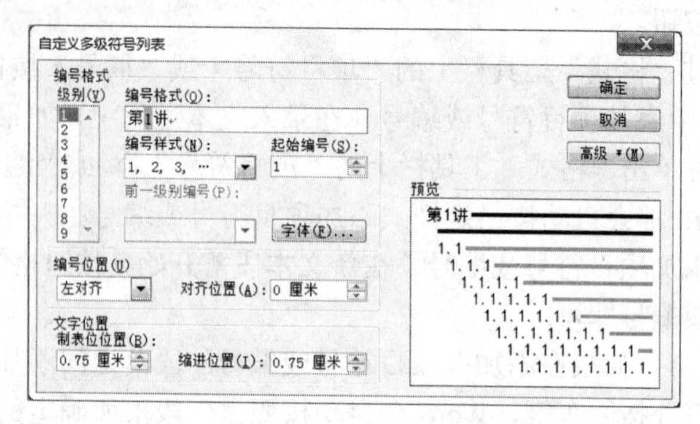

图 10-31 “自定义多级符号列表”对话框

5. 设置文字方向

Word 中默认的文字方向为横向，但也允许用户改变文字方向。操作步骤如下：

（1）选择“格式”菜单→“文字方向”命令，系统弹出“文字方向”对话框；

（2）在“方向”框中选择所需的排版方向，例如选择竖排方式；

（3）单击“确定”按钮，即可看到排版结果。

采用上述方法，可以排版整个文档。如果采用此方法只改变文档中部分文本，会使得改变方向后的那部分内容独立成一页。要解决此问题需借助于文本框。操作方法：把要改变方向的文本内容放入文本框中，再设置文本框中的文本内容为需要的方向。

6. 文档背景及水印效果设置

Word 文档的默认背景色为白色，可以通过“格式”菜单→“背景”命令，将 Word 背景设为其他某种颜色、填充效果、或者水印效果。

（1）设置背景色。操作步骤：选择“格式”菜单→“背景”命令，从级联菜单中选择需要作为背景的颜色即可。如果级联菜单中没有需要的颜色，则选择“其他颜色”命令，从弹出的对话框中选择需要的颜色，单击“确定”按钮即可。

（2）设置填充效果。填充效果不能和背景色同时设置。如果设置好背景色，再设置背景的填充效果，则背景将变为填充效果。设置填充效果步骤为：选择“格式”菜单→“背景”→“填充效果”，系统将弹出“填充效果”对话框，在此对话框中根据需要设置，确定后即可看到设置效果。

（3）水印设置。设置好的水印位于背景色或填充效果之上、文字之下。设置水印步骤为：选择“格式”菜单→“背景”→“水印”，在弹出的对话框中设置水印内容，设置完后单击“确定”按钮。

【例 10.11】打开光盘中“Word 素材/第 10 讲/例题/例 10.11.doc”，为文档设置背景为文字水印，文字内容为“故事集”。设置后效果如图 10-32 所示。

操作提示：选择“格式”菜单→“背景”→“水印”，在弹出的对话框中设置。

7. 格式刷

格式刷位于常用工具栏，用于帮助用户排版过程中将设置好的格式快速地复制应用于到其他文本或段落。下面介绍如何用格式刷复制“字体格式”和“段落格式”。

（1）复制字体格式。

操作步骤如下：

①选定已经设置格式的文本（也可以单击设置好格式的文本）；

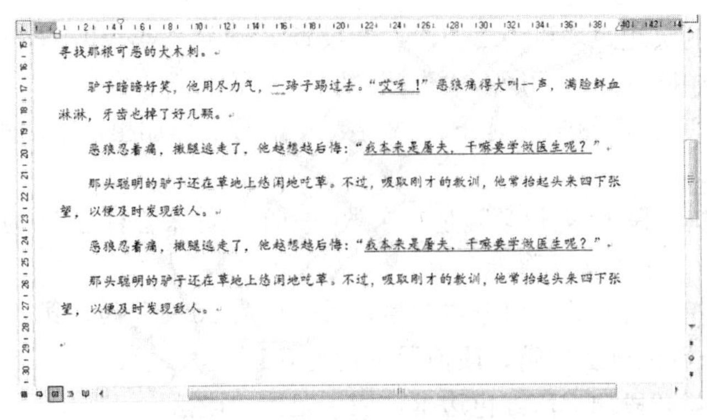
寻找那根可恶的大木刺。

驴子暗暗好笑，他用尽力气，一蹄子踢过去。“哎呀！”恶狼痛得大叫一声，满脸鲜血淋淋，牙齿也掉了好几颗。

恶狼忍着痛，撒腿逃走了，他越想越后悔：“我本来是屠夫，干嘛要学做医生呢？”。

那头聪明的驴子还在草地上悠闲地吃草。不过，吸取刚才的教训，他常抬起头来四下张望，以便及时发现敌人。

恶狼忍着痛，撒腿逃走了，他越想越后悔：“我本来是屠夫，干嘛要学做医生呢？”。

那头聪明的驴子还在草地上悠闲地吃草。不过，吸取刚才的教训，他常抬起头来四下张望，以便及时发现敌人。

图 10-32　背景设置举例

②单击“常用”工具栏上的“格式刷”按钮，此时鼠标指针变成“刷子”形状；

③把鼠标指针移到要应用与选定文本相同格式的文本区域之前；

④按住鼠标左键，拖动鼠标经过要排版的文本区域（即选定文本操作）；

⑤松开左键，可见被选定的文本也具有①选定文本的格式。

上述操作方法，只能将格式复制一次。如果需要将格式复制多次，只需将上述②的“单击”操作改为双击，就可以将格式连续复制到多个文本块，使用完后单击“格式刷”按钮或者按键盘的 Esc 键，则可取消格式刷。

（2）复制段落格式。

由于段落格式保存在段落标记中，因此可以通过复制段落标记来复制该段落的格式。

操作步骤如下：

①选定或单击含有复制格式的段落（也可选定段落标记）；

②单击“常用”工具栏上的“格式刷”按钮（如果要复制到多个段落则双击），鼠标变成“刷子”形状；

③把鼠标指针拖过要排版段落的段落标记，便将段落格式复制到该段落中。

【例 10.12】打开光盘中“Word 素材/第 10 讲/例题/例 10.12.doc”，将第一段设为红色字体，段落行间距为 1.5 倍。其他段落都为黑色字体，行间距为单倍行距。应用“格式刷”做如下设置：

（1）将第二段设置为同第一段相同的字体格式；

（2）将第三段设置为同第一段相同的段落格式；

（3）将第四段设置为同第一段相同的字体和段落格式。

操作步骤如下（设置第一段的段落和字体格式自行完成）：

（1）复制第一段格式：双击格式刷按钮（因为要多次使用，所以双击）；

（2）将第一段的字体格式应用到第二段：选定第二段（注意：不要选中最后的段落标记）；

（3）将第一段的段落格式应用到第三段：选定第三段最后的段落标记；

（4）将第一段的字体格式和段落格式应用到第四段：选定第四段所有文字和段落标记。

10.4　Word 操作演示一（文档排版）

打开文档光盘“Word 素材/第 10 讲/操作演示一/惠州学院简介.doc”，请按下面要求进行排版：

（1）请将文档的页边距均设为 2 厘米，并设置页眉为“www.hzu.edu.cn”；

（2）请将文档中除标题外的所有“惠州学院”加粗；

（3）设置标题段（“惠州学院简介”）文字：小二号黑体加粗，字间距 2 磅，段前段后均 18 磅，居中对齐；

（4）设置正文第一段（“惠州学院是广东省……单位等荣誉称号”）为首字下沉，字体为：隶书，下沉行数 3 行，距正文 0 厘米。

（5）请将正文第二段和第三段分成二栏，第一栏为 20 个字符，第二栏为 24 个字符。并设置段落格式为：首行缩进 2 字符，段前段后均为 0.5 行。

（6）请将正文第四段加上深红色边框，应用范围：段落；

（7）请将正文第五段段落格式设置成首行缩进 2 字符，左缩进 20 磅，右缩进 20 磅，段前 20 磅，段后 20 磅。并加上底纹：灰色-5%，应用范围：段落。

（8）请将正文第六段设为右对齐；

（9）为文档设置水印，内容为“惠州学院”；

（10）为文档设置打开密码 “hzu”；

（11）请按原文件名存盘。

10.5 Word 实验一（文档排版）

1．请打开 Word 2003，新建一个文档，并输入以下内容，保存为“1-1 玫瑰.doc”，并为此文档设置密码为“meigui”。

玫瑰又被称为刺玫花、徘徊花、刺客、穿心玫瑰。蔷薇科蔷薇属灌木。作为农作物，其平阴玫瑰甲天下 Rosa rugosa（12 张）花朵主要用于食品及提炼香精玫瑰油，玫瑰油要比等重量黄金价值高，应用于化妆品、食品、精细化工等工业。

蔷薇科中三杰——玫瑰、月季和蔷薇，其实都是蔷薇属植物。在汉语中人们习惯把花朵直径大、单生的品种称为月季，小朵丛生的称为蔷薇，可提炼香精的称玫瑰。但在英语中它们均可以统称为 rose。Rose 依目前正式登记的品种，大约有三万左右。其实，蔷薇属下的 200 多个大品种在国外都被称作 rose，台湾都被称作玫瑰。

2．请打开光盘中“Word 素材/第 10 讲/实验一”文件夹中的“1-2 计算机.doc”，并完成如下操作：

（1）将文中所有“Computer”替换为计算机；

（2）设置自动更正词条，替换：computre，替换为：computer，并输入如下内容，体会自动更正的作用。

中文：计算机。
英文：computre

3．请打开光盘中“Word 素材/第 10 讲/实验一”文件夹下“1-3 一元二次方程.doc”，并完成如下操作：

（1）将标题（“一元二次方程”）设为黑体、四号、居中，并加上边框和-5%的段落底纹；

（2）交换正文第一段（“一元二次方程有四个特点：”）和第二段内容；

（3）将文档中所有红色的 2，替换为黑色的上标 2；

（4）为正文第三段至第六段加上项目编号，格式为 1）…4）。

4．请打开光盘中“Word 素材/第 10 讲/实验一”文件夹下“1-4 第一章 计算机文化”，并完成如下操作：

（1）设置文档的页边距均为 2 厘米，横向，纸张大小为 16 开；

（2）将标题段（“第一章　计算机文化”）设为段前段后均为 2 行；

（3）设置文档页眉页脚，奇偶页不同，奇数页页眉为“计算机基础教程”，页脚中插入页码靠右，偶数页页眉为“第一章 计算机文化”，页脚中插入页码靠左；

（4）将文档背景设置为：填充效果→渐变→颜色→预设→雨后初晴。

5．请打开光盘中“Word 素材/第 10 讲/实验一”文件夹下“1-5 Internet 技术及其应用.doc”，并完成如下操作：

（1）请把标题段（“Internet 技术及其应用”）文字设置为：居中对齐、黑体、17 磅；

（2）请将文中所有的“Internet”替换为字体颜色为红色加粗的“因特网”；

（3）请将文档的页边距均设为 3 厘米，设置文档页眉为“Internet 技术及其应用”、楷体、六号；

（4）请将正文第一段（“因特网……网上交流。”）中的“因”字设置成首字下沉，下沉行数 3 行，距正文 0 厘米；

（5）请将正文第二段为成二栏，第一栏为 16 个字符，第二栏为 20 个字符；

（6）请将正文第三段加上边框，应用范围：段落；并加上底纹：灰色-25%，应用范围：段落；

（7）请将正文第四段段落格式设置成：首行缩进 2 字符、左缩进 20 磅、右缩进 20 磅、段前 20 磅、段后 20 磅；

（8）为文档设置水印，水印内容为“Internet”。

6．请打开光盘中“Word 素材/第 10 讲/实验一”文件夹下“1-6WDT.doc”，按照要求完成下列操作并以该文件名（1-6WDT.doc）保存文档。

（1）将标题段（“分析：超越 Linux. Windows 之争”）的所有文字设置为三号黄色加粗，居中并添加文字蓝色底纹，其中的英文文字设置为 Arial Black 字体，中文文字设置为黑体。将正文各段文字（“对于微软官员……，它就难于反映在统计数据中。”）设置为五号楷体 GB2312（其中英文字体设置为“使用中文字体”），首行缩进 1.5 字符，段前间距 0.5 行；

（2）第一段首字下沉，下沉行数为 2，距正文 0.2 厘米。将正文第三段（“同时，……对软件的控制并产生收入。”）分为等宽的两栏，栏宽为 18 字符。

7．在光盘中的“Word 素材/第 10 讲/实验一”文件夹下打开文档“1-7WDT.doc”，按照要求完成下列操作并以该文件名（1-7WDT.doc）保存文档。

（1）将标题段文字（“上万北京市民云集人民大会堂聆听新年音乐”）设置为三号宋体蓝色加粗居中，并添加红色底纹和着重号；

（2）将正文各段文字（“上万北京市民选择在……他们的经典演出。”）设置为小五号仿宋 GB212，第一段右缩进 4 字符，悬挂缩进 1.5 字符，第二段前添加项目符号◆。

（3）将正文第三段（“一年一度的……国家大事时准备的。”）分为等宽的两栏，栏宽为 18 字符，并以原文件名保存文档。

第 11 讲　图文混排

本讲的主要内容包括：

- 图片的插入与设置
- 艺术字的插入与设置
- 文本框的插入与设置
- 图形的插入与设置
- 组织结构图的绘制与设置
- 公式的插入
- 对象层次与组合

11.1　图片的插入与设置

Word 提供有内置图片（剪贴画）供用户选择插入文档中，也可以插入其他图片文件。

11.1.1　插入剪贴画

剪贴画是 Word 自带的剪辑库中提供的图片，用户可以根据需要从中选择图片插入到文档中。操作步骤如下：

（1）把插入点移到要插入图片的位置；

（2）选择“插入”菜单→“图片”→“剪贴画”命令，窗口右侧显示出“剪贴画”任务窗格；

（3）在“剪贴画”任务窗格中“搜索文字”下方输入要搜索的剪贴画的类别（比如“植物”，这个类别可以在下方“管理剪辑…”弹出的对话框中查看，如果不输入则搜索所有），设置好搜索范围和结果类型。然后单击“搜索”按钮，在“剪贴画”任务窗格的下方会显示出符合要求的剪贴画，如图 11-1 所示；

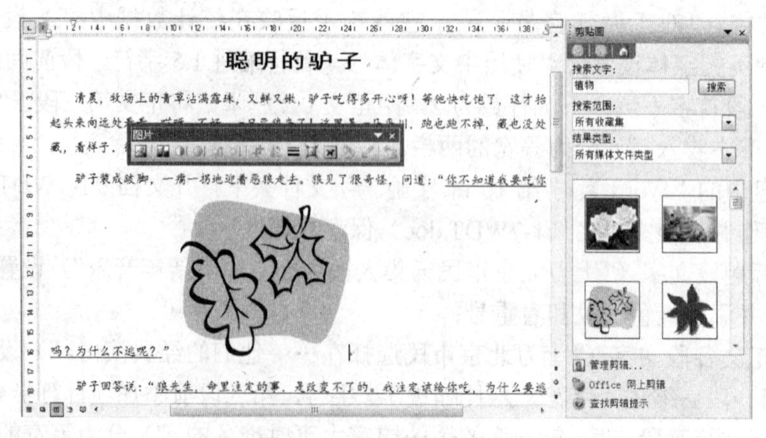

图 11-1　插入剪贴画举例

（4）单击要插入的图片，图片即可插入到文档插入点位置。

【例 11.1】打开光盘中“Word 素材/第 11 讲/例题/例 11.1.doc”，在文档的第二段之后插入一张剪贴画，效果如图 11-1 所示（图 11-1 的状态是在插入图片后，单击图片的情况）。

操作提示：将插入点移到第一段末尾，选择“插入”菜单→“图片”→“剪贴画”命令。

11.1.2 插入图形文件

在 Word 中，可以插入其他图形文件图片，如.bmp、.wmf 、.jpg 等类型。插入图形文件可采用如下两种方法：

方法一：利用菜单命令插入，操作步骤如下：

（1）把插入点移到要插入图片的位置；

（2）选择“插入”菜单→“图片”→“来自文件”命令，系统弹出“插入图片”对话框；

（3）在弹出的对话框中，选择要插入的图片，然后单击“插入”按钮，所选图片即可插入到文档插入点位置。

方法二：利用复制、粘贴命令插入，操作步骤如下：

（1）找到要插入的图片，可以通过资源管理器查找图片，也可以是网络上的图片（必须可以复制）；

（2）右击图片，在右键菜单中选择“复制”命令；

（3）切换至要插入图片的文档，并把插入点移到要插入图片的位置，选择“粘贴”命令，图片即可插入到文档插入点位置。

【例 11.2】打开光盘中“Word 素材/第 11 讲/例题/例 11.2.doc”，在文档的第二段之后插入素材中的“驴子.bmp”，效果如图 11-2 所示。

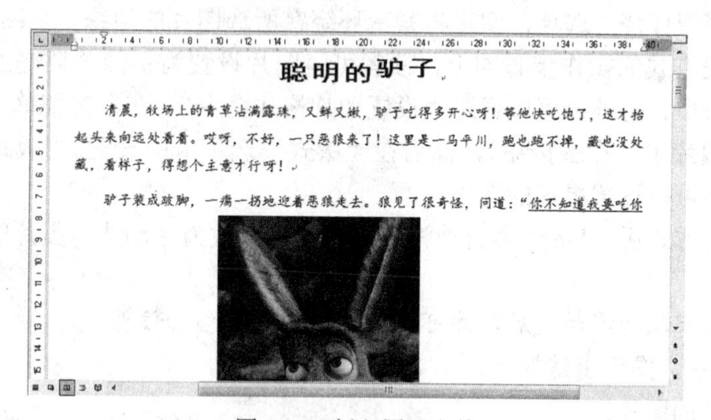

图 11-2 插入图形文件

操作提示：将插入点移到第二段末尾，选择“插入”→“图片”→“来自文件”命令。

11.1.3 设置插入图片的格式

对于插入的图片和剪贴画，在 Word 中都可以对它们进行简单的设置，如图片的文字环绕方式、颜色、亮度、对比度、边框等。

（1）设置文字环绕方式。所谓文字环绕是指图片周围的文字分布情况。在 Word 中，刚插入的图片为嵌入式，即不能在其周围环绕（输入）文字。要在图片的周围环绕文字，必须改变图片环绕方式。下面举例说明如何改变图片的环绕方式。

【例 11.3】打开光盘中“Word 素材/第 11 讲/例题/例 11.3.doc”，将文档中的图片设置环绕方式为“紧密型环绕”。

操作步骤如下：

①选定要设置的图片：单击图片即可。选定图片后周围会出现 8 个控点，同时显示“图片”工具栏，如图 11-3 所示；

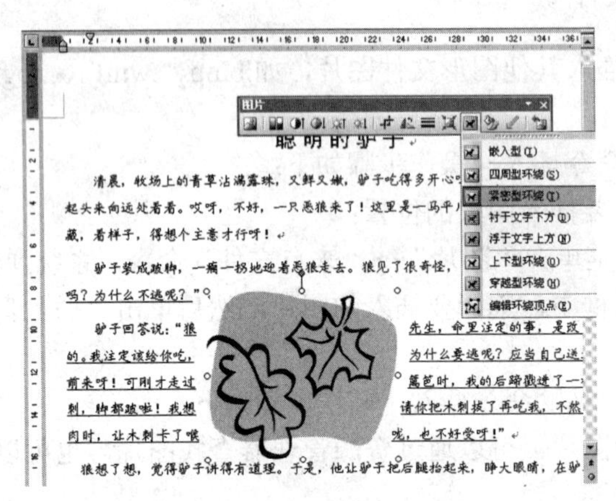

图 11-3　紧密型环绕效果图

如果此时系统没有显示“图片”工具栏，可以右击该图形，然后从其快捷菜单中选择“显示‘图片’工具栏”命令。或者通过“视图”菜单→“工具栏”→“图片”显示；

②单击“图片”工具栏上的“文字环绕”按钮，弹出“环绕方式”列表，如图 11-3 所示；

③选择“紧密型环绕”选项，文字将紧密环绕在所选图片的边缘，如图 11-3 所示。

设置其他环绕方式的操作步骤同上，读者可将图片设置为不同的环绕方式，以学习不同环绕方式的设置效果。另外也可以通过“设置图片格式命令”（在右键菜单中、或者双击图片调出，或者单击图片工具栏按钮），然后在“版式”选项卡中设置。“版式”选项卡的“高级”按钮选项中还可以设置更多的选项。

设置文字环绕方式后，Word 会自动将图片的嵌入式改为浮动式。图片的控制点也由实心变为空心。

注意：图片只有改为浮动式后，才可以在文档中任意移动位置。

（2）移动图片。操作步骤如下：

①选定要移动的图片；

②把鼠标指针指向图片内部，此时鼠标指针变成十字交叉的双箭头状，按下鼠标左键拖动，图片周围出现虚框线（代表图片的新位置），拖动图片到所需位置松开鼠标左键即可。

（3）缩放图片。对图片进行缩放，即改变图片的大小，操作步骤如下：

方法一：鼠标拖动

①选定要缩放的图片；

②用鼠标指针指向 8 个控点中的任意一个，当指针形状变为双向箭头时，拖动鼠标来改变图片的大小。如果拖动对角线上的控点将按比例缩放图片，如果拖动其他上、下、左、右控点将改变图片的高度或宽度。

方法二：精确设置

①选定要改变大小的图片；

②单击“图片”工具栏上的“设置图片格式”按钮，或选择“格式”菜单→“图片”命令，打开“设置图片格式”对话框，选择“大小”选项卡，并在“高度”和“宽度”框中输入具体数值，单击“确定”按钮即可。

注意：如果在设置大小对话框中选定了“锁定横纵比”，则只能按原始横纵比修改大小。

（4）裁剪图片。当只需要图片中某一部分时，可以把多余部分裁剪掉。操作步骤如下：

①选定要裁剪的图片，此时在图片的周围会出现 8 个控点，同时显示“图片”工具栏；

②单击“图片”工具栏上的“裁剪”按钮，此鼠标指针变为形状，图片的控制点形状也会改变，如图 11-4 所示；

③将鼠标指向图片上的控制点，按住鼠标左键拖动，此时图片边界会出现虚框，此虚框为图片裁剪后大小，松开鼠标左键即可确定。如果虚框比原图小，松开鼠标左键时多余部分会被裁剪掉。

以上操作并没真正裁剪掉图片，Word 只是把用户要求裁剪掉的部分隐藏起来，因此可恢复被裁剪掉的部分。按照上述操作步骤，在步骤③中按裁剪时的反方向拖动鼠标即可恢复。

【例 11.4】对图 11-3 中的图片进行裁剪后，结果如图 11-4 所示。

操作提示：选定图片，单击图片工具栏的“裁剪”按钮，开始裁剪。

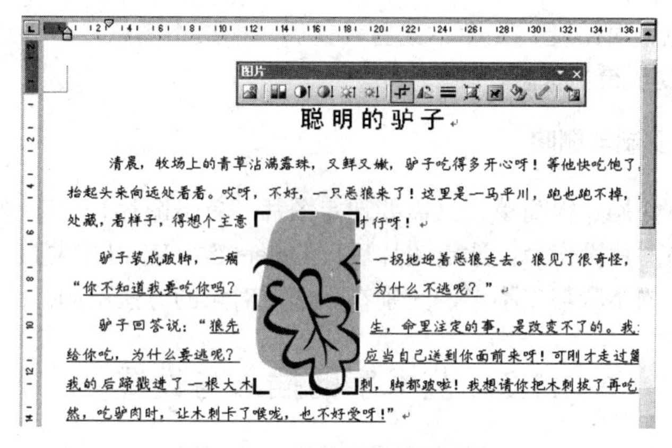

图 11-4　裁剪图片效果示例

（5）改变图片的背景颜色和填充色。操作步骤如下：

①选定要处理的图片；

②单击“图片”工具栏上的“设置图片格式”按钮，系统弹出“设置图片格式”对话框，再选择“颜色和线条”选项卡；

③单击“填充”区中“颜色”列表框的下箭头，在下拉列表中选择所需的背景颜色，也可以单击“填充效果”按钮，再从“填充效果”对话框中设置背景色；

④从“设置图片格式”对话框中单击“确定”按钮。设置好后效果如图 11-5 所示。

（6）设置图片边框。操作步骤如下：

①选定要处理的图片；

②单击“图片”工具栏上的“线型”按钮，出现“线型”列表。从“线型”列表中选择一种线型。若选择“其他线条”，可设置线条的颜色、虚实等。

【例 11.5】设置图 11-4 中的图片格式，设置填充色为：“渐变”、“单色”、“水平”底纹式样；设置线型为：“4.5 磅”线型。设置完毕后效果如图 11-5 所示。

聪明的驴子

清晨，牧场上的青草沾满露珠，又鲜又嫩，驴子吃得多开心呀！等他快吃饱了，这才抬起头来向远处看看。哎呀，不好，一只恶狼来了！这里是一马平川，跑也跑不掉，藏也没处藏，看样子，得想个主意才行呀！

驴子装成跛脚，一瘸一拐地迎着恶狼走去。狼见了很奇怪，问道："你不知道我要吃你吗？为什么不逃呢？"

驴子回答说："狼先生，命里注定的事，是改变不了的。我注定该给你吃，为什么要逃呢？应当自己送到你面前来呀！可刚才走过篱笆时，我的后蹄戳进了一根大木刺，脚都跛啦！我想请你把木刺拔了再吃我，不然，吃驴肉时，让木刺卡了喉咙，也不好受呀！"

图 11-5　为图片加上边框、底纹后的效果图

操作提示：

①双击图片弹出"设置对象格式"对话框，在"线条与颜色"选项卡下设置填充效果；

②单击图片，选择"图片"工具栏中"线型"按钮下"4.5 磅"线型。

设置图片格式，除了前面介绍的几种操作之外，还可以改变图片的颜色、图片的对比度和亮度，选择"图片"工具栏上相应按钮就可以完成设置。也可以通过"设置图片格式"对话框设置。

对图片进行颜色、对比度、亮度、裁剪设置后，如果不满意，可以通过工具栏上的"重设图片"工具恢复至最初状态。

11.1.4　图片的复制与删除

图片的复制与删除操作很简单，只需要选定图片（单击图片），其余操作和文本的复制删除一样。比如，删除图片操作为：选定图片后按 Delete 键。Word 中复制、删除所有对象（文字、图片、图形等）的步骤都差不多，区别在于选定对象的方法不同。

11.2　艺术字的插入与设置

11.2.1　艺术字的插入

Word 提供插入艺术字功能，利用此功能可以方便地在文档插入和设置艺术字。

【例 11.6】打开光盘中"Word 素材/第 11 讲/例题/例 11.6.doc"，将文档中的标题文本"聪明的驴子"变为艺术字效果，如图 11-6（b）所示。

操作步骤如下：

（1）选定"聪明的驴子"几个字（注：如果文中没有相应文字，则把插入点移到文档中需要插入艺术字的位置）；

（2）选择"插入"菜单→"图片"→"艺术字"命令，弹出"'艺术字'库"对话框；

（3）从对话框中选择一种艺术字样式，例如第一行第一列的艺术字样式；

（4）单击"确定"按钮，弹出"编辑'艺术字'文字"对话框，如图 11-6（a）所示；

（5）因为在步骤（1）中选定了"聪明的驴子"几个字，所以在"文字"文本框中已经有这几个字，就不用再输入（在此可以修改艺术字的内容）。利用此对话框可设置文字的字体、字号和字形；

（6）单击“确定”按钮，即可插入艺术字，如图 11-6（b）所示。

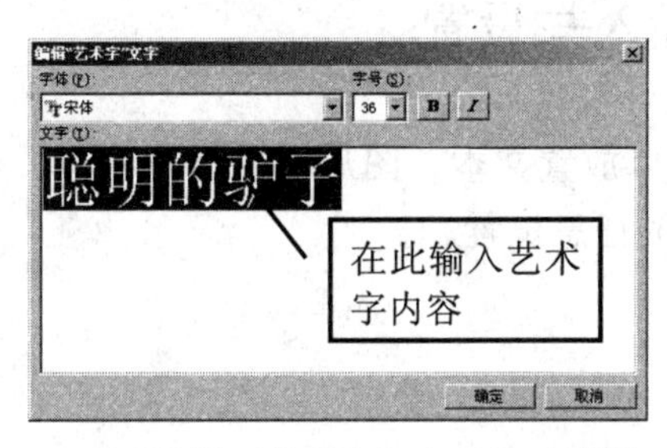

（a）“编辑‘艺术字’文字”对话框

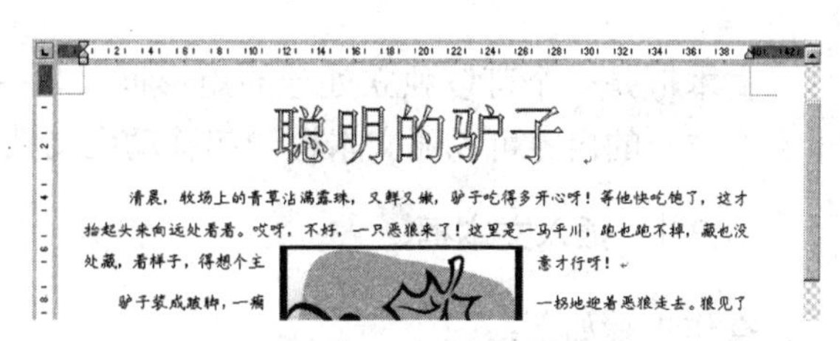

（b）插入艺术字后效果图

图 11-6　插入艺术字举例

11.2.2 艺术字的设置

艺术字是以图片的形式插入到文档中，因此和图片一样可以设置其文字环绕方式、大小等。单击插入的艺术字，会出现“艺术字”工具栏，如图 11-7 所示。

图 11-7　“艺术字”工具栏

利用此工具栏可以对艺术字进行如下设置：

（1）插入艺术字：单击按钮。

（2）编辑艺术字文本内容，单击编辑文字(X)...按钮。

（3）重新设置艺术字库中艺术字样式：单击按钮，会弹出“艺术字”字库，从中重新选择艺术字库中艺术字样式即可。

（4）设置艺术字填充色、线条、大小、版式（文字环绕方式）等。单击按钮，会弹出“设置艺术字格式”对话框。如果只设置文字环绕方式，可以单击按钮。

（5）改变艺术字形状，单击按钮，从列表中选择一种艺术字形状。

（6）将艺术字竖排，单击按钮。

（7）设置艺术字的对齐方式，单击按钮。

（8）调整艺术字间距，单击按钮。

【例 11.7】将图 11-6（b）中艺术字“聪明的驴子”内容改为“聪明的小驴子”，并修改艺术字样式为第五行第一列样式，艺术字形状为“左牛角尖”。设置完毕后效果如图 11-8 所示。

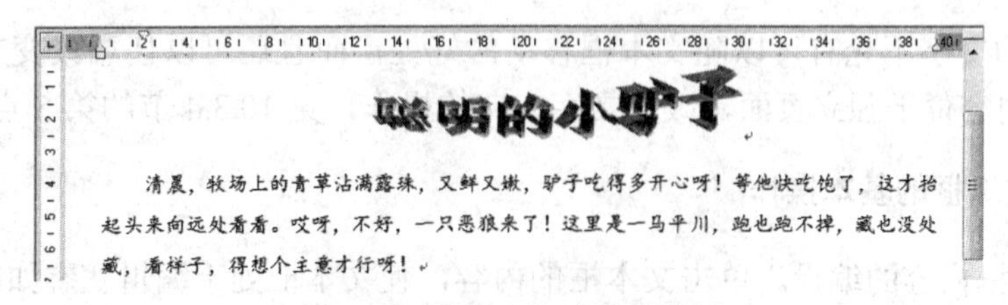

图 11-8　艺术字格式设置举例

操作提示：

首先单击插入的艺术字“聪明的驴子”，然后单击按钮，弹出如图 11-6（a）所示对话框，将其中内容修改为“聪明的小驴子”，单击“确定”按钮即可完成。继续单击“艺术字”工具栏上的和按钮设置艺术字样式和形状。

11.3 文本框的插入与设置

文本框是一个可以独立处理的矩形框，其中可以放置文本、图形、表格等内容。好处在于文本框中的内容可以随文本框一起移动到文档中的任意位置。

11.3.1 插入文本框

操作步骤如下：

（1）选择“插入”菜单→“文本框”命令，再从级联菜单中选择“横排”/“竖排”命令，鼠标指针变成十字形；

说明：此时文档中插入点位置会出现一个虚框，虚框里显示“在此创建图形”，这是 Word 2003 提供的“画布”，画在“画布”内的所有图形都可以作为整体移动，且可以拖动鼠标选择画在“画布”内的图形，对于绘制自选图形非常方便。如果插入的文本框不画在画布内，那么画布会自动消失，也可以按 Esc 键让“画布”消失。

（2）移动鼠标指针到合适位置，按下左键，再拖动鼠标以确定文本框的大小，拖动到合适大小后松开左键，即可插入鼠标拖动时所画大小的文本框。

插入文本框后，插入点移到文本框内就可以在其中插入文本、图形等内容。如图 11-9 所示效果是插入文本框后，在文本框中输入文本内容后的情况。

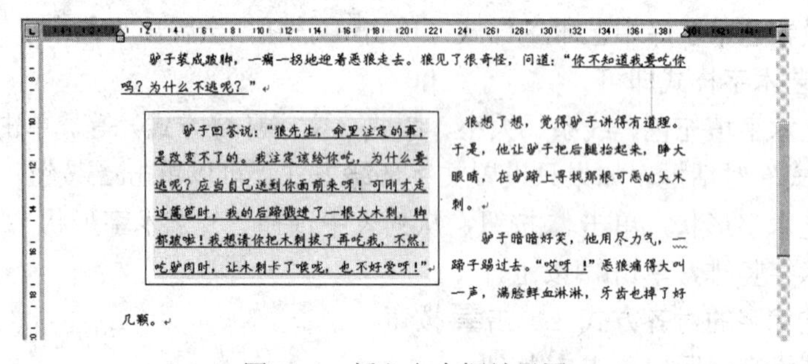
驴子装成跛脚，一瘸一拐地迎着恶狼走去。狼见了很奇怪，问道：“你不知道我要吃你吗？为什么不逃呢？”

驴子回答说：“狼先生，命里注定的事，是改变不了的。我注定该给你吃，为什么要逃呢？应当自己送到你面前来呀！可刚才走过篱笆时，我的后蹄戳进了一根大木刺，脚都跛啦！我想请你把木刺拔了再吃我，不然，吃驴肉时，让木刺卡了喉咙，也不好受呀！”

狼想了想，觉得驴子讲得有道理。于是，他让驴子把后腿抬起来，睁大眼睛，在驴蹄上寻找那根可恶的大木刺。

驴子暗暗好笑，他用尽力气，一蹄子踢过去。“哎呀！”恶狼痛得大叫一声，满脸鲜血淋淋，牙齿也掉了好几颗。

图 11-9 插入文本框效果图

如果要为文中某段文字直接加上文本框，可以直接选定文字，然后执行上面的第（1）步即可。

文本框中的文字不光有可以随文本框移动的好处，而且还可以任意改变文字方向而不会使方向不同且内容位于独立页面，改变文字方向的操作，见 10.3.4 节的第 5 点。

11.3.2 文本框的基本操作

（1）文本框内容的编辑。单击文本框的内容，使文本框处于编辑状态如图 11-10 所示，便可对其内容进行编辑。

（2）文本框移动、复制、删除等操作。首先要选定文本框，通过将鼠标指针移动到文本框边线处单击便可选定文本框，此时文本框状态如图 11-10 所示，选定文本框后便可以进行移动（将鼠标指针移到文本框边线处，变成双十字便可以拖动鼠标）、复制、删除等操作。

（3）创建文本框间的链接。Word 2003 中可以为两个文本框之间创建“链接”，这样当一个文本框中文字满了之后会自动写入与此文本框相链接的另一个文本框中。假定已经插入两个文本框，分别称为文本框 1 和文本框 2，若希望文本内容填满文本框 1 之后自动填入文本框 2 中，则按照如下步骤为文本框 1 和文本框 2 创建链接。

①单击文本框 1，会出现“文本框”工具栏，如图 11-11 所示。如果没有显示，则通过“视图”→“工具栏”→“文本框”显示。

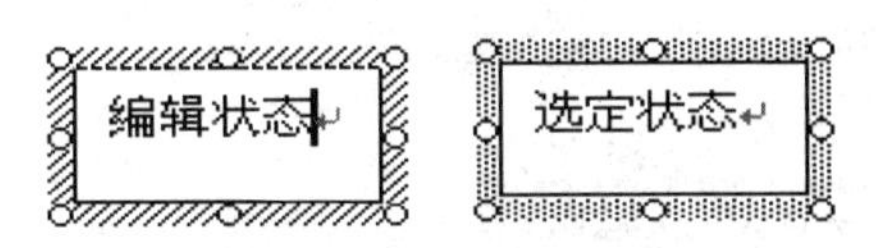

图 11-10　文本框编辑和选定状态

图 11-11　“文本框”工具栏

②单击“文本框”工具栏第一个按钮即“创建文本框链接”按钮，之后鼠标的图标会变成杯子形状。

③移动鼠标，单击文本框 2。

通过以上三步，便建立了文本框 1 和文本框 2 之间的链接。采用同样方法，可继续在文本框 2 和其他文本框之间创建链接。如果要断开链接，则单击文本框 1，然后单击“文本框”工具栏上第二个按钮即“断开向前链接”按钮。

【例 11.8】打开光盘中“Word 素材/第 11 讲/例题/例 11.8.doc”，在文本最后建立两个大小都为 5.5 厘米×6.99 厘米的文本框。并完成如下操作，完成后效果如图 11-12 所示。

①将所有文本剪切到文本框 1 中；

②将第一个文本框链接到第二个文本框。

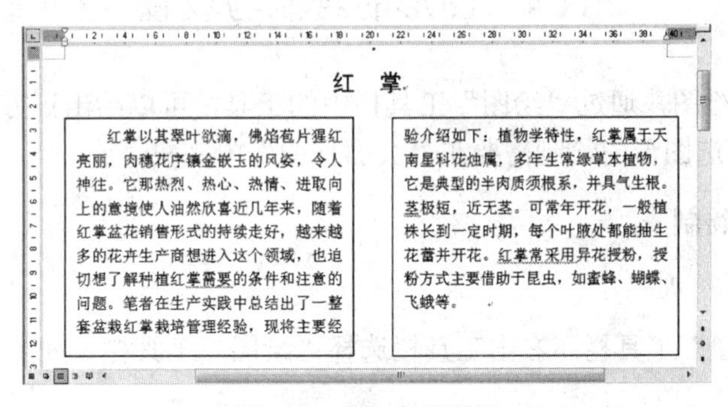

红　掌

红掌以其翠叶欲滴，佛焰苞片猩红亮丽，肉穗花序镶金嵌玉的风姿，令人神往。它那热烈、热心、热情、进取向上的意境使人油然欣喜近几年来，随着红掌盆花销售形式的持续走好，越来越多的花卉生产商想进入这个领域，也迫切想了解种植红掌需要的条件和注意的问题。笔者在生产实践中总结出了一整套盆栽红掌栽培管理经验，现将主要经

验介绍如下：植物学特性，红掌属于天南星科花烛属，多年生常绿草本植物，它是典型的半肉质须根系，并具气生根。茎极短，近无茎。可常年开花，一般植株长到一定时期，每个叶腋处都能抽生花蕾并开花。红掌常采用异花授粉，授粉方式主要借助于昆虫，如蜜蜂、蝴蝶、飞蛾等。

图 11-12　文本框举例

操作提示：

①选择“插入”→“文本框”→“横排”命令，插入第一个文本框。双击文本框的边框，在弹出的“设置文本框格式”对话框的“大小”选项卡下设置文本框大小。通过复制、粘贴命令建立第二个文本框。

②单击“文本框”工具栏的“创建文本框链接”按钮，创建两个文本框之间的链接。

11.3.3　文本框的环绕方式

文本框的环绕方式的设置与图片相同，操作步骤如下：

（1）选定文本框；

（2）选择“格式”菜单→“文本框”命令（或从其右键菜单中选择“设置文本框格式”）；

（3）在“设置文本框格式”对话框中选择“版式”选项卡，在此选项卡中可设置“环绕方式”；

（4）单击“确定”按钮。

【例 11.9】打开光盘中“Word 素材/第 11 讲/例题/例 11.9.doc”，在文本中插入一个横排文本框中，并设置文本框大小为 2.61 厘米×5.4 厘米；版式为“四周型”，环绕文字“只在右侧”；并设置文本框的填充效果为“纹理”、“新闻纸”，效果如图 11-13 所示。

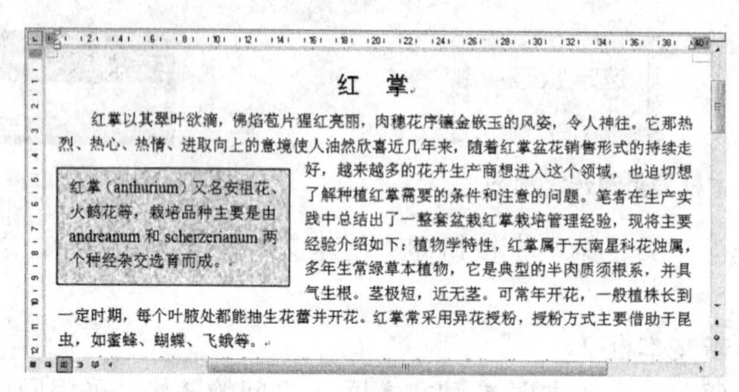

图 11-13　插入文本框举例

操作提示：

①选择“插入”→“文本框”→“横排”命令，插入文本框。

②右击文本框的边框，选择“设置文本框格式”命令，在弹出的“设置文本框格式”对话框中设置文本框大小、版式和底纹。

11.4　图形的绘制与设置

在 Word 中可以绘图，通过“绘图”工具栏中的工具，可以绘出正方形、矩形、多边形、直线等自选图形。自选图形的绘制需要在“页面视图”中完成。

11.4.1　图形的绘制

操作步骤如下：

（1）显示“绘图”工具栏：右击工具栏选择“绘图”工具栏，如图 11-14 所示；

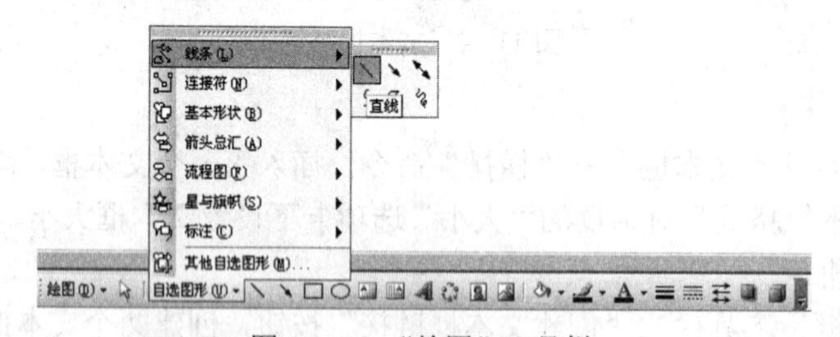

图 11-14　“绘图”工具栏

（2）单击工具栏中的“自选图形”按钮，会出现“自选图形类别”列表，从中通过单击选择一种自选图形，比如选择直线，如图 11-14 所示；

（3）此时在插入点位置会出现一个画布（画布功能见 11.3.1 节）。建议将自选图形画在画布中，方便对自选图形的处理。同时鼠标会变成十字，将鼠标移动到要画线的位置，按住鼠标左键拖动，即可画出所要的自选图形。

11.4.2　图形中添加文字

封闭型的自选图形（如椭圆、方框等）都可以在图形内部添加文字。操作方法为：右击自选图形，然后从右击菜单中选择“添加文字”命令，在自选图形内部就会出现插入点，即可插入文字等内容。

11.4.3　图形的设置

（1）通过“设置自选图形格式”对话框设置。右击自选图形，从右键菜单中选择“设置自选图形格式”，在弹出对话框的各个选项卡下可设置自选图像格式，包括填充色、边线的格式、箭头（直线才能设置）、大小、版式等。

（2）鼠标拖动设置。单击选定绘制出的自选图形时，会显示一些鼠标控制点，如图 11-15（a）所示，其中：构成矩形的 8 个空心圆控制点用于调整图形的大小；绿色的圆形控制点（位于图 11-15（a）的上方）用于调整图形的方向；黄色的菱形控制点（位于图 11-15（a）笑脸嘴唇的正中）用于控制部分线条的位置。拖动这些控制点可以直观完成相应设置。

如果有多个自选图形，可以按住 Ctrl 键同时选择多个自选图形。如果在画布中，可以按住鼠标通过拖动方式选择多个自选图形（拖动形成的虚框中的图形都可以被选中）。然后再同时设置自选图形格式。

【例 11.10】新建一个 Word 文档，绘制如图 11-15（a）所示的笑脸，然后对其设置将笑脸改为哭脸，并向右倾斜，效果如图 11-15（b）所示。

（a）设置前　　（b）设置后

图 11-15　绘制图形举例

操作提示：

（1）通过“插入”→“图片”→“自选图形”，显示“自选图形”工具栏，从“基本形状”类别中，选择“笑脸”图形，拖动鼠标画出笑脸。

（2）单击绘制的笑脸，拖动绿色和黄色控制点进行设置。

【例 11.11】在新建的文档中绘制如图 11-16 所示图形。

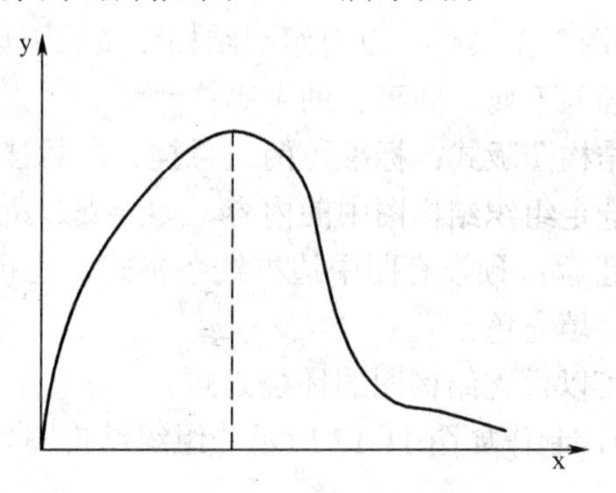

图 11-16　绘制图形举例

操作提示：

通过“插入”→“图片”→“自选图形”，显示“自选图形”工具栏，选择工具栏中对应的形状工具，完成图形绘制。

11.5 组织结构图的插入

Word 提供组织结构图的绘制，方便用户绘制如图 11-17 所示的组织结构图。

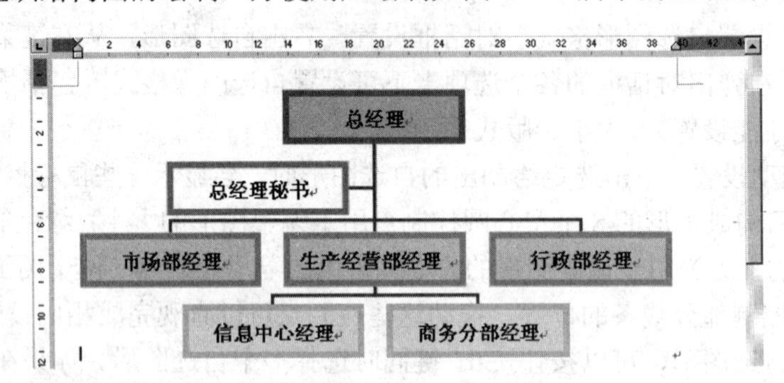

图 11-17 组织结构图示例

绘制组织结构图，主要通过“组织结构图”工具栏完成，操作步骤如下：

（1）将插入点移动到要插入组织结构图的位置；

（2）执行“插入”→“图片”→“组织结构图”命令，系统将在插入点位置插入一个简单的组织结构图，并出现“组织结构图”工具栏，如图 11-18 所示。

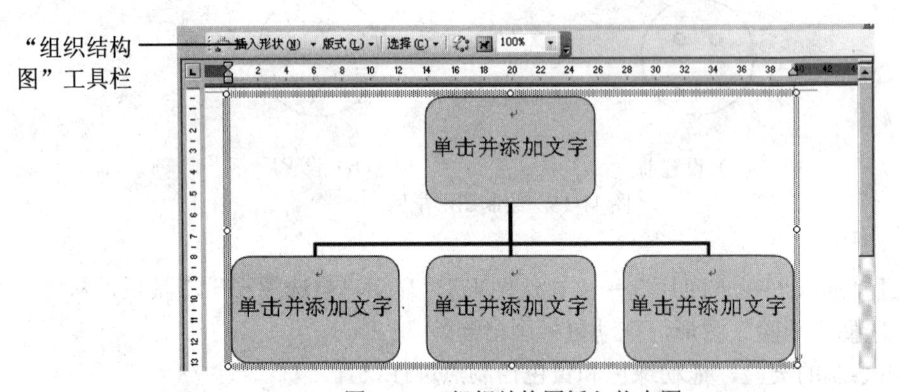

图 11-18 组织结构图插入状态图

（3）通过“组织结构图”工具栏可以对组织结构图做如下设置：

- 插入形状按钮：插入下属、同事、助手等；
- 版式按钮：设置结构图版式：标准、两边悬挂、左悬挂、右悬挂等；
- 选择按钮：用于选定组织结构图中的内容，如分支、所有助手等，方便设置；
- 自动套用格式按钮：预设有图中边框线条格式，也可以采用与设置自选图形同样的方法设置边框和填充色；
- 环绕方式按钮：可以设置结构图的环绕方式。

【例 11.12】新建文档，制作如图 11-17 所示的组织结构图。

操作提示：

（1）执行“插入”→“图片”→“组织结构图”命令插入，初始组织结构图；

（2）通过“组织结构图”工具栏可以完善组织结构图，并设置格式。

11.6　插入公式

在 Word 中有时候用户可能需要输入类似 $s=\sum_{i=1}^{100}2i+\prod_{k=1}^{50}k$ 的数学公式，这就需要借助于 Word 提供的插入对象功能，通过公式编辑器完成。操作步骤如下：

（1）将插入点移到要插入公式的位置；

（2）选择“插入”菜单→“对象”，在弹出的“对象”对话框中选择“Microsoft 公式 3.0”（如果没有则需要安装），如图 11-19 所示；

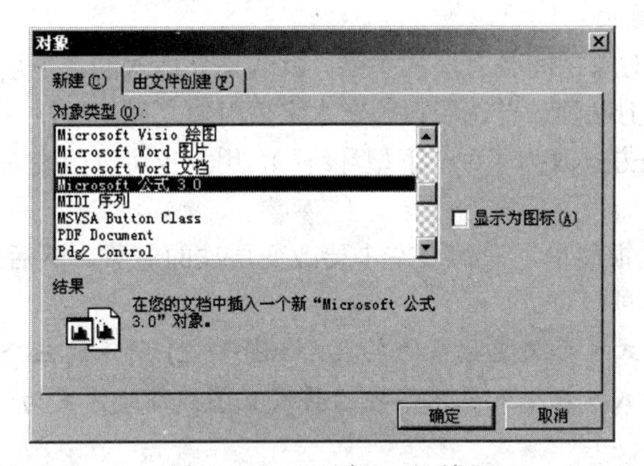

图 11-19　“对象”对话框

（3）在“对象”对话框中单击“确定”按钮，此时 Word 窗口会切换到公式编辑器窗口状态，窗口中有“公式”工具栏如图 11-20 所示；

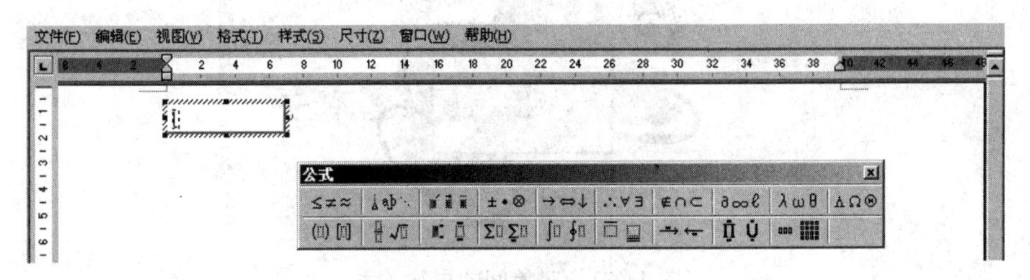

图 11-20　“公式”工具栏

（4）借助“公式”工具栏，可以输入想要的公式。

【例 11.13】新建文档输入 $s=\sum_{i=1}^{100}2i+\prod_{k=1}^{50}k$ 公式。

操作步骤如下：

①首先输入“s=”；

②单击“公式”工具栏求和项按钮，然后选择，单击下标输入“i=1”，单击上标输入“100”，然后单击右则输入框输入“2i+”；

③单击“公式”工具栏乘积和集合项按钮，然后选择，单击下标输入“k=1”，单

击上标输入“50”;

④如果要设置公式格式，通过菜单完成;

⑤公式输入完毕后，单击文档公式之外的任意位置，窗口切换回 Word 界面，公式以图片形式嵌入到插入点位置。因此单击公式会出现改变大小的控制点。

如果要再编辑公式，可以双击公式进入编辑界面。右击公式，选择“设置对象格式”命令，可以设置公式大小、版式等。

11.7 Word 对象间的叠放层次与组合

这里所指的图形对象包括前面讲到的图片、艺术字、文本框、自选图形，以及用公式编辑器输入的公式等。

1. 对象间的叠放层次

在 Word 中插入的对象之间具有层次关系，默认是先插入的在下层，后插入的在上层，如图 11-21 所示依次插入剪贴画、自选图形、艺术字后对象之间的层次关系（注：图片和艺术字在插入的同时将其环绕方式改为了“上下型环绕”）。用户也可以改变对象之间的层次关系，以满足需要。

要改变对象的层次很简单，只需要右击要改变层次的对象，然后从右键菜单中的“叠放次序”中选择需要的一种即可。

注意：改变环绕方式也会改变对象的层次。如图 11-21 所示的三个对象，在插入第一张图片时不改变图片环绕方式，在插入艺术字之后再设置图片环绕方式为“上下型环绕”，会发现图片会变为最上层。

图 11-21　对象间的层次关系

2. 对象间的组合

Word 对象之间都是独立的，可以独立地随意拖动位置。有时编辑中需要将对象变为一个整体，如图 11-6（a）所示，“编辑‘艺术字’对话框”上方有个注释，如果希望移动图片的时候，注释框随之移动，那么就需要将图片和注释框组合在一起。组合对象操作很简单，只要选中要组合的对象（选定一个对象后，按住 Ctrl 键再选定其他对象），然后右击选中的对象，从右键菜单中选择“组合”→“组合”命令。

如果要取消组合，则右击已组合的对象，从右键菜单中选择“组合”→“取消组合”命令即可。

注意：组合或者要取消组合的图形对象的文字环绕方式都不能为“嵌入型”。

11.8　Word 操作演示二（图文混排）

请打开光盘“Word 素材/第 11 讲/操作演示二”文件夹下的“月季.doc”，并完成如下要求（以下文档中，以每个回车符作为一段落，即“月季——花中之魁”为第 1 段。）：

（1）在如下文档的第 2、3 段之间插入剪贴画中的任一“植物”类图片，并设置图片格式，其中图片的高度为：4 厘米；图片的宽度为:4 厘米；图片与文字的环绕方式为：紧密型，环绕文字：只在左侧；

（2）在第 5、6 段之间插入一张图片，图片文件名是“蔷薇.jpg”，并设置格式：图片大小缩放比例为 20%，图片与文字的环绕方式为四周型；图片距正文的距离：上、下、左、右都为 0.32 厘米；

（3）请将标题改为艺术字，要求：艺术字样式：第 3 行第 1 列；艺术字字体名称：宋体；艺术字字号：32 磅；艺术字形状：右牛角型；艺术字字符间距：稀疏 ；对齐方式：居中；

（4）为最后一段文字插入竖排文本框。

11.9　Word 实验二（图文混排）

1．打开“Word 素材/第 11 讲/实验二”文件夹下的“2-1 秘密.doc”，对该文进行如下排版，排版后格式参看“2-1 秘密.pdf”

（1）将文章中第 1 段（“the secret”）设为艺术字，选择艺术字库中第 4 行第 1 列格式，字体大小为 40 磅，形状为“左牛角形”，居中；

（2）将第 2 段加粗，右对齐；

（3）第 3 段文字（“秘密摘要”），字体为“华文琥珀”、四号、深红色，并将此字体格式应用到第 12 段（秘密的应用）。

（4）将第 4 段文字加上深红色的双实线下划线，并在第 4 段文字之后插入图片“2-1 秘密.jpg”，环绕方式为四周型，右对齐；

（5）将第 12 段文字（“詹姆斯雷”）设为楷体、加粗、小四；

（6）将第 13~15 段文字（“想想阿拉丁神灯的故事……您的愿望，就是我的命令！”）设为楷体，放入两个并排的文本框中，文本框大小为 6.05 厘米×6.35 厘米、边框为双实线、深红色、版式为嵌入型，为这两个文本框创建链接。具体参看“2-1 秘密.pdf”；

（7）将文中所有的“你”字加粗。

2．打开“素材/第四部分/实验二”文件夹下的“2-2 九寨沟.doc”，该文是对“九寨沟”的简要介绍，请应用所学知识对该文进行排版，使排版之后内容图文并茂，更具宣传作用。至少应用如下知识：

（1）插入艺术字；

（2）插入图片；

（3）插入文本框。

3．请打开“Word 素材/第 11 讲/实验二”文件夹下的“2-3 导数.doc”，将文中所有图片形式的公式（即灰色底纹部分），应用 Word 的公式编辑器插入该公式，并删除原有的图片，编辑完毕后按原文件名保存。

4．打开“Word 素材/第 11 讲/实验二”文件夹下的“2-4 观赏鱼.doc”，参看“2-4 观赏鱼排版结果.doc”完成如下排版操作，完成之后按原文件名保存。

（1）将标题设为艺术字，选择艺术字库中第 3 行第 4 列，字体为华文中宋、40 磅，居中对齐；

（2）在标题之后插入图片“2-4 观赏鱼图片.jpg”，并调整大小为 2 厘米×2.68 厘米，版式为四周型、左对齐；

（3）参看“2-4 观赏鱼类别.jpg”中的内容，在文档的最后插入组织结构图。

5．打开“Word 素材/第 11 讲/实验二”文件夹下的“2-5 特殊文档.doc” 按如下要求完成作业，操作完成后按原文件名存盘。

（1）对于文档中所有的图像对象（即底色为灰色的对象），若原对象是图形，则用 Word 图形工具按原样绘制出来，若原对象是公式，则用 Word 附带的公式编辑器按原样编辑该公式，然后删除。

（2）图形中的标注用文本框实现，图形中的字体使用四号宋体；

（3）绘制出的图形、组织结构图的格式参考原图设置；

（4）绘制出的图形、组织结构图以及编辑好的公式不加底纹或其他颜色。

6．新建文档，完成如下操作，保存为“2-6 和谐校园.doc”：

（1）在文中插入一个艺术字：艺术字的内容为“和谐校园”；艺术字样式为第 1 行第 6 列；文字分成两行，垂直排列；文字的填充色和线条颜色都为红色，艺术字图形高为 3 厘米，宽为 3 厘米；艺术字版式为“浮于文字上方”。

（2）插入一个自选图形：图形形状为“矩形”，该图形的线条颜色都为红色，线条的粗细为 3 磅；自选图形的叠放次序为“置于底层“，图形大小比艺术字要稍大。

（3）按照文件“2-6 和谐校园.jpg”所示排放艺术字和文本框，并组合。

7．利用 Word 的绘图和插入艺术字功能，按如下步骤绘制“Word 素材/第四部分/实验二”文件夹下“2-6 印章.jpg”所示图形。

（1）单击“绘图”工具栏上的“椭圆”按钮，按住 Shift 键，在页面上绘制一个正圆。

（2）设置圆形的样式为无填充色，边为红色、实线、3 磅。

（3）插入内容为“惠州学院计算机科学系”的艺术字，要求艺术字样式为实心且无阴影。

（4）设置艺术字格式：填充色和线条均为红色，版式为浮于文字上方，艺术字形状为“细上弯弧”，通过控制点调整艺术字为圆弧形。

【提示】

①右键单击艺术字，在快捷菜单中选择“设置自选图形格式”命令。在“设置自选图形格式”对话框的“颜色和线条”选项卡中，在“填充”区域和“线条”中，颜色均设置为红色；在“版式”选项卡中，选择“浮于文字上方”。

②单击选中艺术字，在艺术字工具栏中单击“艺术字形状”按钮，从形状列表中选择“细上弯弧”。

③拖动艺术字某一角的圆形手柄，将艺术字调整为圆弧形；再拖动艺术字左边的黄色菱形手柄，调整好艺术字环绕的弧度。如果文字有些拥挤，可以单击“艺术字”工具栏上的“艺术字字符间距”按钮，选择“稀疏”。

（5）从“自选图形”中选择“星与旗帜”，从中选择“五角星”按钮，拖动鼠标，绘制大小适当的五角星。五角星的线条色与填充色均设置为红色。

（6）将正圆形、艺术字和五角星按照印章样式排列好，然后通过组合命令组合。

【提示】按住 Shift 键分别单击，同时选中，再单击“绘图”工具栏左端的“绘图”按钮，在菜单中单击“组合”命令。

（7）将此文档保存为“2-6 印章.doc”。

第 12 讲　表格处理

本讲主要内容包括：

- 建立表格
- 调整表格
- 设置表格格式
- 排序与公式计算

12.1　建立表格

12.1.1　插入表格

Word 提供多种方法插入表格，例如插入一个 6 行 6 列的表格，可采用如下方法：

方法一：利用“插入”命令建立表格。操作步骤如下：

（1）将插入点移动到需要插入表格的位置。

（2）选择“表格”菜单→“插入”→“表格”命令，弹出“插入表格”对话框，输入要插入的列数（6）和行数（6），如图 12-1 所示。选择一种“自动调整”操作。如果选择“固定列宽”，可以在“固定列宽”后输入值，默认是按照正文区宽度平分列宽。

（3）单击“确定”按钮。即可插入一个 6 行 6 列的表格，如图 12-2 所示。

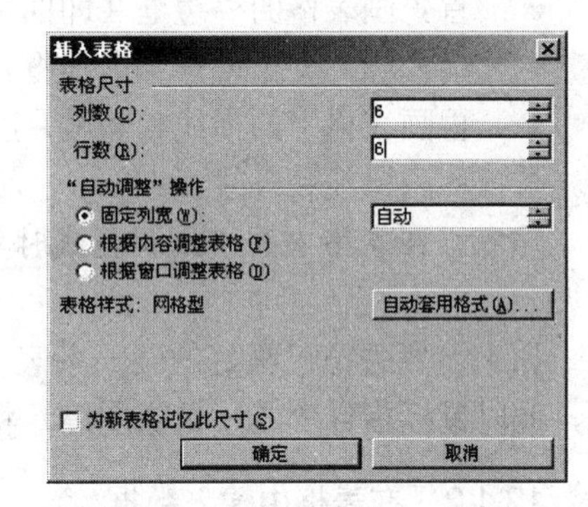

图 12-1　“插入表格”对话框

图 12-2 中表格四周边线本文中称为外边框，其他为内边框。

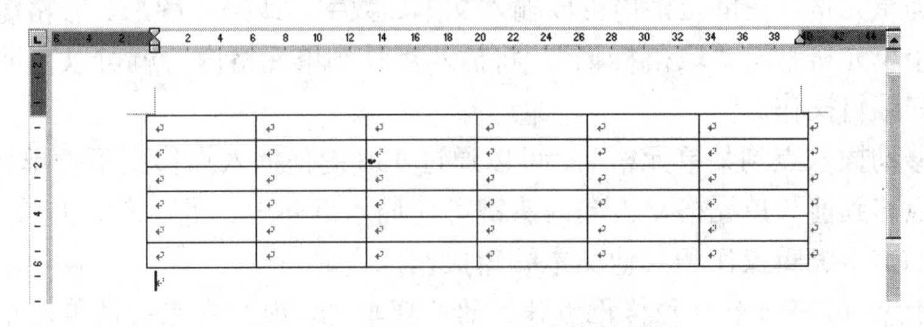

图 12-2　插入 6 行 6 列表格效果图

方法二：利用“插入表格”按钮插入表格。

（1）单击“常用”工具栏上的“插入表格”按钮，按钮下方出现“表格”框。

（2）把鼠标指针移向表格框中，按住鼠标左键并向右下方向拖动，直到选定了所需的行数、列数（比如选择 6 行 6 列，如图 12-3 所示），然后松开鼠标。此时在插入点处将出现一个具有指定行、列数的空表，而表格的行高和列宽是由系统自动生成的。类似于方法一中采用“固定列宽”，列宽“自动”的情况。

方法三：利用“表格和边框”工具栏绘制表格。

（1）选择“表格”菜单→“绘制表格”命令，或者单击“常用”工具栏上的“表格和边框”按钮，系统弹出如图 12-4 所示的“表格和边框”工具栏，此时鼠标指针变成笔形，表示可以利用鼠标手动绘制表格。

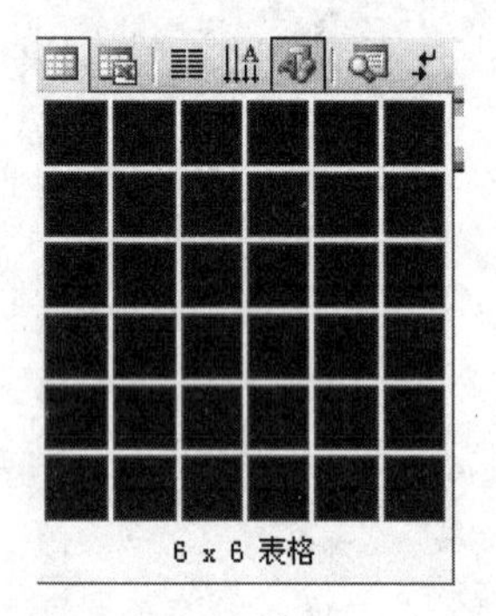

图 12-3 “插入表格”按钮

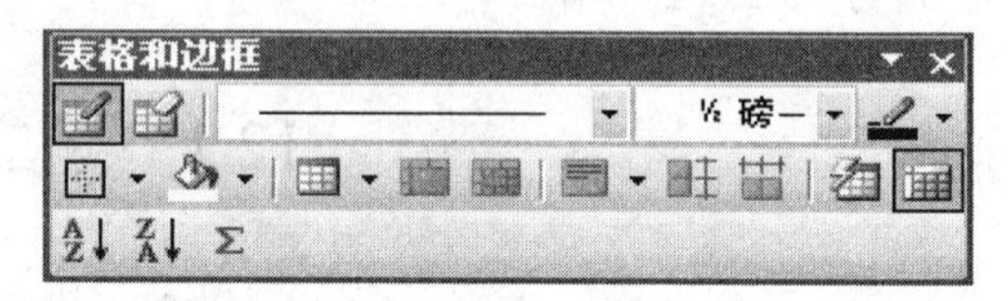

图 12-4 “表格和边框”工具栏

（2）绘制表格步骤为：

- 首先画表格的外边框（即四周边线）：在要绘制表格位置左上角按下鼠标左键同时拖动鼠标，会出现一个虚线框，松开鼠标，虚线框即为表格外边框；
- 再画表格中的横线和竖线，以确定行、列数目。操作方法：在画好的框内，再拖动鼠标画横线和竖线。

注意：在表格中画横线和竖线时要水平或垂直，否则会出现在表格中绘制另一个表格的情况。

如果需要去掉已画好的某一条表格线，可以单击“表格和边框”工具栏上的“擦除”按钮，此时鼠标指针变成一只橡皮擦，将它移到需要删除的表格线上，按下鼠标拖动即可擦除。

12.1.2 在表格中输入数据

如图 12-2 所示是插入的一个 6 行 6 列的表格，由水平的行和竖直的列组成。表格中的每一个小格子称为单元格，在单元格内可以输入文本、数字、或插入图形、表格等。单元格之间相互独立，每个单元格都有“段落标记”，将插入点移到单元格内，就可以在插入点所在单元格中进行输入和编辑操作。

通过单击移动插入点到某单元格后，可以通过 Tab 键使插入点移到下一单元格，Shift+Tab 组合键使插入点移到前一单元格，方向箭头键可使插入点向上、下、左、右移动。

单元格中的文本编辑操作和其他文本编辑操作一样。

注意：由于 Word 将每个单元格视为独立的处理单元，因此在完成该单元格录入后，不能按回车键表示结束，否则会使该表格行高变大。

【例 12.1】制作如图 12-5 所示表格。

操作提示：（1）插入 7 列 4 行的表格；（2）输入表格内容。

姓名		性别		出生年月		
民族		政治面貌		身高		
学制		学历		户籍		
专业		毕业学校				

图 12-5　建立表格举例

12.1.3　文字转换为表格

如果已有文本用统一的分隔符（如逗号、空格、段落标记、Tab 制表等）间隔开来，如图 12-6（a）所示文本是用逗号间隔，则可使用“文字转换成表格”命令转换为表格。

【例 12.2】打开光盘中“Word 素材/第 12 讲/例题/例 12.2.doc”，将文档中所示的文本转化为表格，结果如图 12-6（b）所示。

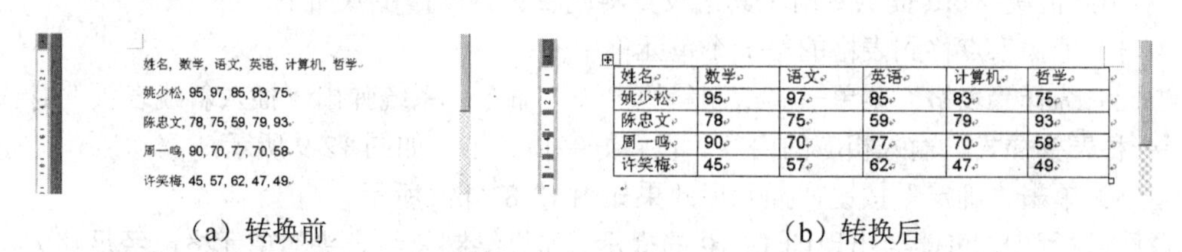

姓名，数学，语文，英语，计算机，哲学
姚少松，95，97，85，83，75
陈忠文，78，75，59，79，93
周一鸣，90，70，77，70，58
许笑梅，45，57，62，47，49

姓名	数学	语文	英语	计算机	哲学
姚少松	95	97	85	83	75
陈忠文	78	75	59	79	93
周一鸣	90	70	77	70	58
许笑梅	45	57	62	47	49

（a）转换前　　（b）转换后

图 12-6　文字转换为表格举例

操作步骤如下：

（1）选定要转换的文字；

（2）选择“表格”菜单→“转换”→“文字转换成表格”命令，系统将弹出“将文字转换成表格”对话框，如图 12-7 所示。在“文字分割位置”下选择转换文字内容中的分隔符，如此例文字是以逗号分割文字，则选择“逗号”分隔符。选择完毕后，Word 可以自动识别表格尺寸（如此例为 6 列 5 行）；

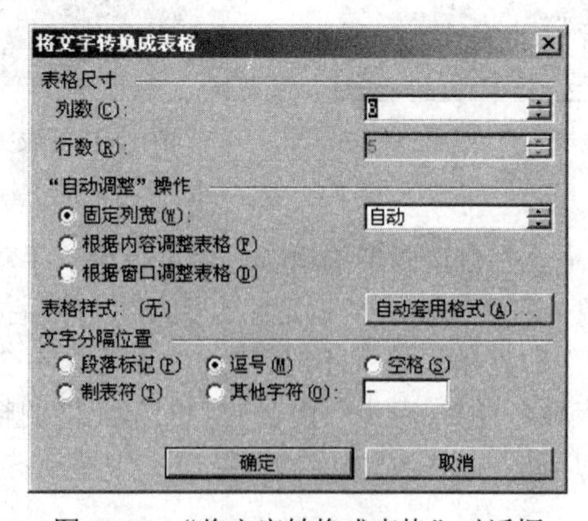

图 12-7　“将文字转换成表格”对话框

（3）单击“确定”按钮。即可转换为表格，转换后如图 12-6（b）所示。

12.1.4　表格斜线表头的绘制

【例 12.3】打开光盘中“Word 素材/第 12 讲/例题/例 12.3.doc”，要在图 12-8（a）所示表

格的第一个单元格中绘制如图 12-8（b）所示的斜线表头。

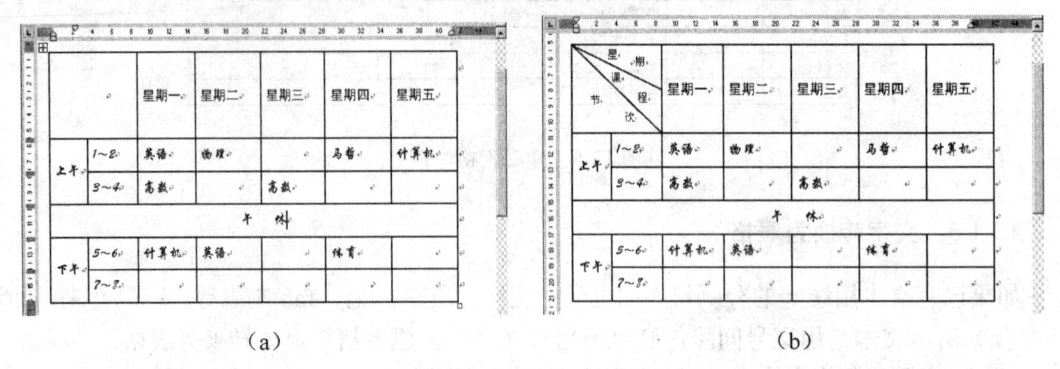

（a）　　　　　　　　　　（b）

图 12-8　斜线表头绘制示例

对于此情况 Word 提供专门工具来设置斜线表头。操作步骤如下：

（1）把插入点移到表格的第一个单元格中；

（2）选择“表格”菜单→“绘制斜线表头”命令，系统弹出“插入斜线表头”对话框，选择一种表头样式、输入相应的内容、设置好字体大小，如图 12-9 所示；

（3）单击“确定”按钮，插入后效果如图 12-8（b）所示。

插入过程中，可能会出现图 12-10 的提示。如果绘制斜线表头的单元格已经足够大，则可以先不用理会，单击“确定”按钮。如果完成第（3）步后，发现有的字无法显示，可以将单元格调大些，然后再重复上面的步骤，也可以在第（2）步中将字体大小调小些。

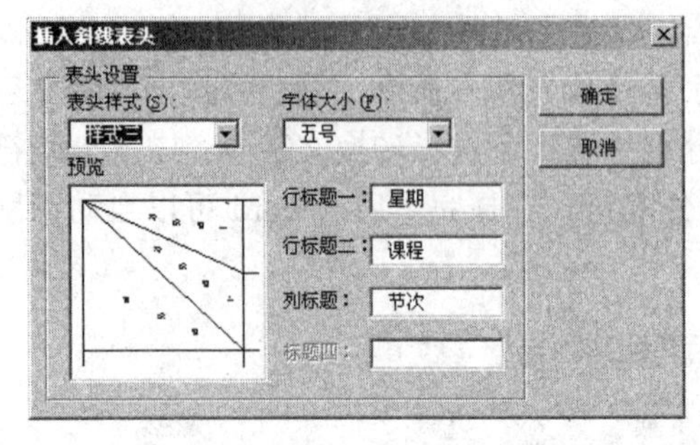

图 12-9　“插入斜线表头”对话框

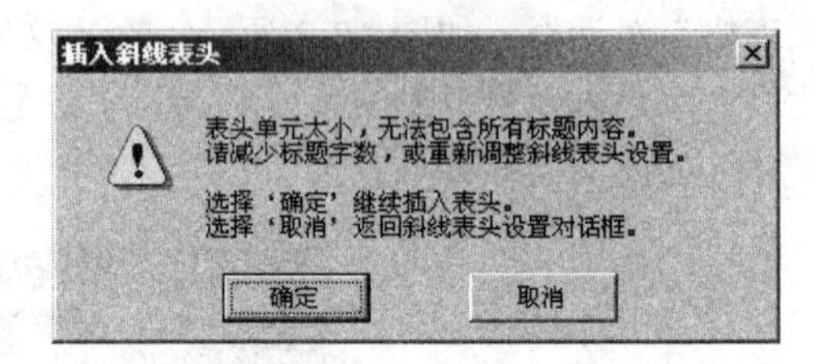

图 12-10　表头单元格太小的提示

说明：

（1）插入的斜线表头是一些自选图形的组合，用户也可以手动插入自选图形再组合，因此删除斜线表头可以通过单击斜线表头（即选定组合图形），然后按 Delete 键即可删除；

（2）调整“斜线表头”所在单元格大小时，“斜线表头”不会随着调整大小，此时可以重复插入“斜线表头”的步骤，“斜线表头”便会随新的单元格调整大小；

（3）修改斜线表头也是重复插入步骤，在步骤（2）中重新选择修改。

12.2　调整表格

12.2.1　选定单元格、行、列或表格

在进行表格编辑之前，一般先选定要编辑的单元格、行、列或者整个表格。

方法一：利用鼠标选定。选定单元格、行、列或整个表格的方法分别如下：

（1）选定单元格。每个单元格左边都有一个选定栏，当把鼠标指针移到该选定栏时，鼠标针形状会变成向右上方实心箭头，此时单击即可选定该单元格。

（2）选定单元格区域。先将鼠标指针移至单元格区域的左上角，按下鼠标左键不放，再拖动到单元格区域的右下角。也可以在（1）的基础上拖动鼠标选定。

（3）选定一行或若干行。将鼠标指针移至行左侧的文档选定栏，单击左键可选定该行。拖动鼠标则可选定多行，也可以选定整个表格。

（4）选定一列或若干列。将鼠标指针移至列的上边界，当鼠标指针变为一个向下实心箭头形状时，单击左键可选定该列，拖动鼠标则可选定多列，也可以选定整个表格。

（5）选定整个表格。当选定所有列或所有行时可选定整个表格。或者单击表格左上角的“移动控点”也可以选定整个表格。

方法二：利用菜单命令选定。操作步骤如下：

（1）把插入点移到要选定某一单元格上；

（2）执行“表格”菜单→“选定”命令，再选择“行”、“列”、“表格”或“单元格”选项，即可选定相应对象。

12.2.2　表格的复制、移动、缩放和删除

在 Word 中，用户可以像处理图形一样，对表格进行复制、移动、缩放或删除等操作。首先要将插入点移动表格任何一个单元格中（即单击表格中任一单元格），此时在表格的左上角会出现一个“移动控点”，在右下方会出现一个“缩放控点”（如图 12-6（b）所示）。此时可进行如下操作：

（1）复制：把鼠标指针移到“移动控点”上，单击可选定整个表格，之后便可使用复制粘贴命令复制表格。

（2）移动：把鼠标指针移到“移动控点”上，当鼠标指针变为十字双头箭头形状时，再拖动鼠标即可移动表格到任意位置。

（3）缩放：把鼠标指针移到“缩放控点”上，当鼠标指针变成斜向的双向箭头形状时，再拖动鼠标，则可调整整个表格的大小。

（4）删除：执行“表格”菜单→“删除”→“删除表格”，即可删除表格。

12.2.3　插入行、列、单元格

（1）插入行、列。

插入行的常用方法如下：

方法一：在某行之前或之后插入若干行。

操作步骤如下：

①在要插入行的位置选定要插入的行数；

②选择“表格”菜单→“插入”命令，再选择相应命令。或者右击菜单，选择“插入行”命令（这种方法插入的行默认在上方）。

注意：选定的行数必须与插入的行数相同，因为此方法插入的行数等于选定的行数。

方法二：在最后一行的下方插入若干行。

①将插入点移到最后一行；

②选择“表格”菜单→“插入”命令，再选“行（在下方）”，系统弹出“插入行”对话框，如图 12-11 所示；

③在“行数”框中选择或键入一个数值；

④单击“确定”按钮，即可在最后一行之后插入输入的行数。

方法三：在某行之后插入一行。

除了使用上述方法以外，还有一个更简单快捷的方法。例如要在最后一行之后插入一行，操作步骤为：首先将插入点移到某行（此例为最后一行）的最后一个段落标记之前，按回车键即可在之后插入一行。

（2）列的插入。

列的插入操作方法，与行的插入操作方法相似，在某列之前（或之后）插入若干列，操作如下：

①选定此列及其右边（或左边）的若干列，注意所选的列数要等于需插入的列数；

②选择“表格”菜单→“插入”命令，再选“列（在左侧）或者列（在左侧）”，即可完成列的插入。

右键菜单中的“插入列”命令是在所选列的左侧插入列。

（3）单元格的插入。

操作步骤如下：

①选定要插入位置的单元格；

②选择“表格”菜单→“插入”→“插入单元格”，会弹出“插入单元格”对话框如图 12-12 所示；

图 12-11 “插入行”对话框

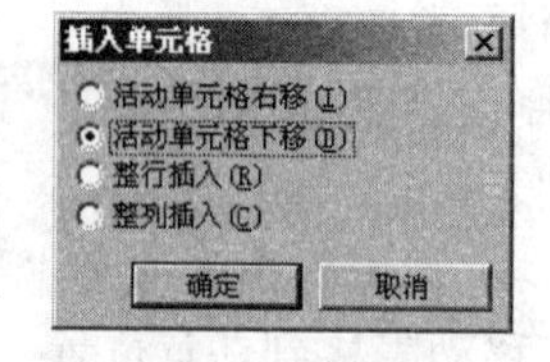

图 12-12 “插入单元格”对话框

③在“插入对话框中”选择一种方式。单击“确定”按钮即可。

注意：插入单元格，如果选择“活动单元格右移”，可能会造成表格在右边多出一些单元格。如图 12-13 所示是选定了第二行的两个单元格，然后插入单元格，“活动单元格右移”的情况。因此插入单元格时要谨慎操作，出错时可单击“撤消”按钮。如果选择整行或整列插入，可以插入选定的行数（在上方）或列数（在左侧）。

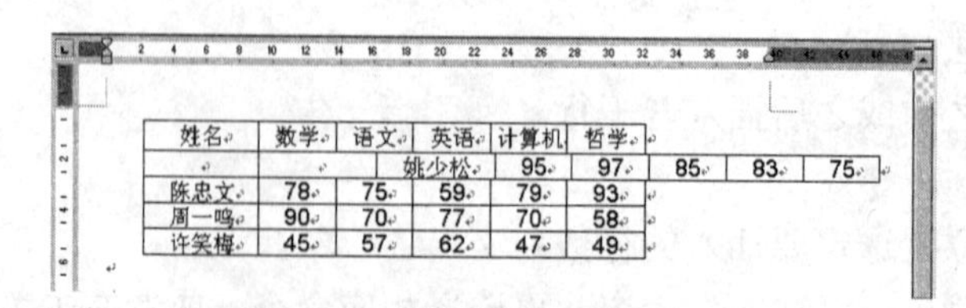

姓名	数学	语文	英语	计算机	哲学			
			姚少松	95	97	85	83	75
陈忠文	78	75	59	79	93			
周一鸣	90	70	77	70	58			
许笑梅	45	57	62	47	49			

图 12-13 插入单元格效果图

12.2.4 行、列、单元格的删除

（1）行（列）的删除，操作步骤如下：

- 选定要删除的行（或列）;
- 选择“表格”菜单→“删除”命令，再选择“行”（或“列”）选项。或者从右键菜单中选择“删除行”（或“删除列”）命令。

注意：如果选定某些行（或列）之后，按 Delete 键，只能删除选定行（或列）中的文本内容，而不能删除所在行（或列）。等同于执行“编辑”菜单→“清除”命令。

（2）单元格的删除，操作步骤如下：

- 选定要删除的单元格；
- 选择“表格”菜单→“删除”命令，再选“单元格”选项。或者从右键菜单中选择“删除单元格”命令。系统会弹出“删除单元格”对话框，根据需要选择，然后单击“确定”按钮。

同样单元格的删除命令也要谨慎使用。

12.2.5 列宽和行高的调整

创建表格后，用户可以根据需要调整表格的列宽和行高，有如下方法：

方法一：精确设置行高（或列宽），即用菜单命令来调整行高（或列宽）。

操作步骤如下：

（1）选定要调整行高的行（或调整列宽的列）;

（2）选择“表格”菜单中的“表格属性”命令，系统弹出“表格属性”对话框；

（3）选择“行”（或“列”）选项卡，再在“指定高度”（或“指定宽度”）框中选择或键入所需行高值（或列宽值）;

（4）单击“确定”按钮。

方法二：随意调整行高（或列宽），即通过拖动鼠标来调整行高（或列宽）。

操作方法如下：

在“页面”视图方式下，将鼠标指针移到表格中行（或列）分隔线上或者标尺上的行 6 ▦ 8 或列 分割处标记，当指针形状变成双向箭头时，按下左键并拖动水平（或垂直）分割线至合适位置，再松开鼠标。

注意：此方法改变列宽时，拖动表格中列分隔线或标尺上的列分割处标记操作效果不同，前者只是改变分割线的位置，不会影响整个表格大小，后者会影响整个表格大小。

12.2.6 单元格的合并与拆分

（1）单元格的合并。

单元格的合并是指将相邻若干个单元格合并为一个单元格。操作步骤如下：

①选定要合并的多个单元格；

②选择“表格”菜单→“合并单元格”命令，即可变成一个单元格。

（2）单元格的拆分。

单元格的拆分是指将一个单元格分割成若干个单元格。操作步骤如下：

①选定要拆分的单元格；

②选择“表格”菜单→“拆分单元格”命令，系统弹出“拆分单元格”对话框；

③在“列数”框和“行数”框中选择或键入要拆分为的“列数”和“行数”值；

④单击“确定”按钮。

12.2.7 表格的拆分与合并

（1）表格的拆分。

表格拆分指将一个表格拆分成上、下两个表格，操作步骤如下：

①将插入点移到作为新表格的第一行；

②选择“表格”菜单中的“拆分表格”命令，即可将表格拆分成两部分。

如果步骤①中插入点在表格的第一行，则执行步骤②后，表格只是下移一行，不会拆分。

（2）表格的合并。

将两个表格之间的段落标记删除（通过 Delete 或 Backspace 键），即可合并表格。

【例 12.4】打开光盘中“Word 素材/第 12 讲/例题/例 12.4.doc”，如图 12-5 所示，然后完成如下操作，设置完毕后，效果如图 12-14 所示。

（1）在表格的最后插入四行，然后在第 7 行第 1 列输入“技能、特长”，第 8 行第 1 列输入“外语等级”，第 8 行第 4 列输入“计算机”；

（2）删除第 5 行和第 6 行；

（3）设置所有行高为 1 厘米，第 2 列和第 4 列列宽为 2 厘米，表格内字体大小为小四号，第 5 行第 1 列单元格内容加粗；

（4）参照图 12-14 合并单元格。

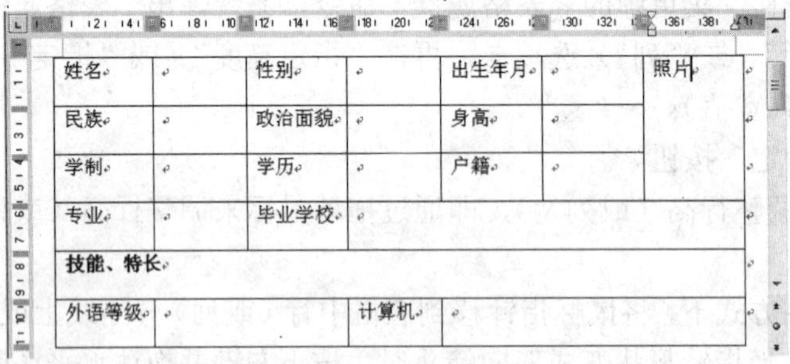

姓名		性别		出生年月		照片
民族		政治面貌		身高		
学制		学历		户籍		
专业		毕业学校				
技能、特长						
外语等级		计算机				

图 12-14 调整表格举例

操作提示：

（1）将插入点移到如图 12-5 所示表格最后一行的末尾，按回车键，重复操作四次。

（2）选定要删除的行，执行右键菜单中的“删除”命令。

（3）选定要设置的行或者列，从右键菜单中选择“表格属性”命令，在“行”和“列”选项卡下分别设置行高和列宽。

（4）选定要合并的单元格，执行右键菜单中的“合并”命令。

12.3 设置表格格式

12.3.1 表格中文本格式设置

表格中文本的字体格式可按照一般字体格式化方法设置。

表格中文本对齐方式的设置有如下方法。

方法一：表格中文本的对齐方式分为水平对齐方式和垂直对齐方式两种。水平对齐方式可按文本段落对齐方法设置。设置垂直对齐方式操作步骤如下：

（1）选定要改变文本垂直对齐方式的单元格；

（2）选择“表格”菜单→“表格属性”命令，系统弹出“表格属性”对话框；

（3）选择“单元格”选项卡，如图 12-15 所示；

（4）在“垂直对齐方式”选项区域中选择一种需要的垂直对齐方式；

（5）单击“确定”按钮。

方法二：通过右键菜单中的“单元格对齐方式”命令设置。

（1）选定要设置对齐方式的单元格；

（2）右击选定的单元格，从右键菜单中选择“单元格对齐方式”命令，再从级联菜单中选择一种需要的对齐方式。

图 12-15　“单元格”选项卡

12.3.2　表格边框和底纹设置

表格中的每个单元格都是独立的，因此可以独立设置每个单元格的边框或底纹，也可以多个单元格一起设置。设置表格边框和底纹的方法如下：

方法一：使用“边框和底纹”对话框设置。

（1）选定要设置边框和底纹的对象（可以是一个或多个单元格或者整个表格）；

（2）选择“格式”→“边框和底纹”命令，系统弹出“边框和底纹”对话框，如图 12-16 所示；

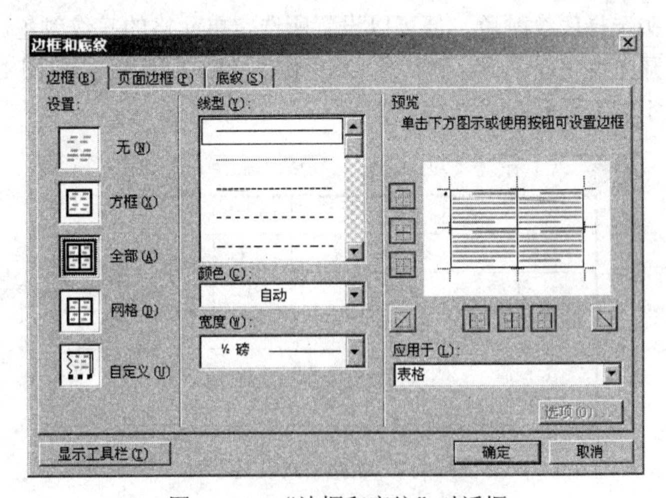

图 12-16　“边框和底纹”对话框

（3）在“边框”选项卡下设置边框，设置步骤如下：

①在“设置”选项下方，选择一种设置方式。其中“无”代表无内外边框（设置好后边框都变为灰色，方便输入内容，但是打印的时候没有边框）；“方框”代表只有外边框；“全部”代表内外边框都有；“网格”代表内外边框都有，和“全部”不同在于，改变线条格式时，只有外边框会随着改变；“自定义”用户可以随意设置边框格式。默认是“全部”；

②设置边框线条属性。首先选择线型，然后再设置线条颜色和宽度。设置好后在右边的预览框中可以看到设置效果。这与步骤①中选择的设置方式有关。若选择“方框”和“网格”则外边框会变成所设置的线条格式，如果选择“全部”，内外边框都会变成所设置的线条格式，如果选择“自定义”，则没有什么变化，此情况下需要用户在右边的预览框中单击要设置的对象（外边框或内边框）。也可以单击预览图旁边的线条按钮，例如单击第一个横线按钮，那么选定表格（单元格）的上边框格式会改为所设置的线条格式。

说明：如果在步骤①中没有选择“自定义”方式，也可以单击预览框中相应的线条，同时设置方式会自动转变为“自定义”。

（4）在“底纹”选项卡下设置底纹：在“填充”选项卡下，设置填充颜色即设置底纹背景色；“图案”框下可以为表格底纹加上预设好样式的图案，颜色可以选择；如果没有选择填充颜色，“图案”的样式框下可以设置不同灰度的底纹；

（5）单击“确定”按钮。

方法二：利用“表格和边框”工具栏设置。

首先显示“表格和边框”工具栏，如图 12-4 所示，然后利用此工具栏便可以设置表格边框和底纹。

（1）设置表格边框步骤如下：

根据需要单击“表格和边框”工具栏中的“线型”按钮 右侧的箭头设置线型，单击“粗细”按钮 ½ 磅 右侧箭头设置线条粗细，单击“边框颜色”按钮 右侧的箭头设置边框颜色。设置为需要的线型、粗细以及颜色等线条格式之后，在表格中重新画要修改格式的横线或竖线，只要是画过的表格横线或竖线都会变为之前所设置的线条格式。

（2）设置表格底纹步骤如下：

在表格中选定要设置底纹的单元格，然后单击“表格和边框”工具栏中的“底纹颜色”按钮 旁边的箭头选择底纹颜色，便可以设置所选定单元格的底纹颜色。

【例 12.5】打开光盘中“Word 素材/第 12 讲/例题/例 12.5.doc”，如图 12-14 所示，完成如下操作，效果如图 12-17 所示。

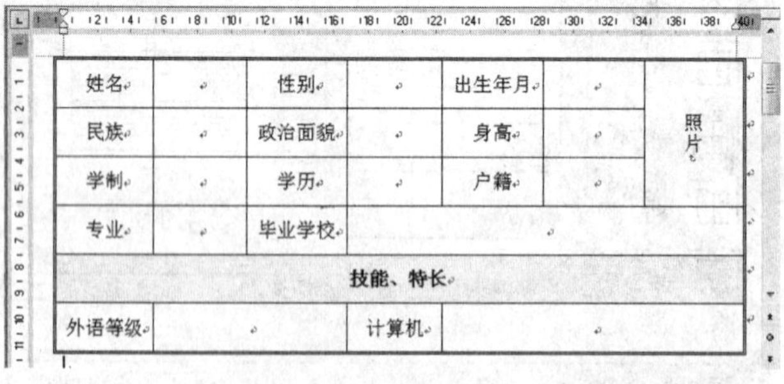

姓名		性别		出生年月		照片
民族		政治面貌		身高		
学制		学历		户籍		
专业		毕业学校				
技能、特长						
外语等级		计算机				

图 12-17　表格格式设置举例

（1）将表格中的所有内容水平垂直居中；

（2）“照片”所在单元格文字方向调整为“竖排”；

（3）表格的外边框为双实线，倒数第 2 行底纹为灰色-5%。

操作提示：

（1）对齐方式：选择表格，然后从右键菜单中的“单元格对齐方式”的子菜单中选择中间那种方式；

（2）文字方向：选择要设置的单元格，右键菜单中选择“文字方向”命令；

（3）选定要设置的对象，从右键菜单中选择“边框和底纹”命令。

12.3.3　表格自动套用格式

Word 提供“表格自动套用格式”命令，用于快速设置表格格式，此命令可以把某些预定义格式应用于表格中，包括字体、边框、底纹、颜色、表格大小等。操作步骤如下：

（1）把插入点移到表格中任意位置；

（2）选择“表格”菜单→“表格自动套用格式”命令，系统弹出“表格自动套用格式”对话框，如图 12-18 所示；

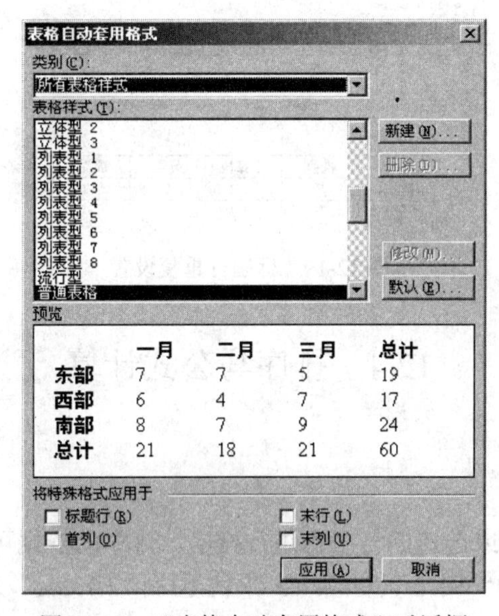

图 12-18　“表格自动套用格式”对话框

（3）在“表格样式”列表框中列出了许多预定义的格式，用户可以选择其中一种，例如选择“立体型 2”。同时可在“预览”框中显示其排版效果；

（4）单击“确定”按钮，即可将表格设置为选定的表格样式。

如果要取消表格自动套用的格式，只需重新在“表格自动套用格式”对话框的“表格样式”列表框中选择“无”选项即可。

12.3.4　表格在页面中的对齐方式及文字环绕方式

表格在页面中的对齐方式及文字环绕方式，都是在“表格菜单”→“表格属性”对话框的“表格”选项卡中设置。

12.3.5　重复表格标题

当一个表格占据多页时，一般需要在后续页的首行重复表格的标题，此时可以利用“标题行重复”命令。操作步骤如下：

（1）选定要作为表格标题的一行或多行文字，其中应包括表格的第一行；

（2）选择“表格”菜单→“标题行重复”命令。

操作完毕后在每页的表格首部都会有步骤（1）中选定的内容。

【例 12.6】打开光盘中“Word 素材/第 12 讲/例题/例 12.6.doc”，为文档中表格的第一行设置标题行重复，效果如图 12-19 所示。

操作提示：

单击表格的第一行，执行“表格”菜单→“标题行重复”命令。

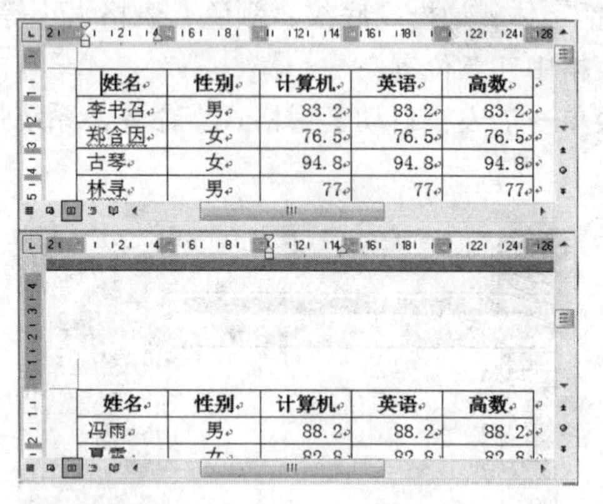

姓名	性别	计算机	英语	高数
李书召	男	83.2	83.2	83.2
郑含因	女	76.5	76.5	76.5
古琴	女	94.8	94.8	94.8
林寻	男	77	77	77

姓名	性别	计算机	英语	高数
冯雨	男	88.2	88.2	88.2

图 12-19　标题行重复设置

12.4　排序与公式计算

12.4.1　排序

Word 能够对整个表格或选定的若干行进行排序，排序的依据可以是字母、数字或日期。

【例 12.7】打开光盘中“Word 素材/第 12 讲/例题/例 12.7.doc”，对文档表格中数据按照“计算机”成绩由高到低排序，如果成绩相同按照姓名（升序）排序。操作步骤如下：

（1）选定要排序的对象：单击表格即可；

（2）执行排序命令：选择“表格”菜单→“排序”命令，系统弹出“排序”对话框；

（3）设置排序方式：在“排序”对话框中设置主关键字为“计算机”（降序）、次关键字为“姓名”（升序）。设置好后如图 12-20 所示；

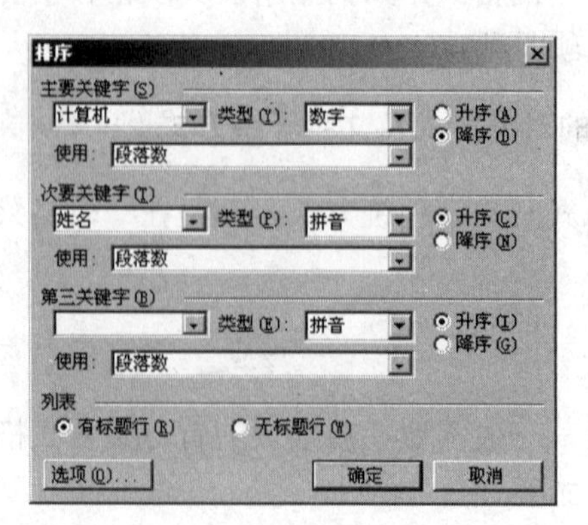

图 12-20　“排序”对话框

（4）单击“确定”按钮。

12.4.2　公式计算

Word 提供计算功能，可以帮助用户对表格中的数据进行计算。比如对于图 12-22（a）表格中的数据，要求计算每个学生平均成绩，或者每门课的平均成绩，都可以用 Word 提供的计算功能。但 Word 毕竟是一个字处理软件，所以只能进行少量的简单计算，对于复杂计算，可用 Excel 完成。

Word 表格中的计算功能是通过在单元格中定义公式来实现的，即单元格值为公式计算的结果。输入公式的方法如下：

（1）单击要插入公式（即存放计算结果）的单元格；

（2）选择“表格”菜单→“公式”命令，系统弹出“公式”对话框，如图 12-21 所示；

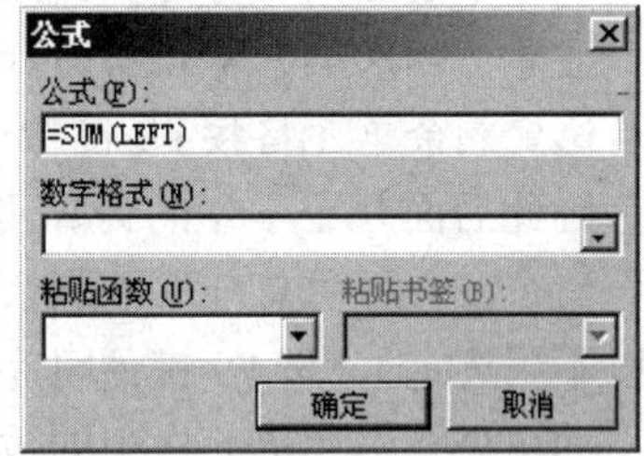

图 12-21　“公式”对话框

（3）“公式”对话框中的“公式”框用于输入公式，“数字格式”下拉列表框可以选择计算结果的显示格式，“粘贴函数”下拉列表框可以将其中的函数直接插入到公式中；

注意：输入公式时必须以等号“=”开头，后跟公式的式子（由单元格编号、函数、运算符组成）。

单元格编号用于表示单元格中的值。通过如下方法确定单元格编号：

单元格的列用字母表示（从 A 开始），行用数字表示（从 1 开始），因此第 1 行第 1 列的单元格编号为 Al，第 2 行第 2 列的单元格编号为 B2，如果是一组相邻的单元格（矩形区域）可用左上角与右下角的单元格编号来表示，如 Al:B2，表示单元格 A1、A2、B1、B2。

Word 还提供 LEFT、RIGHT 和 ABOVE 三个单元格名称，分别表示插入点左边、右边和上边的单元格。

Word 中的函数其实是 Word 提供用于帮助用户计算的预定义的公式，包括求和函数 SUM、求平均值函数 AVERAGE、求最大函数 MAX 等。

（4）公式输入完毕后，单击“确定”按钮。在插入点所在单元格便会显示公式计算结果值。

【例 12.8】打开光盘中“Word 素材/第 12 讲/例题/例 12.8.doc”，如图 12-22（a）所示基础上利用公式计算每个学生成绩的总分和平均分，结果如图 12-22（b）所示。

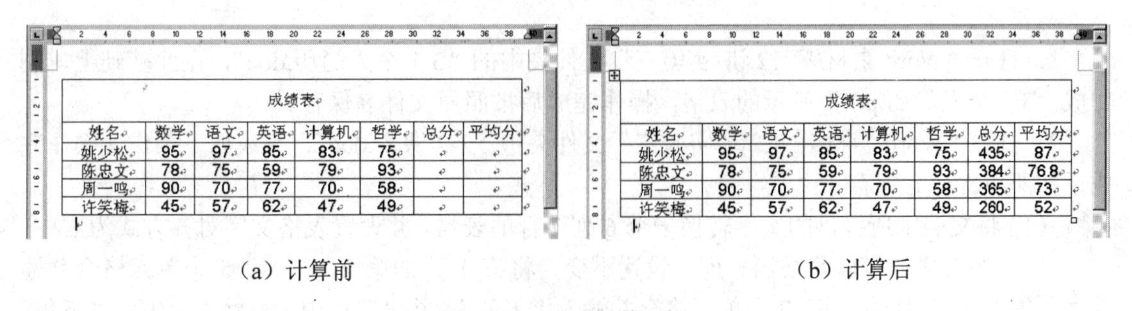

成绩表

姓名	数学	语文	英语	计算机	哲学	总分	平均分
姚少松	95	97	85	83	75		
陈忠文	78	75	59	79	93		
周一鸣	90	70	77	70	58		
许笑梅	45	57	62	47	49		

（a）计算前

成绩表

姓名	数学	语文	英语	计算机	哲学	总分	平均分
姚少松	95	97	85	83	75	435	87
陈忠文	78	75	59	79	93	384	76.8
周一鸣	90	70	77	70	58	365	73
许笑梅	45	57	62	47	49	260	52

（b）计算后

图 12-22　公式计算示例

操作步骤如下：

（1）插入列和行：注意插入列时，由于有合并单元格，用“表格”→“插入”→“列（在右侧）”可能会出错，最好使用“绘制表格”命令，在“哲学”所在列右侧绘制两条竖线，插入列后再调整宽度；

（2）求总分，操作步骤如下：

①单击“总分”单元格下的第一个单元格；

②选择“表格”菜单→“公式”命令，系统弹出“公式”对话框，如图 12-21 所示。公式框中正好是“＝SUM（LEFT）”，代表求插入点所在单元格左侧所有单元格的和，刚好是所要的结果，因此不用修改；

③单击“确定”按钮。

第一个学生的总分计算完成。可以重复以上步骤计算其他学生的总分。

注意：如果剩余单元格的计算公式一样，可以将已完成的计算结果复制到剩余单元格中，然后选定剩余单元格按 F9 键即可完成剩余计算。

因此后面几个学生的计算可以采用此方法，首先选定总分下的第一个单元格，执行“复制”命令，选择“总分”下剩余单元格，执行“粘贴”命令（此时这些单元格处于选定状态，所以不用选定），按 F9 键便可完成剩余学生的总分计算。

如果公式引用单元格中的数据改变需更新结果，也只需选定存放结果单元格，按 F9 键。

（3）求平均分，操作步骤如下：

①单击“平均分”单元格下的第一个单元格；

②选择“表格”菜单→“公式”命令，系统弹出“公式”对话框。公式框中不能输入“＝AVERAGE（LEFT）”来计算，这代表求插入点所在单元格左侧所有单元格的平均值，因此会把总分也算进去。此处公式应为“＝AVERAGE（B3:F3）”；

③单击“确定”按钮。

第一个学生的平均分计算完成。可以重复以上步骤计算其他学生的平均分。注意公式中单元格的引用名必须改变。计算结果如图 12-22（b）所示。

12.5 Word 操作演示三（表格）

制作如光盘“Word 素材/第 12 讲/操作演示三.pdf”文档所示表格。

12.6 Word 实验三（表格）

1．打开“Word 素材/第 12 讲/实验三”文件夹中的“3-1 个人简历.doc”，在此基础上，制作成“3-1 个人简历.pdf”所示的表格，操作完成后按照原文件名保存。

2．打开“Word 素材/第 12 讲/实验三”文件夹中“3-2 课表.doc”，完成如下操作，操作完成后按照原文件名保存。

（1）将文档中所提供的文字转换一个 6 列 7 行的表格，并设置表格文字对齐方式为居中；

（2）在表格的最前面增加一列，设置不变，将第 1 列的第 2、3、4、5 个单元格合并输入“上午”，第 2 列的第 6、7 个单元格合并输入“下午”，并设置居中，再将“上午”、“下午”所在单元格设置为红色底纹；

（3）表格内实单线设置成 0.75 磅实线，外框实单线设置成 1.5 磅实线。

（4）设置第一行行高为 2 厘米，将第 1 行的第 1 个和第 2 个单元格合并，并绘制斜线表头，表头样式为样式三，行标题 1 为“星期”，行标题 2 为“课程”，列标题为“时间”。

3．打开“Word 素材/第 12 讲/实验三”文件夹中“3-3 工资表.doc”，完成如下操作，操作完成后按照原文件名保存。

（1）在表格前面插入文本内容“×××单位工资表”，并设置格式为黑体、三号、居中，3 倍行距；

（2）在表格的最右侧插入一列，并在此列的第 1 行中输入文本“合计”；

（3）利用 Word 提供的公式，计算每个员工工资的合计项，并按照合计项由高到低排序；

（4）将表格的第一行设为“标题行重复”；

（5）将表格居中显示，表格中所有单元格的对其方式为“上下左右居中”。

4．按照“Word 素材/第 12 讲/实验三”文件夹中 3-4 反馈意见表.jpg”制作一个表格，并保存为“3-4 反馈意见表.doc”。

5．按照“Word 素材/第 12 讲/实验三”文件夹中“3-5 日程安排表.jpg”制作一个表格，并保存为“3-5 日程安排表.doc”。

6．打开光盘中“Word 素材/第 12 讲/实验三”文件夹中“3-6 WDT.doc”，按照要求完成下列操作并以文件名（3-6WDT.doc）保存文档。

（1）将文档中所提供的表格设置成文字对齐方式为垂直居中，水平对齐方式为左对齐，将“总计”单元格设置成蓝色底纹填充。

（2）在表格的最后增加一列，设置不变，列标题为“总学分”，计算各学年的总学分（总学分=（理论教学学时+实践教学学时）/2），将计算结果插入相应单元格内，再计算四学年的学分总计，插入到第 4 列第 6 行单元格内。

7．在光盘中“Word 素材/第 12 讲/实验三”文件夹下打开文档“3-7WDT.doc”，按照要求完成下列操作并以该文件名（3-7WDT.doc）保存文档。

（1）将文档中最后四行文字转换成一个 4 行 5 列的表格，设置表格列宽为 2.4 厘米，行高自动设置。

（2）将表格边框线设置成实线 1.5 磅，表内线为实线 0.75 磅，第 1 行加红色底纹，并以原文件名保存文档。

8．在光盘中“Word 素材/第 12 讲/实验三”文件夹下打开文档“3-8WDT.doc”，按照要求完成下列操作并以原文件名保存文档。

（1）将文档中 6 行文字转换成一个 6 行 3 列的表格，再将表格设置文字垂直对齐方式为居中，水平对齐方式为右对齐。

（2）将表格第 1 行的单元格设置成绿色底纹，再将表格内容按“商品单价”的递减次序进行排序。

第 13 讲　Word 2003 其他功能

本讲的主要内容包括：

- 大纲视图
- 样式
- 目录的生成
- 邮件合并

- 文档模板
- 分隔符
- 书签与超链接
- 脚注、尾注、题注
- 审阅修订和批注
- 打印文档

13.1 大纲视图

Word 提供的大纲视图，可以把文档组织成多层次的文本结构，方便用户编辑文档。例如编辑一本书，随着章节内容的增多，要查找某一项内容时就比较费时，此时就可用此功能对文档进行整体编辑排版。下面通过例子演示大纲视图的功能及应用。

【例 13.1】打开光盘中“Word 素材/第 13 讲/例题/例 13.1.doc”，设置文档内容的大纲级别，“章标题”为 1 级，“节标题”为 2 级，“小节标题”为 3 级。设置好后只显示级别 1～3 的内容。

操作步骤如下：

（1）切换到大纲视图：选择“视图”→“大纲”命令，切换到大纲视图并出现“大纲”工具栏，如图 13-1 所示；

图 13-1 “大纲”工具栏

（2）设置“章标题”“节标题”“小节标题”的级别为 1 级，操作步骤如下：

- 选择章标题；
- 从“级别列表”中选择“1 级”。

类似的，重复上述步骤设置“节标题”“小节标题”的级别。大纲的级别也可在“格式”菜单→“段落”对话框中设置。

（3）设置显示级别 1~3：从“显示级别列表”中选择“显示级别 3”。结果如图 13-2 所示。

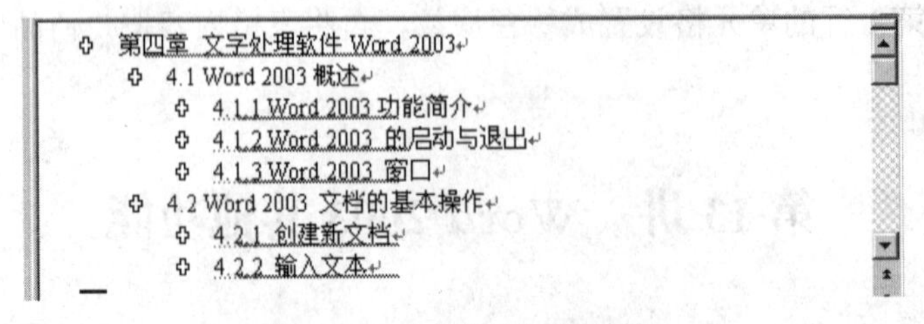

图 13-2 大纲级别示例效果

可见在“显示级别列表”中选择“显示级别 3”则只显示级别 1~3 的内容，隐藏其他内容。单击某级别前的加号，可以选择此级别，然后单击展开按钮 ，可以显示此级别下的所有内容。

可见大纲视图功能可以为用户对长文档的编辑排版工作提供方便，此外在大纲视图中设置好级别之后，可以通过“视图”→“文档结构图”，在窗口的左侧显示文档结构，如图 13-3

所示。此时窗口右侧则可切换到不同的视图，如切换到“页面”视图编辑文档，而左侧的文档结构图可用于切换右侧文档的编辑位置。

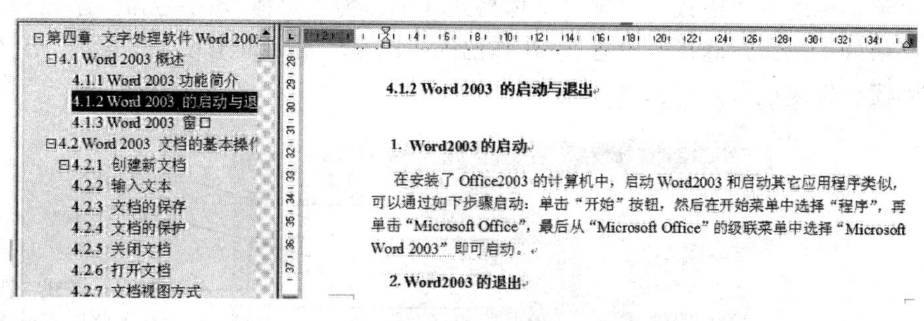

图 13-3　文档结构图示例

13.2　样式

样式是用样式名保存的一组预先设置好的格式，包括字体格式、段落格式、边框等。对于定义好的样式，可以在文档中对选定的文本直接套用。如果修改了样式的格式，则文档中所有应用该样式的段落或文本块的格式将自动随之改变。

文本的样式有两种类型，即字符样式和段落样式。字符样式用来定义字符的格式，如字体、字形、字号、字间距等，不能定义段落格式；段落样式中除可以定义各种字符格式外，还可以定义段落的格式，如缩进、对齐方式、行间距等。

13.2.1　Word 内置样式

Word 提供许多已定义好的样式，即内置样式，如“标题 1”、“标题 2”、“标题 3”等，用户可以直接将这些样式应用到自己的文档中。操作步骤为：先选定要应用样式的文本，再从“格式”工具栏上的“样式”下拉列表框（位于字体下拉框的左侧，如图 13-4 所示）中选择所需的样式名，则选定文本的格式就会变为所选择的样式。

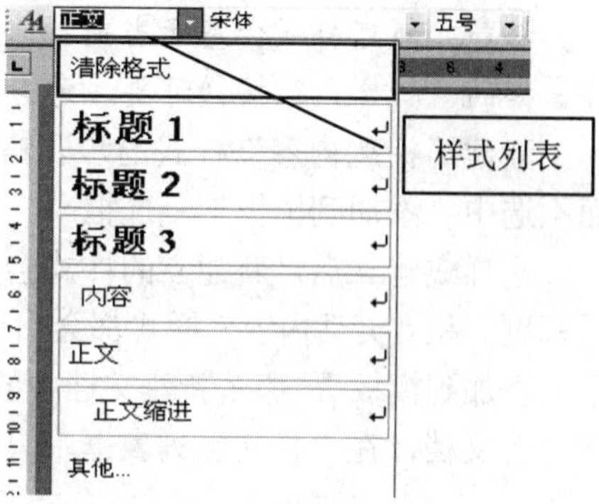

图 13-4　样式列表框

13.2.2　创建新样式

如果在 Word 内置样式中没有所需要的样式，用户可以自己创建新样式。

【例 13.2】打开光盘中“Word 素材/第 13 讲/例题/例 13.2.doc”，在此文档中创建一个“笑话标题”样式，要求为段落样式：字体格式为：黑体、小三，段落格式为：段前 1.5 行，要求“添加至模板”。新建“笑话内容”样式：字体格式为：楷体、小四，段落格式为：行间距 1.5 行，要求“自动更新”。

新建“笑话标题”样式操作步骤如下：

①单击“格式”菜单→“样式和格式”命令，在 Word 窗口右侧出现“格式和样式”任务窗格；

②单击任务窗格中的“新样式”按钮，系统将弹出“新建样式”对话框；

③设置“新建样式”对话框，如图 13-5 所示。“属性”设置：“名称”文本框中输入“笑话标题”；“样式类型”选择“段落”；“样式基于”采用默认值“文本”；“后续段落样式”也选择默认值“笑话标题”；“格式”设置：字体格式（字体为“黑体”，字号为“小三”）、段落格式（单击“格式”按钮，选择“段落”，在弹出的“段落”对话框中设置“段前 1.5 行”）；选中“添加到模板”复选框；

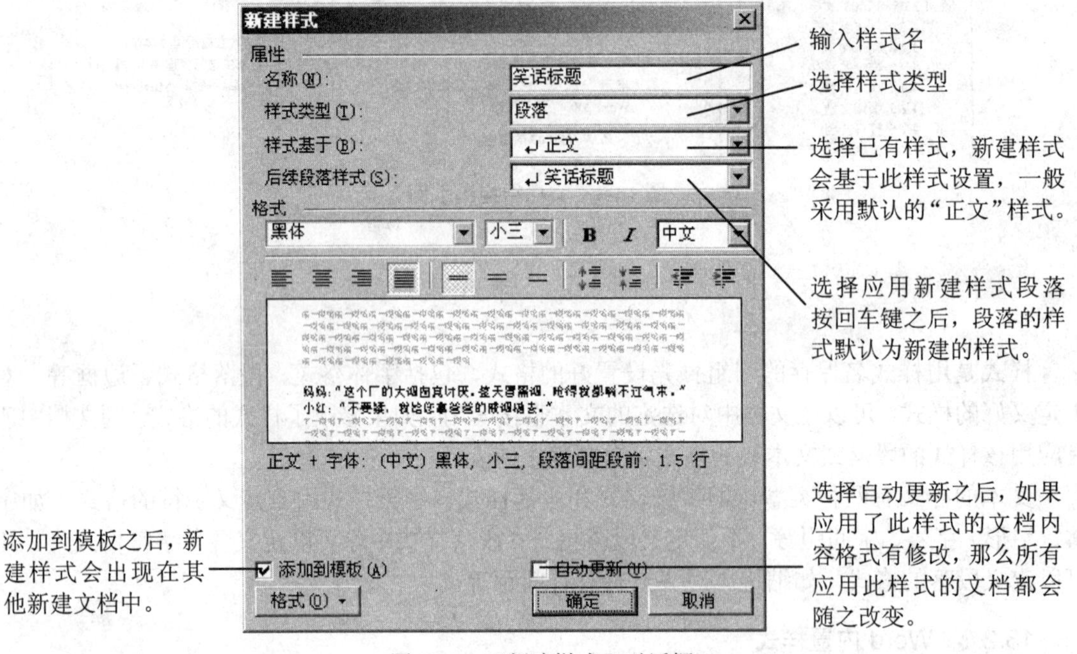

图 13-5 “新建样式”对话框

④单击“新建样式”对话框中的“确定”按钮。

注意：新建样式会基于当前插入点位置的段落/字体格式，因此在单击“格式和样式”任务窗格的“新样式”按钮时要注意当前插入点位置的段落/字体格式。

新建“标题内容”样式的步骤略。注意“标题内容”样式要选中“自动更新”复选框，而不选中“添加到模板”复选框。

新样式建立后，新建立的样式会出现在“样式”列表框中。如例 13.2 新建立的样式“笑话标题”和“笑话内容”样式都会出现在当前文档的“样式”列表框中。建立的样式如果选中了“添加到模板”，那么新建文档中的“样式”列表框中也会有此样式。如在例 13.2 基础上新建一个文档，在“样式”列表框中只有“笑话标题”样式，但没有“笑话内容”样式。

13.2.3 应用样式

创建一个样式后，可以应用它来对其他段落或文本块进行格式化。

【例 13.3】在例 13.2 基础上，继续利用已建立的“笑话标题”和“笑话内容”样式，分别对文档中所有的“笑话标题”和“笑话内容”文本进行格式化处理。

设置笑话标题操作步骤如下：

①选定要设置的段落；如果要同时选定，则结合 Ctrl 键完成，也可每段分别设置。

②单击“格式”工具栏上的“样式”框右端的向下箭头，从列表中选择“笑话标题”样

式。也可以单击“样式和格式”任务窗格中的“笑话标题”样式。

此时被选定的段落就会自动设置为“笑话标题”样式中定义的格式。若步骤①只选择了一个笑话标题，则需再重复上述步骤，完成其他笑话标题的设置。

设置笑话内容格式的操作步骤同上。

如果在例 13.3 的基础上分别将第一个笑话标题和内容改为红色字体，会发现应用“笑话内容”样式的所有文本都会随第一个笑话内容变为红色而都变为红色，其他应用“笑话标题”样式的文本都不改变，这就是设置样式时是否选择“自动更新”的区别。如果确实只想修改第一个笑话内容为红色，其他不变，可以修改第一个笑话内容的颜色之后，单击常用工具栏“撤消”按钮撤消，其他笑话内容便会恢复到前一格式状态。

13.2.4 修改样式

新建的样式可以再修改。例如在例 13.3 设置好后，要求重新把每个标题的字体改为“幼圆”加粗，仍为段前 1.5 行。如果没有设置样式就需要对每个标题都重新再设置一遍。但由于前面已设置样式，因此只需修改“笑话标题”样式。操作步骤如下：

①选择“格式”菜单→“样式和格式”命令，在 Word 窗口右侧出现“格式和样式”的任务窗格；

②鼠标移到“格式和样式”的任务窗格“笑话标题”，右侧会出现一个箭头，单击箭头，选择“修改”命令；

③在弹出的“修改样式”对话框中，将此样式修改为要求的格式。然后单击对话框中“确定”按钮。

修改完毕后，文档中所有应用了“笑话标题”样式的文档内容都将随之改变。可见样式应用的确可以节约时间。

13.2.5 删除样式和清除样式

（1）删除样式。Word 不允许删除内置样式，但对于自定义样式可按照下列操作步骤将其删除：

①选择“格式”菜单→“样式和格式”命令，在 Word 窗口右侧出现“格式和样式”的任务窗格；

②鼠标移到“格式和样式”的任务窗格“笑话标题”，右侧会出现一个箭头，单击箭头，选择“删除”命令；

③系统弹出一个“是否删除...样式”的对话框，单击“是”按钮。

注意：如果文档中有文本应用了删除的样式，那么该文本应用样式的格式将消失，变为正文样式。

（2）清除样式。如果要清除文本所应用的样式时，可在选定文本之后单击“格式”工具栏“样式列表框”中“清除样式”选项，则文本回到“正文”样式，也可从“样式列表框”中选择“正文”样式清除。

13.3 目录自动生成

在编排比较长的文档时，有时需要为文档建立一个目录。手动生成目录比较费时，而且如果文档内容有更新，再更新目录也比较麻烦，因此 Word 提供了自动生成目录功能。

13.3.1 插入目录

Word 中目录的生成需基于已经建立的样式或者大纲级别。详细步骤如下：

（1）插入目录。操作步骤如下：

①将插入点移到要插入目录的位置；

②为要插入目录中的文本内容应用样式（可以是内置样式或者自定义样式）；

③选择“插入”菜单→“应用”→“索引和目录”命令，在系统弹出的对话框中选择“目录”选项卡，如图 13-6 所示；

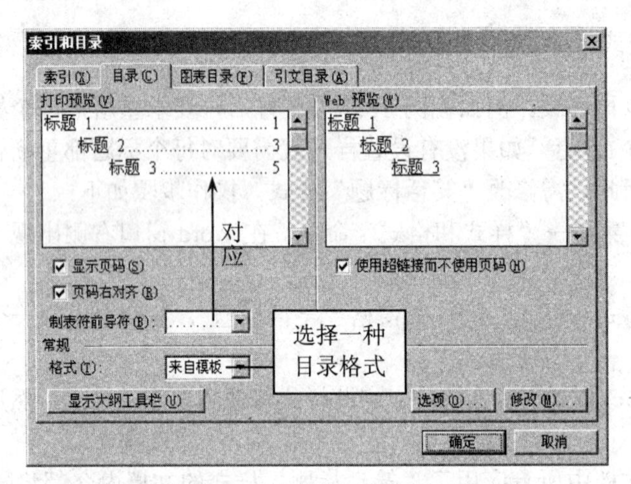

图 13-6 “索引和目录”对话框

④按提示设置好要插入目录的格式；

⑤设置目录选项，即选择要插入目录中的文本样式，默认是：“标题 1”作为一级目录，“标题 2”作为二级目录，“标题 3”作为三级目录，总共三个级别。如果要修改，单击“选项”按钮，在要作为目录内容文本所采用的样式后面写入一个数字，比如是一级目录就写“1”，二级目录就写“2”，依次类推，不作为目录内容的样式后面的数字删除，如图 13-7 所示，设置完毕之后单击“目录选项”对话框的“确定”按钮；

⑥ 单击“索引和目录”对话框的确定按钮。

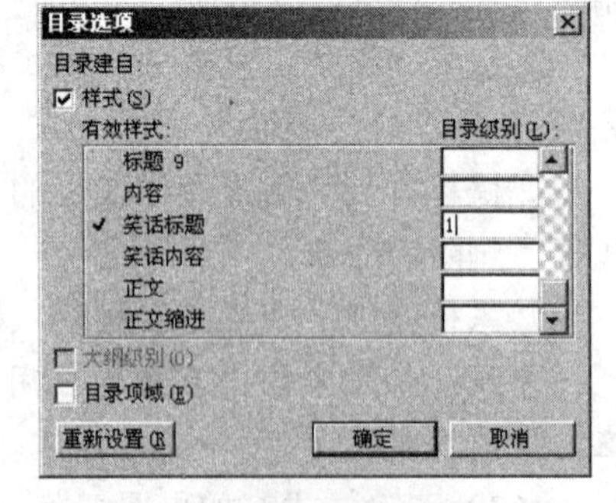

图 13-7 “目录选项”对话框

操作完毕后，目录就会自动插入到文档插入点所在位置。如果出现“错误！未找到目录项！”则可能是因为在步骤②中没有设置任何样式，或者在步骤⑤中没有设置好目录选项。

【例 13.4】为例 13.3 生成的文档（即光盘中“Word 素材/第 13 讲/例题/例 13.4.doc”,）的标题之后插入目录，目录中只包含每个笑话标题。

操作步骤如下：

①将插入点移动到文档最前面；

②为要插入到目录中的文本内容应用样式：在例 13.3 中已经完成，即已经为每个笑话标

题应用了“笑话标题”样式。

③选择“插入”菜单→“应用”→“索引和目录”命令，如图 13-6 所示，目录样式采用默认，所以不设置；

④设置目录选项。单击“选项”按钮，在弹出的“目录选项”对话框中有效样式下的“笑话标题”样式后输入 1，如图 13-7 所示。去掉标题 1，标题 2，标题 3 后的数字，单击“目录选项”对话框的“确定”按钮；

⑤单击“索引和目录”对话框的“确定”按钮。

目录生成后如图 13-8 所示。

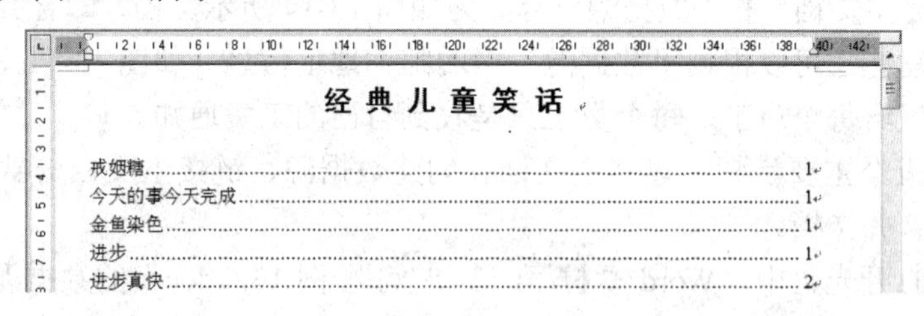

经典儿童笑话

戒烟糖……1
今天的事今天完成……1
金鱼染色……1
进步……1
进步真快……2

图 13-8　插入目录后效果

基于已经建立好的大纲级别插入目录步骤和基于样式方法类似。只是在图 13-9 中选择“大纲级别”，也可两者同时结合使用。

【例 13.5】在例 13.1（文档位于光盘中“Word 素材/第 13 讲/例题/例 13.5.doc”,）基础上插入目录，插入后效果如图 13-9 所示。

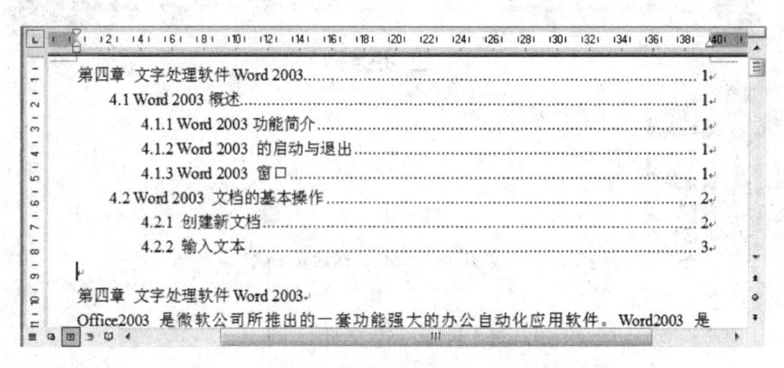

第四章　文字处理软件 Word 2003……1
4.1 Word 2003 概述……1
4.1.1 Word 2003 功能简介……1
4.1.2 Word 2003 的启动与退出……1
4.1.3 Word 2003 窗口……1
4.2 Word 2003 文档的基本操作……2
4.2.1 创建新文档……2
4.2.2 输入文本……3

第四章　文字处理软件 Word 2003
Office2003 是微软公司所推出的一套功能强大的办公自动化应用软件。Word2003 是

图 13-9　基于大纲级别插入目录后效果

操作提示：

选择“插入”→“引用”→“索引和目录”，在弹出的对话框中，选择“目录”选项卡，然后单击“选项”按钮，在弹出对话框（如图 13-7 所示）中的“大纲级别”前打钩。单击“确定”完成目录插入。

注意：此例题是在例 13.1 基础上完成的，即已经对需做目录的文本插入了大纲级别，若没有对任何文本设置大纲级别，则会出现如图 13-7 所示“大纲级别”灰色显示，无法选中。

13.3.2　更新目录

如果文档中又增加新的内容，需要插入目录，只要将对应级别的样式或者大纲级别应用到要作为目录的文本，然后右击目录，在右键菜单中选择“更新域”命令，在弹出的对话框中选择“更新整个目录”(如果只有页码改变，可以选择“只更新页码”)，然后单击“确定”按钮。

13.4 邮件合并

邮件合并是 Word 为了提高用户工作效率而提供的一种功能。比如公司每个月要给每个部门员工发工资信息通知，通知文档内容大部分相同（相同的部分称为“主文档”），如图 13-10 所示。不同的部分如部门名称、姓名、工资等每项内容的值可以提取出来（可变部分称为“数据源”），如图 13-11 所示，表格中第一行标题每一项在邮件合并中称为“合并域”。通过邮件合并功能可以将“主文档”和“数据源”合并为如图 13-14 所示文档，即合并生成了每个员工的工资通知。此功能还可以根据“数据源”中的邮件地址信息（如图 13-11 表中的 Email 列）将工资通知分别发给每个员工，每个员工只是收到自己的工资通知。

邮件合并有五个主要步骤：建立主文档、创建数据源、链接主文档与数据源、在主文档中插入合并域、合并文档。

【例 13.6】打开光盘中“Word 素材/第 13 讲/例题/例 13.6.doc”的数据源，如图 13-11 所示。使用邮件合并功能，利用图 13-11 的数据生成每位员工的工资通知单。

方法一：手动合并。

（1）建立主文档。建立主文档很简单，就是新建一个 Word 文档，输入最后合并文档中的相同部分，并保存起来。此例建立好的主文档如图 13-10 所示。

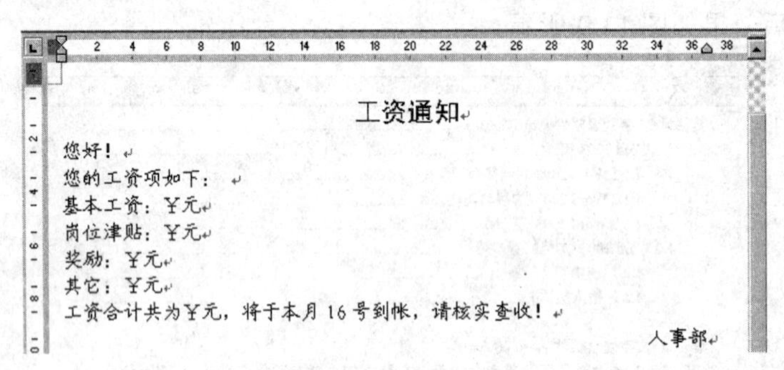

工资通知

您好！

您的工资项如下：

基本工资：￥元

岗位津贴：￥元

奖励：￥元

其它：￥元

工资合计共为￥元，将于本月 16 号到帐，请核实查收！

人事部

图 13-10 主文档示例

（2）创建数据源。创建数据源只需要在新的文档中建立一个表格，并输入内容。要求在表格的前面不能有任何内容。本例已提供数据源，如图 13-11 所示。

部门	姓名	工资月份	基本工资	岗位津贴	奖励	其它	合计	Email
技术部	李华文	2007年8月	1500	1800	300	150	3750	lhw@163.com
技术部	林宋权	2007年8月	1400	1050	250	100	2800	lsq@163.com
技术部	高玉成	2007年8月	1450	1400	150	100	3100	gyc@163.com
市场部	陈青	2007年8月	1650	2000	350	200	4200	cq@163.com
市场部	李忠	2007年8月	1400	1200	250	100	2950	lz@163.com
市场部	陈雨	2007年8月	1250	1500	150	100	3000	cy@163.com
市场部	赵青	2007年8月	1350	1400	180	100	3030	zq@163.com

图 13-11 数据源示例

注意：第一行的内容主要用于标记每列，为“合并域”的名称。数据源也可以是 Excel 表格。

（3）链接主文档与数据源。首先显示“邮件合并”工具栏，在“邮件合并”工具栏中单击“打开数据源”按钮，系统弹出“选取数据源”对话框，在此对话框中选择已建立的数据源（位于光盘中“Word 素材/第 13 讲/例题/例 13.6.doc”），然后单击“打开”按钮。

（4）在主文档中插入合并域。插入合并域“部门”的步骤如下：

①将鼠标插入点移动到要插入“合并域”的位置，此例中将鼠标插入点移到“您好！”的前面；

②单击“插入”域按钮，系统弹出“插入合并域”对话框，如图 13-12 所示；

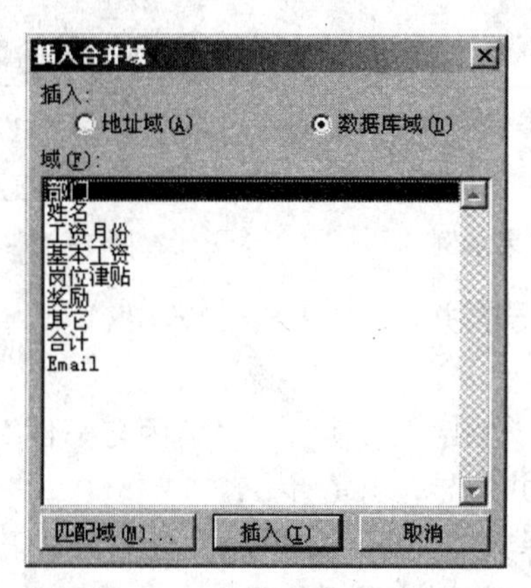

图 13-12　“插入合并域”对话框

③选择要插入的合并域，然后单击“插入”按钮。此例在“域”框中选择“部门”，然后单击“插入”按钮。

通过以上步骤插入了“部门”域，采用同样方法插入其他合并域。插入后结果如图 13-13 所示。

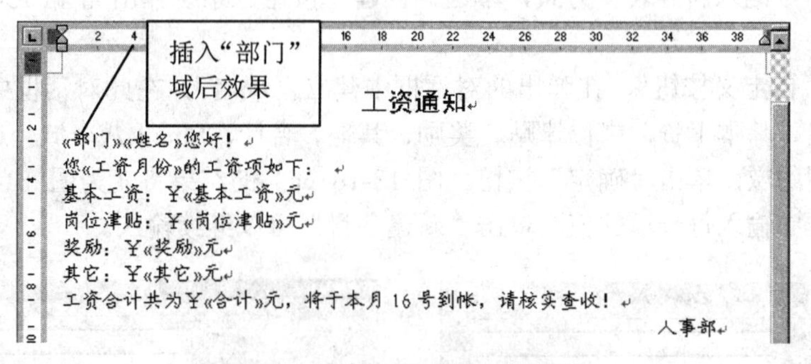

图 13-13　插入合并域后效果图

（5）合并文档。单击合并按钮可以合并文档。“合并到新文档”按钮可将文档结果合并到一个新的文档当中，合并结果如图 13-14 所示。“合并到打印机”按钮可将合并结果直接打印输出。

如果需要将合并后每人的工资信息用邮件方式分别发给员工，就单击“合并到电子邮件”按钮，系统将弹出如图 13-15 所示的对话框，“收件人”文本框中选择含有 Email 地址的域，此例选“Email”，根据需要选择邮件格式，此例选择“附件”，单击“确定”按钮。但要求设置有 OutLook 账号，此时 Word 就会自动调用 OutLook，根据 Email 域中的邮件地址逐个给每个人以“附件”形式发送每个员工自己的工资信息。

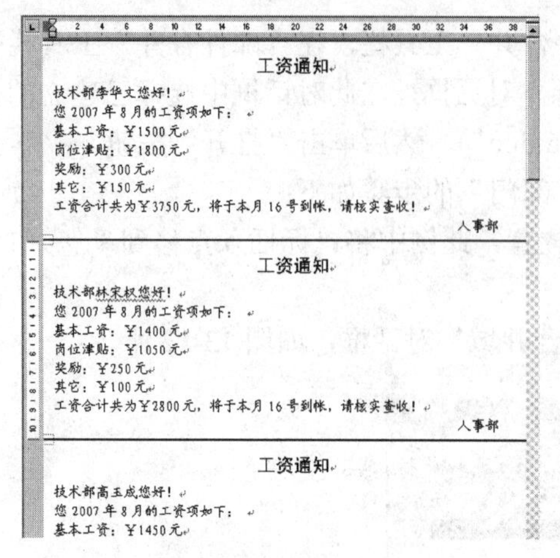
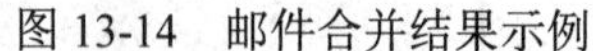

工资通知

技术部李华文您好！
您2007年8月的工资项如下：
基本工资：¥1500元
岗位津贴：¥1800元
奖励：¥300元
其它：¥150元
工资合计共为¥3750元，将于本月16号到帐，请核实查收！
人事部

工资通知

技术部林宋权您好！
您2007年8月的工资项如下：
基本工资：¥1400元
岗位津贴：¥1050元
奖励：¥250元
其它：¥100元
工资合计共为¥2800元，将于本月16号到帐，请核实查收！
人事部

工资通知

技术部高玉成您好！
您2007年8月的工资项如下：
基本工资：¥1450元

图 13-14 邮件合并结果示例

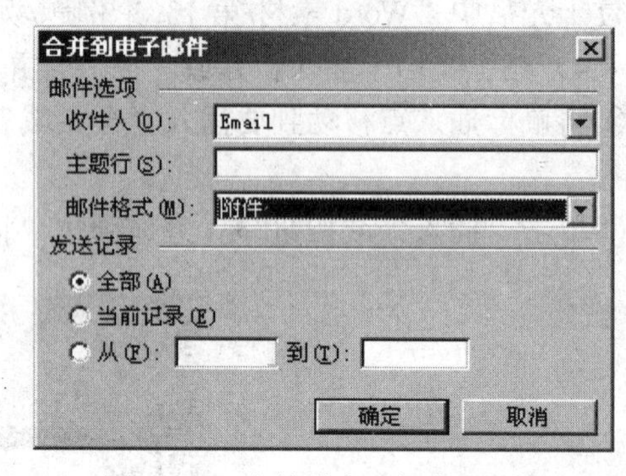

图 13-15 合并到电子邮件对话框

方法二：通过邮件合并向导合并。

操作步骤如下：

（1）新建一个空白文档，单击“工具”→“信函与邮件”→“邮件合并”，系统将弹出“邮件合并”任务窗格，即合并向导，共6步；

（2）在向导步骤1中选择文档类型，如果最后合并到电子邮件，此步骤中就要选择“电子邮件”。然后单击“下一步”，此例选择“信函”；

（3）选择开始文档，根据设置主文档需要选择一种方式，此例选择“使用当前文档”，并在当前文档中输入“主文档”中的具体内容，如图13-10所示内容，然后单击“下一步”；

（4）选取收件人，如果已经建立好数据源，则选择“使用现有列表”方式，然后单击“浏览”从光盘中选择数据源，也可以从OutLook联系人中选择。如果没有建立，也可以在此步骤中建立，选择“键入新列表”方式，单击“创建”按钮，系统弹出如图13-16（a）所示对话框；

首先单击“自定义按钮”，在弹出的对话框中建立“域名”，在此对话框中通过“添加”建立部门、姓名、基本工资、岗位津贴、奖励、其他、合计、Email八个域，通过“删除”按钮删除其他无用的域，单击“确定”按钮。图13-16（a）的结果将变为图13-16（b）所示结果，在此对话框中输入每一项的值，单击“新建条目”可以继续输入。

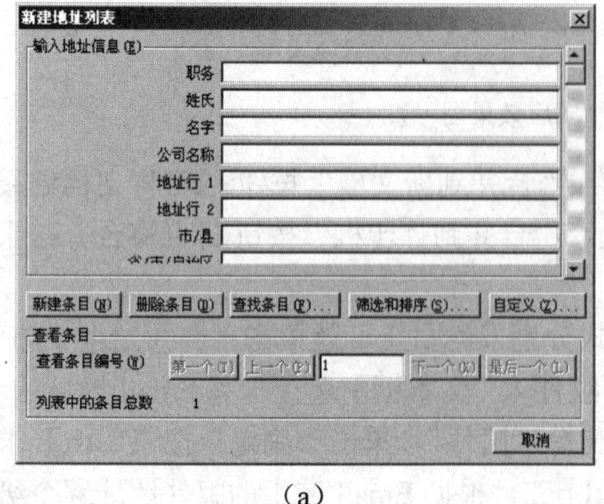

（a）

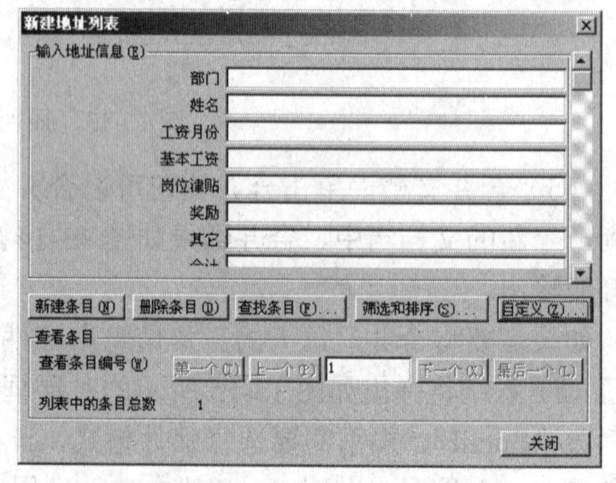

（b）

图 13-16 “新建地址列表”对话框

输入数据完毕后，单击“关闭”按钮，系统弹出“保存通讯录”对话框，在此对话框中选择“保存位置”以及在“文件名”框中输入文件名。单击“保存”按钮。系统将弹出“邮件合并收件人”对话框，从中选择邮件合并需要的数据条目，默认是全选。选择好后，单击“确定”按钮。回到“邮件合并”向导，单击“下一步”；

（5）在此步中插入合并域。通过“其他项目”按钮选择上面步骤（4）建立的域并插入，插入域完毕后单击下一步；

（6）在此步骤中编辑收件人列表，单击“下一步”；

（7）选择一种方式合并文档，至此则完成合并。

13.5　文档模板及应用

模板是一种用来产生相同类型文档的标准化格式文件，它包含了某一类文档的相同属性，可用于建立相同格式文档的模型或样板。事实上，每个 Word 文档都是基于某一种模板建立的。Word 提供有许多内置模板，在 10.1.2 节中已介绍如何使用。

除使用系统提供的模板外，用户也可以创建自己的模板。自建 Word 模板可以提高工作效率，比如作为公司的文秘人员，总要以本公司的名义给其他公司发信函，信函的基本格式都相同，就可以建立一个文档模板，保存公司信函格式。

创建新模板最常用的方法是利用文档来创建，以下举例说明。

【例 13.7】建立一个名为“学院通知”的新模板，要求页眉中包含有学院的图标；通知标题为“学院通知”黑体二号红色字，字符间距加宽 4 磅，居中，段前段后 2 行；通知对象为宋体四号字，2 倍行距；通知内容为楷体四号字，首行缩进 2 字符，段后 1 行；落款为“学院办公室”，华文行楷四号，右对齐；设置好效果如图 13-17（a）所示。

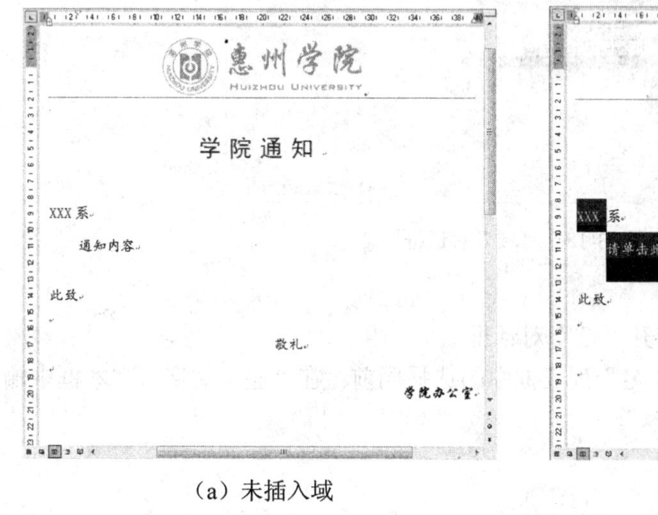

（a）未插入域

（b）插入域

图 13-17　建立模板效果图

操作步骤如下：

（1）新建文档，在文档页眉中插入学院图标，输入图 13-17（a）中相应内容，并设置为要求的格式；

（2）保存为模板类型文件。设置完毕后，选择“文件”菜单→“另存为”命令，系统弹出“另存为”对话框。在“另存为”对话框中选择“保存类型”为“文档模板”，再输入新模板名“学院通知”，然后单击“保存”按钮以保存模板，保存位置默认。

建立好此模板后，便可以像 Word 内置模板一样使用。比如此例建好模板后，需要用此模板写信时，可以选择“文件”菜单→“新建”命令，然后从“新建文档”任务窗格中选择“本机上的模板”，在弹出的“模板”对话框“常用”选项卡下选择“学院通知”模板，然后单击“确定”按钮即可新建包含图 13-17（a）中内容的新文档。

如果模板文件保存在其他位置，即改变了默认保存位置，可以直接双击模板文件，便可以新建基于模板的新文档。

【例 13.8】继续编辑例 13.7 产生的模板，增加对“XXX”和“通知内容”的文档自动化域，即当单击这些文本时，会自动选中，输入的内容则自动覆盖原来的文本；此外还增加落款处，日期的自动插入。完成之后如图 13-17（b）所示。操作步骤如下：

（1）设置“XXX”占位符。

- 选中文本“XXX”，选择“插入”→“域”命令，打开“域”对话框。
- 在“类别”下拉列表框中选择“文档自动化”。
- 在“域名”列表框中选择“MacroButton”；在“宏名”列表框中选择“DoFieldClick”；在“显示文字”文本框中输入“XXX”，如图 13-18 所示。
- 单击“确定”按钮。

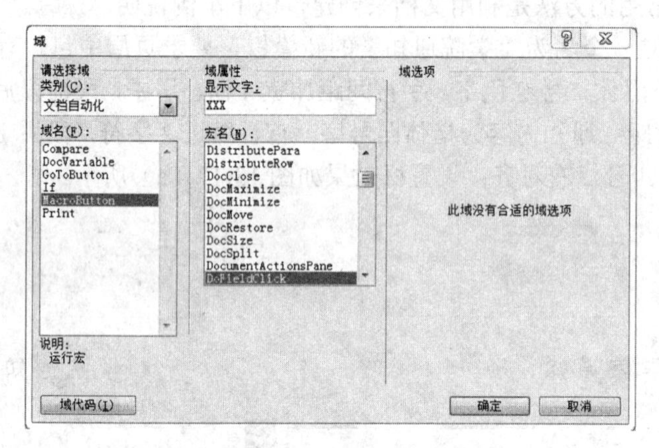

图 13-18 “域”对话框

（2）设置正文占位符。

- 选中“通知内容文本”，打开“域”对话框。
- 在“类别”、“域名”和“宏名”列表框中的选择同前；在“显示文字”文本框中输入“请单击此处输入通知内容”。
- 单击“确定”按钮。

（3）设置日期占位符。

- 插入点移到文末的落款的下方，打开“域”对话框。
- 在“类别”下拉列表框中选择“日期和时间”类别中的“CreateDate”域。
- 在“日期格式”中输入需要的日期格式“yyyy 年 m 月 d 日”，或从列表框中选择需要的日期格式。

- 单击“确定”按钮。

（4）按照例 13.7 的方法保存模板。

13.6　分隔符的插入及应用

13.6.1　分隔符的插入

插入点移到要插入分隔符的位置，选择“插入”菜单→“分隔符”命令，系统弹出“分隔符”对话框，如图 13-19 所示。选择所需要的分隔符，然后单击“确定”按钮即可。

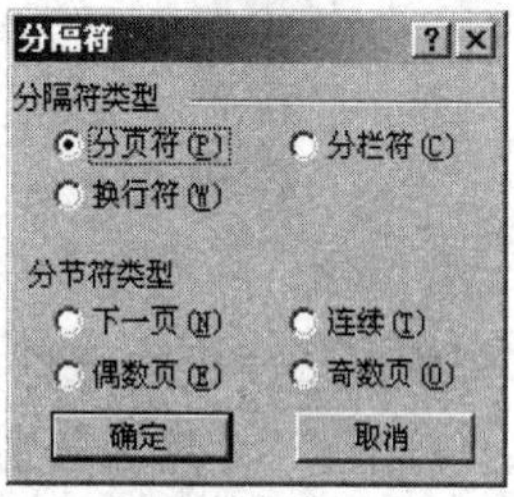

分页符可以将插入点位置之后的内容分到下一页。换行符可以将文档从插入点所在位置强制换行，但是还属于同一段落，相当于 Shift+Enter 组合键。

图 13-19　“分隔符”对话框

13.6.2　分栏符的插入及应用

通过“格式”菜单→“分栏”命令，对内容分栏，每栏的内容是由系统自动设置的。分栏符可以指定分栏的具体位置。如图 13-20（a）所示文档分为两栏，但是不对称。可以通过“分栏符”将文档分为对称的两栏，只需要在合适的位置插入“分栏符”即可。操作步骤为：插入点移到第一栏倒数第二行的开始位置，选择“插入”菜单→“分隔符”命令，插入“分栏符”，插入分栏符后效果如图 13-20（b）所示，可见分栏符可以将文档从指定位置分栏。

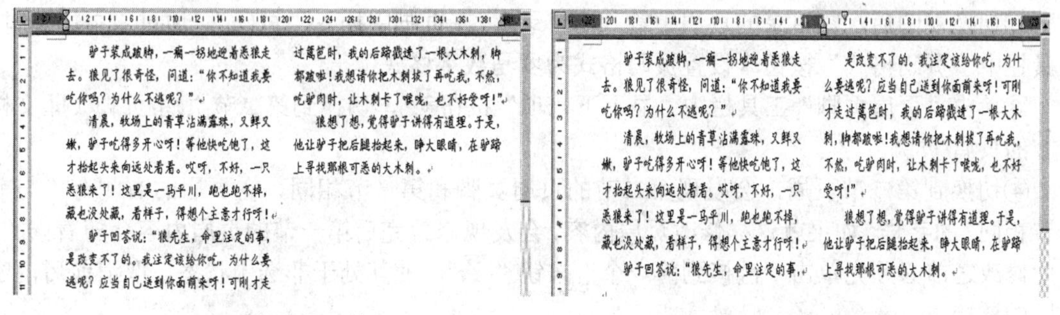

（a）分栏符插入前　　（b）分栏符插入后

图 13-20　分栏符应用实例

13.6.3　分节符的插入及应用

在前面排版中，设置页边距、纸张大小和方向、页眉页脚时，都是针对整个文档设置的。如果要将某一页的页边距、纸张大小和方向设为与其他页不同或者要使文档中不同部分的页眉页脚设置不同。便需要在设置为不同格式的文档内容的前后插入“分节符”。

分节符的类型有下一页、连续、偶数页、奇数页，分别使插入点之后的文本位于下一页、当前页连续、偶数页、奇数页。

【例 13.9】打开光盘中“Word 素材/第 13 讲/例题/例 13.9.doc”，如图 13-21 所示。将文档中目录内容单独占一页，即文本内容放到第二页开始的位置。设置页眉页脚：目录所在页面页眉为“目录”，页脚中的页码为罗马数字格式；文档内容所在页面页眉为“经典儿童笑话集”，页脚中页码格式为阿拉伯数字格式。

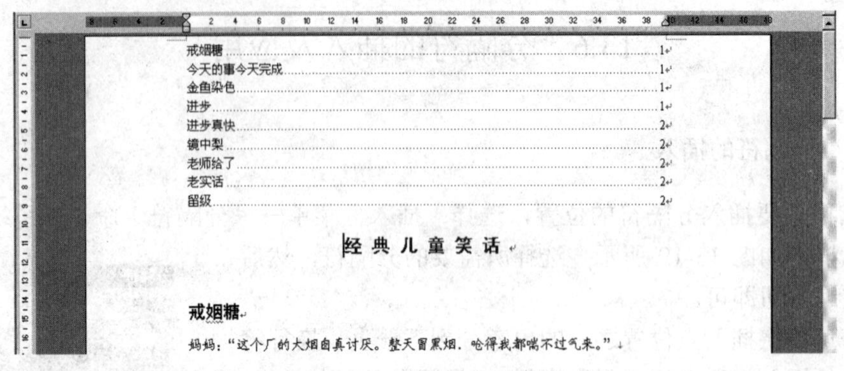

图 13-21　分隔符应用示例

分析：从要求中可见文档中目录和文档内容的页眉页脚不同，因此可以在两部分分割处插入“分节符”，然后分别对两部分设置页眉页脚。

操作步骤如下：

（1）在要分割的位置插入分节符。操作步骤如下：

- 插入点移到标题“经典儿童笑话”之前，如图 13-21 所示；
- 选择“插入”→“分隔符”，在弹出的对话框选择“分节符”、“下一页”，再单击“确定”按钮。插入“分节符”后将文档分为两节。

（2）设置目录和文档内容的页眉页脚。操作步骤如下：

①将插入点移到目录所在页，切换到“页眉页脚”视图；

②切换视图后，在目录的页眉中输入“目录”，在页脚中插入“页码”，通过“页眉页脚”工具栏中“页码格式”按钮设置页码格式为罗马数字格式；

③单击“页眉页脚”工具栏中“显示下一项”按钮，切换到第二节页眉/页脚（即文档内容的页眉/页脚）；

④切换到第二节页眉，会发现第二节的页眉页脚和第一节相同，在页眉的右侧有“与前一节相同”的字样。如果就这样修改页眉内容，会发现修改完后第一节的页眉内容会随着修改。因此修改之前必须先单击“链接到前一个”按钮“”，使其处于非选中状态，取消前后内容相同的链接；

⑤将页眉改为“经典儿童笑话”；

注意：取消“链接到前一个”之后，再修改页眉，前一节页眉就不会随着修改。

⑥页脚中插入页码，通过属性按钮设置页码格式为阿拉伯数字格式，页码的起始页为“1”。

注意：如果在进行“页面设置”时将“应用范围”设置为“所选文字”，则系统会自动在选定文字前后插入“分节符”。

4．分隔符的删除

删除分隔符很简单，只需要将视图切换到“普通”视图，找到要删除的分隔符并单击，然后按 Delete 键即可删除。

13.7 书签与超链接

13.7.1 书签

书签顾名思义可以用于对 Word 文档的位置做标记，好比平时所用“书签”，可方便用户定位到书签所在位置。

1. 书签的插入

插入书签的操作步骤如下：

（1）鼠标插入点移到要插入书签的位置；

（2）选择“插入”→“书签”命令，弹出如图 13-22 所示对话框；

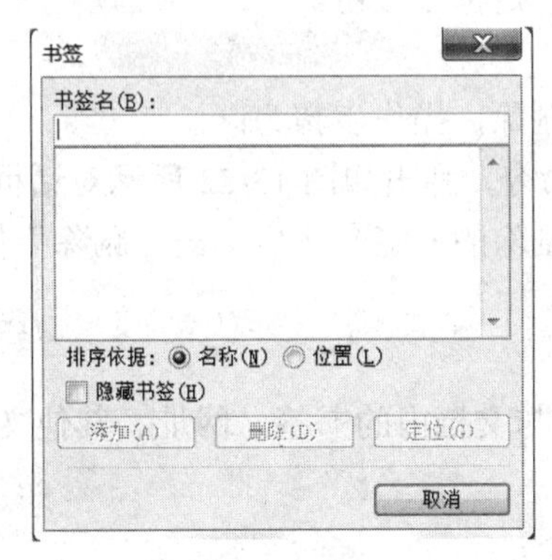

图 13-22 “书签”对话框

（3）在书签名位置输入名称；

（4）单击“添加”按钮，则完成书签的插入。

【例 13.10】打开光盘中“Word 素材/第 13 讲/例题/例 13.10.doc”，在如图 13-23 所示文档中所有“植物名称”（仙人掌、垂叶榕等）的前面插入书签，书签名为“植物的名称”。

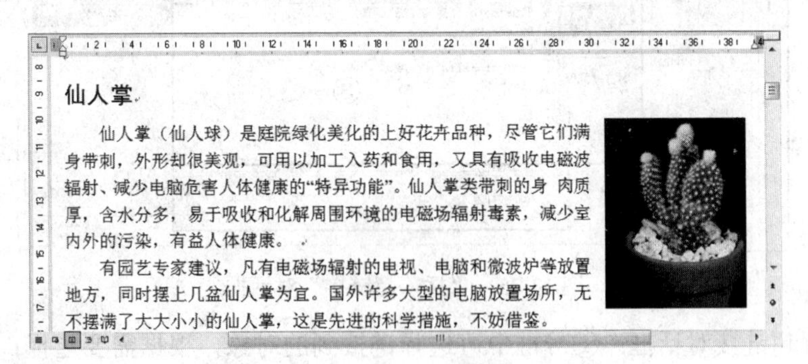

图 13-23 插入书签举例

2. 书签的定位

插入书签之后，可以通过 Word 提供的定位功能，定位到书签位置。

【例 13.11】在例 13.10 操作后的文档中，定位到“黄金葛”。

操作步骤：

选择“编辑”→“定位”，在弹出的对话框中的“定位”选项卡下，定位目标栏选择书签，在书签名称栏选择“黄金葛”，如图 13-24 所示，然后单击“定位”按钮，则可定位到“黄金葛”书签位置。

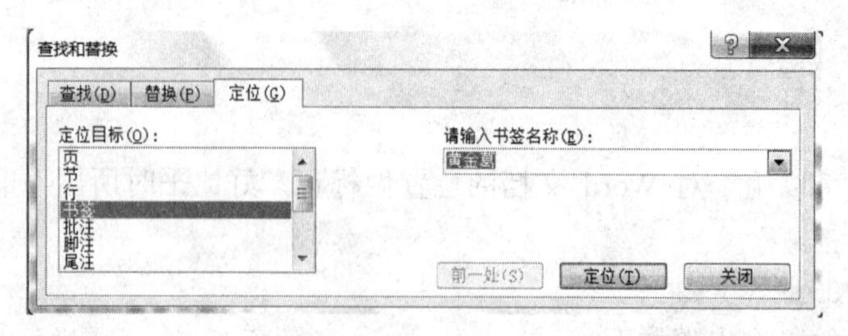

图 13-24 书签定位

此外也可以调出如图 13-22 所示对话框，若所在文档插入有书签，则会显示在此对话框中，选择要定位的书签，然后单击“定位”按钮。

3. 书签的删除

对于不需要的书签，可以删除，操作步骤为：

选择“插入”→“书签”命令，弹出如图 13-22 所示对话框。若所在文档插入有书签，则会显示在此对话框中，选择要删除的书签，然后单击“删除”按钮。

13.7.2 超链接

Word 提供超链接，以实现与文档内的书签、网址、其他文件或者电子邮件之间的链接。

1. 超链接的插入

插入超链接的操作步骤如下：

（1）选定要插入超链接的文本或位置；

（2）选择“插入”→“超链接”命令，弹出如图 13-25 所示的对话框；

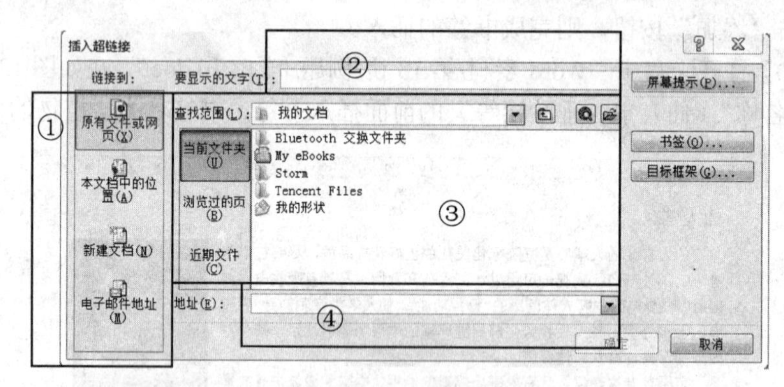

图 13-25 “插入超链接”对话框

（3）设置超链接对话框：①号框中可选择链接到的对象，根据需要选择；②号框中是文档中显示超链接的文字内容，若已经选定了文本，则会自动设置为所选定文本；③号和④号框中可选择链接对象的具体设置，由于在①号框中选择的对象是“原有文件或网页”，所以在③号中可选择具体的文件，在④号框中可输入网址，如果在①号选择的是其他内容，则设置的内容页不同；“屏幕提示”按钮可设置鼠标移到超链接文本时所显示的提示内容。

2. 超链接的打开

对某文本内容建立好超链接后，在按住键盘 Ctrl 键的同时，单击超链接文本，则可打开超链接，跳转到所链接的对象上。此外也可右击超链接，然后从右键菜单中选择“打开超链接”命令打开。

3. 超链接的编辑和删除

选定超链接文本，然后右击，在弹出的右键菜单中选择“编辑超链接命令”可对超链接内容进行重新编辑，若选择“取消超链接”命令，可删除超链接。

【例 13.12】在例 13.10 操作后的文档（可打开光盘中“Word 素材/第 13 讲/例题/例13.12.doc”,）中，完成如下操作，操作后如图 13-26 所示。

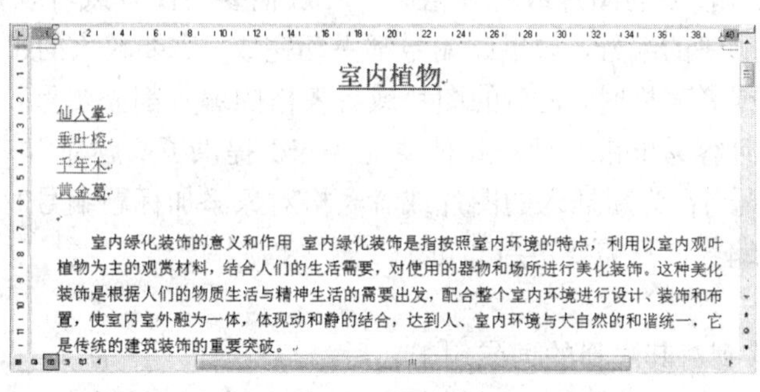

图 13-26 超链接举例

（1）将标题链接到网址“http://baike.baidu.com/view/583456.htm”，屏幕提示为“百度百科”；

（2）在第一段文本之前插入文本“仙人掌”、“垂叶榕”、“千年木”、“黄金葛”，各占一段，如图 13-26 所示；为这些文本，建立超链接，分别链接到对应名称的书签；

（3）在文档的末尾输入“联系我们”，链接到电子邮件地址“snzw@163.com”，主题为“室内植物咨询”；

（4）在文档末尾输入“返回”，将此文本链接到“文档的顶端”。

13.8 脚注和尾注

当书写文档时，有时需要对文中的某些词句做注释。如果注释的内容放在文档页面的底端，则称为“脚注”；如果注释的内容放在一篇文档末尾，则称为“尾注”。

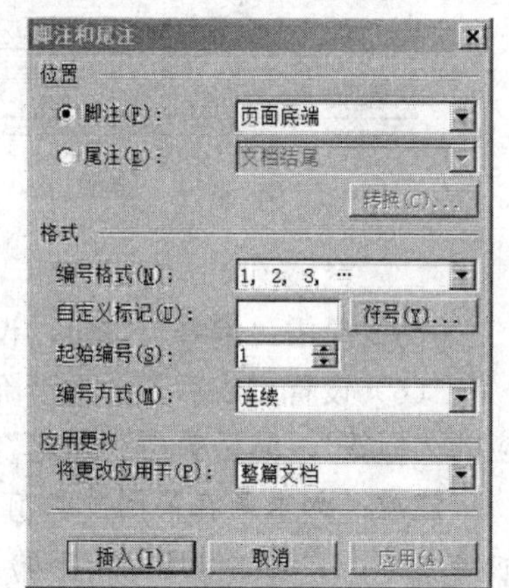

图 13-27 “脚注和尾注”对话框

1. 脚注与尾注的插入

插入脚注或者尾注的操作步骤如下：

（1）将插入点移到对其注释的词或句子之后；

（2）选择“插入”→“引用”→“脚注和尾注”，弹出“脚注和尾注”对话框，如图 13-27 所示；

（3）在“位置”部分选择“脚注”或者“尾注”，分别对应“脚注”和“尾注”的插入；“格式”部分可以设置所插入“脚注”或者“尾注”的编号格式等信息，有点类似于插入页码的编号设置；“应用更改”表示当前格式的应用范围。

设置完成之后，单击“插入”按钮便可以插入对应的脚注和尾注。

2. 脚注和尾注的删除

删除脚注和尾注很简单，只需选择所插入脚注或尾注位置对应的编号，然后按 Delete 键即可删除，删除脚注或尾注之后的其他脚注或尾注会重新顺序编号，无需修改。

13.9 题注

当一篇文档中包含较多的图片或者表格时，一般需要为图片或者表格命名一个标题，并在标题之前有一个按顺序的编号，如果此编号都手动完成，需要较大的工作量，尤其当中间插入或者删除某张图片或者表格时，之后的图片或者表格的编号都需要重新修改，当图片或者表格较多时，工作量大且容易出错。针对此种情况 Word 提供了"题注"，方便给图片或者表格等对象的标题顺序标号，在为新插入的图片或者表格对象添加标题编号时，无需修改其他图片或者表格对象标题的编号，只需要更新即可。

1. 题注的插入

（1）将插入点移到对其注释的词或句子之后；

（2）选择"插入"→"引用"→"题注"，弹出"题注"对话框，如图 13-28（a）所示；

（3）第一次使用此功能，默认"题注"部分内容是"图表 1"，此内容可以看做由两部分组成，一是"标签"，二是"编号"，这两部分内容可以分别设置。如在选项下的"标签"下拉菜单中选择"表格"，那么题注内容变为"表格 1"，Word 默认提供三种标签，用户也可建立新的标签；

（4）新建标签：单击"新建标签"按钮，在弹出的对话框中输入标签内容（如"图"），如图 13-28（b）所示，然后单击"确定"按钮；

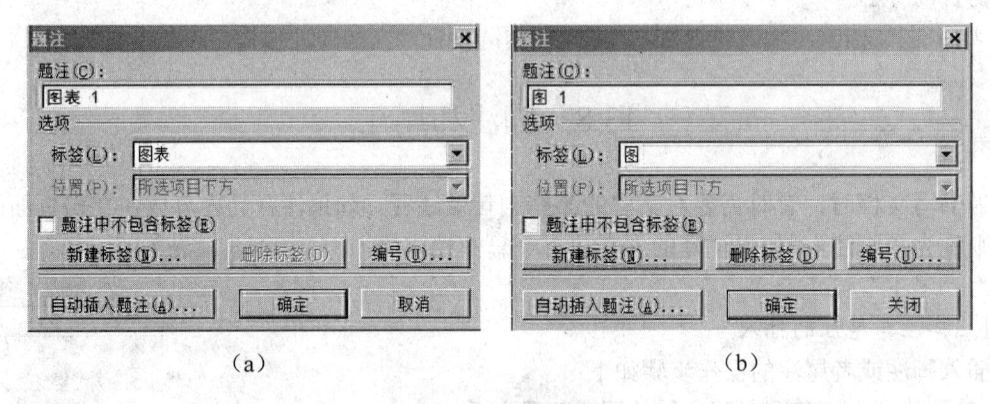

（a） （b）

图 13-28 题注示例

（5）单击"编号"按钮，设置"编号"格式；

（6）设置完成后，单击"确定"按钮，便可在插入点位置插入题注。下次插入时选择对应的"标签"，然后单击"确定"按钮，即可按照此标签下的顺序自动编号。

注意：如果是在某图片之前插入一张新的图片，并插入此图片题注，则此图片之后题注的编号需按"题注的删除"中的步骤（2）更新其他图片的题注编号。

2. 题注的删除

当某张图片不需要时，对应的题注也需要删除，只要选中要删除的题注，按 Delete 键即可删除，只是此图片之后其他图片的题注编号不会自动修改。修改其他题注编号的操作步骤如下：

（1）选择需要被修改编号的题注，为了简便可以选择整篇文档（如果有“目录”，则不要选中“目录”内容）；

（2）右键被选择的对象，在右键菜单中选择“更新域”命令，即可完成对其他题注编号的更新。

13.10　审阅修订和批注

一篇文档编写完毕之后，通常需要交给他人审阅修订，Word 提供的修订和批注命令可以帮助文档作者和审阅者之间交流信息。修订功能可以记录审阅者对文档所做的所有修改，包括文档格式及插入删除的内容信息。插入批注可以用于记录审阅者提供的建议等。

1．“修订”工具

选择“工具”→“修订”命令，在工具栏上会出现“审阅”工具栏，如图 13-29 所示，同时“修订”按钮处于选定状态，如果未处于选定状态，则单击“修订”按钮，此状态下修订文档的任何操作 Word 都会详细记录，如图 13-29 所示，当前修订内容的显示方式为“显示标记的最终状态”，另外还有其他方式可供选择，以查看文档的原始状态、最终状态、以及是否显示修订内容标记等信息。图 13-29 中，在正文第一行插入“第一个笑话：”，此状态下插入的内容以红色下划线形式显示，鼠标移到插入文字上方，会显示修订注释“***审阅人，日期时间插入的内容：***”，被删除的内容，以及文档格式的修改会标注在文档窗体右侧。文档审阅修订完毕之后保存便可发回给文档作者。

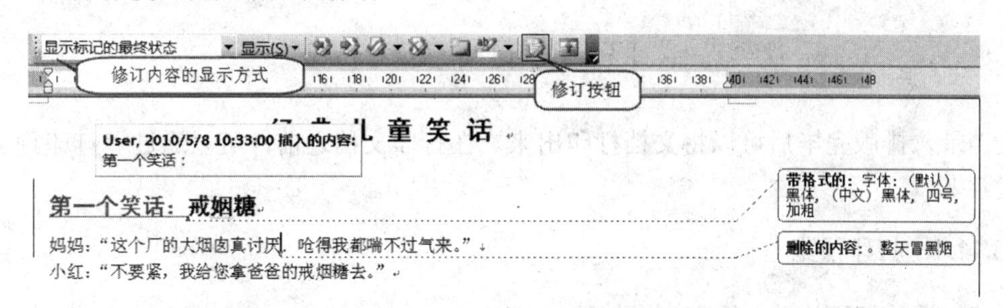

图 13-29　修订功能示例

文档作者打开修订后的文档，可看到修订的详细记录，可以有选择地接受/拒绝文档的修订。注意如果此时文档仍处于修订状态，则单击“修订”按钮，停止文档的修订功能。接受/拒绝文档的修订，通常有以下两种方式：

方法一：选定审阅者对文档的某个修订（操作方法是单击审阅者插入的内容，或者单击窗体右侧修订标注框），然后按鼠标右键，会弹出右键菜单。如图 13-30 所示，是右键单击图 13-29 中的“第一个笑话：”弹出的右键菜单，从右键菜单中选择“接受插入”/“拒绝插入”命令可以接受/拒绝修订。

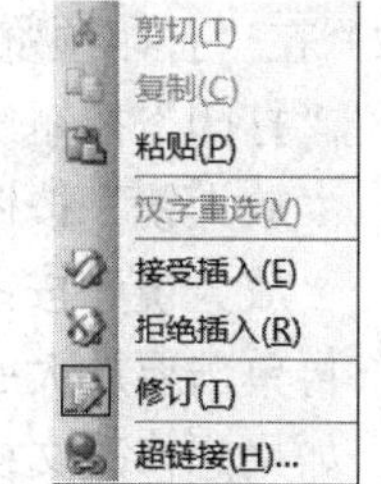

图 13-30　修订对象右键菜单

方法二：选定审阅者对文档的某个修订，然后单击工具栏中的接受/拒绝所选修订按钮，即可接受/拒绝修订。

如果是要接受/拒绝文档中的所有修订，可以通过单击接收或者拒绝所选修订按钮右侧箭头，然后从下拉菜单中选择接收/拒绝对文档所做的所有修订命令即可。注意使用此命令时不要选定审阅者对文档的任何修订内容，否则此命令为灰色不可用。

2. “批注”的使用

如果在审阅过程中，只是希望对某部分内容提出修改建议，而非直接修改内容，则可以使用“批注”功能。

插入批注时，首先将选定需要对其批注的对象（文档内容），然后单击“修订工具栏”的“插入批注”按钮，或者选择“插入”→“批注”命令，则在选定内容对应窗体右侧显示批注框，如图 13-31 所示，在批注框内输入批注内容即可完成对所选定文档内容批注的插入。

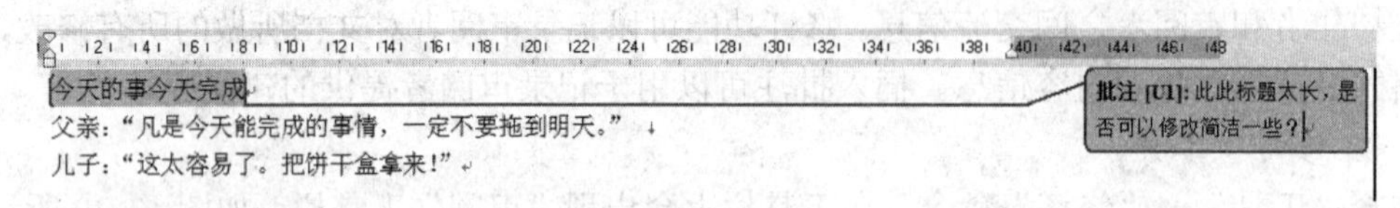

图 13-31　批注示例

如果需要重新编辑批注，则单击批注框中的内容，将插入点移到编辑位置即可。如果要删除批注，则右击批注框，选择“删除”命令即可完成。如果需要删除文档中的所有批注，则单击“拒绝所选修订”按钮右侧的箭头，然后从下拉菜单中选择“删除所有批注”命令则可删除文档中的所有批注，注意此时不要选定文档中的任何批注。

灵活使用 Word 提供的“审阅”工具栏中包含的命令，可以非常方便作者和审阅者之间交流，前面只是介绍了一些常用命令，其他命令读者可自行学习。

13.11　打印文档

文档录入排版完毕后可以将文档打印出来。在打印文档之前，可以通过“打印预览”观看打印效果。

13.11.1　打印预览

预览文档的打印效果，操作步骤如下

（1）单击“常用”工具栏上的“打印预览”按钮，或选择“文件”菜单→“打印预览”命令，系统弹出“打印预览”窗口。

（2）在“打印预览”窗口中操作：

- “打印”按钮可打印文档；
- “放大镜”按钮可以切换“预览状态”和“编辑状态”。刚进入“打印预览”时，“放大镜”按钮处于激活状态，此时若将鼠标指针移到文档中时会变成放大镜形状，再单击要放大的文档部分，即可把此部分文档放大成 1:1，再单击又会缩回原来状态；如果想修改文档，可单击“放大镜”按钮，则进入编辑状态，编辑完后再次单击“放大镜”按钮，又可激活“放大镜”并切换为“预览状态”；
- “单页”按钮用于设置在预览屏幕显示一页内容，要预览其他页，可以按 PageDown 键或 PageUp 键，或使用垂直滚动条预览下一页或上一页内容；

- “多页”按钮用来选择同时显示的页数；
- “显示比例”下拉框87% 用于设置预览文档内容的比例；
- “全屏显示”按钮用于设置屏幕上只显示工具栏及文档内容。

（3）单击“关闭”按钮关闭(C)，可以返回文档编辑窗口。

13.11.2　打印文档

在具备打印条件下，可以通过“打印”命令打印文档。操作步骤如下：

（1）选择“文件”菜单→“打印”命令，系统弹出“打印”对话框，如图 13-32 所示；

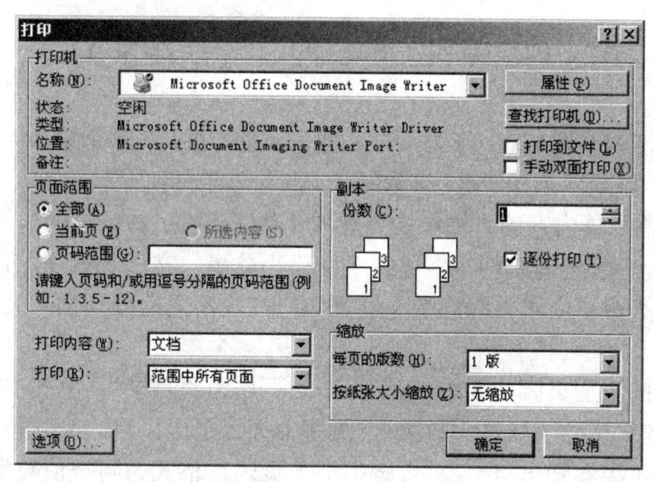

图 13-32　“打印”对话框

（2）设置“打印”对话框：

- 在“名称”框中选择要使用的打印机；
- 在“页面范围”选项组中选择要打印的内容；
- 在“份数”框中选择或键入所需打印的份数（默认值为 1）；
- “打印”列表框中可以选择打印“奇数页”或“偶数页”选项，以便用于手动双面打印。
- 在“选项”和“属性”按钮对话框中有更多的选项设置。

（3）设置完毕，单击“确定”按钮，即可开始打印。

如果只需要打印一份文档，且不需其他设置，可单击“常用”工具栏上的“打印”按钮。

13.12　Word 操作演示四（其他功能）

打开“Word 素材/第 13 讲/操作演示四.doc”，完成如下操作：

（1）新建：名字为为“题目”的样式，黑体、四号，灰色-5%段落底纹，大纲级别为 1 级；名字为为“内容”的样式，楷体、四号、蓝色、粗体，大纲级别为 2 级；名字为为“提示”的样式，隶书、四号、红色、粗体，大纲级别为 2 级；

（2）将“题目”样式应用到文中故事的标题（红色字体），“内容”应用到每个故事中“故事内容”文本所在段落（蓝色字体），“提示”样式应用到“温馨提示”文本所在段落（粉色字体）；

（3）在文档第一段（标题）之后插入目录，“题目”样式为一级目录，“内容”和“提示”

样式为二级目录；

（4）在目录之后插入类型为下一页的分节符；

（5）设置文档页眉页脚：第1节的页眉为“目录”，页脚中插入页码，格式为罗马数字；第2节的页眉为“经典小故事”，页脚中插入页码，格式为阿拉伯数字，起始页为1；

（6）在文档中3张图片的下方分别插入题注：图1、图2、图3，居中；

（7）插入书签，名字为“目录”，位置位于目录的开始位置；

（8）为文档最后一段（返回）插入超链接，链接到“目录”书签；

（9）更新文档目录。

13.13 Word实验四（其他功能）

1．打开“Word素材/第13讲/实验四”文件夹下的“4-1文章杂烩.doc”，完成如下操作，并按原文件名保存。排版效果如“4-1排版结果.pdf”文件内容所示。

（1）将文字红色字体内容的大纲级别设置为1级，蓝色字体内容的大纲级别设置为2级；

（2）利用（1）中设置的大纲级别，在“经典小故事”文字之前插入目录；

（3）在“经典小故事”和“经典励志美文”所在段落之前分别插入类型为下一页的分节符；

（4）设置文档的页眉页脚，要求：第1节的页眉为“目录”，页脚中插入页码，格式为罗马数字；第2节的页眉为“经典小故事”，页脚中插入页码，格式为阿拉伯数字，起始页为1；第3节的页眉为“经典励志美文”，页脚中插入页码，格式为阿拉伯数字，续前节；

（5）更新目录。

2．打开“Word素材/第13讲/实验四”文件夹下的“4-2中国一定要去的9个小城.doc”，完成如下操作，排版后的效果参看“4-2排版结果.pdf”。

（1）新建样式，名称为“城市”，格式为：褐色、楷体、五号、加粗；

（2）将“城市”样式应用到9个城市标题；

（3）将“城市”样式作为1级目录，插入到第2段文字“如果有一天……”之后；

（4）利用Word提供的题注功能，为文中的9张图片插入题注，位于图片下方、居中，分别为“城市1、城市2……城市9”。

3．打开“Word素材/第13讲/实验四”文件夹下的“4-3三角梅.doc”，完成如下操作，完成之后按原文件名保存。

（1）请为标题“三角梅”插入超链接，链接到网址：http://baike.baidu.com/view/43275.htm；

（2）请在“简介”前插入书签，名为“顶部”；

（3）为最后一段文字“返回”插入超链接，链接到书签“顶部”处；

（4）在“生长习性”文字之后插入文件“Word素材/第四部分/4-3习性.doc”：

为第三段（“三角梅，为……充足光照。”）中的文字“三角梅”插入脚注，内容为：“别名：九重葛、三叶梅、毛宝巾、簕杜鹃、三角花、叶子花、叶子梅、纸花、南美紫茉莉等”；

（5）为倒数第二段文字“金鱼三角梅”插入超链接，链接到文件“Word素材/第13讲/4-3金鱼三角梅.jpg”。

4．骏龙科技公司在其产品售后三个月时为客户免费提供一次技术维护服务，为此，需要事先通知客户，请用Word的“邮件合并”功能产生客户服务通知单，客户资料和通知单样本见“Word 素材/第 13 讲/4-4 附件.doc”，要求：

（1）将客户资料以表格的形式保存为“4-4 客户资料.doc”；

（2）合并后的文档以“4-4 产品质量跟踪服务通知单.doc”为文件名保存。

5．简易模板制作。

（1）建立一个名为“我的模板.dot”的模板文件，其中包含黑体一号字体、加粗、红色的文字属性，段落属性包括左、右缩进分别为 1 字符，设置“Smile”的文字水印。模板文件中不包含任何文字。

（2）用刚建立的模板，建立一个新文档，输入“每天都要开心生活！”，然后保存为“4-5 smile.doc”。

6．带域的模板制作。

（1）仿照文件“Word 素材/第 13 讲/4-6 模板.pdf”制作一个模板，文中灰色底纹部分都采用插入域完成，完成之后保存为“4-6 模板.dot”，文本的格式可以自由设计，页眉和水印背景图片自己选择。

（2）用此模板，建立一个新文档，仿照“Word 素材/第 13 讲/4-6 邀请函.pdf”写一份邀请函，完成后保存为“4-6 邀请函.doc”。

Word 综合实验

1．打开文档“Word 素材/综合实验/zhsy-1 数学语言学.doc”，完成以下操作后，按原文件名保存。

（1）将标题段（“数学语言学”）设置成黑体二号文字，居中，并加上“灰色-15%”的底纹；

（2）将正文第一段（“的确，数学……新的有机体。”）和第二段（“数学界引为……研究的主要对象。”）内容互换；

（3）将正文各段设置为首行缩进 0.8 厘米、1.75 倍行距、两端对齐；

（4）将文中除标题外的所有的“数学”二字都设置为“蓝色”、黑体、小四；

（5）将第一段和第二段设置为“两栏”的格式，第一栏宽度为“15 字符”，第二栏宽度为“22”字符；

（6）将页边距上下左右都设为 3 厘米；

（7）设置页眉为“数学语言学”，居中；

（8）在页脚中插入页码，右对齐，起始页为 3；

（9）建立样式，样式名为“新样式”，样式的格式为黑体、三号、加粗、左右缩进各 1 厘米；

（10）在第一段之后插入图片“Word 素材/综合实验/zhsy-1 数学.jpg”，并设置图片环绕方式为“四周型”，对齐方式居中，大小为 6 厘米×8 厘米；

（11）新建一个名为“zhsy-1 表格.doc”的文档，参照如下样板，在新建文档制作一个完全一样的表格，并填入相应文字。标题为黑体三号字；学号、性别、政治面貌等为黑体、五号、加粗；贴照片为宋体、五号、居中对齐。

学生基本情况表

学号		性别		政治面貌		此处贴照片
姓名		年龄		学生成分		
籍贯						
通信地址						
联系电话						

2．请打开文件夹“Word 素材/综合实验/ ”，其中“zhsy-2 主文档.doc”为一张成绩通知单，请按照“zhsy-2 成绩表.doc”的内容给每个同学制作一个成绩通知单（要求用邮件合并的方式产生），所形成的成绩通知单集合文件存盘名为“zhsy-2 成绩通知单.doc”，主文档按原文件名保存。

3．以“节约用水”为主题，制作一个 Word 宣传文档，可以是用 Word 绘图工具绘制的图形，也可以是图文并茂的宣传文字，也可以是数据统计表等。总之，让人看了你所设计的文档，就会自觉节约用水。

4．按照以下步骤，仿照“Word 素材/综合实验/zhsy-4-模板.pdf”制作一个模板，其中灰色底纹部分通过插入域完成。

（1）新建一个 Word 文档；

（2）按照提供的模板样式设置页眉页脚；

（3）设置文档图片水印背景，背景图片可自由选择；

（4）输入内容或者插入域，内容格式可自由设置；

（5）制作印章，复制到落款处；

（6）保存为文档模板类型文件“zhsy-4-模板.dot”。

5．以毕业论文为例，练习 Word 长篇文档的编辑排版，排版后的效果图参考“Word 素材/综合实验/zhsy-5 排版效果.pdf”。要求：

（1）文档采用 A4 纸，页边距上下左右都为 2 厘米；

（2）文章中所有“章标题”的格式为：二号、楷体、加粗、居中；“节标题”的格式为：三号、楷体、加粗；“小节标题”格式为：四号、楷体、加粗；“图名称”格式为：小五、宋体；

（3）文档页眉页脚设置：除封面、摘要和目录外，奇数页页眉为毕业论文题目，偶数页页眉为所在章的题目；页脚插入页码、居中，封面无页码，摘要和目录的页码为罗马数字，正文的页码为阿拉伯数字。

（4）自动插入目录；

（5）能通过文档结构视图或者大纲视图快速切换到对应章节。

操作提示：

（1）新建文档，进行页面设置，设置页边距；

（2）按照章标题、节标题、小节标题和图名的格式要求建立名为章、节、小节、图名的样式；

注意：在建立样式时，在段落格式中分别为章、节和小节样式设置大纲级别，分别为 1 级、2 级和 3 级，以实现第（4）和（5）点要求。

（3）开始写论文内容。本实验直接插入“Word 素材/第四部分/综合实验/”文件夹下名为“zhsy-4-封面.doc”，然后输入如下内容：

- 在封面之后插入类型为下一页的分节符，然后第 2 页输入“摘要”，之后插入分页符；
- 在第 3 页输入“Abstract”，之后插入分页符；

- 在第 4 页输入“目录”，之后插入类型为下一页的分节符；
- 通过项目符号编号，建立级别为第 1 章…1.1…1.1.1 的多级符号，然后应用此多级符号格式输入如下内容，每行的内容占一页。注意在每章之间插入分节符；

第 1 章 绪论
1.1 选题的依据和意义
1.2 研究的基本内容及解决的主要问题
1.3 研究的方法及措施
第 2 章 开发工具及运行环境概述
2.1 HTML 技术
2.2 JSP 技术
第 3 章 系统需求分析
3.1 数据描述
3.1.1 系统数据流图
3.1.2 数据词典
3.2 功能需求
3.2.1 系统前台功能描述
3.2.2 系统前台功能描述

（4）排版论文：

①排版标题：将名为章、节和小节的样式分别应用到正文中的章、节和小节的标题。“摘要”和“Abstract”应用“章”样式。

②插入目录。

③设置页眉页脚。为了实现不同部分的页眉页脚不同，需插入分节符，即在封面之后、目录之后、第一章结束之后、第二章结束之后分别插入分节符，将文档分为 5 节，此操作前面已经完成，因此可对每一节独立设置页眉页脚。

6．在光盘中的“Word 素材/综合实验”文件夹下打开文档“zhsy-6 Word.doc”并对文档中的文字进行编辑排版和保存，具体要求如下：

（1）将标题段（“索引的概念和索引表的类型定义”）文字设置为楷体_GB2312 四号红色字，绿色边框、黄色底纹、居中。

（2）设置正文各段落（“索引查找（Index Search）……HG00l，HG002，HG003”）右缩进 1 字符、行距为 1.2 倍，各段落首行缩进 2 字符，将正文第一段（“索引查找（Index Search）……索引表可以有多级。”）分三栏（栏宽相等）、首字下沉 2 行。

（3）设置页眉为“第 7 章查找”、字体大小为小五号字。

（4）将文中后 12 行文字转换为一个 12 行 5 列的表格。设置表格居中，表格第 1～4 列列宽为 2 厘米，第 5 列列宽为 1.5 厘米，行高为 0.8 厘米，表格中所有文字中部居中。

（5）删除表格的第 8、9 两行，排序依据为“工资”列（第一关键字）、“数字”类型递减对表格进行排序，设置表格所有框线为 1 磅红色单实线。

7．在光盘中的“Word 素材/综合实验”文件夹下打开文档“zhsy-7Word.doc”，对文档中的文字进行编辑排版和保存，具体要求如下：

（1）将文中所有错词“背景”替换为“北京”。

（2）将标题段（“北京市高考录取分数线划定”）文字设置为 18 磅红色仿宋_GB2312、加粗、居中，并添加蓝色双波浪下划线。

（3）设置正文各段落（“6 月 25 日下午……严肃处理。”）左右各缩进 1 字符、1.2 倍行距、段前间距 0.5 行；设置左右页边距各为 3 厘米。

（4）将文中后 11 行文字转换成一个 11 行 4 列的表格，设置表格居中、表格第一列列宽为 2 厘米、其余各列列宽为 3 厘米、表格行高为 0.6 厘米，表格中所有文字中部居中。

（5）设置表格外框线和第 1 行与第 2 行间的内框线为 1.5 磅红色单实线，其余内框线为 0.5 磅红色单实线；分别将表格第 1 列的第 2～4 行、第 5～6 行、第 8～11 行单元格合并，并将其中的单元格内容（“文科”、“理科”、“艺术类”）的文字方向更改为纵向。

习题

一、单项选择题

1．在 Word 中，对正在编辑的文档，要实现人工分页，应使用（　　）菜单命令。

A．编辑　　B．视图　　C．文件　　D．插入

2．在 Word 中，实现两个文件合并可执行（　　）操作。

A．插入→对象　　B．文件→保存　　C．文件→发送　　D．插入→文件

3．在 Word 中，有一种功能能够使屏幕上显示的编辑效果与打印输出的效果完全一致，这种功能称为（　　）。

A．所显示即所打印　　B．所见即所得

C．模拟显示　　D．所见即所印

4．在 Word 的文档编辑过程中，每使用一次（　　）键，将自动插入一个“段”的标记。

A．Enter　　B．Shift　　C．Alt　　D．Tab

5．Word 中要将一个已编辑好的文档保存到当前目录外的另一指定目录中，正确操作方法是（　　）。

A．选择“文件”菜单→单击“退出”，让系统自动保存

B．选择“文件”菜单→单击“保存”，让系统自动保存

C．选择“文件”菜单→单击“另存为”，再在“另存为”对话框中选择目录保存

D．选择“文件”菜单→单击“关闭”，让系统自动保存

6．在 Word 中，执行“文件”→“关闭”菜单命令后，系统出现是否保存文档的提示，说明（　　）。

A．正在关闭一个修改过而未保存的文档　　B．正在关闭一个修改过的文档

C．正在关闭一个未修改过的文档　　D．正在关闭一个已打开的文档

7．打开 Word 的“窗口”菜单后，在菜单底部显示的文件名所对应的文档是（　　）。

A．最近被 Word 操作过的文档　　B．扩展名是.doc 的所有文档

C．当前已经打开的所有文档　　D．当前正在操作的文档

8．Word 是一个（　　）。

A．文字处理系统　　B．数据库管理系统

C．通信软件　　D．操作系统

9．Word 中，除（　　）外均可用来建立一个表格。

A．执行“表格→插入表格”菜单　　B．执行“插入→表格”菜单

C．执行“表格→将文字转换成表格”菜单　　D．用常用工具栏“插入表格”按钮

10．Word 窗口中常用工具栏的最右边带问号的箭头按钮，其作用是（　　）。

A．联机帮助　　B．Word 入门教程

C．日积月累　　D．通信

11．在 Word 中，“文件”下拉菜单底部所显示的文件名是（　）。

A．最近被 Word 处理的文件名　　B．正在使用的文件名

C．正在打印的文件名　　D．扩展名为 DOC 的文件名

12．在 Word 中，在不改变默认“保存类型”的情况下，将正在编辑的文件“信息.DOC”另存为文件“信息处理”后，则磁盘中实际保存的文件是（　）。

A．只有“信息处理”

B．只有“信息处理.DOC”

C．有“信息.DOC”及“信息处理”两文件

D．有“信息.DOC”及“信息处理.DOC”两文件

13．在 Word 窗口上，使用（　）可以上下左右移动文档。

A．标题栏　　B．工具栏　　C．标尺　　D．滚动条

14．在 Word 中，能实现格式复制功能的常用工具是（　）。

A．恢复　　B．格式刷　　C．粘贴　　D．复制

15．下列操作中，（　）不能关闭 Word。

A．单击标题栏右边的“×”　　B．单击文件菜单中的“退出”

C．单击“文件”菜单中的“关闭”　　D．双击控制菜单栏

16．Word 文档中如果有绘制的图形时，必须在（　）方式下才能被显示出来。

A．页面视图　　B．大纲视图　　C．普通视图　　D．全屏幕视图

17．在 Word 编辑状态，进行“打印预览”操作，可以单击格式工具栏中的（　）。

A．按钮　　B．按钮　　C．按钮　　D．按钮

18．要创建一个名字为 MYFILE.DOC 的文档，用（　）操作可以实现。

A．利用“文件”菜单中的“打开”命令，在“打开”文件对话框中输入文件名

B．利用“文件”菜单中的“新建”命令，创建一个空文档，输入编辑完毕后保存，在弹出的“另存为”对话框中输入文件名

C．利用“插入”菜单中的“文件”命令，输入文件名

D．利用“窗口”菜单中的“新建窗口”命令

19．Word 中，进行中、英文输入方式切换的快捷操作是按组合键（　）。

A．Ctrl+Backspace　　B．Ctrl+Shift　　C．Shift+Backspace　　D．Ctrl+Insert

20．不能启动 Word 的方法是（　）。

A．单击“开始”按钮，接着单击“程序”菜单中的“Microsoft Word”图标

B．在“资源管理器”中双击一个扩展名为.doc 的文件

C．在“我的电脑”中双击一个扩展名为.doc 的文件

D．单击“开始”按钮，然后选择“设置”菜单中的有关命令

21．在编辑 Word 文档时，要保存正在编辑的文件但不关闭或退出，则可按（　）键实现。

A．Ctrl+S　　B．Ctrl+V　　C．Ctrl+N　　D．Ctrl+O

22．Word 是（　）软件包中的一个组件。

A．CAD　　B．Microsoft Office

C．CAI　　D．Internet Explorer

23．为了尽可能地看清文档内容而不想显示屏幕上的其他内容，应使用（　）视图。

A．大纲　　B．页面　　C．普通　　D．全屏显示

24．以下正确的叙述是（　）。

A．Word 是一个电子表格　　B．Word 是一个文字处理软件

C．Word 是一个数据库管理系统　　D．Word 是一个操作系统

25. 用键盘进行选择文本，只要按（　）键，同时进行光标定位的操作就行了。
A. Alt　B. Ctrl　C. Shift　D. Ctrl+Alt

26. 在 Word 文档的编辑过程中，若做了误删除操作，可用（　）恢复被删除的内容。
A. 粘贴按钮　B. 撤消按钮　C. 重复按钮　D. 复制按钮

27. 设置首字下沉可通过（　）来完成。
A. 格式→首字下沉　B. 编辑→首字下沉
C. 工具→首字下沉　D. 视图→首字下沉

28. Word 文档在（　）下可以使用文本框。
A. 普通视图　B. 页面视图
C. 大纲视图　D. 全屏显示

29. 目前在打印预览状态，若要打印文件，则（　）。
A. 必须退出预览状态后才可以打印　B. 在打印预览状态可以直接打印
C. 在打印预览状态不能打印　D. 只能在打印预览状态打印

30. 在文档中每一页都要出现的基本相同的内容都应放在（　）。
A. 页眉页脚　B. 文本
C. 文本框　D. 表格

31. 退出数学公式编辑环境，只需单击（　）便可。
A. 公式外的文本区　B. 数学公式工具栏
C. 数学公式内容区　D. 任意位置

32. 在 Word 中，进行字体设置后，按新设置显示的文字是（　）。
A. 文档中的全部文字　B. 文档中被选定的文字
C. 插入点所在行的所有文字　D. 插入点所在段落的所有文字

33. 为快速生成表格，可从（　）中选择“插入表格”按钮。
A. 常用工具栏　B. 格式工具栏
C. 绘图工具栏　D. 邮件合并工具栏

34. 鼠标在某行选定区时，（　）操作可以选择该行所在的段落。
A. 单击左键　B. 双击左键
C. 三击左键　D. 单击右键

35. 使用鼠标拖曳法在两个 Word 文档间移动或复制信息，这两个文档（　）。
A. 必须都是活动文档　B. 至少打开一个
C. 都无需打开　D. 必须同时打开

36. 为了尽可能地看清文档内容而不想显示屏幕上的其他内容，应使用（　）视图。
A. 大纲　B. 页面　C. 普通　D. 全屏显示

37. 打开 Word 文档一般是指（　）。
A. 把文档的内容从内存中读入并显示出来
B. 为指定文件开设一个新的、空的文档窗口
C. 把文档的内容从磁盘调入内存并显示出来
D. 显示并打印出指定文档的内容

38. 使用（　）菜单中的标尺命令可以显示或隐藏标尺。
A. 工具　B. 窗口　C. 格式　D. 视图

39. Word 文档中给选定的段落、表单元格、文本框添加的背景称为（　）。
A. 表格　B. 底纹　C. 边框　D. 图文框

40. 一般情况下，将对话框中的选项设定后，需单击（　）按钮才会生效。
A. 帮助　B. 取消　C. 保存　D. 确定

41．在 Word 文档中，按（　）键与工具栏上的“保存”按钮功能相同。

A．Ctrl+C　B．Ctrl+V　C．Ctrl+S　D．Ctrl+A

42．在 Word 文档的某处插入一个分页符，应按（　）键。

A．Alt+Enter　B．Ctrl+Enter　C．Shift+Enter　D．Enter

43．Word 对文档提供了若干保护方式，若需要禁止不知道口令者打开文档，则应设置（　）。

A．写入口令　B．保护口令

C．修改口令　D．以只读方式打开文档

44．如果已有页眉，再次进入页眉区只需双击（　）即可。

A．文本区　B．菜单区

C．页眉页脚区　D．工具栏区

二、填空题

1．Word 提供了多种显示文档的视图方式，其中“所见即所得”的排版效果是在________视图模式下体现的。

2．在 Word 文档中要插入数学公式，应使用________编辑器。

3．Word 文档中左右页边距是正文到________的左右两边之间的距离。

4．编辑一个新的 Word 文档并首次保存时，系统会弹出________对话框。

5．Word 的剪贴板是________中的一个区域。

6．在 Word 中，要复制已选定的文档，可以按下________键，同时用鼠标拖动选定文本到指定的位置来完成复制。

7．如果按 Delete 键误删除了 Word 文档后，应执行________命令来恢复删除的内容。

8．在 Word 中，若要将一个文档按新名存盘，应选择“文件”菜单中的________命令。

9．在 Word 中，水平标尺上有首行缩进标记、________标记、右缩进标记这 3 个三角形滑块。

10．在 Word 中，将鼠标定位在某行的选择区，待鼠标变为向右箭头时，连续双击鼠标，则可以选择________。

11．启动 Word 后，系统自动打开一个名为________的新文档。

12．在编辑 Word 文档时，若将信息打印在文件每页的顶部称为________；打印在底部称为________。

13．按 Ctrl+________，可以保存当前 Word 文档。

14．在 Word 编辑状态，选择了文档全文，若在“段落”对话框中设置行距为 20 磅的格式，应当选择“行距”列表框中的________。

15．如果选择的打印页码为第 4 页至第 10 页，第 16 页至第 20 页，则应该在页码范围中输入________。

16．在使用 Word 文本编辑软件时，要将光标直接定位到当前行的末尾，可用________键。

17．在 Word 2003 分栏命令中，最多可以分________栏，而且分出的都是等宽的栏。

18．Word 文档中有两个层次，即文本层和图形层。其中________，在同一位置上只能有一个对象，对象之间彼此不能覆盖。而________用来放置图形/图片、艺术字、数学公式等。图形层上多个对象可以相互叠放，彼此间的覆盖关系可以调换。

19．段落标记是在键入________键之后建立的。

20．在 Word 中执行命令一般有 4 种方法，即使用窗口菜单（菜单栏）、工具栏、快捷菜单和快捷键。如果要隐藏（或显示）某一工具栏，应选择________菜单中的________命令，再从级联菜单中单击相应的选项。

21．假设当前编辑的是 C 盘中的某一个文档，要将该文档拷贝到 U 盘，应该使用“文件”菜单中________命令。

22．在 Word 中，新建一个 Word 文档，默认的文档名是“文档 1”，文档内容的第一行标题是“计算机”，对该文档保存时没有重命名，则该文档的文件名是________.doc。

23．要将 Word 文档转存为“记事本”程序能够直接处理的文档，应选用________文件类型。

24．删除插入点光标以左的字符，按________键；删除插入点光标以右的字符，按________键。

25．要将某文档插入到当前文档的当前插入点处，应选择________菜单中的________命令。

26．页边距是________至________的距离。

27．单击鼠标左键________次，可以选定当前光标所在的行。

28．单击鼠标左键________次，可以选定当前光标所在的段。

29．单击鼠标左键________次，可以选定整篇文档。

30．在 Word 中，模板文件的扩展名是________。

31．在 Word 中，用户可以通过单元格的列字母和行编号组合指定一个特定单元格，如第 2 行第 3 列的单元格叫做________单元格。

32．图片的环绕方式有________、________、________、________、________等几种。

33．在 Word 中，进行文本查找与替换的命令是属于________菜单的命令。

34．在 Word 中，利用“矩形”绘图工具进行绘制正方形时，需在绘制时按着________键不放。

35．在 Word 中，利用“椭圆”绘图工具进行绘制圆时，需在绘制时按着________键不放。

36．在 Word 中，如果仅复制格式，可以使用工具栏的________。

37．如果需多次复制格式，可以对工具栏的“格式刷”________击鼠标。

38．在 Word 中，如果需要对所选文字上面加上拼音，可以选择“格式”→“中文版式”的“________”。

39．欲将一个 Word 表格拆分为上下两个表格，可将插入点置于其中并按 Ctrl+Shift+________键。

40．在 Word 中选择整个文档，应按 Ctrl+________键。

41．在 Word 中，实现中英文转换的快捷键是 Ctrl+________。

42．在状态栏中，Word 提供了两种工作状态，它们是插入状态和________状态。

43．在 Word 的各种视图中，编辑速度最快的是________视图。

44．在 Word 编辑过程中，使用键盘命令 Ctrl+________可将插入点直接移到文章末尾。

45．用键盘选择菜单项的操作是按下________键不放，再按菜单项后的字母键。

46．Word 主窗口的标题栏最右边显示的按钮是________按钮。

47．在 Word 2003 中，如果要选择不连续的文字区域，需按住________键不放，再拖曳鼠标选择目标区域。

48．在 Word 中，如果需要恢复上一次所做的操作，只需单击________按钮。

49．在 Word 中，要设置字符颜色，应先选定文字，再选择“格式”菜单中的________。

50．在 Word 中，插入点在表格右下角单元格内，按________键则在插入点下面插入一行。

习题参考答案

一、单项选择题

1．D	2．D	3．B	4．A	5．C	6．A	7．C	8．A	9．B	10．A
11．A	12．D	13．D	14．B	15．C	16．A	17．C	18．B	19．A	20．D
21．A	22．B	23．D	24．B	25．C	26．A	27．B	28．B	29．B	30．A
31．A	32．B	33．A	34．B	35．D	36．D	37．C	38．D	39．B	40．D
41．C	42．B	43．B	44．C						

二、填空题

1．页面	2．公式	3．打印纸	4．另存为
5．内存	6．Ctrl	7．撤消	8．另存为
9．首行缩进	10．整段	11．文档 1	12．页眉，页脚

13．S　　14．固定值　　15．4-10,16-20　　16．End
17．11　　18．文本层，图形层　　19．Enter　　20．视图，工具栏
21．另存为　　22．计算机　　23．纯文本　　24．Backspace，Del
25．插入，文件　　26．正文，打印纸边缘　　27．1　　28．2
29．3　　30．.dot　　31．C2
32．嵌入型，四周型，紧密型，浮于文字上方，衬于文字下方
33．编辑　　34．Shift　　35．Shift　　36．格式刷
37．双　　38．拼音指南　　39．Enter　　40．A
41．Backspace　　42．改写　　43．普通　　44．End
45．Alt　　46．关闭　　47．Ctrl（控制）　　48．撤消
49．字体　　50．Tab

第五部分　电子表格处理软件 Excel 2003

第 14 讲　Excel 基本操作、格式及页面设置

本讲的主要内容包括：

- Excel 2003 概述
- Excel 的基本操作
- 工作表格式设置
- 页面设置和打印

14.1　Excel 2003 概述

14.1.1　Excel 2003 功能简介

Excel 2003 是 Microsoft Office 2003 的主要应用程序之一，是集文字、数据、图形、图表及其他多媒体对象于一体的电子表格软件，它以友好的界面、强大的数据处理功能和表格功能，被广泛用于制作财务报表和进行数据分析中。Excel 具有如下主要功能：

（1）对大数据量的表格进行各种处理：输入、编辑、复制、移动、计算、统计等。

（2）图表功能：用各种类型的图表非常直观地表示和反映数据。

（3）数据库管理功能：Excel 把工作表中的数据作为一个数据库，并且提供排序、分类汇总、筛选等数据管理功能。

（4）Web 功能：Excel 能使用户浏览 Internet 或 Internet 上的 Web 页面，可以轻松地从 Web 上获取数据或将数据输出到 Internet 上，能与 Word、PowerPoint 等软件共享数据，以满足信息共享和办公现代化的需求。

14.1.2　Excel 2003 工作窗口

Excel 2003 启动后的界面如图 14-1 所示，由标题栏、菜单栏、工具栏、工作表区、状态栏等组成。

1. 标题栏

标题栏位于窗口的顶部，其中包括控制菜单图标、Excel 程序名称、所编辑工作簿名称（默认为 Bookl)、最小化、最大化、关闭按钮等。

2. 菜单栏

菜单栏用于显示各类操作命令的菜单项，每个菜单项下都有一个下拉菜单。

3. 工具栏

工具栏位于菜单栏下方，图 14-1 中显示出了常用工具栏和格式工具栏。

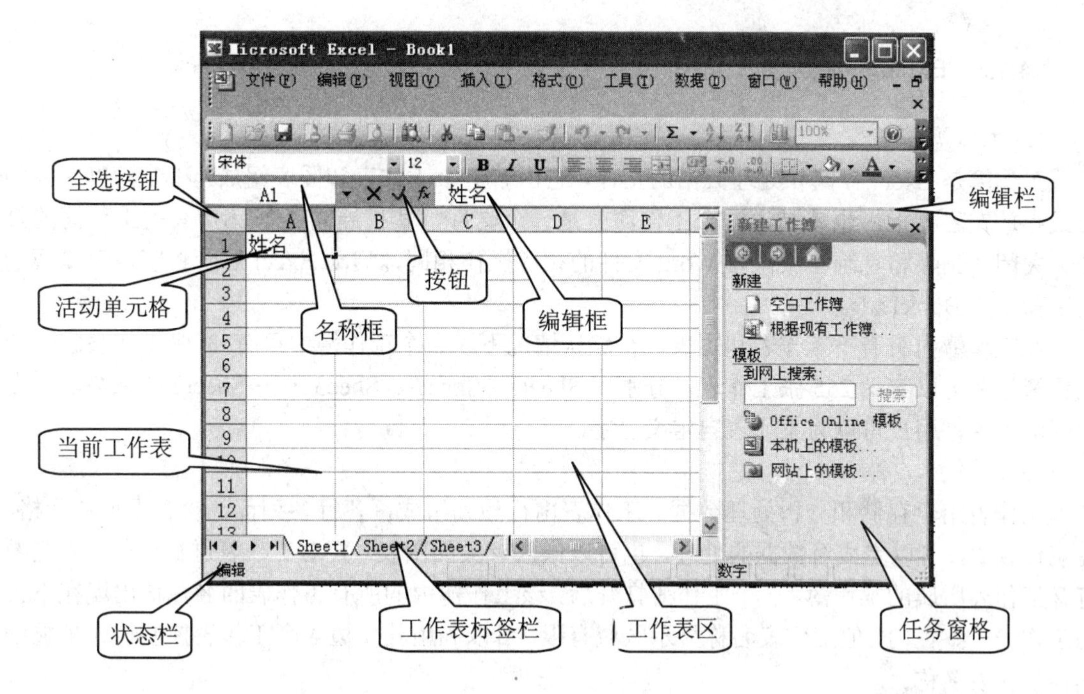

图 14-1　Excel 启动窗口

4. 编辑栏

编辑栏由三部分组成，自左向右依次是：

（1）名称框：显示出当前单元格的名字“A1”。

（2）三个按钮：依次为“×”表示取消操作，“√”表示确认，“fx”表示插入函数。

（3）编辑框：用来输入数据、公式或图表的值。

5. 工作表区

在工作表区中上面一行是列标题栏，标识各列的编号，用英文字母表示；左侧是行标题栏，标识各行的编号，用数字表示；右侧和下侧分别是垂直滚动条和水平滚动条；中间是表格的单元格。

在工作表中，列号自左向右采用字母编号，从 A 到 Z，再从 AA、AB、……到 AZ，再从 BA、BB ……到 BZ，依此类推，一直到 IV。行号自上而下从 1 到 65536。一个工作表最多可以包含 255 列、65536 行。

6. 工作表标签栏

工作表标签栏用于显示工作簿中所包含的所有工作表名称。单击某一个工作表标签将激活相应的工作表。按下标签栏左侧的滚动按钮，可滚动显示工作表隐藏的标签。

7. 状态栏

状态栏给出有关执行过程中操作的信息。如果状态栏显示的是“就绪”，则表示系统已处于等待状态，可以向工作表中输入数据或者选择菜单命令。

8. 任务窗格

将最常用的任务组与工作簿一起显示在窗格中，可以随时用 Ctrl+F1 组合键显示或关闭。

14.1.3 Excel 基本概念

1. 工作簿

工作簿是 Excel 存储和处理数据的文件，它由若干个工作表和图表组成。工作簿以文件的形式存放在磁盘上，也就是说一个工作簿就是一个文件，其扩展名是.XLS，有关工作簿的打开、关闭、删除和复制等操作与 Word 文件的相应操作相同，启动 Excel 后会将空白工作簿的名字默认为 Book1.xls。

在工作簿内有若干工作表和图表，在默认情况下，一个工作簿中可有 3 张工作表。一个工作簿最多可以容纳 255 张工作表，分别以 Sheet1、Sheet2、Shee3 ……Sheet255 来命名。在实际应用中，用户可以为工作表自定义名字。

2. 工作表

工作表用于存储和分析处理数据。工作表由行和列组成，各行各列都包含若干个单元格。在工作表中，可以完成对数据的处理，也可以嵌入有关的图表。要对工作表进行操作，首先要打开工作表所属的工作簿，一个工作簿打开后，该工作簿内的所有工作表的名称均出现在下方的工作表标签栏内，但工作表名称显示区域有限，可以利用其左边 4 个工作表控制按钮来显示其他工作表名称。

3. 单元格

单元格是组成工作表的最基本的单位，也是组织数据的最基本的单元。在工作表区域内每行和每列的交叉点就是一个单元格，单元格的名字由所在列的列名和所在行的行号组成。例如“A1”表示 A 列第一行的单元格。鼠标激活的单元格称作“当前单元格”或叫“活动单元格”，用一个黑粗轮廓线显示出来，其地址显示在“名称框”中。图 14-1 中的 A1 即为活动单元格，在活动单元格内可以输入各种数据。

14.1.4 建立、保存和打开工作簿

1. 新建工作簿

当 Excel 启动后，自动打开一个名为“Book1”的空白工作簿，该工作簿包含三张空白工作表，其名称显示在工作表标签栏中，如图 14-1 所示，其中 Sheet1 工作表默认是打开的，称作活动工作表。

建立新工作簿的方法是：

（1）执行“文件”菜单→“新建”命令，窗口右边出现“新建工作簿”任务窗格，如图 14-1 所示。

（2）在任务窗格的“新建工作簿”面板中，单击“空白工作簿”超链接，则建立一个名为“Book2.xls”的新工作簿文件。

如果在任务窗格的“新建工作簿”面板中，单击“本机上的模板”超链接，弹出“模板”对话框如图 14-2 所示，单击“电子方案表格”标签，选择一个适当的模板后，则新建了一个所选模板格式的工作簿。

2. 打开工作簿文件

打开已有的工作簿方法是：执行“文件”菜单→“打开”命令，将弹出“打开”对话框，操作方法同 Word。

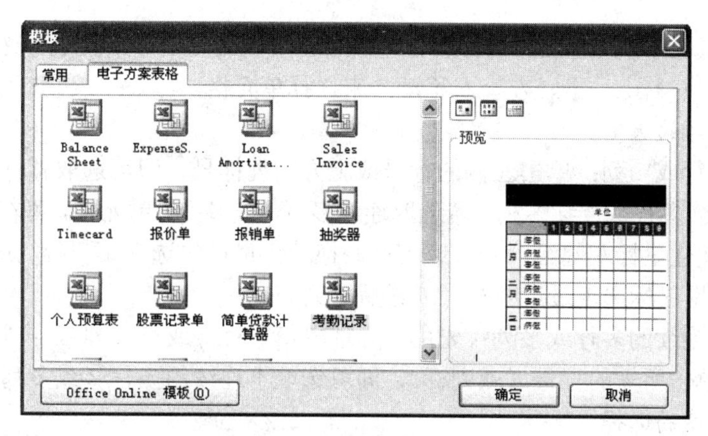

图 14-2　“模板”对话框

3. 保存工作簿

一个工作簿对应一个文件，文件名即为工作簿名。执行“文件”菜单→“保存”命令，弹出“另存为”对话框，系统提示输入保存位置、文件名及保存类型等。

4. 保护工作簿文件

已建立的工作簿文件根据需要可对其加以保密和保护，以防止被他人随意查看和修改。

（1）保护方式。

方式一：设置打开工作簿口令，保护工作簿文件不被其他用户任意打开。

方式二：设置修改权口令，允许一般用户打开工作簿文件，但不能任意修改。

（2）设置保护操作的方法。

执行“文件”菜单→“另存为”命令，弹出如图 14-3 所示“另存为”对话框，在该对话框中，单击“工具”按钮，在弹出的下拉列表中选择“常规选项”命令，弹出“保存选项”对话框，如图 14-4 所示。在“打开权限密码”、“修改权限密码”文本框中键入口令。口令最多 15 个字符，区分大小写，可用文字、数字、符号和空格。

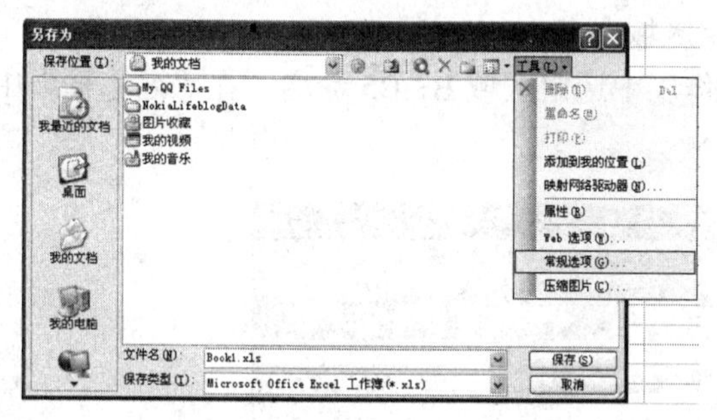

图 14-3　“另存为”对话框

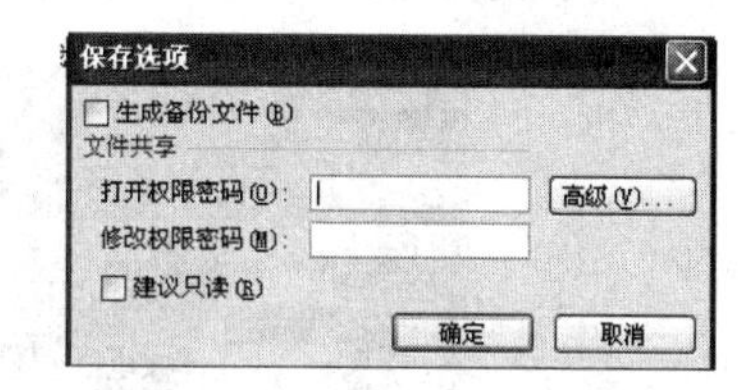

图 14-4　“保存选项”对话框

14.2　Excel 的基本操作

14.2.1　选定工作区域

1. 一个单元格的选定

选择单个单元格，只需将鼠标指向它并单击，该单元格即被激活。活动单元格用黑色粗体框中的白色区域表示，其对应的列标和行号同时出现在名称框中。也可用键盘上的四个光标键（↑、↓、→、←）上、下、左、右移动，来选择单元格。

2. 整行和整列的选定

（1）选取一行或一列：单击左侧的行号或上方的列标号，即可选取整行或整列单元格。

（2）选取连续多行或连续多列：若选取连续多行（或多列）单元格，可在选取第一行（或第一列）时同时按住鼠标左键沿行号（或列标）拖动；也可先选定第一行（或第一列），然后按住 Shift 键，再用鼠标选定最后一行（或最后一列）。

（3）选取不连续的多行或多列：先用鼠标选取第一行（或第一列），再同时按住 Ctrl 键，随后用鼠标分别单击所需的行号（或列标），即可选取不连续的多行（或多列）。

3. 单元格区域的选择

（1）选取连续的单元格区域。

方法一：选定一个连续的矩形区域时，可用鼠标直接在该区域中拖动即可。

方法二：先用鼠标单击该区域左上角的单元格，然后按住 Shift 键并单击该区域右下角单元格，即可选定连续单元格区。

（2）选取不相邻的单元格区域。

当选择的单元格或区域不相邻时，应先选定第一个单元格或单元格区域，然后按住 Ctrl 键，再选定其他单元格或单元格区域。

4. 整个工作表的选定

单击位于工作表左上角（行号和列标的交汇处）的灰色的矩形区域全选按钮，如图 14-1 所示。

5. 命名单元格区域

Excel 可以为单元格或连续单元格区域指定一个名称，以便在工作表中快速定位，也使一些特殊的单元格和公式更容易记忆和理解。

命名单元格时，先选定需命名的单元格或单元格区域，然后选择“插入”菜单→“名称”→“定义”命令，或直接用“名称框”为选定区域命名。

例如，如图 14-5 所示，要为家电销售工作表中选定区域 B3:B5 命名，在“名称框”中输入文字“第一季度”，按下 Enter 键即可。

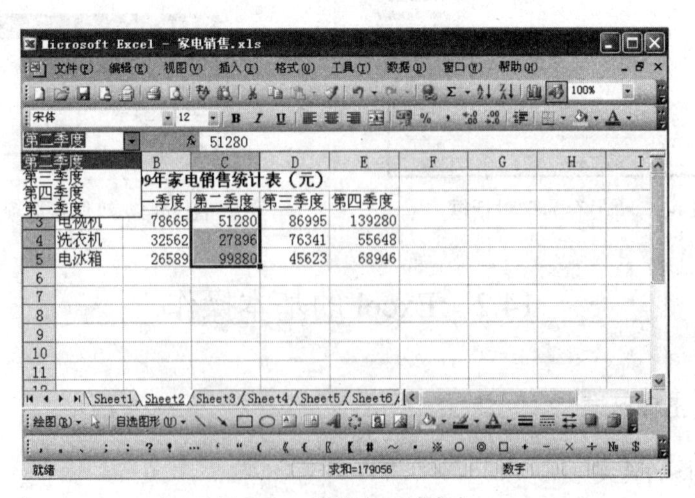

图 14-5 为选定区域命名

单击“名称框”右端下拉按钮，将显示已命名的区域名称。当某名称被选中时，该命名区域呈反显。

6. 常用的控制键

Tab 键：横向移动到下一个单元格；

Enter 键：纵向移动到下一个单元格；

Home 键：移到本行的第一个单元格；

Ctrl+Home 组合键：移到当前工作表的第一个单元格，即 A1 单元格；

Ctrl+PgUp 组合键：移到上一个工作表；

Ctrl +PgDn 组合键：移到下一个工作表。

14.2.2　输入数据及数据填充

Excel 允许在工作表中输入两种基本数据：常量和公式。

常量有三种基本类型：文字、数字和日期时间。一旦在单元格中输入了常量，该单元格的内容就保持不变，除非对该单元格重新进行输入或编辑。

公式必须以等号开头，是由包含符合运算规则的数学运算符、数据值、单元格地址、函数等组合而成的。也就是说，如果输入的首字符是等号，Excel 就认为是公式。

1. 输入操作

Excel 提供了直接在单元格内输入数据和通过数据编辑栏输入数据两种方法。

（1）输入新数据：单击要输入数据的单元格，直接输入数据，其输入的内容也同时显示在数据编辑栏中，如图 14-1 所示。

（2）插入或修改数据的两种方法：

方法一：选定单元格后，将插入光标移到工作表上方的数据编辑框中进行编辑，编辑完成后，单击编辑栏的“确定”按钮☑。

方法二：双击欲编辑的单元格，将插入点移到该单元格欲编辑处，进行数据编辑。在输入和修改数据时，在编辑框左侧会出现按钮☑和☒。编辑完成后，单击☑按钮表示确认操作，按钮☒表示取消操作；或者用 Enter 键或光标移动键，在确认的同时将光标移到相邻的单元格。

2. 各类数据的输入方法

（1）输入数值。数值是指能参与数学运算的数据。表示数值的方法有两种：日常计数法和科学计数法。

日常计数法是我们习惯使用的十进制计数法，由正号、负号、小数点和小数组成，例如+123、456、-56.88、36.456 等。科学计数法是一种采用指数形式的计数方法，由尾数部分、字母 e（或 E）及指数部分组成，例如 2.56E+8、5.7E-12。

需要注意以下几点：

①在默认状态下，数值在单元格中按右对齐方式显示。

②输入分数时，要在分数前加数字 0，且 0 与分数间加一个空格，例如 0 1/3，以避免与日期相混淆。

③整数前的“+”可以省略，即 100 与+100 相同。

④负数前应加负号或将数据放在小括号中也可，即-12 与（12）相同。

（2）输入文字。文字是指当字符串处理的数据，文字数据一般可直接输入。在默认状态下，文字数据在单元格中按左对齐格式显示。

说明：

①纯数字字符串的输入方法，比如邮政编码、电话号码等，输入时要在数字前加一个单引号。例如'050011。

②如果输入的文字串的首字符是等号=，则应先输入单引号。例如，要输入“=70” 三个字符，需键入'=70。

（3）输入日期和时间。Excel 将日期和时间当作数字处理，默认情况下也是右对齐显示在单元格中。输入日期时可以用“-”（减号）或“/” 分割年、月、日各部分，例如 2012/02/20。输入时间时，可用“:”（冒号）分隔时、分、秒，例如 12:35:50。

若输入当天的日期，按组合键 Ctrl+;。若输入当前的时间，按组合键 Ctrl+Shift+;。

3. 自动填充数据

自动填充数据用来快速复制数据和自动填充有规律的数据序列。Excel 内置了一些数据序列，用户也可以根据需要创建自定义序列。

在单元格的右下角有一个黑点，此黑点称为填充柄，如图 14-6 所示，利用填充柄可以快速输入数据。自动填充有以下几种情况：

	A	B	C	D	E	F
1	各类数据的输入方法练习					
2	输入数值	输入文字	纯数字文字	输入日期	输入时间	自动填充
3	12.3	英语	05	3月6日	8:25:31 PM	星期一
4	-20.35	英语	58	2012-5-1	18:20:05	星期二
5	1/3	英语		2011-7-17	9:13	星期三
6	- 4/5	英语				星期四
7						

填充柄

图 14-6 填充柄

（1）复制数据。当原始值为纯字符和纯数字时，拖动填充柄则复制数据。

（2）增值为 1 的数据填充。若原始值为纯数字数据，按住 Ctrl 键同时拖动该单元格的填充柄，则该数字的值自动增值 1。如图 14-7 第一行所示。

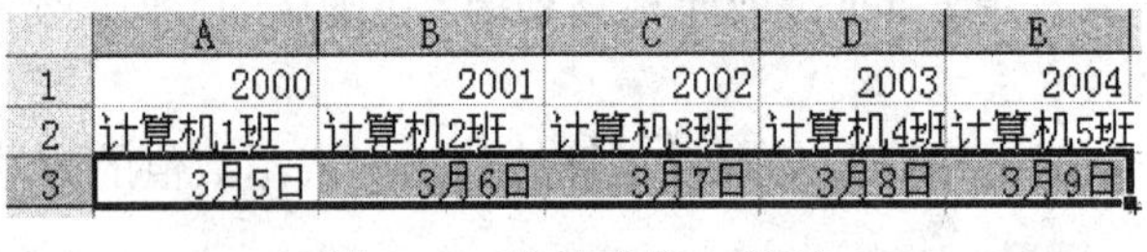

	A	B	C	D	E
1	2000	2001	2002	2003	2004
2	计算机1班	计算机2班	计算机3班	计算机4班	计算机5班
3	3月5日	3月6日	3月7日	3月8日	3月9日

图 14-7 自动增值 1 序列

若原始值为日期或是字符和数字混合串时，直接拖动填充柄，则日期和字符串中的数字自动增值 1。如图 14-7 第二和第三行所示。

（3）输入任意步长的序列。输入任意步长的序列有两种方法：

方法一：用鼠标拖曳法，选择要填充区域的首单元格并输入数据序列中的初始值，在下一单元格中输入序列的第二个数据，Excel 自动把这两个值的差值作为步长。将这两个单元格同时选定，然后用鼠标拖曳选定区域右下角的填充柄，直到该序列的终值，如图 14-8 所示。

方法二：使用“序列”对话框，在要填充区域的首单元格中输入初始值，然后选定需填充序列的单元格区域（含有初始值单元格），选择“编辑”菜单→“填充”命令，从级联菜单中选择“序列”命令，出现如图 14-9 所示的“序列”对话框。在该对话框中指定填充类型、步长值，若是日期还需填入日期单位等。

	A
1	2
2	4
3	6
4	8
5	10
6	12
7	14
8	16

图 14-8 选定两个单元格拖动

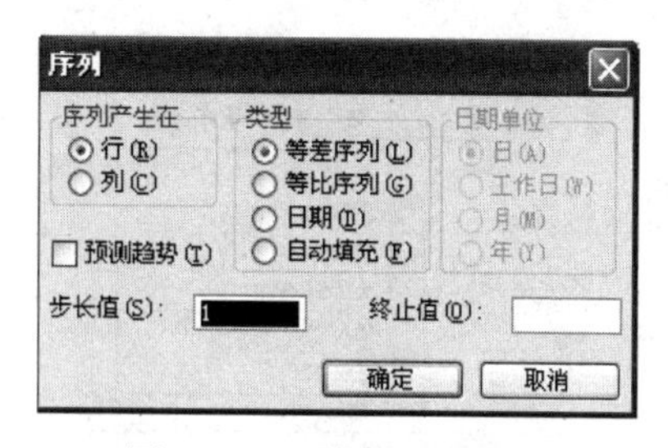

图 14-9 “序列”对话框

（4）自定义序列。Excel 为用户提供了一些常用序列，可以在某一单元格中输入已定义序列的任意值，拖动填充柄即可快速填充该序列。用户还可以定义系统没有定义过的序列，方法是：执行“工具”菜单→“选项”命令，弹出“选项”对话框，选择“自定义序列”选项卡，如图 14-10 所示，在“输入序列”对话框中输入自定义的序列，然后单击“添加”按钮，则将新输入的序列添加到了“自定义序列”列表中，单击“确定”按钮，完成自定义序列的添加。以后输入数据时，可以按自动填充序列的方法快速输入数据。

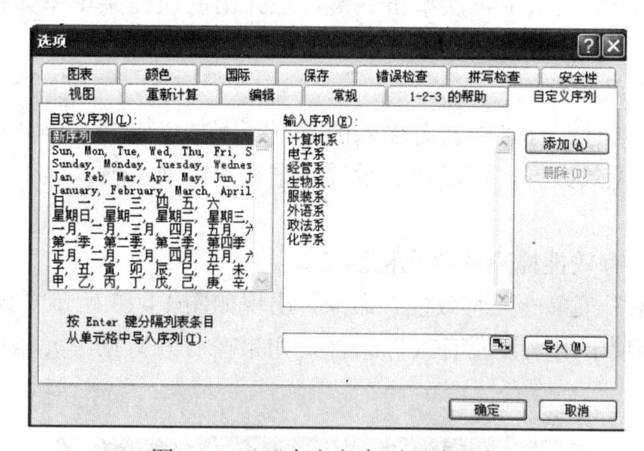

图 14-10 “自定义序列”选项卡

4. 记忆式输入

当向工作表中的某一列输入许多相同的数据时，可以使用“记忆式输入”功能来简化重复的键入。如果键入的前几个字符与该列中某个已有的内容相符时，Excel 将自动填充剩余的字符。

（1）设置“记忆式键入”功能的方法。执行“工具”菜单→“选项”命令，在“选项”对话框中，如图 14-10 所示，选择“编辑”选项卡，单击该选项卡中的“记忆式键入”复选框。

（2）输入数据时可以有如下几种选择：

- 如果接受自动给出的数据，键入 Enter 键；
- 如果不接受自动给出的数据，则继续键入新内容；
- 如果要删除自动给出的数据，用 Backspace 键删除多余的字符。

5. 单元格批注

给一些包含特殊字符或公式的单元格加批注，可以更容易理解相应单元格的信息。

给单元格加批注的方法如下：在需要添加批注的单元格内右击，在弹出的快捷菜单中选中“插入批注”命令，如图 14-11 所示，在弹出的批注框中输入文本，如图 14-12 所示，完成文本输入后，单击批注框外任意单元格即可。

图 14-11 插入批注快捷菜单

	A	B	C	D	E	F
1		2009年家电销售统计表（元）				
2		第一季度	第二季度	第三季度	第四季度	
3	电视机	78665	51280			
4	洗衣机	32562	27896			
5	电冰箱	26589	99880			
6						
7						

acer：
2009年第二季度电视机销售情况

图 14-12 插入批注

加了批注的单元格右上角有红色标记。当鼠标指向该单元格时，批注会自动显示。

在已经加了批注的单元格上再次单击右键，在弹出的快捷菜单中分别选择“编辑批注”和“删除批注”命令，可以对批注做编辑和删除操作。

6. 输入数据的有效性设置

在单元格输入数据时，有时需要对输入的数据范围加以限制。例如输入学生成绩有效范围为 0～100，为防止无效数据，可以通过设置数据有效性来实现。

操作方法是：

（1）选择要进行有效性检查的单元格区域。

（2）执行“数据”菜单→“有效性”命令，出现如图 14-13 所示“数据有效性”对话框。

（3）“设置”选项卡用来设置有效性条件，如果在有效数据单元格中允许空值，可选中“忽略空值”复选框。

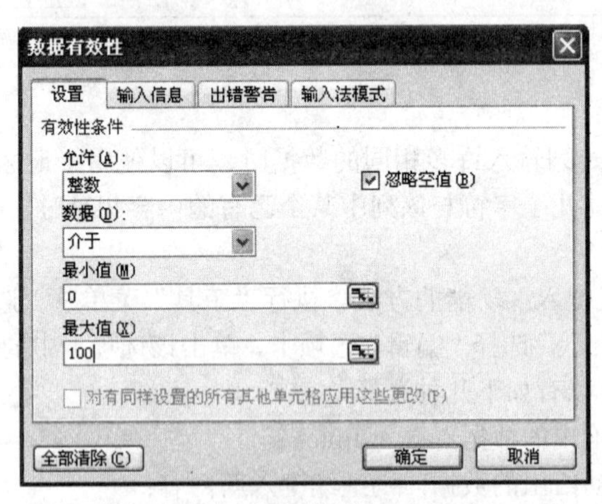

图 14-13 “数据有效性”对话框

（4）“输入信息”选项卡用于设置输入提示信息，当用户输入数据时，该信息会自动出现在该单元格旁，提示用户应输入的数据和数据范围，输入完后该提示信息将自动消失。

（5）“出错警告”选项卡用于设置出错信息，当用户输入的信息不符合设定值时将出现输入错误提示。

（6）单击图 14-13 中的“全部清除”按钮，可以取消该有效性设置。

14.2.3　编辑工作表

1．插入操作

（1）插入空白单元格或单元格区域。选择欲插入新单元格的位置或单元格区域，选择“插入”菜单→“单元格”命令，弹出如图14-14所示的“插入”对话框，选择被插入位置上原有单元格右移还是下移，然后单击“确定”按钮。

（2）插入整行和整列。单击某列标（或行号），选择“插入”菜单→“列”（或“行”）命令，则在当前单元格左侧插入一空列或在上行插入一个空行。

若一次插入多行，可以先选择多行，然后选择“插入”菜单→“行”命令，便可以插入多行。

（3）插入工作表。

方法一：选择“插入”菜单→“工作表”命令，便可在当前工作表之前插入一新工作表。

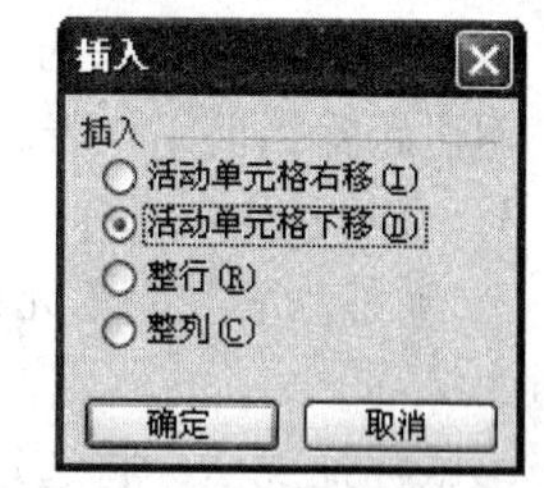

图 14-14　“插入”对话框

方法二：将鼠标定位在某一工作表名上，单击右键在弹出的快捷菜单中选择“插入”命令，则会在当前工作表之前插入一张新工作表。或是选择“电子方案表格”选项卡，可以选择Excel 提供的模板。

2．删除操作

（1）删除单元格。选定欲删除的单元格或单元格区域，再选择“编辑”菜单→“删除”命令，或在选定区域单击右键，在快捷菜单中选择“删除”命令，在弹出的“删除”对话框中，指定周围单元格的移动方向，然后单击“确定”按钮。

注意：此操作将被选中的单元格连同其中的内容一起删除。

（2）清除单元格中的数据。清除单元格中的数据操作可以有选择地删除单元格中的内容、格式、批注以及全部，但不删除单元格本身。

操作方法是：选择欲清除数据的单元格区域后，再选择“编辑”菜单→“清除”命令，如图 14-15 所示，在级联菜单中，如果选择“全部”，将把选定单元格中的内容、格式及批注全部删除；若只选择格式、内容或批注命令，只清除选中的一项。

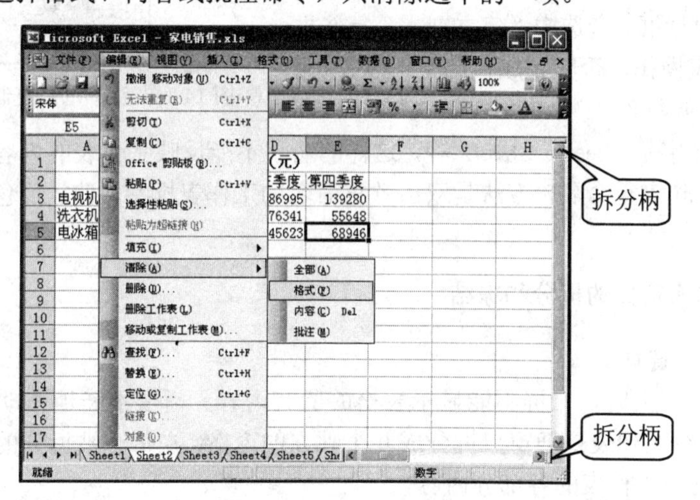

图 14-15　清除单元格数据

如果只清除单元格的内容，也可直接按 Delete 键。

（3）删除整行和整列。单击欲删除的行号或列标，选择“编辑”菜单→“删除”命令即可删除被选中的行或列。删除行或列后，工作表中的其余内容将自动上移或左移。

（4）删除工作表。

方法一：单击欲删除的工作表标签，使其成为当前工作表，选择“编辑”菜单→“删除工作表”命令即可删除当前工作表。

方法二：在欲删除的工作表名称上单击鼠标右键，在弹出的快捷菜单中选择“删除”命令，即可删除当前工作表。

3. 移动和复制操作

（1）移动和复制单元格的数据。移动和复制单元格的数据有两种方法：鼠标拖曳法和菜单命令法。

①鼠标拖曳法：将选定单元格直接拖动到目标区域的左上角即是移动。若要复制，则在拖动的同时按住 Ctrl 键。

②菜单命令法：选定单元格或单元格区域后，再选择常用工具栏中的“剪切”或“复制”按钮，在目标区域单击“粘贴”按钮。

（2）移动和复制工作表。工作表的移动和复制既可以在同一工作簿中进行，也可在不同工作簿之间进行，还可以同时移动和复制多张工作表。

要移动或复制工作表，首先要选定工作表，对单个工作表的选择，只要单击相应的工作表标签即可；要选定多个相邻的工作表，先选定第一张工作表，再按住 Shift 键同时单击最后一张工作表的标签；如果要选取多张不相邻的工作表，则先选定第一张工作表，按住 Ctrl 键，再依次选定其他工作表名。

移动和复制工作表的方法有两种：

①用鼠标拖动法：在已选定的工作表标签上，按住鼠标左键拖动它到标签栏的新位置，即为移动；如果拖动的同时按住 Ctr1 键，则为复制。

②用命令操作法：选定需操作的工作表标签，选择“编辑”菜单→“移动或复制工作表”命令，出现如图 14-16 所示对话框。若选中“建立副本”复选框，则完成复制工作表操作，否则完成移动工作表操作。

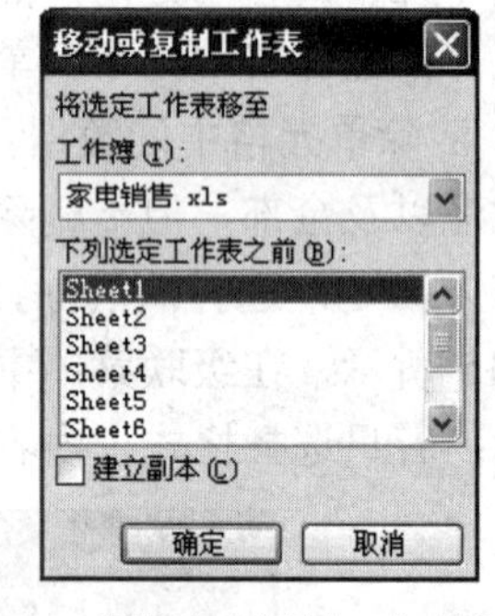

图 14-16 “移动或复制工作表”对话框

4. 工作表的重命名

工作表默认名字是 Sheetl、Sheet2 等，这样的名字不能反映工作表的内容，难以记忆和查找。因此，需给工作表重命名，方法是双击欲重命名的工作表标签，使之反色显示，输入新名字即可。

14.2.4 工作表窗口的拆分和冻结

1. 拆分工作表窗口

当一个工作表很大时，一屏不能显示表格的所有内容，需要不断地移动滚动条来查看数据，很不方便。拆分工作表是把窗口拆分成几个独立的窗格，在每个被拆分的窗格中都可以通过滚动条来显示同一工作表的各部分内容。

拆分窗口有两种方法：

（1）鼠标拖动法：在垂直滚动条顶端和水平滚动条右端分别有一个拆分柄，如图 14-15 所示，分别向下、向左拖动拆分柄，可拆分工作表窗口。

（2）菜单命令法：选定分割点位置单元格，选择“窗口”菜单→“拆分”命令，就会在所选单元格上方和左侧出现水平和垂直拆分线。

拆分窗口后，要撤消拆分，可以采用下列方法之一：

①执行“窗口”→“撤消拆分”命令。

②双击拆分线。

③拖曳拆分线至第一行或第一列。

2. 冻结窗格

冻结窗口是指将窗口的某些部分固定在窗口中，不随滚动条而移动。经常将行标题和列标题冻结，以便在滚动工作表数据时，屏幕始终保持显示行标题或列标题。

操作方法：选定单元格，执行“窗口”→“冻结窗格”命令，则所选单元格的左侧的列和上方的行都被固定下来，不会随滚动条的移动而滚动。

14.3　工作表格式设置

当建立并编辑了工作表之后，还需要对工作表的外观进行设计，使得工作表更加美观。

设置单元格格式有两种常用的方法：

方法一：使用“格式”工具栏，如图 14-17 所示。

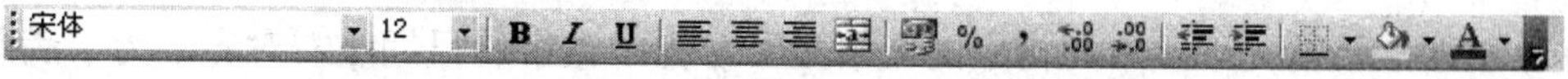

宋体 12 B I U % , .00 .00 A

图 14-17　“格式”工具栏

方法二：选定“格式”菜单→“单元格”命令；或在选定的单元格区域上单击鼠标右键，弹出快捷菜单，选择其中的“设置单元格格式”命令，弹出如图14-18所示的“单元格格式”对话框。选择其中的选项卡，可以实现对单元格中数字、字体、对齐方式、边框及图案（底纹）等项的设置。

14.3.1　设置数字格式

1. 使用“格式”工具栏

在“格式”工具栏中，如图 14-17 所示，Excel 提供了五种快速格式化数字的按钮：

（1）“货币样式”按钮：给数字添加货币符号，并增加两位小数，默认货币符号为￥。

（2）“百分比样式”按钮%：将原数字乘以 100 后，再在数字后加百分号%。

（3）“千位分隔样式”按钮,：在数字中加入千分位分隔符（逗号）。

（4）“增加小数位数”按钮：增加数字的小数位。

（5）“减少小数位数”按钮：减少数字的小数位。

2. 使用“单元格格式”对话框

如图 14-18 所示的“数字”选项卡，数字被分成了 12 类，每一类数字都有几种不同的显示格式。在“分类”列表框中单击某选项，如“数值”，然后在右侧选择小数位数，“负数”列表框中选择所需的数字格式，在“示例”框中会显示出格式设置后单元格中数字的显示形式。

当我们建立工作表时，所有的单元格都采用 Excel 提供的默认的“常规”数字格式，此格式将数值以最大的精确度显示出来。如果单元格的宽度不够时，Excel 会自动填充“#”，此时只要改变了单元格的宽度，就可以按指定格式显示数据了。

3. 使用菜单设置日期和时间格式

在图 14-18 对话框中，在“分类”列表中选择“日期”，得到如图 14-19 所示的设置日期格式对话框，可以根据需要设置日期的各种格式。

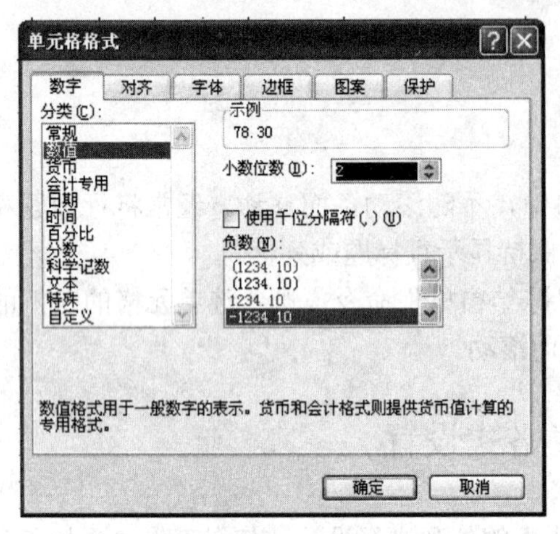

图 14-18 “单元格格式”对话框

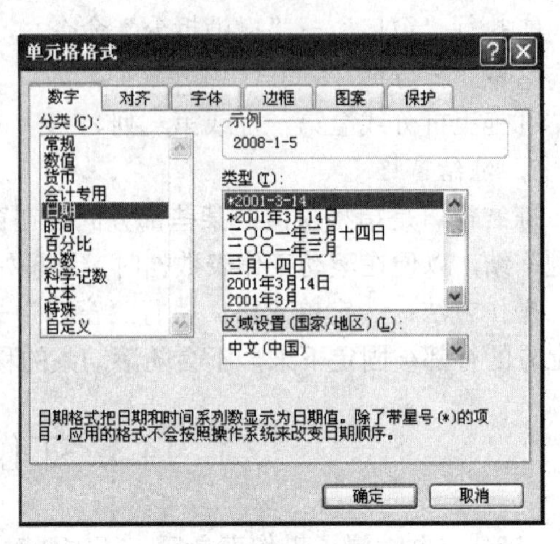

图 14-19 设置日期格式

14.3.2 改变对齐方式

在系统的默认情况下，单元格中的文字是左对齐，数字和日期是右对齐。为了满足一些表格处理的特殊要求，使版面看起来更美观，可以改变字符的对齐方式，方法是在图 14-18“单元格格式”对话框中选择“对齐”选项卡，得到如图 14-20 所示的对话框，可以设置“文本对齐方式”、文本“方向”、“文本控制”等。

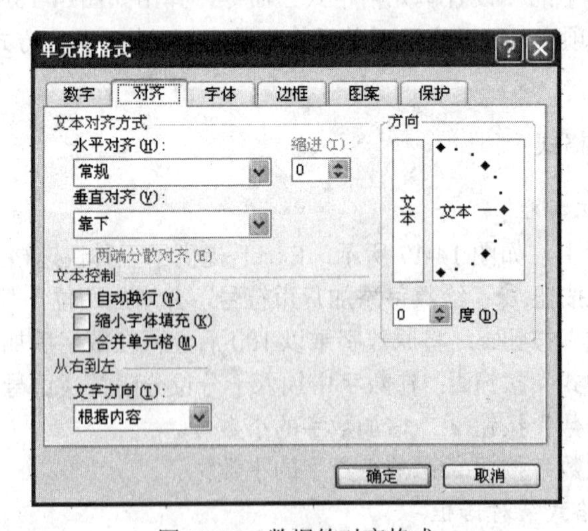

图 14-20 数据的对齐格式

1. “文本对齐方式”选项

单击“文本对齐方式”下的“水平对齐”或“垂直对齐”下拉列表，可设置选中单元格的水平和垂直对齐方式。

2. “方向”选项

“方向”选项用来控制文字在单元格内的旋转角度，可以拉动“文本”指针确定旋转角度，也可以直接在“度”文本框中输入度数。

3. “文本控制”选项

当单元格中文本的宽度超过单元格的列宽，且右邻单元格中也有内容时，则文本不能完全显示出来。在图 14-20 中提供了单元格文本控制的三种方法：

（1）“自动换行”复选框：当单元格中的文本宽度超过单元格的列宽时，文本自动折行显示。

（2）“缩小字体填充”复选框：缩减单元格中字符的大小，以使数据调整到与列宽一致，并能完全显示。如果改变列宽，字符大小可自动调整到设置的字体大小。

（3）“合并单元格”复选框：可以将多个单元格组成的矩形区域合并成一个单元格。合并前左上角单元格的引用作为合并后单元格的引用。

14.3.3 调整字体大小和颜色

在默认情况下，输入工作表中的文字是以宋体、常规字形显示的。可以通过调整字体、大小与颜色，使信息层次清楚，表格更加美观。

在选定单元格或单元格区域后，可以用以下两种方法设置字体：

（1）使用菜单：在图 14-18“单元格格式”对话框中，选择“字体”选项卡，选择希望的字体、字型、特殊效果、颜色等。

（2）使用工具栏：在“格式”工具栏中可以设置字体、字号、字形、字体颜色等。

14.3.4 设置单元格的边框线

在选定单元格或单元格区域后，设置单元格的边框线也可以用两种方法实现。

1. 使用菜单

（1）在“单元格格式”对话框中选择“边框”选项卡，弹出如图 14-21 所示的对话框。

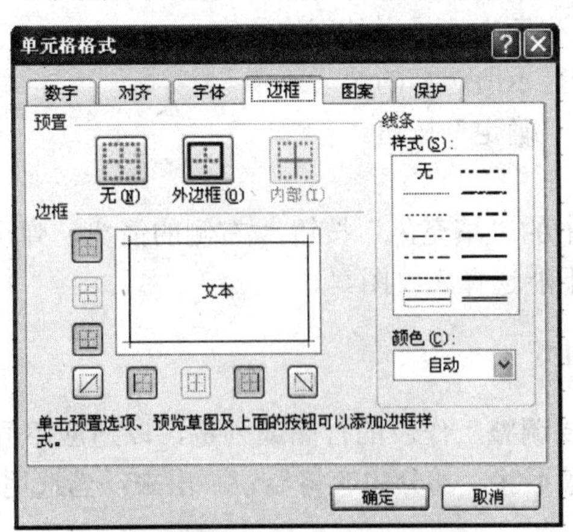

图 14-21 “边框”选项卡

（2）在“线形样式”列表框中有 14 种线形，单击选择任意一种线型。

（3）单击“颜色”下拉列表框的下拉箭头，从弹出的“颜色”对话框中选择一种边框线的颜色。

（4）单击“预置”选项或边框草图中的按钮，可以设置外边框、内部网格线或者不同边框线组合，设置效果同时出现在预览框中。

2. 使用工具栏

单击“格式”工具栏中“边框”按钮右侧的下箭头，弹出一个边框样式列表，从中选择所需的边框线。

14.3.5 选择底纹颜色和图案

底纹包括图案和颜色，设置的方法也有两种。

1. 使用菜单

（1）选择需添加底纹的单元格或区域。

（2）选择“单元格格式”对话框中的“图案”选项卡，如图 14-22 所示。

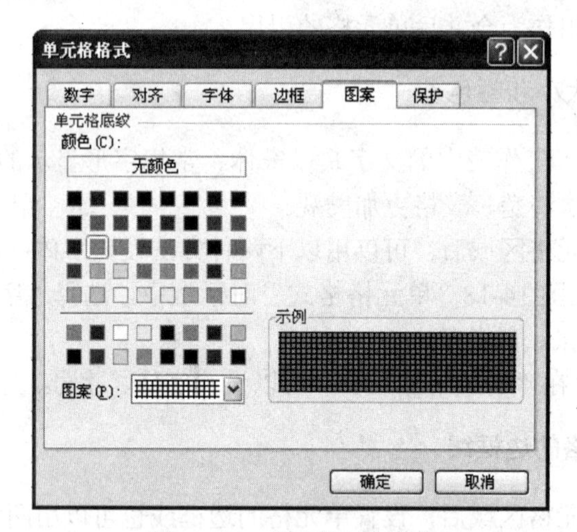

图 14-22 “图案”选项卡

（3）从“颜色”面板里选择一种颜色作底色。

（4）从“图案”下拉列表中选择一种底纹图案。

（5）在“示例”里会显示所选择的效果。

（6）如果满意，单击“确定”按钮。

2. 使用工具栏

单击“格式”工具栏中的“填充色”按钮右侧的箭头，弹出一个颜色样式列表，从中选择所需的底纹颜色，但不能选择底纹图案。

14.3.6 调整行高和列宽

在实际工作中，经常要调整工作表的行高或列宽，以适应不同的数据输入。例如，当单元格中的信息过长时，列宽不够，部分内容将显示不出来；当选用的字号较大时，行高不够，字符将会削去顶部。

调整行高和列宽可使用鼠标拖动和菜单栏两种方法。

（1）利用鼠标拖动。将鼠标指向要改变行高、列宽的行、列编号之间的分隔线上，当鼠标指针变为一个带左右箭头的黑十字时，拖动鼠标到合适的位置。

（2）使用菜单栏。使用菜单命令，可以精确调整或自动匹配最合适的行高和列宽，或隐藏行和隐藏列，如图 14-23 所示。

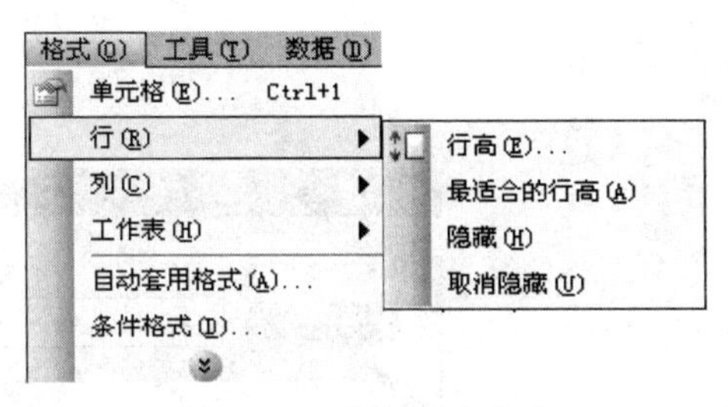

图 14-23　调整行高命令

14.3.7　自动套用格式

为了方便使用，Excel 为用户提供了一些现成的工作表格式，可以自动套用，既美化了工作表，又免去了设置格式的操作。

选定工作表区域，选择“格式”菜单→“自动套用格式”命令，打开“自动套用格式”对话框，如图 14-24 所示，可以在此对话框中选择一种格式。

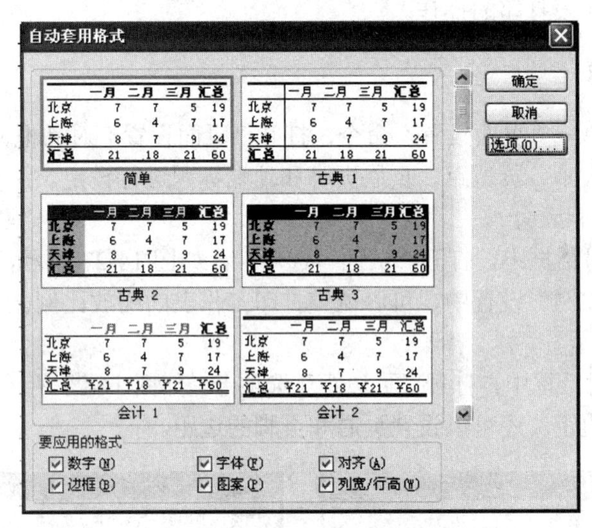

图 14-24　“自动套用格式”对话框

单击对话框的“选项”按钮，展开“要应用的格式”选项栏，通过选择其中的复选项，可以选择套用的若干格式。

14.3.8　条件格式设置

条件格式是指当给定条件为真时，Excel 自动将已设置的格式应用于满足条件的单元格。

【例 14.1】根据图 14-25 学生成绩计算表，对 C2:E10 单元格区域设置条件格式：当各科成绩小于 60 分时，用浅绿色底纹、倾斜、加粗的红色数字突出显示。操作步骤如下：

（1）选定需设置条件的数据区域 C2:E10。

（2）设置条件：选择“格式”菜单→“条件格式”命令，打开“条件格式”对话框，如图 14-26 所示，在条件区域设定条件。

（3）设置对满足条件数据的显示格式：单击图 14-26“格式”按钮，将弹出“单元格格式”对话框，按要求设置浅绿色底纹、倾斜、加粗的红色数字突出显示效果。

	A	B	C	D	E
1	学号	姓名	计算机	语文	数学
2	910103	巫焕金	92	78	***45***
3	910111	李江杰	65	73	***56***
4	910106	朱伟东	82	66	61
5	910119	钟丽欢	71	***50***	64
6	910117	郑金明	73	66	65
7	910105	陈柳青	74	91	66
8	910113	李载波	***45***	67	70
9	910118	刘秀	80	78	70
10	910108	沈伟成	75	78	73

图 14-25 设置条件格式

图 14-26 “条件格式”对话框

（4）单击“确定”按钮，得到如图 14-25 所示的结果，不及格的数据以特定格式显示。

14.4 页面设置和打印

Excel 工作表打印与 Word 的打印操作基本类似，请读者参考 Word 中介绍的打印操作，这里只简单介绍一下工作表打印的操作。

14.4.1 页面设置

单击“文件”菜单→“页面设置”命令，打开“页面设置”对话框，如图 14-27 所示，可以对打印方向、纸张大小、页边距、页眉页脚和顶端标题进行设定。

1. 设置纸张大小和方向

在“页面设置”对话框中，打开“页面”选项卡，如图 14-27 所示，可以设置纸张大小和打印方向。在“缩放比例”设置中，可以调整打印工作表的缩放比例。

2. 设置页边距

在“页面设置”对话框中，打开“页边距”选项卡，如图 14-28 所示，可以在上、下、左、右 4 个框中分别确定边距。还可以设置页眉和页脚的边距。

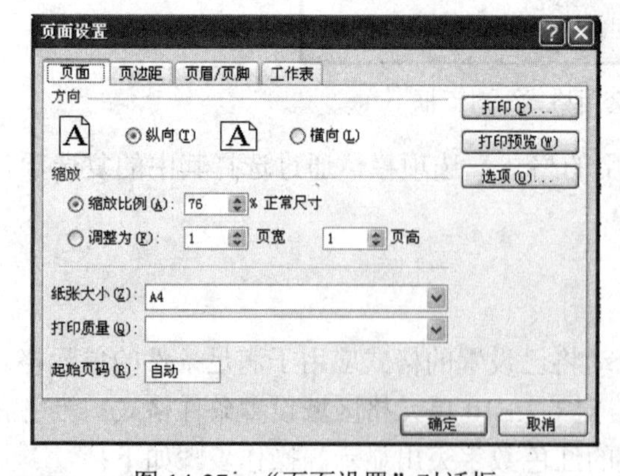

图 14-27 “页面设置”对话框

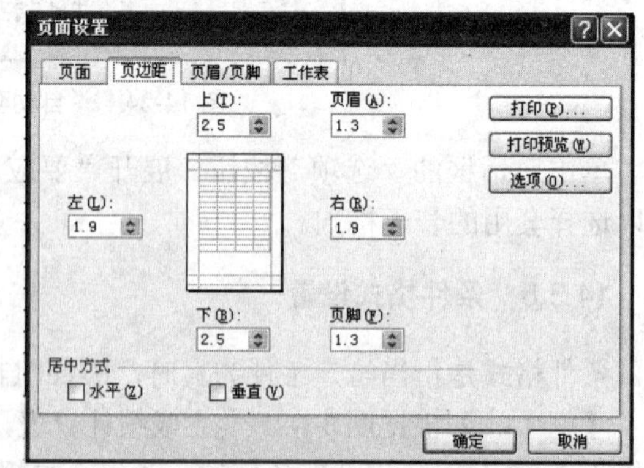

图 14-28 “页边距”选项卡

3. 设置页眉和页脚

在“页面设置”对话框中，打开“页眉/页脚”选项卡，如图 14-29 所示，在“页眉”下拉列表中选择一种页眉格式。

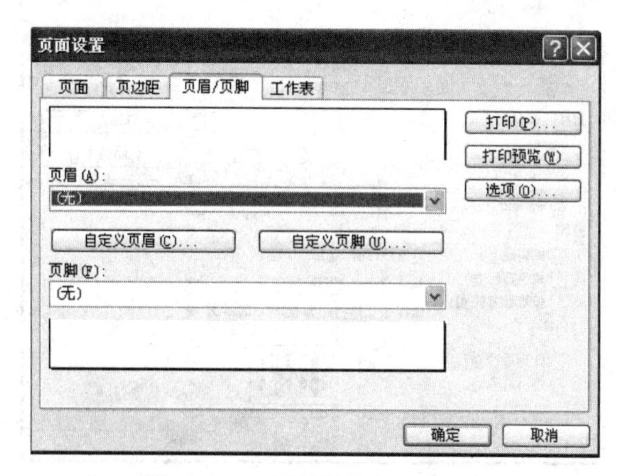

图 14-29 “页眉/页脚”选项卡

如果对已提供的页眉格式均不满意，可以自行设置页眉格式，单击“自定义页眉”按钮，弹出“页眉”对话框，如图 14-30 所示。“页眉”对话框包含左、中、右三个文本框（用来确定页眉显示的位置）和 10 个功能按钮。10 个功能按钮的作用介绍如下：

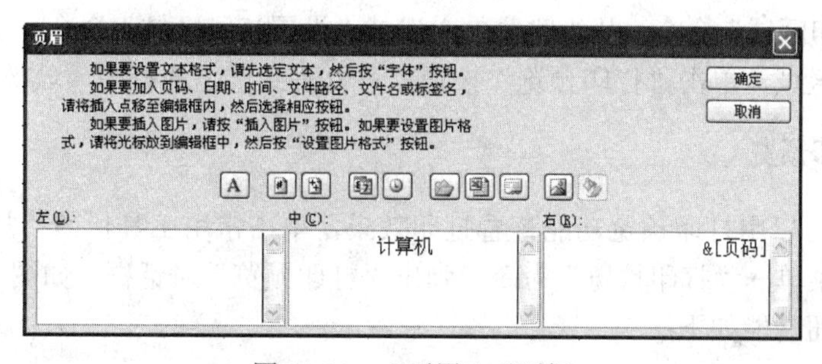

图 14-30 “页眉”对话框

（1）“字体”按钮：对“页眉”文本框中的文本字体进行设置。

（2）“页码”按钮：在页眉中显示可自动更新的页码。

（3）“总页码”按钮：在页眉中显示可自动更新的总页数。

（4）“日期”按钮：在页眉中显示当前日期。

（5）“时间”按钮：在页眉中显示当前时间。

（6）“工作簿文件路径”按钮：在页眉中显示工作簿所在路径及文件名。

（7）“工作簿名”按钮：在页眉中显示工作簿名。

（8）“工作表名”按钮：在页眉中显示工作表名。

（9）“插入图片”按钮：插入图片。

（10）“设置图片格式”按钮：设置图片格式，必须在插入图片后才有效。

4. 设置顶端行标题和左端列标题

当一个工作表的行数比较多时，需要多页打印，每页都要有表头，这时就需要设置顶端标题行。

当一个工作表的字段比较多时，需要多页打印，每页都需要有标记记录的字段，这时就需要设置左端标题列。

在“页面设置”对话框中，打开“工作表”选项卡，如图 14-31 所示，在“打印标题”选项中，设置行标题和列标题。

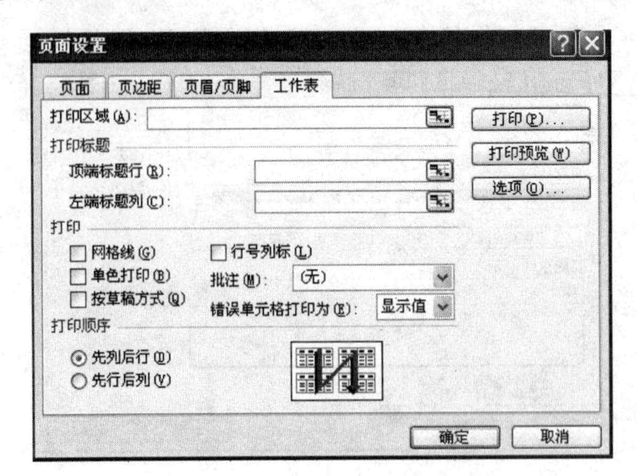

图 14-31 “工作表”选项卡

14.4.2 设置打印区域

若要打印工作表的局部内容，其方法是首先在工作表中选定要打印的区域，然后单击“文件”菜单→“打印区域”命令，从级联菜单中选择“设置打印区域”命令，在打印时只能打印出选定的单元格区域，单击“打印预览”按钮，可以看到选定的打印区域效果。

14.4.3 打印预览

在打印之前可以用打印预览功能查看打印效果，单击常用工具栏的“打印预览”按钮或者单击“文件”菜单→“打印预览”命令，弹出“打印预览”对话框，如图 14-32 所示，该对话框中的部分按钮功能如下：

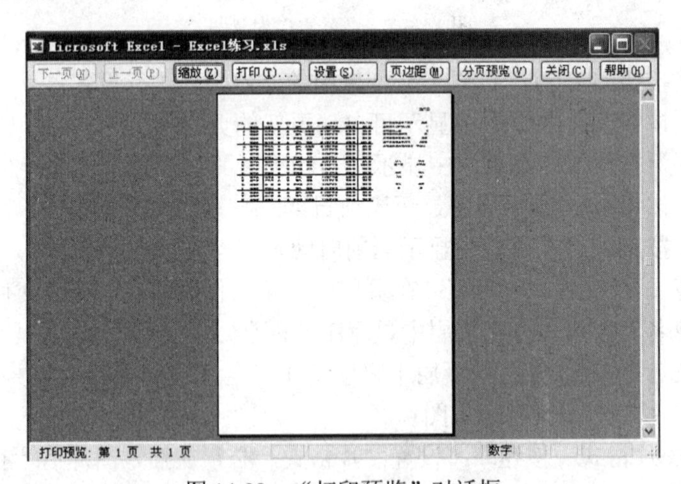

图 14-32 “打印预览”对话框

（1）“缩放”按钮：显示比例，该功能不影响打印尺寸。

（2）“打印”按钮：打开“打印”对话框，打印工作表。

（3）“设置”按钮：打开“页面设置”对话框。

（4）“页边距”按钮：在预览界面显示或隐藏表示页边距、页眉页脚以及列宽的制柄，可以直接拖动各制柄用以调整版面。

（5）“分页预览/普通视图”按钮：在普通视图和分页预览视图之间切换。

14.4.4　打印输出

在确认打印机已连接好后，在常用工具栏中单击“打印”按钮，则会按照默认的设置直接打印工作表。

如果要设置打印范围、打印份数等，必须执行“文件”菜单→“打印”命令，弹出“打印内容”对话框，其操作方法同Word类似。

14.5　Excel 操作演示一（基本操作）

打开“Excel 素材”文件夹中的“Excel 操作演示一（基本操作）.XLS”文件，并进行如下编辑操作：

（1）在“姓名”字段的前面插入一列“序号”，其值为自 1 开始，步长为 1，等差级数增至 20。

（2）填充“入学日期”字段的数据，其值均为 2011-9-1。

（3）计算并添入总分字段的数据，计算公式为：总分=数学＋英语＋政治。

（4）在最后填加一行，“序号”字段值为“平均”，“数学”、“英语”、“政治”“总分”字段的数据为纵向求平均值，其余字段的数据不填。

（5）设置表中的行高为 20，列宽为最适合的列宽；表中文字为楷体 16 号蓝色；所有文字水平和垂直方向均居中。

（6）在最上边添加一行标题，内容为“2011 级新生入学情况表”并使其合并居中，设置该行高为 30，文字垂直居中，采用粉红色仿宋体 20 号字。

（7）设置工作表的边框为外边框是实粗线，内边框为实细线，第二条和倒数第二条横线为双线。表格填充底纹图案为 25%灰色。

（8）将所有各科成绩高于 90 分（包括 90 分）的设置为红色、加粗；各科成绩低于 60 分（不及格）的设置为绿色、斜体。

（9）对数学、英语、政治三列增加有效性设置：允许是小数，最小值为 0，最大值为 100.

（10）将 Sheet1 工作表分别复制到 Sheet2、Sheet3，并改名为排序、筛选。

演示过程请参见本书附加光盘。

14.6　Excel 实验一（基本操作）

打开“Excel 素材”文件夹中的“Excel 实验一.XLS（基本操作）”工作簿，在此工作簿中做如下实验操作：

在“Excel 实验一.XLS（基本操作）”工作簿中新建工作表，工作表名为“工资表”，如表 14-1 所示。

建立“工资表”后，完成以下操作后存盘：

（1）计算并填入所有人的实发工资。

（2）对基本工资保留一位小数，补贴无小数，实际工资保留一位小数并加人民币符号￥。

（3）标题设成黑体，16 号字、加粗、红色；其余内容为宋体、12 号、粉红色。

（4）第一行行高 30 磅，其余各行行高 25 磅，各列选取最适合的列宽。

表 14-1 新建工作表

工资表				
姓名	出生日期	基本工资	补贴	实发工资
王新河	2-18-65	2500.00	225.00	
陈美玲	7-5-55	3100.00	530.00	
李大理	10-20-68	2200.00	600.00	
崔 兰	3-28-63	4500.00	750.00	
范建国	11-9-72	3100.00	500.00	
赵贵凤	11-11-52	1500.00	600.00	
王望熙	10-23-66	2200.00	450.00	
张 翔	9-18-56	3300.00	425.00	
沈新民	12-30-69	4100.00	350.00	
李利国	7-21-64	4300.00	400.00	

（5）表中文字水平和垂直方向均居中。

（6）外边框和第二条横线用蓝色粗线，内边框用绿色细线。

（7）对“王新河”加批注，内容为：副总经理。

（8）对实发工资小于 3000 元的用红色字体、加粗表示（条件格式设置）。

（9）对基本工资增加有效性设置：允许是小数，最小值为 2000，最大值为 10000。

（10）“实发工资”一列数据保留 2 位小数；并设置此列文字的方向为-12 度。

2．在“Excel 实验一.XLS（基本操作）”工作簿中，进入“货物”工作表，完成如下操作：

（1）货物 A 的销售“数量”以 10 为起点，按步长 4，等差级数增长。

（2）货物 B 的销售“数量”以 10 为起点，按步长 2，等比级数增长，最多达到 80，后面单元格都为 80。

（3）货物 C 的销售“数量”以 40 为起点，以后各单元格保持固定值。

（4）货物 A、B、C 的“金额”=“单价”×“数量”，并自动填充。

（5）纵向计算货物 A、B、C 的“单价”平均值，填写在第 15 行对应列的单元格中。

（6）分别对货物 A、B、C 的销售“数量”、“金额”进行纵向求和。填写在第 15 行对应的单元格中。

（7）外边框用蓝色粗线，内边框用黄色细线，表格底纹为 25%灰色。

（8）对“货物 A”、“货物 B”、“货物 C”单元格分别加批注：电熨斗、电热毯、吸尘器。

3．在“Excel 实验一.XLS（基本操作）”工作簿中，进入“教师表”工作表，完成下述操作：

（1）在表的最右端插入两列，字段名称分别为：补贴总计和实发工资；其中补贴总计是工龄的 10 倍与职务补贴的和，实发工资=基本工资+职务补贴+补贴总计。

（2）在第一条记录的前面插入一条记录，内容为：

生物系 李目伟 女 否 研究生 副教授 5 1967-4-25 3700.00 1150.00

（3）删除第十条记录。

（4）在表的最左端插入一列编号，从 001 开始到 040。

（5）在最上边添加一行标题，内容为“职工情况表”并使其合并居中，设置该行高为 30，文字垂直居中，采用粉红色、仿宋体、20 号字。

（6）在最后添加一行，“部门”字段值为“平均”。该行“基本工资”、“职务补贴”、“补贴总计”。

（7）字段的数据为纵向求平均值，其余字段的数据不填。

（8）设置表中除第一行外其余各行的的行高为 20，列宽为最适合的列宽；表中文字为楷体、16 号、蓝色；所有文字水平和垂直方向均居中。

（9）设置工作表的边框为外边框是实粗线，内边框为实细线，第二条和倒数第二条横线为双线。

（10）将 Sheet1 工作表复制到 Sheet2 并改名为“简表 1”。

（11）将 Sheet1 工作表中的“姓名”、“基本工资”、“职务补贴”、“补贴总计”、“实发工资”5 列复制到 Sheet3 并改名为“工资表”。

第 15 讲　公式和函数

本讲的主要内容包括：

- Excel 公式
- Excel 函数
- Excel 常用函数
- 函数应用举例

15.1　公式

公式是一种数据形式，它可以用来执行各种运算。公式一般由运算符、单元格标识、数据值、函数等组成，它可以像文字、数值及日期一样存放在单元格中，但存放公式的单元格一般显示的是公式的结果，只有当该单元格为活动单元格时其公式才显示在编辑栏中。输入公式时必须以等号（=）开头，以区别于其他数据。

15.1.1　建立和输入公式

在如图 15-1 所示的工作表中，要在 F3 单元格中求总计，步骤如下：先单击 F3 单元格，然后输入公式：=B3+C3+D3，最后键入 Enter 键，即可在 F3 单元格中显示出计算结果，而在编辑栏中仍然可以显示当前单元格的公式。

需要说明以下几点：

（1）在公式中输入 B3、C3、D3 单元地址时，还可以直接单击相应的单元格即可。

（2）当任意更改 B3、C3、D3 单元格的值时，Excel 会自动按原公式重新计算 F3 单元格的值。

（3）由于经常用到求和公式，Excel 提供了一个“自动求和”工具，单击“常用”工具栏中的“自动求和”按钮（∑），如图 15-1 所示，则在当前单元格中自动插入求和函数。

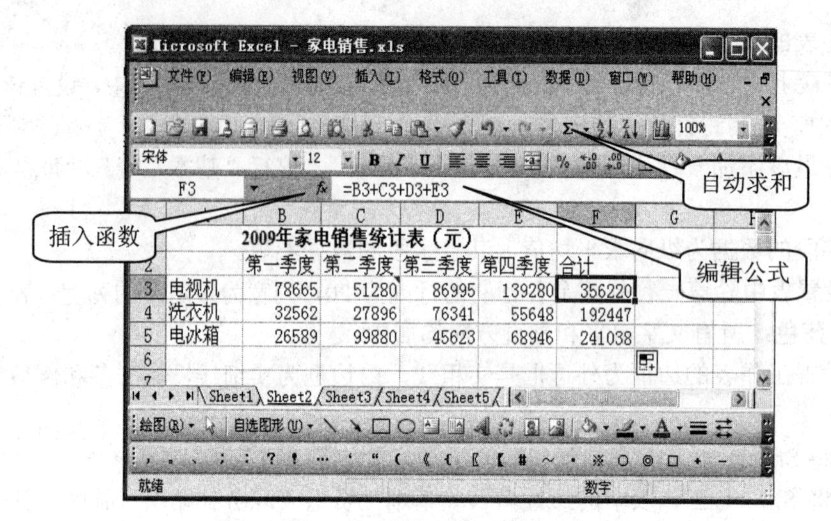

图 15-1　公式及自动填充

15.1.2　公式中的运算符

Excel 提供了四种运算符：引用运算符、算术运算符、字符运算符和比较运算符。

表 5-1 给出了四种运算符的优先次序及运算符号。

表 5-1　Excel 的四种运算符

优先次序	类别	
高	引用运算	:（冒号）　,（逗号）　（空格）
↓	算术运算	%（百分号）　^（乘方）　*（乘）　/（除）　+（加）　-（减）
	字符运算	&
低	比较运算	=（等于）　<（小于）　<=（小于等于）　>（大于）　>=（大于等于）　<>（不等于）

（1）引用运算：它是电子表格特有的运算，可实现单元格的合并运算。引用运算符有三个，即冒号、逗号和空格。

①冒号（:）运算符用来表示一个单元格区域。例如，A1:B3 指定了 A1、A2、A3、Bl、B2、B3 共六个单元格。

②逗号（,）运算符将多个单元格区域联合引用，即逗号前后单元格区域同时引用，例如，“A1,B2,C3”，同时指定了三个单元格，而“C1,D1:D3”指定了 C1、D1、D2、D3 共四个单元格。

③空格运算符为单元格区域交叉引用，即引用两个或两个以上单元格区域的重叠部分。例如，“Al:B3 A3:C3”指定了 A3 和 B3 两个单元格。

（2）字符运算符（&）是将两个或多个字符串连成一个字符串。

（3）算术运算和关系运算与数学中的概念类似，在此不做叙述。

在一个公式中括号的优先级最高，算术运算中百分比符号（%）级别最高，依次是乘方（^）、乘（*）和除（/）、加减最低。同一级别的运算符按照从左到右的次序运算。

15.1.3　公式的自动填充

在一个单元格中输入公式后，如果相邻的单元格要进行同样的计算，一个一个地重复输入公式，将是一项非常麻烦的工作，而且容易出错。Excel 提供了公式自动填充功能，方法是：单击已有公式所在的单元格，拖动该单元格右下角的填充柄，直到经过要进行同样计算的单元格区域即可。

例如，图 15-1 中已计算了电视机的销售总额（总计），利用公式的自动填充可以快速计算出其他电器的销售总额。

15.1.4　单元格的引用

表示单元格地址的方法称作单元格引用，即用单元格所在位置的列标和行号来表示单元格地址，例如 A1、B3 等，这种默认引用方式叫相对引用。

单元格引用的方法有三种：相对引用、绝对引用和混合引用。将公式从一个单元格复制（填充）到另一个单元格时，相对引用和绝对引用之间的差异就显得非常重要。

（1）相对引用：指公式所在单元格和引用单元格的相对位置，即复制带有相对引用的公式时，把原来单元格引用的地址自动调整为相对应的新单元格地址。

如图 15-1 所示 F3 单元格的公式为“=B3+C3+D3+E3”，被复制到 F4 单元格时自动为“=B3+C3+D3+E3”，这种对单元格的引用会随着公式所在单元格位置的改变而改变。

（2）绝对引用：表示某一单元格工作表中固定位置，这种对单元格的引用与公式所在单元格的位置无关。在单元格的列标和行号前分别加上字符“$”就表示是绝对引用。

例如在图 15-2 中，计算了每种电器的销售额总计（横向求和），也计算了每个季度的销售额合计（纵向求和），F6 单元格中是年度总销售额。现要求计算：每个季度的销售额占年度总销售额的比例，公式为 B7=B6/$F$6，即除数要用绝对引用，计算每个季度的百分比时，除数都要绝对引用 F6 单元格的值，因此除数要写成绝对引用$F$6。

B7　　fx　=B6/$F$6

	A	B	C	D	E	F
1		2011年家电销售统计表（元）				
2		第一季度	第二季度	第三季度	第四季度	合计
3	电视机	78665	51280	86995	139280	356220
4	洗衣机	32562	27896	76341	55648	192447
5	电冰箱	26589	99880	45623	68946	241038
6	合计	137816	179056	208959	263874	789705
7	百分比	0.174516	0.226738	0.264604	0.334142	

图 15-2　公式中的绝对引用

（3）混合引用：是指公式中既有相对引用，又有绝对引用。例如，$C5 表示 C 列是绝对引用，行号 5 是相对引用，而 C$5 表示 C 列是相对引用，5 行是绝对引用。当含有公式的单元格因插入、复制等原因引起行、列引用的变化时，公式中相对引用部分随公式位置的变化而变化，绝对引用部分不随公式位置的变化而变化。

15.1.5　选择性粘贴数据

当需要有选择地复制单元格中的特定内容时，可采用选择性粘贴，即有选择地粘贴数据。例如，它可以只复制公式本身、只复制运算结果而不复制公式或只复制格式等。具体操作步骤如下：

（1）选定要复制的单元格或单元格区域。

（2）单击“常用”工具栏的“复制”按钮，将选定内容复制到剪切板。

（3）单击欲粘贴数据的单元格或单元格区域左上角的单元格。

（4）打开“编辑”下拉菜单，选择“选择性粘贴”命令，弹出“选择性粘贴”对话框，如图 15-3 所示。

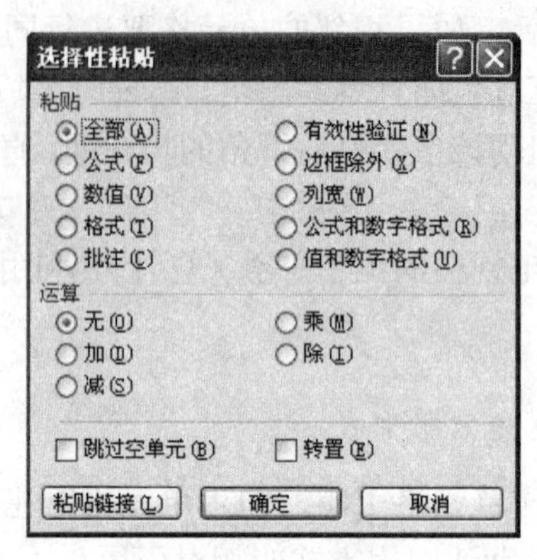

图 15-3 “选择性粘贴”对话框

（5）选择所需粘贴的内容后，单击“确定”按钮。

15.2 函数

函数是 Excel 预先定义好的公式。为了方便使用，Excel 提供了近 200 个函数，从类别上分有数学和三角函数、时期与时间函数、财务函数、统计函数、文本函数和数据库函数等。

函数由函数名和参数组成，其一般形式为：

函数名（参数 1，参数 2，……参数 n）

其中参数可以是常量、单元格引用或是其他函数。

函数的输入方法有两种，一种是直接在编辑栏输入，另一种是用插入函数。后一种方法更方便。

使用“插入函数”进行计算的操作步骤如下：

（1）选定要输入函数的单元格。如图 15-4 所示，假设计算学生各门课程的平均成绩。

（2）单击编辑栏的插入函数按钮 f_x 或选择“插入”菜单中的“函数”命令，弹出“插入函数”对话框，如图 15-5 所示。

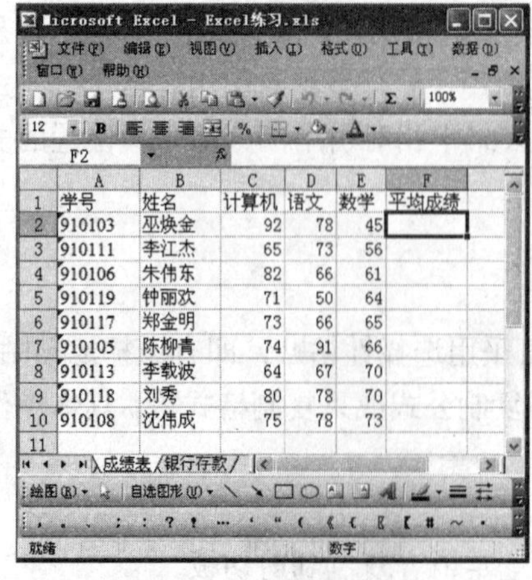

图 15-4 计算平均成绩

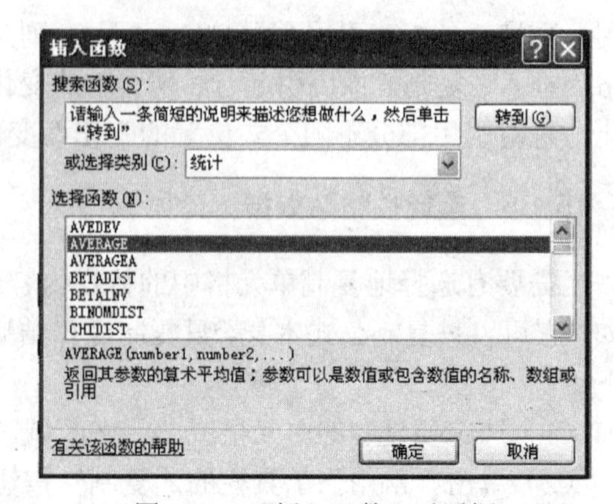

图 15-5 “插入函数”对话框

（3）从“选择类别”下拉列表框中选择函数类别，如求平均值函数 AVERAGE 在“统计”类别中，在下方“选择函数”列表框中选择 AVERAGE 函数，在列表下方为所选函数的名称、参数以及函数的功能说明和参数描述等，如图 15-5 所示。

（4）单击“确定”按钮弹出如图 15-6 所示的“函数参数”对话框，根据提示输入函数的各个参数，当单元格引用作为参数时，可单击参数框右侧的“暂时隐藏对话框”按钮，从工作表中直接选择相应的单元格，例如，拖动 C2:E2 单元格区域，然后再次单击该按钮，恢复“函数参数”对话框，如图 15-7 所示。

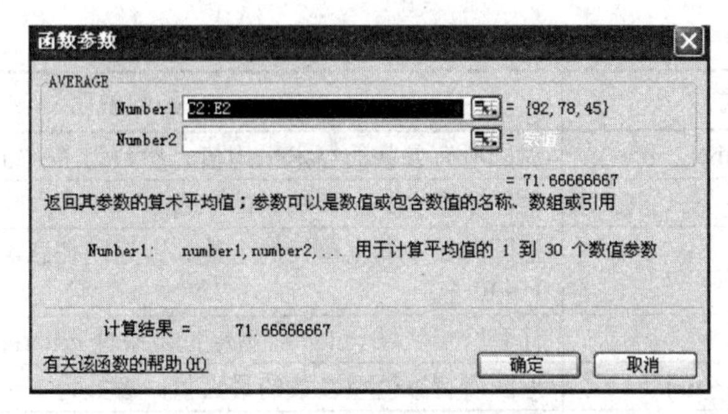

图 15-6　“函数参数”对话框

AVERAGE　=AVERAGE(C2:E2)

	A	B	C	D	E	F	G	H
1	学号	姓名	计算机	语文	数学	平均成绩		
2	910103	巫焕金	92	78	45	C2:E2)		
3	910111	李江杰	65	73	56			
4	910106	朱伟东	82	66	61			
5	910119							
6	910117							
7	910105	陈柳青	74	91	66			
8	910113	李载波	64	67	70			
9	910118	刘秀	80	78	70			
10	910108	沈伟成	75	78	73			

函数参数　C2:E2

暂时隐藏按钮

图 15-7　求平均成绩

（5）单击“确定”按钮，完成函数的建立，然后拖动 F2 单元格的填充柄，利用公式自动填充方法完成其他学生平均分的计算，结果如图 15-8 所示。

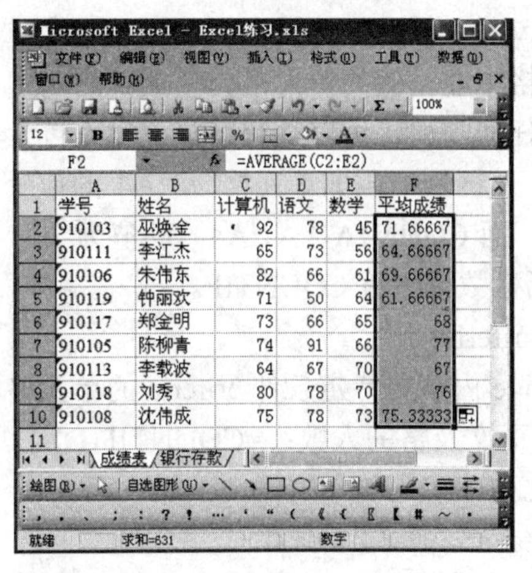
Microsoft Excel - Excel练习.xls

F2　=AVERAGE(C2:E2)

	A	B	C	D	E	F
1	学号	姓名	计算机	语文	数学	平均成绩
2	910103	巫焕金	92	78	45	71.66667
3	910111	李江杰	65	73	56	64.66667
4	910106	朱伟东	82	66	61	69.66667
5	910119	钟丽欢	71	50	64	61.66667
6	910117	郑金明	73	66	65	68
7	910105	陈柳青	74	91	66	77
8	910113	李载波	64	67	70	67
9	910118	刘秀	80	78	70	76
10	910108	沈伟成	75	78	73	75.33333
11						

成绩表 / 银行存款 /
就绪　求和=631　数字

图 15-8　函数自动填充

15.3 常用函数

下面按照函数功能分类，解释常用的一些函数及其用法。

15.3.1 统计函数

常用统计函数及功能如表 15-2 所示。

表 15-2 统计函数

函数名及格式	函数说明
AVERAGE(number1,number2,……)	返回所有参数的算术平均值。参数为 1～30 个，一般用区域表示
COUNT(value1,value2,……)	返回参数中数字型数据的个数
COUNTA(value1,value2,……)	返回参数中非空单元的个数。即返回任意类型参数的个数，参数为 1～30 个
COUNTIF(range,criteria)	计算给定区域 range 内满足特定条件 criteria 的单元格的数目
MAX(number1,number2,……)	返回所有数值型参数的最大值。参数为 1～30 个，一般用区域形式
MIN(number1,number2,……)	返回所有数值型参数的最小值。参数为 1～30 个，一般用区域形式
FREQUENCY(data_array,bins_array)	以一列垂直数组返回某个区域中数据的频率分布
RANK(number,ref,order)	返回参数 number 在区域 ref 中的排位。参数 number 为待排位的数据，参数 ref 为所有参与排位的数据区域，要用绝对引用。order 为排位方式，0 或者省略按降序排列，非 0 为按升序排列

（1）求平均值函数 AVERAGE。

格式：AVERAGE(number1,number2,……)

功能：返回所有参数的算术平均值。参数为 1～30 个，一般用区域表示。

说明：AVERAGE 函数使用方法参见图 15-4 至图 15-8 所示。

（2）求数值型单元格个数的函数 COUNT。

格式：COUNT(value1,value2,……)

功能：返回参数中数字型单元格的个数。

（3）求一组单元格中非空值的单元格数函数 COUNTA。

格式：COUNTA(value1,value2,……)

功能：返回求一组单元格中非空值的单元格的个数。

说明：①参数值可以是任何类型，可以是空字符，但不包含空白单元格。

②COUNT 和 COUNTA 的区别：假如单元格 A1:A4 的值分别是 1、2、空格、XYZ，则 COUNT（A1:A4）的值为 2，而 COUNTA（A1:A4）的值为 3。

（4）求满足条件的单元格数目函数 COUNTIF。

格式：COUNTIF(range,criteria)

功能：计算给定区域 range 内满足特定条件 criteria 的单元格的数目。

例如：在图 15-8 中，求语文及格的人数：=COUNTIF(D2:D10, ">=60")。

（5）频率分布统计函数 FREQUENCY。

格式：FREQUENCY(data_array,bins_array)

功能：统计一组数据在各个数值区间的分布情况。data_array 为要统计的一组数据（单元格区间)，bins_array 为统计的分布间距。

若 bins_array 指定的区间值为 A1、A2、A3、A4，则其统计的区间为 X<=A1，A1<X<=A2，A2<X<-A3，A3<X<=A4，X>A4 共 5 个区间。

例如：在图 15-8 学生成绩表中，统计语文成绩<60、60≤语文成绩<70、70≤语文成绩<80、80≤语文成绩<90、语文成绩>=90 的人数各有多少？

操作步骤如下：

①在一个空白单元格区域建立统计的间距数组 bins_array，如 I4:I7 区域。

②选定作为统计结果的输出区域，如 J4:J8 区域。

③输入函数“=FREQUENCY(E2:E10,I4:I7)”。

④按下 Ctrl+Shift+Enter 组合键，执行结果如图 15-9 所示。

J4　{=FREQUENCY(E2:E10,I4:I7)}

	A	B	C	D	E	F	G	H	I	J
1	学号	姓名	性别	计算机	语文	数学	平均成绩			
2	910103	巫焕金	男	92	78	45	71.66667			
3	910111	李江杰	男	65	73	56	64.66667			
4	910106	朱伟东	男	82	66	61	69.66667		59	1
5	910119	钟丽欢	女	71	50	64	61.66667		69	3
6	910117	郑金明	男	73	66	65	68		79	4
7	910105	陈柳青	女	74	91	66	77		89	0
8	910113	李载波	男	64	67	70	67			1
9	910118	刘秀	女	80	78	70	76			
10	910108	沈伟成	男	75	78	73	75.33333			

图 15-9　FREQUENCY 函数用法

说明：用频率分布统计函数 FREQUENCY 之前，要求先建立间距数组区域 I4:I7，再选定输出结果区域 J4:J8，然后用“插入函数”对话框如图 15-5 所示，查找统计函数 FREQUENCY。或直接在编辑栏输入函数，最后按下 Ctrl+Shift+Enter 组合键即可。

（6）排位函数 RANK。

格式：RANK(number,ref,order)

功能：返回参数 number 在区域 ref 中的排位。

说明：①参数 number 为待排位的数据。

②参数 ref 为所有参与排位的数据区域，要用绝对引用。

③Order 为排位方式，0 或者省略按降序排列，非 0 为按升序排列。

排位函数的举例参见【例 15.2】和图 15-16。

15.3.2　数学函数

常用数学函数、功能及举例如表 15-3 所示。

表 15-3　数值函数

函数名称及格式	函数功能	举例
SUM(number1,number2, ……)	返回某一单元格区域中所有数字之和	=SUM(D2:D10)，如图 15-9 所示求所有学生计算机成绩和
SUMIF(range,criteria, sum_range)	返回 range 单元格区域内满足条件 criteria 的 sum-range 区域内的和。当省略参数 sum-ragne，求和区域为 range。 注意：条件 criteria 是以数字、表达式、字符串给出的，不能使用函数	=SUMIF(C2:C10,"女",E2:E10)，如图 15-9 所示求女同学的语文成绩和

续表

函数名称及格式	函数功能	举例
ABS(number)	返回的绝对值	ABS(-2.18)=2.18
INT(number)	返回不大于参数 number 的最大整数值	INT(3.53)=3，INT(-3.53)=-4
MOD(number, divisor)	返回参数 number 除以参数 divisor 所得余数，结果的正负号与除数 divisor 相同	MOD(3,2)=1，MOD(3,-2)=-1
PI()	返回数字 3.14159265358979，即数学常数 PI，精确到小数点后 15 位	计算半径为 4 的圆周长 =2*PI()*4
RAND()	返回大于等于 0 小于 1 的均匀分布随机数	
ROUND(number,num_digits)	返回 number 按四舍五入规则保留 num_digits 位小数值	ROUND(5.43691,3)=5.437
SQRT(number)	返回 number 的平方根	SQRT(2)=1.414214

（1）求和函数 SUM。

格式：SUM(number1,number2, ……)

功能：返回某一单元格区域中所有数字之和。

说明：

- 参数可以是数值或单元格引用。
- 由于 SUM 最常用，在 Excel 常用工具栏上有一个“自动求和”按钮“Σ”，单击此按钮可以对连续多个单元格区域求和。

（2）满足条件单元格区域求和函数 SUMIF。

格式：SUMIF(range,criteria,sum_range)

功能：按照给定条件求若干单元格的和。

说明：range 是条件判断的区域；criteria 为求和条件，其形式可以为数字、表达式或文本；sum_range 是需要求和的单元格区域。只有当 range 中的单元格区域满足条件时，才对 sum_range 中相应单元格求和。如果省略,sum_range，则直接对 range 中的单元格求和。

例如：在图 15-9 中，求女学生数学成绩的和。公式为=SUMIF(C2:C10,"女",F2:F10)

其他函数的使用方法见表 15-3 中举例说明。

15.3.3 日期与时间函数

常用日期和时间函数、说明与示例如表 15-4 所示。

表 15-4 日期与时间函数

函数名及格式	函数说明	示例
DATE(year,month,day)	返回代表特定日期的系列数。Year 是介于 1900～9999 之间的一个年份；month 代表月份，若输入的月份大于 12 则系统自动进位；day 代表该月份中的第几天，若大于该月份中的最大天数则自动进位。系统规定日期 1900-1-1 对应的序列数为 1，以后每增加 1 天，序列数就加 1	DATE(2012,1,1)=39448（常规格式） DATE(2012,1,1)=2012-1-1（日期格式）
DAY(serial_number)	返回以系列数表示的某日期的天数，用整数 1～31 表示	DAY("2012-1-10")=10

续表

函数名及格式	函数说明	示例
MONTH(serial_number)	返回以系列数表示的日期中的月份。月份是介于1（一月）和 12（十二月）之间的整数	MONTH("2012-1-10")=1
NOW( )	返回当前日期和时间所对应的系列数	NOW()=2012-1-10 20:15:20
TODAY( )	返回当前日期的系列数，系列数是 Microsoft Excel 用于日期和时间计算的日期-时间代码	TODAY()=2012-1-10
YEAR(serial_number)	返回某日期的年份。返回值为 1900～9999 之间的整数	YEAR("2012-1-10")=2012

15.3.4 逻辑函数

常用逻辑函数、功能及举例如表 15-5 所示。

表 15-5 逻辑函数

函数名及格式	函数说明	示例
AND(logical1,logical2,……)	当所有参数的逻辑值为 TRUE 时，返回 TRUE，否则返回 FALSE	AND(1+2=3,3-1=2)=TURE AND(1+2=5,3-1=2)=FALSE
OR(logical1,logical2,……)	当参数中有一个逻辑值为 TRUE 时，返回 TRUE；只有所有参数都为 FALSE 时，才返回 FALSE	OR(1+2=5,3-1=2)=TURE OR(1+2=5,3-1=1)=FALSE
NOT(logical)	返回参数的逻辑反值，即当参数为 TRUE 时，返回 FALSE；当参数为 FALSE 时，返回 TRUE	NOT(3-1=2)=FALSE
IF(logical_text,value_if_true,value_if_false)	当 logical_text 为真时返回 value_if_true 的值，否则返回 value_if_false 的值	IF(2+3=5, "good","ok")="good"

说明：条件函数 IF 可以嵌套，以便构成多重条件判断。例如，在图 15-9 中，在 H 列存放成绩等级：平均分低于 60 分为“不及格”，成绩在 60～80 分之间为“及格”，成绩在 80 分以上为良好。可以用如下 IF 函数实现：

=IF(G2<60,"及格",IF(G2<80,"及格","不及格"))

IF 函数嵌套使用方法参见【例 15.3】和图 15-20。

15.3.5 文本函数

常用文本函数、功能及举例如表 15-6 所示。

表 15-6 文本函数

函数名及格式	函数说明	示例
FIND(find_text,within_text,start_num)	查找字符串 find-text 在字符串 within-text 中出现的位置序号；start-num 为开始查找的位置，默认值为 1·	FIND("r","Microsoft Excel")=4
LEFT(text,num_chars))	从字符串 text 的左端起，返回 num-chars 个字符的子字符串	LEFT("广东惠州学院",2)= "广东"

续表

函数名及格式	函数说明	示例
LEN(text)	LEN 返回文本串中的字符数	LEN("广东惠州学院")=6
LOWER(text)	将一个文字串中的所有大写字母转换为小写字母	LOWER("ABCDxyz")="abcdxyz"
MID(text,start_num,num_chars)	返回文本串 text 从 start_num 位置开始的 num_chars 个的字符	MID("广东惠州学院",3,2)= "惠州"
RIGHT(text,num_chars)	从字符串 text 的右端起，返回 num-chars 个字符的子字符串	RIGTH("广东惠州学院",2)= "学院"
UPPER(text)	将一个文字串中的所有小写字母转换为大写字母	UPPER("ABCDxyz")="ABCDXYZ"

15.4　函数应用举例

【例 15.1】日期函数举例：在“Excel 素材”文件夹中，打开“第 15 讲例题.XLS”工作簿，在“存款”工作表中，有如图 15-10 所示银行存款表，要求：

B2　fx　2011-1-1

	A	B	C	D	E	F	G	H
1	序号	存入日	期限	年利率	金　额	到期日	本　息	银　行
2	1	2011-1-1	5	4.21	1,000.00			工商银行
3	2		5	4.21	1,500.00			工商银行
4			5	4.21	1,000.00			农业银行
5			5	4.21	1,000.00			农业银行
6			3	3.45	1,100.00			农业银行
7			3	3.45	1,200.00			中国银行
8			3	3.45	1,400.00			建设银行
9			3	3.45	1,500.00			工商银行
10			1	2.88	1,600.00			工商银行
11			1	2.88	1,700.00			建设银行
12			1	2.88	2,000.00			农业银行
13			1	2.88	3,000.00			农业银行
14	合计							

图 15-10　公式及自动填充

（1）填充 A 列，序号自动递增 1。

（2）向 B 列填充“存入日”，从 2011 年 1 月 1 日起，每个月的 1 日存入一笔款。

（3）分别计算到期日和本息。

（4）分别在 E14 和 G14 单元格计算金额合计、本息合计。

操作过程如下：

（1）填充 A 列：按下 Ctrl 键，同时拖动 A1 单元格的填充柄，到 A13 单元格。

（2）填充存入日：首先在 B2 单元格中输入初值 2011-1-1，再选中 B2:B11 单元格区域，选择“编辑”菜单→“填充”子菜单，在其级联菜单中选择“序列”命令，弹出如图 15-11 所示的“序列”对话框。在图 15-11 中，按照图示选择各项。因为要求每个月的 1 日存入一笔款，所以按月递增，步长是 1，同时数据序列产生在列。单击“确定”按钮，将在 B2:B13 单元格区域中自动填充日期序列。

（3）计算到期日：单击 F2 单元格，选择“编辑栏”中插入函数按钮 fx，在“插入函数”对话框中选择日期函数 DATE，弹出如图 15-12 所示的输入框，按照图中所示，输入 DATE 函数中的年、月、日各项值，单击“确定”按钮后，计算出 F2 的到期日，拖动 F2 填充柄到 F13，即可复制函数。

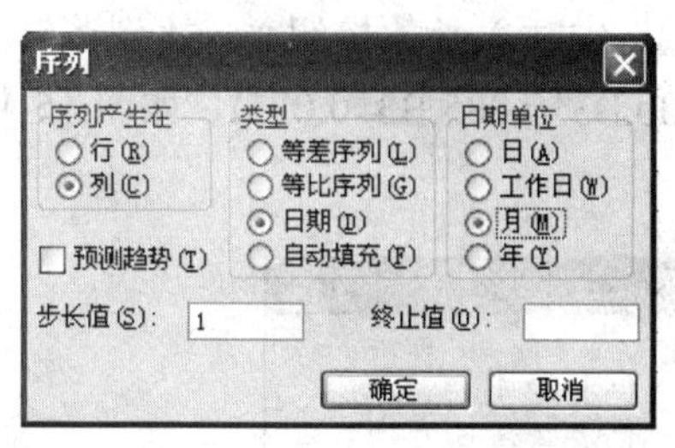

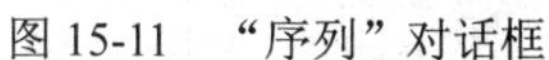
图 15-11　“序列”对话框

图 15-12　DATE 函数输入框

注意：在 Year 输入框中取出 B2 的年份后再加上 C2 的值。

（4）计算本息：在 G2 单元格中输入计算本息公式，本息=金额×（1+期限×年利率/100），最后拖动 G2 填充饼到 G13，得到如图 15-13 所示的计算结果。

F2　=DATE(YEAR(B2)+C2, MONTH(B2), DAY(B2))

	A	B	C	D	E	F	G	H
1	序号	存入日	期限	年利率	金　额	到期日	本　息	银　行
2	1	2011-1-1	5	4.21	1,000.00	2016-1-1	1,210.50	工商银行
3	2	2011-2-1	5	4.21	1,500.00	2016-2-1	1,815.75	工商银行
4	3	2011-3-1	5	4.21	1,000.00	2016-3-1	1,210.50	农业银行
5	4	2011-4-1	5	4.21	1,000.00	2016-4-1	1,210.50	农业银行
6	5	2011-5-1	3	3.45	1,100.00	2014-5-1	1,213.85	农业银行
7	6	2011-6-1	3	3.45	1,200.00	2014-6-1	1,324.20	中国银行
8	7	2011-7-1	3	3.45	1,400.00	2014-7-1	1,544.90	建设银行
9	8	2011-8-1	3	3.45	1,500.00	2014-8-1	1,655.25	工商银行
10	9	2011-9-1	1	2.88	1,600.00	2012-9-1	1,646.08	工商银行
11	10	2011-10-1	1	2.88	1,700.00	2012-10-1	1,748.96	建设银行
12	11	2011-11-1	1	2.88	2,000.00	2012-11-1	2,057.60	农业银行
13	12	2011-12-1	1	2.88	3,000.00	2012-12-1	3,086.40	农业银行
14	合计				18,000.00		19,724.49	

图 15-13　【例 15.1】计算结果

（5）分别在 E14 和 G14 单元格计算金额合计、本息合计：用Σ（SUM）函数计算合计。

【例 15.2】在“Excel 素材”文件夹中，打开“第 15 讲例题.XLS”工作簿，在“销售”工作表中，按如下要求完成操作，计算结果如图 15-14 所示。

G3　=RANK(B3, $B$3:$B$9)

	A	B	C	D	E	F	G
1	销售报表						
2	销 售 员	销售额	销售日期	基本工资	奖金	应得工资	销售名次
3	石 中 虹	29870	2011-1-15	2600	2538.95	5138.95	4
4	李 小 通	24050	2011-1-15	2600	1803.75	4403.75	6
5	孙　兵	26200	2011-1-15	2600	2227	4827	5
6	杨 子 江	20800	2011-1-15	2600	1560	4160	7
7	王 大 飞	31920	2011-1-15	2600	2713.2	5313.2	2
8	何 来 之	31560	2011-1-15	2600	2682.6	5282.6	3
9	麦　克	39650	2011-1-15	2600	3370.25	5970.25	1

图 15-14　销售报表

（1）在 E3 单元格中输入公式计算奖金：销售额在 25000 元（包括 25000）以上者，奖金为销售额的 8.5%；销售额在 25000 元以下者，奖金为销售额的 7.5%，然后复制到 E4:E23，数值取小数点后 2 位。

（2）计算应得工资，应得工资=奖金+基本工资。

（3）按照销售额统计销售排名。

操作步骤如下：

（1）计算奖金：选中 E3 单元格，选择“编辑栏”中插入函数按钮，找到逻辑函数 IF，在“函数参数”对话框中输入各参数，=IF(B3>=25000,B3*0.085,B3*0.075)，如图 15-15 所示，然后拖动填充柄到 E9，填充其他职工的奖金。

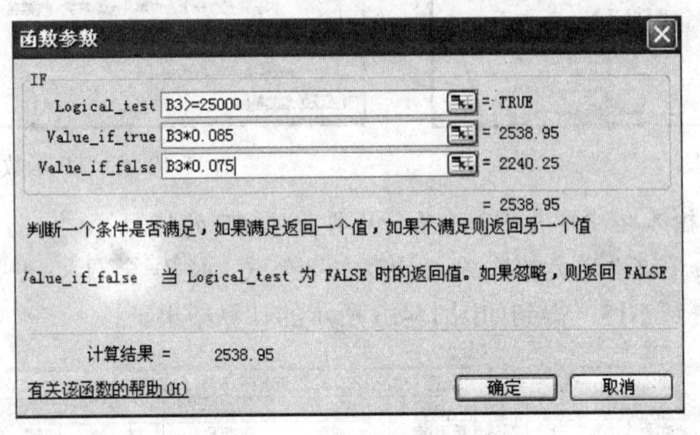

图 15-15 “函数参数”对话框

（2）计算应得工资：在 F3 单元格中输入公式=D3+E3，然后拖动填充柄到 F9，计算其他职工的应得工资。

（3）统计销售额排名：在 G3 单元格中输入函数=RANK(B3,$B$3:$B$9)，如图 15-16 所示。

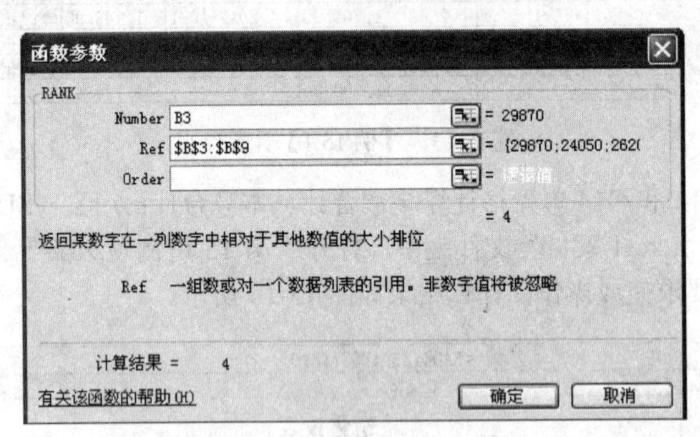

图 15-16 排名函数 RANK

注意：在图中输入第 2 个参数 Ref 时，列标和行号都要绝对引用，因为排名的每个单元格都是绝对引用同一个区间的数据。

【例 15.3】新建“学生成绩工作簿.XLS”，按如下要求操作：

（1）在该工作簿中建立三个单科成绩表，如图 15-17 所示。

（2）建立各科总评成绩汇总表，并求出三门课的总分和平均分，如图 15-18 所示。

（3）在各科成绩汇总表中，如图 15-17 所示，计算：

- 按平均分计算出由高到低的成绩排名。

- 给出成绩等级：平均分>=85 为“优秀”，平均分>=60 为“及格”，平均分<60 为“不及格”。
- 统计平均分不及格的人数。
- 找出英语成绩的最高分、高等数学的最低分。
- 分段统计平均分在各区间的人数，即（-∞，59]、[60，69]、[70，79]、[80，89]，[90，+∞）。

A4　990101

高等数学成绩单

学号	姓名	平时成绩				期末考试		总评成绩
		平时1	平时2	平均	平时占30%	成绩	期末占70%	
990101	张小立	86	92			85		
	王娜	95	92			90		
	李丽霞	70	86			80		
	赵强	68	80			78		
	张雨	86	75			82		
	蒋海	77	85			67		
	王慧文	92	88			95		
	魏国强	89	94			86		
	马明明	90	83			82		
	刘伟	80	90			87		

高等数学 / 英语 / 政治经济学 / 各科成绩总表 / Shee

（a）

F4　=E4*0.3

高等数学成绩单

学号	姓名	平时成绩				期末考试		总评成绩
		平时1	平时2	平均	平时占30%	成绩	期末占70%	
990101	张小立	86	92	89	26.7	85	59.5	86.2
990101	王娜	95	92	93.5	28.1	90	63	91.1
990101	李丽霞	70	86	78	23.4	80	56	79.4
990101	赵强	68	80	74	22.2	78	54.6	76.8
990101	张雨	86	75	80.5	24.2	82	57.4	81.6
990101	蒋海	77	85	81	24.3	67	46.9	71.2
990101	王慧文	92	88	90	27.0	95	66.5	93.5
990101	魏国强	89	94	91.5	27.5	86	60.2	87.7
990101	马明明	90	83	86.5	26.0	82	57.4	83.4
990101	[illegible]伟	80	90	85	25.5	87	60.9	86.4

高等数学 / 英语 / 政治经济学 / 各科成绩总表 / Shee

（b）

H4　=G4*0.7

英语成绩单

学号	姓名	平时成绩				期末考试		总评成绩
		平时1	平时2	平均	平时占30%	成绩	期末占70%	
990101	张小立	71	82	76.5	23.0	85	59.5	82.5
990102	王娜	88	71	79.5	23.9	79	55.3	79.2
990103	李丽霞	55	60	57.5	17.3	58	40.6	57.9
990104	赵强	86	80	83	24.9	68	47.6	72.5
990105	张雨	65	73	69	20.7	84	58.8	79.5
990106	蒋海	84	79	81.5	24.5	81	56.7	81.2
990107	王慧文	79	66	72.5	21.8	80	56	77.8
990108	魏国强	97	92	94.5	28.4	90	63	91.4
990109	马明明	85	80	82.5	24.8	88	61.6	86.4
990110	刘伟	80	75	77.5	23.3	85	59.5	82.8

（c）

政治经济学成绩单

学号	姓名	平时成绩				期末考试		总评成绩
		平时1	平时2	平均	平时占30%	成绩	期末占70%	
990101	张小立	86	93	89.5	26.9	86	60.2	87.1
990102	王娜	90	85	87.5	26.3	82	57.4	83.7
990103	李丽霞	25	30	27.5	8.3	40	28	36.3
990104	赵强	92	87	89.5	26.9	91	63.7	90.6
990105	张雨	81	90	85.5	25.7	95	66.5	92.2
990106	蒋海	68	81	74.5	22.4	86	60.2	82.6
990107	王慧文	83	91	87	26.1	90	63	89.1
990108	魏国强	75	85	80	24.0	84	58.8	82.8
990109	马明明	88	93	90.5	27.2	93	65.1	92.3
990110	刘伟	92	89	90.5	27.2	88	61.6	88.8

（d）

图 15-17　学生成绩工作簿

执行结果如图 15-24 所示。

操作步骤如下：

（1）建立三个单科成绩表。

- 双击当前工作表标签“Sheet1”，将当前工作表名改为“高等数学”。
- 输入如图 15-17（a）所示的原始数据。

此表为双行表头，输入方法是：A1 单元格中输入“高等数学成绩单”，选中 A1 到 I11 单元格区域，单击“格式”工具栏的“合并及居中”按钮，将“高等数学成绩单”水平居中。同样，在 A2 单元格中输入“学号”，然后选定 A2:A3 单元格区域“合并及居中”，将“学号”

水平居中；再选择“格式”菜单→“单元格”→“对齐”选项卡，在“垂直对齐”中选择“居中”，使“学号”在A1:A2区域中垂直居中。其他表头输入方法与此类似，请读者自行完成。

在图15-17（b）中，选定E4单元格，输入公式“=AVERAGE（C4:D4）”，得到“张小立”平时成绩的平均分。拖动E4单元格的填充柄到E13，得到其他学生的平均分。

- 在图15-17（b）中，选定F4单元格，输入公式“=E4*0.3”，得到“张小立”平时成绩的30%的值，拖动填充柄到F13，求得其他学生的成绩。用同样的方法，求得H列期末考试成绩70%的值。
- 在图15-17（b）中，计算“总评成绩”，选定I4单元格，输入公式“=F4+H4”。最后得到如图15-17（b）所示的高等数学成绩单。
- 制作“英语”和“政治经济学”工作表：将“高等数学”工作表复制到其他两个工作表中，删除其中的所有成绩，用类似的方法，重新计算“英语”和“政治经济学”的成绩，如图15-17（c）和（d）所示。

（2）建立各科总评成绩汇总表，并求出三门课的总分和平均分，如图15-18所示。

- 新建工作表，重命名为“各科成绩汇总表”。
- 建立表头，并将前面单科成绩表中的学号和姓名数据采用“复制”和“粘贴”的方法复制到A3:A11和B3:B11，以免重复输入数据。
- 单击“高等数学”工作表标签，在“高等数学”工作表中选定I4:I13单元格区域（总评成绩），单击“复制”按钮，将高等数学成绩总评复制到剪切板中。
- 返回到“各科成绩汇总”，选定C3单元格，单击“编辑”菜单→“选择性粘贴”命令（或单击鼠标右键，选择“选择性粘贴”命令），如图15-3所示，选择粘贴“数据”选项，以保证只复制数据本身，而不复制公式。
- 用同样方法，将英语和政治经济学两门课的“总评成绩”，选择性粘贴到“各科成绩汇总表”中。
- 在“各科成绩汇总表”中，计算“总分”和“平均”，得到每个学生各科成绩总和及各科成绩平均分。并计算每门课程的平均分，如图15-18所示。

F3 =SUM(C3:E3)

	A	B	C	D	E	F	G
1	会计1班各科成绩总表						
2	学号	姓名	高数	英语	政经	总分	平均
3	990101	张小立	86.2	82.45	87.05	255.7	85.23
4	990102	王娜	91.1	79.2	83.7	253.85	84.62
5	990103	李丽霞	79.4	57.9	36.3	173.5	57.83
6	990104	赵强	76.8	72.5	90.6	239.85	79.95
7	990105	张雨	81.6	79.5	92.2	253.2	84.4
8	990106	蒋海	71.2	81.2	82.6	234.9	78.3
9	990107	王慧文	93.5	77.8	89.1	260.35	86.78
10	990108	魏国强	87.7	91.4	82.8	261.8	87.27
11	990109	马明明	83.4	86.4	92.3	261.95	87.32
12	990110	刘伟	86.4	82.8	88.8	257.9	85.97
13		各科平均分	86.4	82.8	88.75		

图15-18 各科成绩总表

（3）在各科成绩汇总表中，计算：

- 按学生平均分计算出由高到低的成绩排名

选定 H3 单元格，单击编辑栏中上的插入函数按钮 *fx*，得到如图 15-5 所示的"插入函数"对话框，在选择类别中选择"统计"→RANK，再按照如图 15-19 所示输入函数参数。

注意： 函数区间 Ref 要用绝对引用。算出"张小立"的排名后，拖动 H3 填充柄到 H12 得到其他学生的排名。

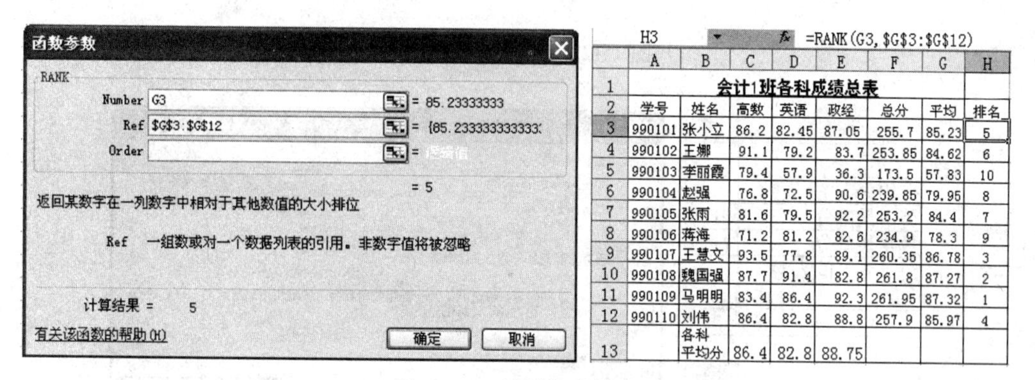

	A	B	C	D	E	F	G	H
1	会计1班各科成绩总表							
2	学号	姓名	高数	英语	政经	总分	平均	排名
3	990101	张小立	86.2	82.45	87.05	255.7	85.23	5
4	990102	王娜	91.1	79.2	83.7	253.85	84.62	6
5	990103	李丽霞	79.4	57.9	36.3	173.5	57.83	10
6	990104	赵强	76.8	72.5	90.6	239.85	79.95	8
7	990105	张雨	81.6	79.5	92.2	253.2	84.4	7
8	990106	蒋海	71.2	81.2	82.6	234.9	78.3	9
9	990107	王慧文	93.5	77.8	89.1	260.35	86.78	3
10	990108	魏国强	87.7	91.4	82.8	261.8	87.27	2
11	990109	马明明	83.4	86.4	92.3	261.95	87.32	1
12	990110	刘伟	86.4	82.8	88.8	257.9	85.97	4
13		各科平均分	86.4	82.8	88.75			

图 15-19　按平均分排名

- 给出成绩等级：平均分>=85 为"优秀"，平均分>=60 为"及格"，平均分<60 为"不及格"。

选中 I3 单元格，利用插入函数，在函数分类中，找到"逻辑"函数 IF，在"函数参数"对话框中输入函数参数，如图 15-20 左图所示。

函数参数
IF
Logical_test G3>=85 = TRUE
Value_if_true "优秀" = "优秀"
Value_if_false IF(G3>=60,"及格","不及格") = "及格"
= "优秀"
判断一个条件是否满足，如果满足返回一个值，如果不满足则返回另一个值
Logical_test 任何一个可判断为 TRUE 或 FALSE 的数值或表达式
计算结果 = 优秀
有关该函数的帮助(H)
确定　取消

I3　=IF(G3>=85,"优秀",IF(G3>=60,"及格","不及格"))

	A	B	C	D	E	F	G	H	I	J
1	会计1班各科成绩总表									
2	学号	姓名	高数	英语	政经	总分	平均	排名	等级	
3	990101	张小立	86.2	82.45	87.05	255.7	85.23	5	优秀	
4	990102	王娜	91.1	79.2	83.7	253.85	84.62	6	及格	
5	990103	李丽霞	79.4	57.9	36.3	173.5	57.83	10	不及格	
6	990104	赵强	76.8	72.5	90.6	239.85	79.95	8	及格	
7	990105	张雨	81.6	79.5	92.2	253.2	84.4	7	及格	
8	990106	蒋海	71.2	81.2	82.6	234.9	78.3	9	及格	
9	990107	王慧文	93.5	77.8	89.1	260.35	86.78	3	优秀	
10	990108	魏国强	87.7	91.4	82.8	261.8	87.27	2	优秀	
11	990109	马明明	83.4	86.4	92.3	261.95	87.32	1	优秀	
12	990110	刘伟	86.4	82.8	88.8	257.9	85.97	4	优秀	
13		各科平均分	86.4	82.8	88.75					

图 15-20　学生成绩等级

注意： 在第三行参数中又是 IF 函数，即函数嵌套，简单的输入方法是：当光标停在如图 15-20 左图所示的第三行（Value_if_false）上时，单击工作表左上角名称框中的"IF"，再次出现"函数参数"对话框，继续输入嵌套函数中的参数，结果如图 15-20 右图所示。

- 统计平均分不及格的人数。

在图 15-19 右图中，统计平均分小于 60 分的人数用 COUNTIF 函数，结果如图 15-21 所示。

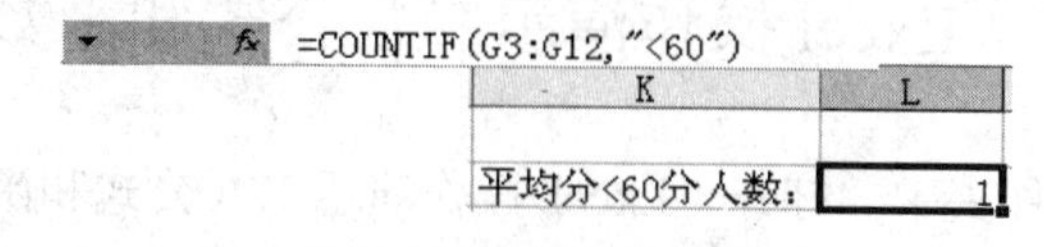

图 15-21　不及格人数

- 在图 15-19 中，统计英语成绩的最高分、高等数学的最低分，结果如图 15-22 所示。
- 分段统计平均分在各区间的人数，即（-∞，59]、[60，69]、[70，79]、[80，89]，[90，+∞]。

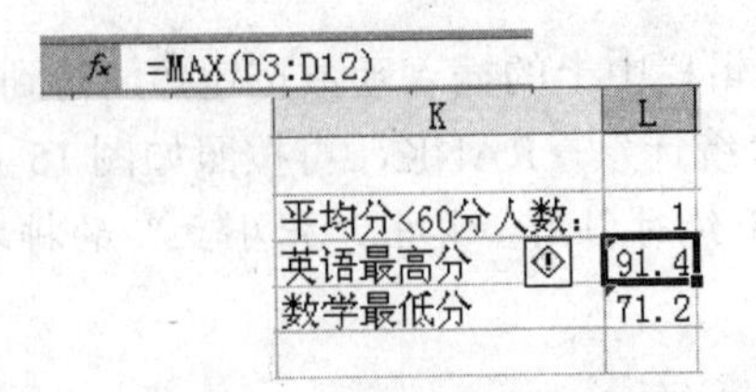

图 15-22　最高分和最低分

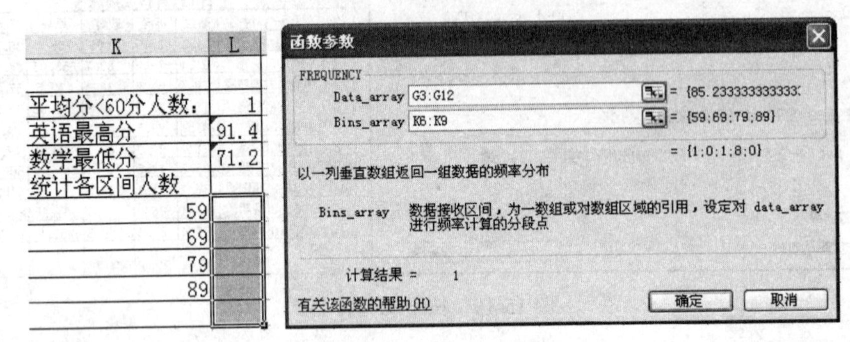

图 15-23　频率统计函数

用频率分布统计函数 FREQUENCY，首先在空白区域建立统计间距数组 bins_array，即数据区域 K6:K9（59，69，79，89），然后选定存放统计结果的数组输出区 L6:L10，如图 15-23 所示，再键入函数“=FREQUENCY（G3:G12,K6:K9）”，data_array 为平均分区域 G3:G12，最后按下 Ctrl+Shift+Enter 组合键，执行结果如图 15-24 所示。

L6　{=FREQUENCY(G3:G12,K6:K9)}

	A	B	C	D	E	F	G	H	I	J	K	L
1		会计1班各科成绩总表										
2	学号	姓名	高数	英语	政经	总分	平均	排名	等级		平均分<60分人数:	1
3	990101	张小立	86.2	82.45	87.05	255.7	85.23	5	优秀		英语最高分	91.4
4	990102	王娜	91.1	79.2	83.7	253.85	84.62	6	及格		数学最低分	71.2
5	990103	李丽霞	79.4	57.9	36.3	173.5	57.83	10	不及格		统计各区间人数	
6	990104	赵强	76.8	72.5	90.6	239.85	79.95	8	及格		59	1
7	990105	张雨	81.6	79.5	92.2	253.2	84.40	7	及格		69	0
8	990106	蒋海	71.2	81.2	82.6	234.9	78.30	9	及格		79	1
9	990107	王慧文	93.5	77.8	89.1	260.35	86.78	3	优秀		89	8
10	990108	魏国强	87.7	91.4	82.8	261.8	87.27	2	优秀			0
11	990109	马明明	83.4	86.4	92.3	261.95	87.32	1	优秀			
12	990110	刘伟	86.4	82.8	88.8	257.9	85.97	4	优秀			
13		各科平均分	86.4	82.8	88.75							

高等数学 / 英语 / 政治经济学 / 各科成绩汇总表 / Sheet1 / 图表1

图 15-24　例 15.3 执行结果

15.5　Excel 操作演示二（公式和函数）

在“Excel 素材”文件夹中，打开“Excel 操作演示二（公式和函数）.XLS”工作簿，在“成绩统计”工作表中，如图 15-25 所示，完成如下操作：

（1）填充学号，学号自动递增 2；

（2）计算 4 门课程的平均成绩；

（3）按照平均成绩统计排名；

	A	B	C	D	E	F	G	H	I	J	K	L
1	第一学年学生成绩统计表											
2	学号	姓名	专业	英语	数学	计算机	体育	平均成绩	排名	等级	补考	总评
3	20110101	赵华	音乐表演	90	92	85	90					
4	20110103	张小郏	音乐表演	66	85	53	75					
5		王乐	音乐表演	60	50	50	55					
6		李鹏	电器工程	91	93	90	92					
7		刘国庆	电器工程	70	95	73	80					
8		李晨	国际贸易	55	40	50	60					
9		李明	国际贸易	86	78	81	95					
10		赵华乐	国际贸易	78	78	76	82					
11		张小郏	服装工程	65	76	67	62					
12		王乐晨	服装工程	90	91	93	92					
13		李鹏庆	服装工程	85	73	81	93					
14												
15		人数统计										
16	[0,60)											
17	[60,70)											
18	[70,80)											
19	[80,90)											
20	[90,100]											

图 15-25　操作演示二

（4）填充“等级”列：若平均分小于 60，“等级”列显示“不及格”；若平均分在 60～69 之间，“等级”列显示“及格”；若平均分在 70～79，“等级”列显示“中”；若平均分 80～89 之间，等级列显示“良”；若平均分 90～100，等级为“优”；

（5）若平均成绩低于 60 分，则在“补考”列显示“补考”，否则显示“NO”；

（6）若某人所有课程成绩都在 90 以上的，“总评”列显示“优秀”，否则为空；

（7）用频率分布统计函数，统计各个分数段的人数，将结果填写在 B16:B20 单元格中。

15.6　Excel 实验二（公式和函数）

打开“Excel 素材”文件夹中，打开“Excel 实验二（公式和函数）.XLS”工作簿，在此工作簿中做如下实验操作：

1．在“函数练习 1”工作表中，如图 15-26 所示，做如下操作：

	A	B	C	D	E	F	G	H	I
1	学号	姓名	语文	英语	数学	总分	平均分	排名	等级
2	1101001	张小立	86.2	82.45	87.05				
3		王娜	91.1	79.2	83.7				
4		李丽霞	62.5	57.9	51.2				
5		赵强	76.8	72.5	90.6				
6		张雨	91.0	90.2	92.2				
7		蒋海	71.2	81.2	82.6				
8		王慧文	80.2	77.8	89.1				
9		魏国强	87.7	91.4	82.8				
10		马小敏	60.5	78.5	80.3				
11		刘伟	86.4	82.8	88.8				
12		各科平均分							
13									
14		最高分							
15		最低分							
16		总人数							

图 15-26　函数练习 1

（1）填充编号：编号从 1101001 开始，等差递增 1。

（2）在 F2:F11 单元格区域中计算总分。

（3）在 G2:G11 单元格区域中计算平均分。

（4）在 H2:H11 单元格区域中统计排名。

（5）在 I2:I11 单元格区域中填充等级：平均分>=90 等级为优秀；平均分>=80 且平均分<90 等级为良好；平均分>=60 且平均分<80 等级为及格；平均分<60 等级为及格，

（6）在 C14:G14 单元格区域中统计各科成绩、总分和平均分的最高分。

（7）在 C15:G15 单元格区域中统计各科成绩、总分和平均分的最低分。

（8）在 C16 单元格中统计学生总人数。

操作结果如图 15-27 所示。

	A	B	C	D	E	F	G	H	I
1	学号	姓名	语文	英语	数学	总分	平均分	排名	等级
2	1101001	张小立	86.2	82.45	87.05	255.7	85.23	4	良好
3	1101002	王娜	91.1	79.2	83.7	253.85	84.62	5	良好
4	1101003	李丽霞	62.5	57.9	51.2	171.55	57.18	10	不及格
5	1101004	赵强	76.8	72.5	90.6	239.85	79.95	7	及格
6	1101005	张雨	91.0	90.2	92.2	273.35	91.12	1	优秀
7	1101006	蒋海	71.2	81.2	82.6	234.9	78.30	8	及格
8	1101007	王慧文	80.2	77.8	89.1	247.05	82.35	6	良好
9	1101008	魏国强	87.7	91.4	82.8	261.8	87.27	2	良好
10	1101009	马明明	60.5	78.5	80.3	219.3	73.10	9	及格
11	1101010	刘伟	86.4	82.8	88.8	257.9	85.97	3	良好
12		各科平均分	86.4	82.8	88.75				
13									
14		最高分	91.1	91.4	92.15	273.4	91.12		
15		最低分	60.5	57.9	51.2	171.6	57.18		
16		总人数	10						

图 15-27　函数练习 1 结果

2．在“函数练习 2”工作表中，如图 15-28 所示，做如下操作：

（1）填充编号：编号从 1001 开始，等差递增 1。

（2）计算每个职工的加班补贴：每加班 1 天补贴 50 元。

（3）计算每个职工的应发工资，应发工资=基本工资+职务补贴+加班补贴，或用 SUM 函数。

	A	B	C	D	E	F	G	H	I	J	K	L	M	N	O	P
1	2012年1月飞达软件公司工资表															
2	编号	姓名	性别	部门	职务	加班天数	请假天数	基本工资	职务津贴	加班补贴	应发工资	所得税	扣除	实发工资		
3		李新	男	办公室	总经理	3	0	6820	3000						应发工资最大值：	
4		王文辉	男	销售部	经理	5	0	4530	2000						应发工资最小值：	
5		孙英	女	办公室	文员	0	1	1250	1000						计算总人数：	
6		张在旭	男	开发部	工程师	0	0	3800	1500						工程师的人数：	
7		金翔	男	销售部	销售员	3	3	3281	1000							
8		郝心怡	女	办公室	文员	0	0	780	1000							
9		扬帆	男	销售部	销售员	0	0	2830	1000							
10		黄开芳	女	客服部	文员	0	2	1860	1000							
11		张磊	男	开发部	经理	6	0	4800	2000							
12		王春晓	女	销售部	销售员	0	0	2855	1000							
13		陈松	男	开发部	工程师	2	0	5200	1500							
14		姚玲	女	客服部	工程师	0	0	3545	1500							
15		张雨涵	女	销售部	销售员	8	0	2600	1000							
16		钱民	男	开发部	工程师	0	0	4825	1500							
17		王力	男	客服部	经理	1	2	3683	2000							
18		高晓东	男	客服部	工程师	0	0	2832	1500							
19		张平	男	销售部	销售员	0	0	1850	1000							
20		黄莉莉	女	开发部	文员	2	3	1325	1000							
21		合计														

图 15-28　函数练习 2

（4）计算所得税：应发工资低于 3500 元，所得税为 0；应发工资在 3000 元以上的：

- 不超过 1500 元的 3%（提示：应发工资在 3001～5000 元之间，所得税=1500*0.03）。
- 超过 1500 元至 4500 元的部分 10%。
- 超过 4500 元至 9000 元的部分 20%。
- 超过 9000 元至 35000 元的部分 25%。

（5）计算每个职工的扣除：每请假一天扣除 100 元。

（6）计算每个职工的实发工资：=应发工资–所得税–扣除。

（7）在 P3 单元格中计算表中应发工资的最大值。

（8）在 P4 单元格中计算表中应发工资的最小值。

（9）在 P5 单元格中用 COUNT 计算表格中总人数。

（10）在 P6 单元格中用 COUNTIF 计算表格中工程师的人数

（11）在 F21:N21 单元格中分别计算各列的合计。

第 16 讲　图表

本讲的主要内容包括：

- 图表要素
- 创建图表
- 编辑图表
- 图表类型简介

Excel 能够将数据显示成图表格式，利用图表可以形象直观地表示工作表中某些数据之间的关系。

Excel 提供了 14 种常用图表类型和 20 种自定义图表类型，如柱形图、条形图、饼形图等，而且每一种类型中又包含若干子类型，用户可以从中选择合适的图表类型，以便最有效地表现数据。工作表数据发生变化时，图表也会随之自动更新。

16.1　图表要素

（1）图表区：指整个图表区域。

（2）绘图区：指图表区中用于绘制图形的区域。

（3）数据系列：要绘制的数据的集合，它来自于工作表中的一行或一列的数据，各数据系列的颜色和图案各不相同。

图 16-1 中是某商场家电销售统计表，并根据这些数据制作了两个图表，第一个图表是以不同的家电商品构成的各个数据系列，同一个颜色的柱形反映一行数据的大小，即按行定义的数据系列；第二个图表是以时间（季度）构成的数据系列，同一个颜色的柱形反映一列数据的大小，即按列定义的数据系列。

（4）图例：用于解释每个数据系列的名字、颜色及图案。

（5）图表标题：用于表示图表内容的文字，如“2011 年家电销售统计表（元）”。

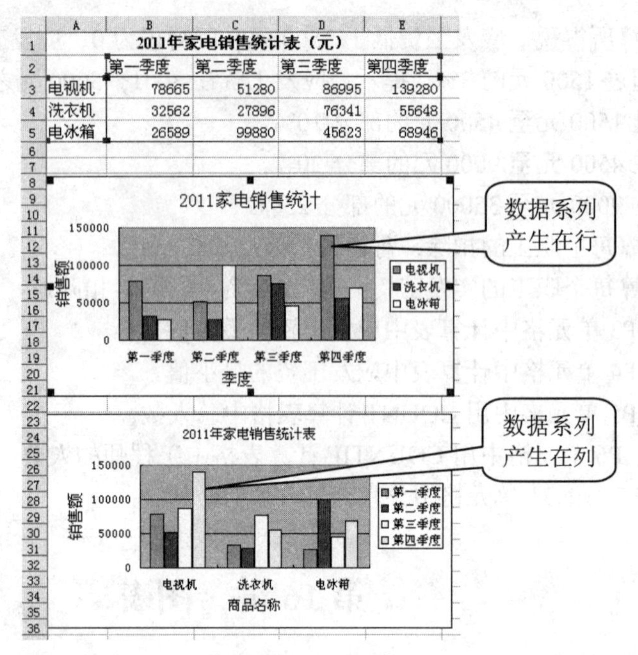

2011年家电销售统计表（元）				
	第一季度	第二季度	第三季度	第四季度
电视机	78665	51280	86995	139280
洗衣机	32562	27896	76341	55648
电冰箱	26589	99880	45623	68946

图 16-1　在工作表中插入图表

（6）坐标轴及其标题：包括 X 轴和 Y 轴，X 轴是分类轴，经常指时间序列或数据分类；Y 轴是数值轴，用来表示数据的度量单位。分类轴和数值轴组成了绘图区的边界，图表各部名称如图 16-2 所示。

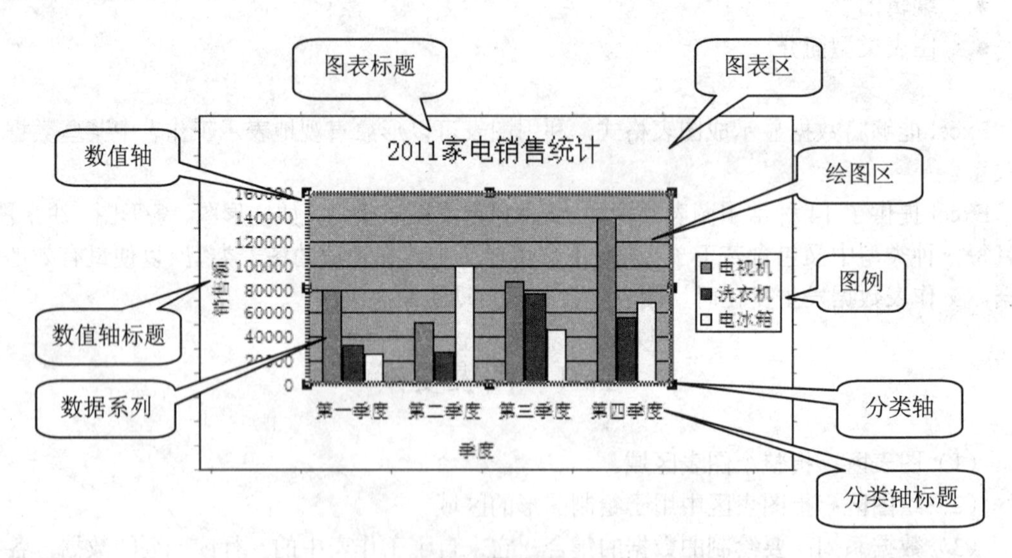

图 16-2　图表中各部分名称

16.2　创建图表

图表存放的位置有两种，一种是嵌入式图表，即将图表和数据放在一个工作表内，便于同时观察图表和数据，图 16-1 就是嵌入式图表。另一种是将图表和数据分开，图表独立存放在另一张工作表中，这种图表叫图形图表或图表工作表，它与对应的数据工作表在同一个工作簿中。

在“Excel 素材”文件夹中，打开“第 16 讲例题.XLS”文件中的“家电销售”工作表，利用图表向导创建图表，以图 16-1 为例，操作步骤如下：

（1）选定单元格区域，如 A2:E5。

（2）选择“插入”菜单→“图表”命令或单击常用工具栏中的“图表向导”按钮，系统弹出如图 16-3 所示的“图表向导-4 步骤之 1-图表类型”对话框。

（3）选择“图表类型”和“子图表类型”，比如选择图表类型为“柱形图”，子图表类型为“簇状柱形图”，单击“下一步”按钮，系统弹出“图表向导-4 步骤之 2-图表数据源”对话框，如图 16-4 所示。

图 16-3　图表向导之 1“图表类型”

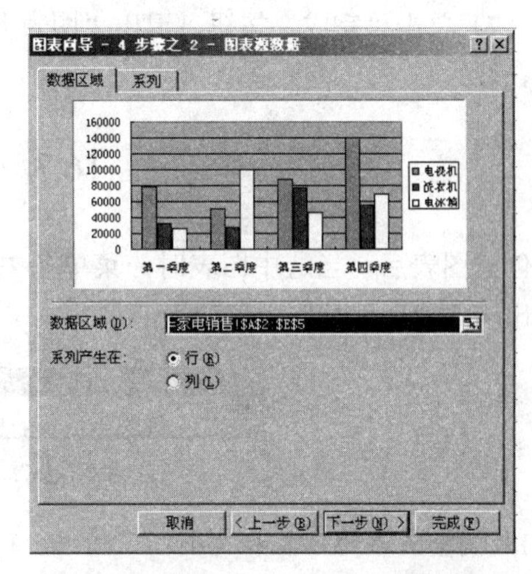

图 16-4　图表向导之 2“图表源数据”

（4）在“数据区域”中输入包含数据和标志的单元格区域，如“=家电销售！$A$2:$E$5”（即原选定区域），通过“选择系列产生在”行或列，指定数据系列是在“行”还是“列”，单击“下一步”按钮，系统弹出“图表向导-4 步骤之 3-图表数据源”对话框，如图 16-5 所示。

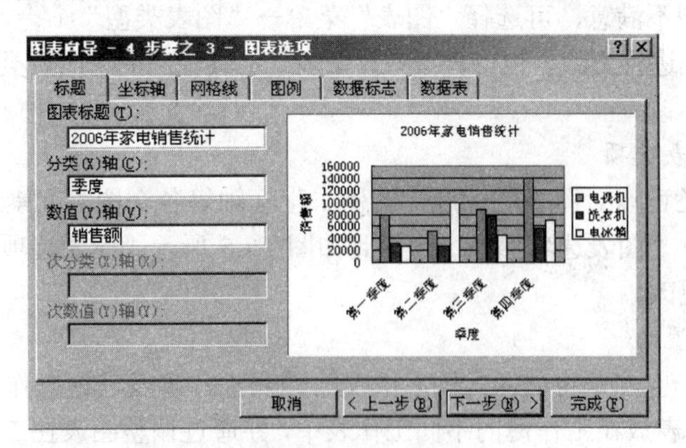

图 16-5　图表向导之 3“图表选项”

（5）在图 16-5 对话框中有 6 个选项卡，主要对图表中的一些选项进行设置，如图表名称、X 和 Y 轴名称、坐标轴刻度、图例位置等。图右方显示预览结果，若满意单击“下一步”按钮。系统弹出“图表向导-4 步骤之 4-图表位置”对话框，如图 16-6 所示。

（6）在图 16-6 所示的对话框中，选择图表存放的位置。若选择“作为其中的对象插入”即为嵌入式图表；若选择“作为新工作表插入”，即为图表工作表，在文本框中输入存放图表的新工作表名称。

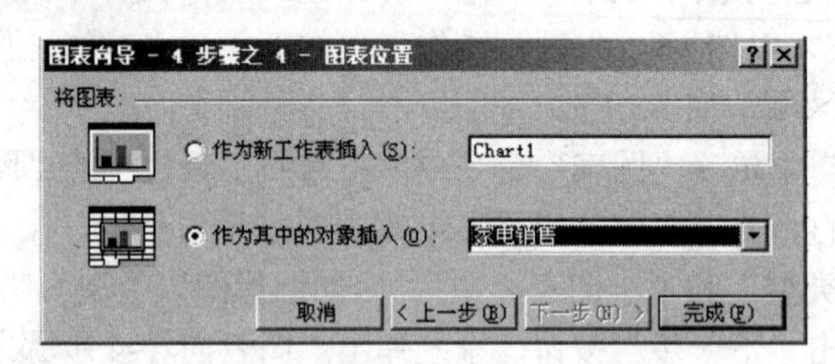

图 16-6　图表向导之 4“图表位置”

（7）单击“完成”按钮，退出“图表向导”，得到如图 16-1 所示的图表，即“数据系列产生在行”。

16.3　编辑图表

创建图表后，当选中图表时，菜单条中的“数据”菜单项将动态变成“图表”菜单项，并弹出“图表”工具栏，如图 16-7 所示，以方便对图表的编辑和修改。

图 16-7　“图表”工具栏

1. 调整图表的位置和大小

调整图表的位置和大小，需单击该图表，这时图表的四周及边框上出现 8 个操作点，当鼠标指向任何一个操作点，待指针变成一个双向箭头时，拖动鼠标便可调整图表大小。

如果在图表被选中时，在图表上按住鼠标左键并拖动它，即可调整图表到新位置。

2. 更改图表类型

如果对图表类型不满意，可选择“图表”菜单→“图表类型”命令，得到如图 16-3 所示“图表类型”对话框进行更改，也可直接在“图表”工具栏上的“图表类型”下拉列表中选择所需的图表类型。

3. 设置各种图表选项

当图表产生后还可以对图表的标题、图例、坐标轴等各个图表元素进行设置或修改，可选择“图表”菜单→“图表选项”命令，得到如图 16-5 所示“图表选项”对话框，可以对图表中的各选项进行更改。

4. 修改图表位置

修改图表位置，也就是将嵌入式图表改变为图表工作表及其逆操作。我们可以通过对图表位置的修改，将图表放在工作簿的不同工作表中，并通过调整图表在工作表中的位置使工作表布局更合理。

选择“图表”菜单→“位置”命令，得到如图 16-6 所示“图表位置”对话框，可以对图表位置进行更改。

5. 改变图表的格式

“图表”工具栏中提供了“格式”按钮，利用它可以对图表中的标题、图例、坐标轴设置字体、图案和对齐方式，还可改变数据系列的颜色和次序等。根据选择的对象不同，“格式”按钮的名称和对话框也发生相应的变化。

说明：

当鼠标分别指向图表区域、绘图区、网络线、图例、坐标轴、标题（包括 X 轴和 Y 轴标题）、数据系列等需修改格式的对象时，单击右键弹出快捷菜单，可对各部分的格式作相应的修改。

6. 删除图表中的元素

若要删除图表中的元素，比如图例、图表标题、X 轴和 Y 轴标题、数据系列等，可单击需删除的元素，直接按 Delete 键即可；也可弹出相应的快捷菜单，选择“清除”命令。

7. 在图表中添加数据系列

（1）在嵌入式图表添加数据系列。

有四种方法：

方法一：使用鼠标拖动。

①在数据区域中，选定需加入到嵌入式图表中的数据所在的单元格区域。

②当鼠标在选定的单元格区域，并变成四个方向黑色箭头形状后，按住鼠标左键，拖动此单元格区域到嵌入式图表中，此时鼠标指针附带一个小黑十字后，释放鼠标即可。

方法二：使用菜单。

①单击图表，使其处于编辑状态。

②打开“图表”下拉菜单→“添加数据”命令，弹出“添加数据”对话框，如图 16-8 所示。

③在工作表中选定需加入到图表中的数据所在的单元格区域，此区域将自动被添加到对话框的“选定区域”文本框中。

④最后单击“确定”按钮，则图表中立即增加新的数据系列。

方法三：使用剪贴板。

①在工作表中选中需添加的数据列（包括列或行标题），单击“复制”按钮。

②选中图表，单击“粘贴”按钮即可。

方法四：利用“源数据”对话框。

①选中图表，右键弹出快捷菜单，选择“源数据”命令，弹出如图 16-9 所示的“源数据”对话框，单击“系列”选项卡。

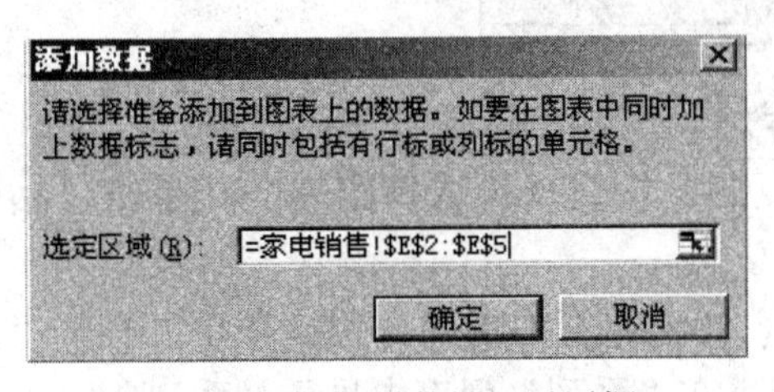

图 16-8　“添加数据”对话框

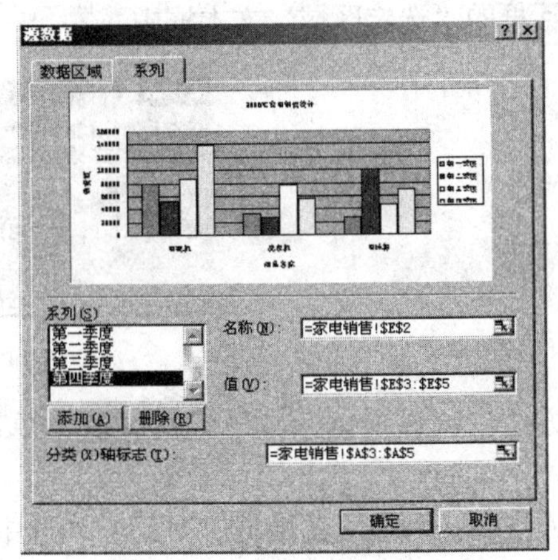

图 16-9　“源数据”对话框

②在图 16-9 中，单击“添加”按钮，在“名称”框中输入系列名称，如“第四季度”，或直接在原工作表中拖动。

③在“数值”框中输入数据区域，或直接在工作表中拖动。

④在“分类轴标志”框中输入分类轴所在的单元格区域，或直接在工作表中拖动。

⑤单击“确定”按钮。

（2）在图形图表中添加数据系列。

在图形图表中添加数据系列，只能使用方法二、方法三和方法四，操作过程与嵌入式图表的方法相同。

【例 16.1】如图 16-2 所示，某商场家电销售情况，数据系列产生在行，每个数据系列反映一种家电销售情况，现要增加平均销售额数据系列（第 6 行），如图 16-10 所示，操作方法如下：

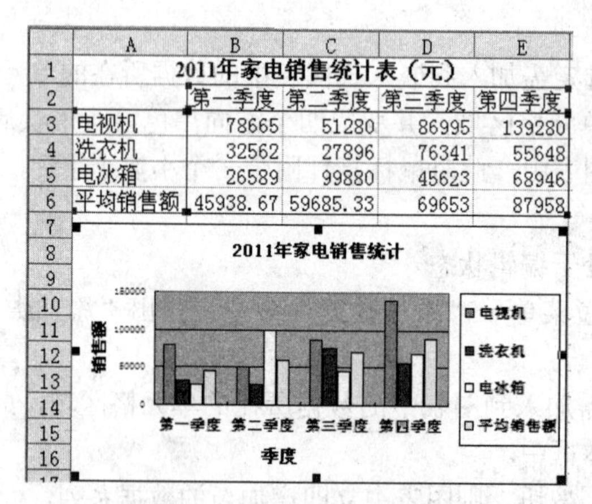

	A	B	C	D	E
1	2011年家电销售统计表（元）				
2		第一季度	第二季度	第三季度	第四季度
3	电视机	78665	51280	86995	139280
4	洗衣机	32562	27896	76341	55648
5	电冰箱	26589	99880	45623	68946
6	平均销售额	45938.67	59685.33	69653	87958

图 16-10 添加平均销售额

方法一：选定 A6:E6 单元格区域，当鼠标在选定的单元格区域其变成四个方向黑色箭头形状后，按住鼠标左键，拖动此单元格区域到嵌入式图表中，当鼠标指针附带一个小黑十字后，释放鼠标即可。

方法二：使用菜单，单击图表区，打开“图表”下拉菜单→“添加数据”命令，弹出“添加数据”对话框，如图 16-11 所示。在工作表中拖动 A6:E6 单元格区域，此区域将自动被添加到对话框的“选定区域”文本框中。

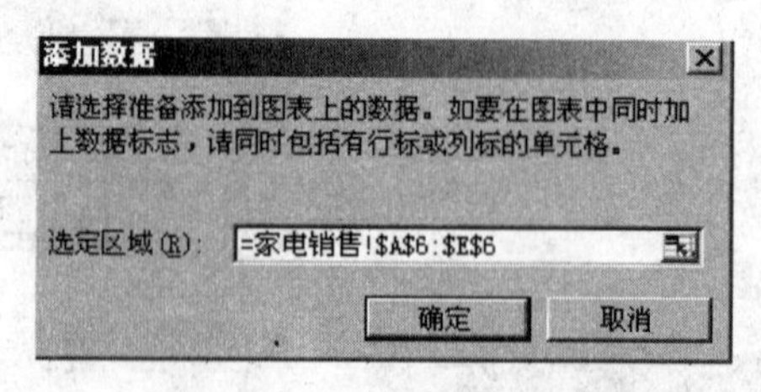

图 16-11 添加数据系列

方法三：选定 A6:E6 单元格区域，单击“复制”按钮，再选择图表区，单击“粘贴”按钮。

方法四：利用“源数据”对话框，选中图表，单击鼠标右键弹出快捷菜单，打开“源数据”对话框，如图 16-12 所示，单击“添加”按钮，在“系列”列表中显示“系列 4”，在“名称”列表框中单击 A6 单元格，添加系列名称；在“值”列表中，拖动 B6:E6 单元格区域，添加数据系列，单击“确定”按钮。

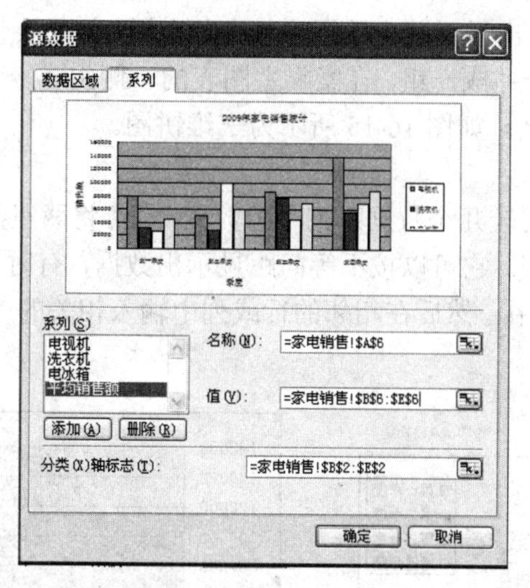

图 16-12　“源数据”对话框

以上四种方法，所得结果如图 16-10 所示增加了一个数据系列，即平均销售额数据系列。

16.4　图表类型介绍

1. 柱形图

柱形图用来显示一段时间内数据的变化或者各项之间的大小比较，共有 7 个子类型，如图 16-3 所示。分类轴水平组织，数值轴垂直组织，这样可以强调数据随时间的变化。堆积柱形图用来显示各项与整体的关系。具有透视效果的三维柱形图可以沿着两条坐标轴对数据点进行比较。

2. 条形图

条形图描述了各项之间的差别情况，共有 6 个子类型。分类垂直组织，数值水平组织，这样可以突出数值的比较，而淡化随时间的变化。堆积条形图显示各个项与整体之间的关系。如图 16-13 所示为簇状条形图。

3. 折线图

折线图以等间距显示数据的变化趋势，共有 7 个子类型。如图 16-14 所示为数据点折线图。

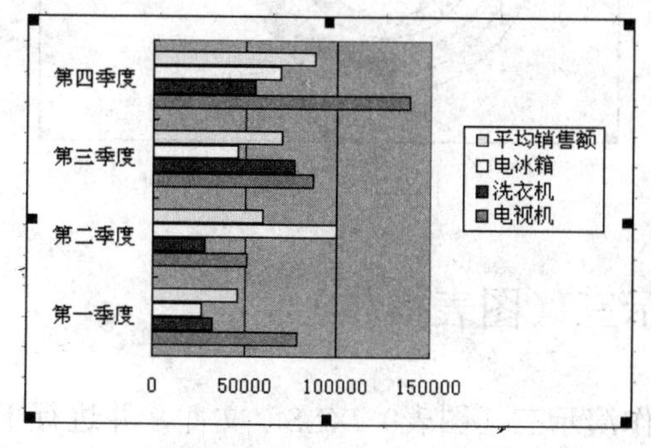

图 16-13　簇状条形图

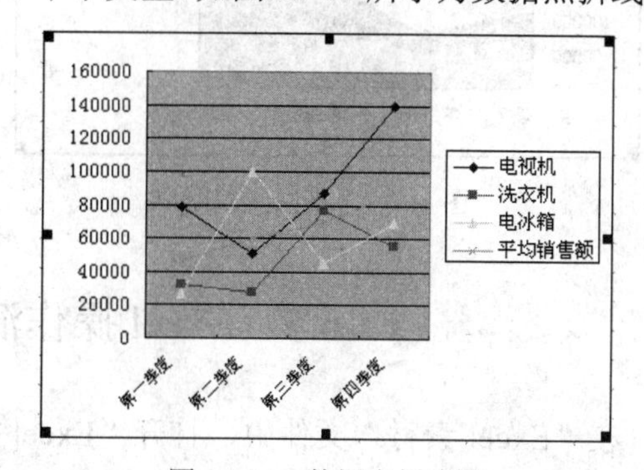

图 16-14　数据点折线图

4. 饼图

饼图显示数据系列中每一项占该系列数值总的比例关系，共有 6 个子类型。它一般只显示一个数据系列，在需要突出显示某个数据项时十分有用。如果要使一些较小的扇区更容易查看，可以在饼图中将它们合并成一组，在紧靠主图表的一侧生成一个较小的饼图或条形图，用来放大显示这些较小的扇区。如图 16-15 所示为三维饼图。

5. XY 散点图

XY 散点图既可用来比较几个数据系列中的数据，也可将两组数值显示为 XY 坐标系中的一个系列，共有 6 个子类型。它可以按不等间距显示出数据，有时也称簇。在组织数据时，请将 X 值放置于一行或一列中，然后在相邻的行或列中输入相关的 Y 值。如图 16-16 所示为平滑线散点图。

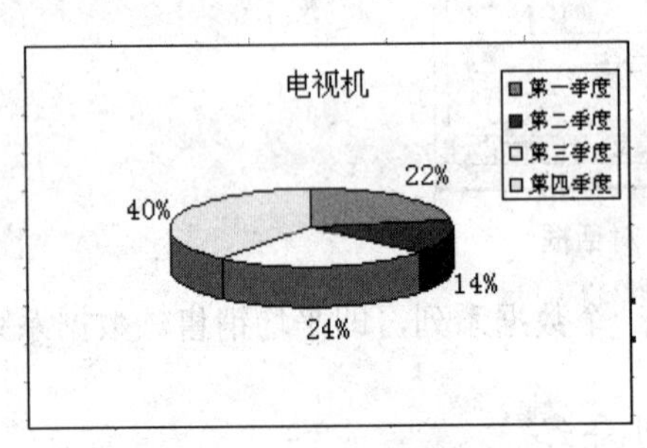

图 16-15　三维饼图

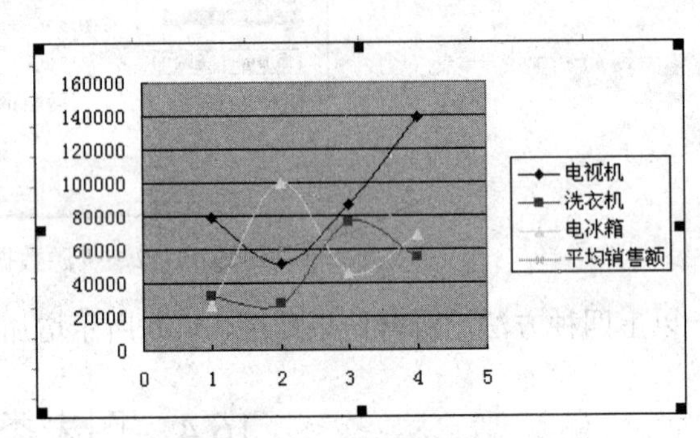

图 16-16　平滑线散点

6. 面积图

面积图强调幅度随时间的变化，共有 6 个子类型。面积图可以显示部分和整体体的关系。如图 16-17 所示为堆积面积图。

7. 圆环图

圆环图类似于饼图，圆环图也用来显示部分与整体的关系，但是圆环图可以含有多个数据系列，共有 2 个子类型，圆环图中的每个环代表一个数据系列。如图 16-18 所示为圆环图示例。

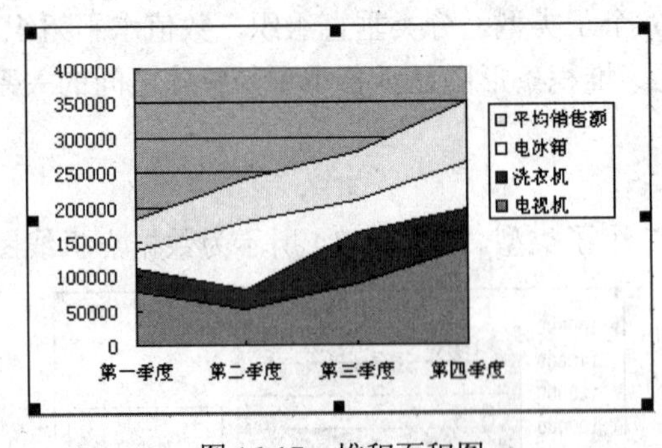

图 16-17　堆积面积图

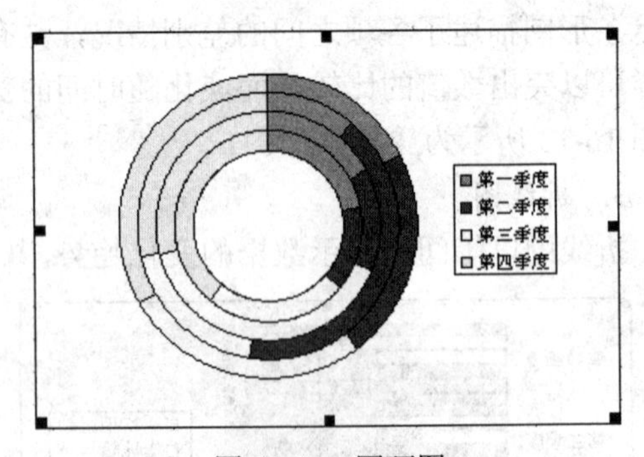

图 16-18　圆环图

16.5　Excel 操作演示三（图表操作）

在“Excel 素材”文件中，打开“Excel 操作演示三（图表）.XLS”文件，并进行下述操作：

1. 对 Sheet1 工作表，按如下要求建立一个图形图表

（1）图表包括全部存入情况，采用柱形棱锥图（棱锥图的第一种格式）。

（2）以存入日作为分类轴，金额和本息作为数值轴。

（3）图表标题为“存款情况”，分类轴标题为存入日，数值轴标题为元，三个标题均采用 14 号红色黑体字并加蓝色边框绿色背景。

（4）分类轴和数值轴均不要网格线。

（5）设置分类轴、数值轴格式为黑体 8 号字。

（6）图例分别为存款金额和存款本息并放在上边，采用 18 号红色楷体字并加绿色边框、蓝色背景。

2. 对 Sheet2 工作表，按如下要求嵌入一个图表

（1）图表只包括工商银行和建设银行的全部存入情况，采用三维饼图（饼图的第二种格式）。

（2）以序号作为分类轴，本息作为数值轴。

（3）用本息值作为数据系列标志。

（4）图表标题为“存款情况”，采用 14 号红色黑体字并加黄色底纹绿色边框。

（5）图例放在右边，采用 10 号蓝色宋体字并加绿色边框粉红色背景。

16.6 Excel 实验三（图表）

在“Excel 素材”文件中，打开“Excel 实验三（图表）.XLS”文件，并进行下述操作：

1. 对 Sheet1 按如下要求建立一个图形图表

（1）图表包括全部人员，采用数据点折线图（折线图的第四种格式）。

（2）以姓名作为分类轴，数学、英语、政治作为数值轴。

（3）图表标题为成绩分布，分类轴标题为姓名，数值轴标题为分数，三个标题均采用 14 号红色黑体字。

（4）图例放在上边。

2. 对 Sheet2 按如下要求嵌入一个图表

（1）图表包括全部人员，采用堆积柱形图（柱形图第二种格式）。

（2）以姓名作为分类轴，总分作为数值轴。

（3）分类轴与数值轴交叉于 150，且数值轴刻度单位为 40。

（4）图表标题为总分分布，分类轴标题为姓名，数值轴标题为总分，三个标题均采用 12 号粉红色黑体字并加黄色底纹绿色边框。

（5）图例放在上边，采用 12 号红色楷体字并加绿色边框蓝色背景。

3. 对 Sheet3 按如下要求嵌入一个图表

（1）图表只包括所有保定人员，采用分离型饼图（饼图的第四种格式）。

（2）以姓名作为分类轴，总分作为数值轴。

（3）用总分的值作为数据系列标志。

（4）图表标题为“总分分布”。

（5）图例为姓名，并放在上边采用 14 号红色仿宋体字加绿色边框蓝色背景。

第 17 讲　Excel 数据库功能

Excel 的数据库功能可以用来组织、管理和操纵大量的信息，所谓数据库并不是真正的数据库管理系统，而是把 Excel 工作表中的数据清单当作一个数据库，利用 Excel 所提供的数据处理功能对数据清单进行类似数据库的管理操作。

本讲的主要内容包括：

- 数据库的基本概念及建立
- 排序记录
- 筛选记录
- 分类汇总
- 数据透视表
- 数据库函数

17.1　数据库的基本概念及建立

1. 基本概念

（1）数据库：指的就是一个数据清单，即一个二维表，它由若干行和列组成。当我们在一个工作表内只放置一个数据库时，这个工作表又称为“数据库工作表”，此时数据清单、数据库、数据库工作表是同一个概念。

（2）字段：字段是数据库中最基本的数据项，它是二维表中的列，每个字段都有一个字段名（即列标题），其下面有若干个字段值。如图 17-1 所示“教师基本情况表”中的“部门”、“姓名”、“性别”等都是字段名。

	A	B	C	D	E	F	G	H	I	J	K
1	序号	部门	姓名	性别	婚否	学历	职称	工龄	出生日期	基本工资	职务补贴
2	1	物理系	张言良	男	是	本科	讲师	7	1968-7-15	3500.00	500.00
3	2	物理系	刘考彤	男	是	研究生	副教授	15	1957-11-20	2750.00	900.00
4	3	物理系	王桂兰	女	是	本科	副教授	18	1958-3-19	3800.00	800.00
5	4	物理系	刘燕燕	女	否	研究生	讲师	4	1968-3-25	2800.00	600.00
6	5	物理系	王向栋	男	是	本科	教授	20	1955-8-10	4200.00	1200.00
7	6	数学系	李利民	男	是	本科	副教授	12	1958-3-25	3700.00	850.00
8	7	数学系	王文娟	女	否	专科	助教	3	1973-8-13	1950.00	200.00
9	8	数学系	杨良蕾	女	是	专科	助教	8	1968-7-21	2050.00	200.00
10	9	数学系	李德光	男	否	研究生	讲师	3	1970-7-1	2550.00	650.00
11	10	数学系	王秀芳	女	否	本科	助教	5	1970-5-8	2100.00	350.00
12	11	数学系	李弘香	女	是	研究生	教授	25	1950-9-13	4900.00	1300.00
13	12	数学系	刘　芳	女	否	研究生	讲师	4	1968-3-12	2800.00	700.00
14	13	数学系	李建立	男	否	研究生		4	1971-7-16	2550.00	500.00
15	14	数学系	赵前进	男	是	专科	助教	7	1969-4-22	1650.00	230.00
16	15	数学系	李利伟	男	否	本科	助教	5	1970-2-18	1950.00	300.00
17	16	生物系	姚　敏	女	否	研究生	讲师	5	1967-2-8	2600.00	600.00
18	17	生物系	李振兴	男	是	本科	教授	30	1946-8-13	4200.00	1000.00
19	18	生物系	张国军	男	是	本科	副教授	17	1958-6-18	3000.00	800.00
20	19	生物系	张小红	女	是	本科	讲师	9	1966-2-17	3000.00	550.00
21	20	生物系	王望乡	男	是	研究生	副教授	7	1965-1-22	4200.00	950.00

图 17-1　教师基本情况表

（3）记录：记录就是二维表中的“行”，它是一组字段值的组合，一个记录用于描述一个实体对象。

（4）数据库结构：所有字段的集合就是数据库的结构。

2. 建立数据库的原则

（1）在一个工作表中，最好只建立一个数据清单，即尽量避免一个工作表中建立多个数据库，因为数据库的某些处理功能（如筛选等）一次只能在同一工作表的一个数据清单中使用。

（2）在一个数据清单中不能有空行或空列。

（3）一个工作表内除了数据库数据外，可以有其他不属于该数据库的数据，但是数据库和其他数据之间必须至少留有一个空行和空列。

（4）字段名必须位于数据库区域的第一行。

（5）字段名所在的单元格的格式应该与字段值所在的单元格的格式有所不同。但是每一列除字段名外的单元格应具有一样的格式。

3. 数据库的建立和编辑

要建立一个数据库，首先要定义数据库的结构，即各字段的名字，如图 17-1 所示，定义了部门、姓名、性别等 10 个字段，然后可以在工作表中输入教师的具体数据了。

建立和编辑数据库有两种方法：

方法一：用前述建立工作表的方法，直接在各单元格中输入或修改数据。注意要遵循建立数据库的原则。

方法二：对于大量的数据，使用“记录单”向数据库添加记录和编辑记录。步骤如下：

（1）先在工作表的第一行内依次输入数据库的各字段名。

（2）单击 A2 单元格，选择“数据”菜单中的“记录单”命令，出现如图 17-2 所示对话框。

（3）键入新记录所包含的信息，完成数据输入后，按下 Enter 键添加记录。

（4）单击“新建”按钮，在对话框中又显示一新建的空记录，继续输入下一条记录。

（5）若修改记录，单击“上一条”或“下一条”按钮，可找到并显示所需修改的记录。

（6）完成数据输入和修改后，单击“关闭”按钮，完成输入和修改，关闭记录单。新添的记录自动排在原有数据行的尾部。

4. 查找记录

若数据清单中的记录很多时，可以用以下方法快速地查找数据库中的任意记录。操作步骤如下：

（1）单击数据清单中的任一单元格。

（2）打开“数据”下拉菜单，选择“记录单”命令，弹出“记录单”对话框，如图 17-2 所示。

（3）单击“条件”按钮（“条件”按钮变成“表单”按钮），于是“记录单”变为空白，然后根据需要分别向有关字段的数据框中输入条件。

我们以图 17-1 为例，假设我们要查找性别为男、学历是本科并且基本工资大于 2000 元的记录，如图 17-3 所示，单击“下一条”按钮可以找到满足条件的第一条记录，再次单击“下一条”按钮，显示下一条与此匹配的记录。

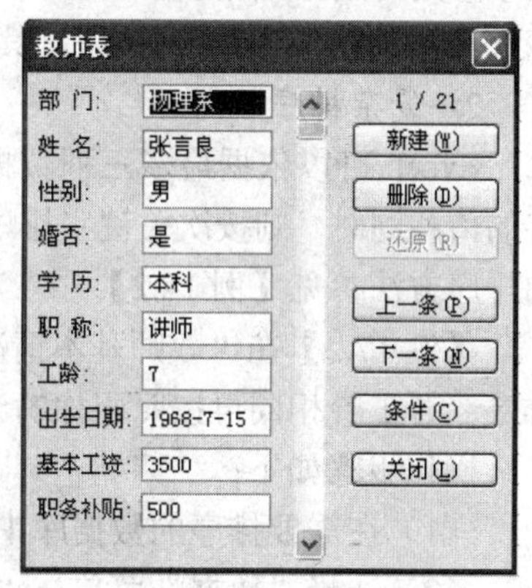

图 17-2　记录单对话框

（4）查找结束后，单击“关闭”按钮。

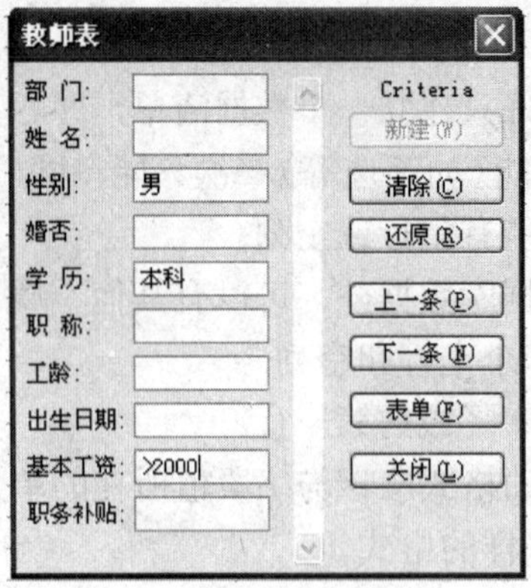

图 17-3 查找记录

17.2 记录排序

数据库中记录的排序有两种方法，一是简单排序，二是复杂排序。

1. 简单排序

如果想按照一列的数据对记录快速排序，可以利用常用工具栏中的两个排序按钮“升序”和“降序”。具体操作步骤如下：

（1）在数据清单中单击所需排序的字段名（或该字段的任意一单元格）。

（2）根据需要，单击常用工具栏中的“升序”和“降序”按钮。

【例 17.1】在“Excel 素材”文件夹中，打开“教师基本情况”工作表，如图 17-1 所示，要求按照工龄字段降序对记录排序，即将教师基本情况表按照工龄从高到低排序。

方法是：先单击“工龄”字段名，即 H1 单元格，然后单击常用工具栏中的“降序”按钮即可。

若选定一列，如选定 H 列，再单击“降序”按钮后，将弹出如图 17-4 所示的“排序警告”对话框，选择“扩展选定区域”则对整个数据清单排序，而选择“以当前选定区域排序”，则只对选定的一列排序，其他列的数据位置不变。

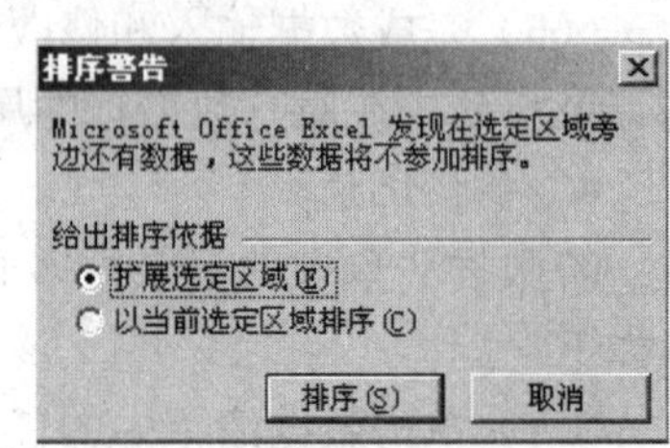

图 17-4 “排序警告”对话框

2. 复杂排序

Excel 可以依据最多三列数据排序，在排序中当主关键字的值相同时，则按次关键字排序，若次关键字的值依然相同，再按第三关键字排序。按照多列排序方法参见【例 17.2】。

【例 17.2】在“教师基本情况”工作表中，如图 17-1 所示，要求按照工龄字段降序对录排序；若工龄相同再按照职称的升序排序，若职称也相同，则再按照基本工资降序排序。

操作步骤如下：

（1）在需要排序的数据库中，单击任意一单元格。

（2）选择“数据”菜单→“排序”命令，弹出 17-5 所示的对话框。

（3）在“主关键字”、“次关键字”和“第三关键字”下拉列表框中，选择需要排序的字段名，并确认是按升序还是降序排序。

（4）为了防止数据库中的字段名也被参加排序，选择“有标题行”选项。

（5）单击图 17-5 中的“选项”按钮，弹出“排序选项”对话框，如图 17-6 所示，可以选择按列或按行排序；也可以选择排序方法即按字母排序或按笔画排序。

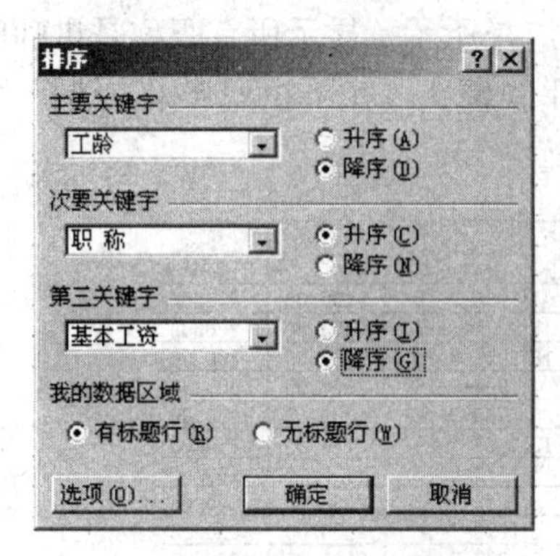

图 17-5　“排序”对话框

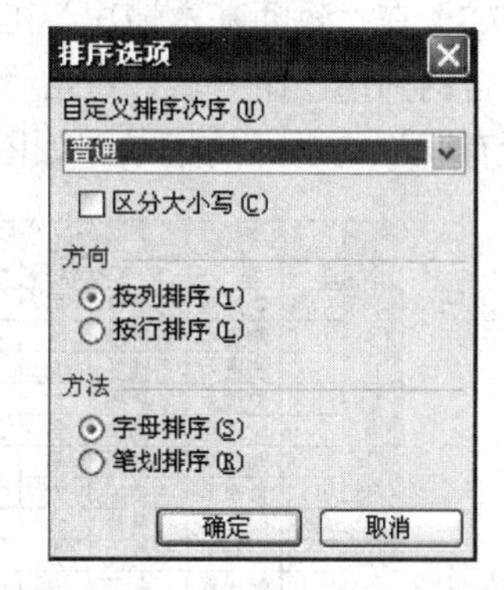

图 17-6　“排序选项”对话框

（6）单击“确定”按钮，即可对数据库指定字段进行排序。

17.3　筛选记录

通过筛选数据库中的记录，可以只显示满足指定条件的记录，而将其他记录隐藏起来不显示。筛选分“自动筛选”和“高级筛选”两种，都可以完成对记录的查询。

1. 自动筛选

自动筛选可以快速、方便地筛选出数据库中满足条件的记录。自动筛选每次可以根据给定条件筛选，在筛选结果中还可用另外的条件再次进行筛选。

操作步骤如下：

（1）单击数据库中的任意一单元格。

（2）选择“数据”菜单→“筛选”→“自动筛选”命令。此时，在每个字段名的右侧出现一个下拉箭头，如图 17-7 所示。

（3）单击欲筛选列的下拉箭头，其中列出了该列中的所有值以及“全部”、“前 10 个”、“自定义”、“空白”和“非空白”等选项。各选项的含义如下：

- 全部：显示所有记录，用于恢复筛选前的显示。
- 前 10 个：显示该字段排序在前面或后面的 n 条记录，用户可在其对话框中自行选定显示个数和前后方向。
- 自定义：由用户输入筛选条件。
- 空白：显示该字段没有数值的记录。
- 非空白：显示该字段有值的记录（显示该字段非空的记录）。

（4）在下拉列表框中选择符合条件的选项后，将符合条件的记录显示出来，其他记录暂时隐藏。

说明：再一次打开筛选字段名右侧的下拉列表框，选择“全部”选项，便可恢复所有记录的显示。再一次选择“数据”菜单→“筛选”→“自动筛选”命令，则字段右侧的下拉箭头会自动消失。

在“Excel 素材”文件夹中，以“第 17 讲例题.XLS”工作簿 “教师基本情况”工作表为例，说明自动筛选的用法。但要注意，以下每一个例子完成后，都要恢复所有记录的显示，然后再继续下一个例子的练习。

【例 17.3】在“教师基本情况”工作表中，如图 17-1 所示，显示所有职称是讲师的记录。

选择“自动筛选”命令后，单击“职称”右侧的下拉箭头，在下拉列表中，选择“讲师”，将筛选出所有职称是讲师的记录，如图 17-7 所示。

	A	B	C	D	E	F	G	H	I	J	K
1	序	部门	姓名	性	婚	学历	职称	工	出生日期	基本工	职务补
2	1	物理系	张言良	男	是	本	升序排列	7	1968-7-15	3500.00	500.00
3	2	物理系	刘考彤	男	是	研究	降序排列	15	1957-11-20	2750.00	900.00
4	3	物理系	王桂兰	女	是	本	(全部)	18	1958-3-19	3800.00	800.00
5	4	物理系	刘燕燕	女	否	研究	(前 10 个...)	4	1968-3-25	2800.00	600.00
6	5	物理系	王向栋	男	是	本	(自定义...) 副教授	20	1955-8-10	4200.00	1200.00
7	6	数学系	李利民	男	是	本	讲师	12	1958-3-25	3700.00	850.00
8	7	数学系	王文娟	女	否	专	教授	3	1973-8-13	1950.00	200.00
9	8	数学系	杨良蕾	女	是	专	助教 (空白)	8	1968-7-21	2050.00	200.00
10	9	数学系	李德光	男	否	研究	(非空白)	3	1970-7-1	2550.00	650.00
11	10	数学系	王秀芳	女	否	本科	助教	5	1970-5-8	2100.00	350.00
12	11	数学系	李弘香	女	是	研究生	教授	25	1950-9-13	4900.00	1300.00
13	12	数学系	刘　芳	女	否	研究生	讲师	4	1968-3-12	2800.00	700.00
14	13	数学系	李建立	男	否	研究生		4	1971-7-16	2550.00	500.00
15	14	数学系	赵前进	男	是	专科	助教	7	1969-4-22	1650.00	230.00
16	15	数学系	李利伟	男	否	本科	助教	5	1970-2-18	1950.00	300.00

图 17-7　自动筛选

【例 17.4】在“教师基本情况”工作表中，显示所有职称是讲师的女教师的记录。

先筛选职称是讲师的记录，如上例；再单击“性别”右侧的下拉箭头，从中选择“女”，则进一步筛选出女讲师的记录。

【例 17.5】在“教师基本情况”工作表中，显示职称字段中职称为空的记录，即没有职称的记录。

在图 17-1 中，单击“职称”右侧的下拉箭头，选择“空白”，则筛选出没有职称的记录，即姓名“李建立”的记录。

若显示所有职称为非空的记录，则单击“职称”右侧的下拉箭头，选择“非空白”，将显示除了“李建立”的所有记录。

【例 17.6】在“教师基本情况”工作表中，显示基本工资最高的前 5 个人的记录。

在图 17-7 中，单击“基本工资”字段右侧下拉列表，选择“前 10 个”选项，弹出如图 17-8 所示的“自动筛选前 10 个”对话框。在第一个下拉列表中选择“最大”，在第二个数字框选择 5，在最后一个下拉列表框中选择“项”。单击“确定”按钮，即可筛选出基本工资最高的前 5 条记录。

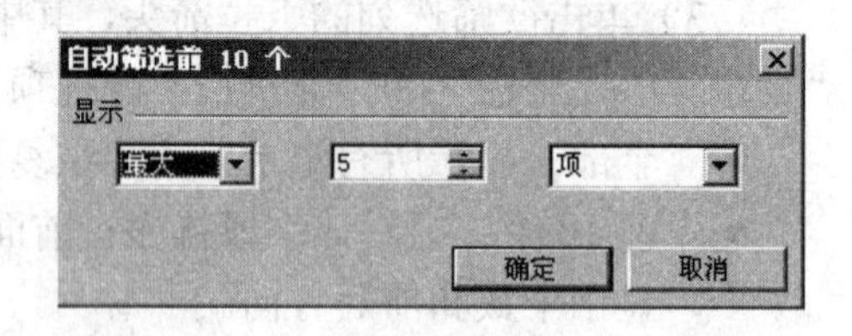

图 17-8　“自动筛选前 10 个”对话框

【例 17.7】在“教师基本情况”工作表中，显示出基本工资在 1500 元到 2500 元之间的所有记录。

（1）在图 17-7 中，单击“基本工资”右侧的下拉箭头，选择“自定义”选项，出现如图 17-9 所示的对话框。

（2）在“自定义自动筛选方式”对话框中，按例题要求在第一个比较操作符的下拉列表中选择“大于或等于”，并在其右侧的文本框中输入数值 1500。

（3）要设置第二个条件，可以选择“与”或者“或”选项。选择“与”表示两个条件同时满足；选择“或”表示只要符合条件之一即可。在此选择“与”单选按钮。

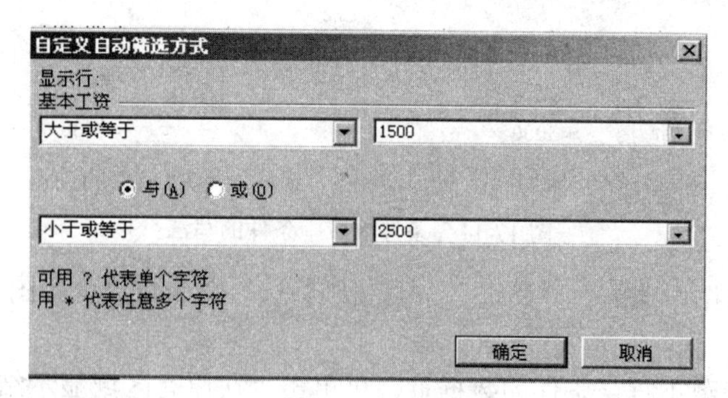

图 17-9　自定义筛选基本工资

（4）在第二个比较操作符的下拉列表中选择“小于或等于”比较运算符，并在右侧的文本框中输入 2500。

（5）单击“确定”按钮，则筛选出基本工资在 1500 元到 2500 元之间的所有记录。

【例 17.8】在“教师基本情况”工作表中，筛选出所有姓李和姓刘的记录。

在图 17-7 中，单击“姓名”右侧的下拉箭头，选择“自定义”选项，如图 17-10 所示，按照图示输入筛选条件。

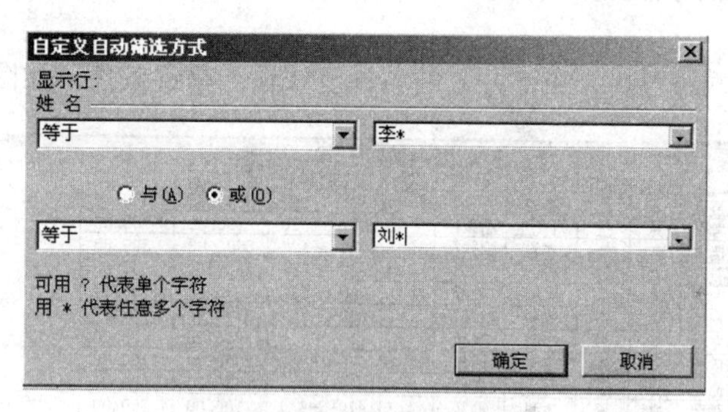

图 17-10　自动筛选姓名

在筛选条件中，*代表任意多个字符，?代表任意一个字符。

注意筛选运算符要用“或”运算，表示筛选姓李或者姓刘的记录。

2. 高级筛选

自动筛选一次只能用某一列的最多两个条件进行筛选，而高级筛选不仅可以同时按两列或两列以上的条件进行筛选，也可以用单列中的三个或更多的条件。采用高级筛选方式可以在保留原数据库显示的情况下，将筛选出来的记录显示到工作表的其他空余位置。

要使用“高级筛选”命令，必须在工作表中建立一个条件区域，条件区域与数据清单之间至少有一空白行（或列）。

当向条件区域输入筛选条件时，可通过复制、粘贴的方法，先将数据清单中含有待筛选值的字段名复制到条件区域的第一个单元格中，然后在下面的行中输入筛选条件。

筛选条件在条件区域中的相对位置决定了它们之间的关系，在同一行中的所有条件是“与”的关系；在不同行上的条件是“或”的关系，如图 17-11 所示。

高级筛选的方法和步骤：

（1）在条件区域的空白行中输入筛选条件，如图 17-12 所示。

（2）单击数据清单中的任一单元格。

M	N
职 称	基本工资
副教授	>=3000

（a）“与”的关系

M	N
职 称	基本工资
副教授	
	>=3000

（b）“或”的关系

图 17-11 条件区域中条件的写法

（3）选择“数据”菜单→“筛选”→“高级筛选”命令，出现如图 17-13 所示的“高级筛选”对话框。

（4）如果要隐藏不符合条件的数据行，可单击“在原有区域显示结果”；如果要将符合条件的数据行复制到工作表的其他位置，单击“将筛选结果复制到其他位置”，接着在“复制到”编辑框中输入复制区域的第一个单元格标识。

（5）在“数据区域”编辑框中，输入数据区域引用（或直接用鼠标拖动选定数据区域）。

（6）在“条件区域”编辑框中，输入条件区域引用（或直接用鼠标拖动选定条件区域）。

（7）单击“确定”按钮，完成高级筛选。

通过下面的例子说明高级筛选的具体应用。

【例 17.9】在“教师情基本况”工作表中，筛选出基本工资大于 2500 元的副教授的记录。

操作步骤如下：

（1）在数据清单的右侧（或下方）的条件区域输入筛选条件，如图 17-12 所示。

	A	B	C	D	E	F	G	H	I	J	K	L	M	N
1	序号	部 门	姓 名	性别	婚否	学 历	职 称	工龄	出生日期	基本工资	职务补贴		职 称	基本工资
2	1	物理系	张言良	男	是	本科	讲师	7	1968-7-15	3500.00	500.00		副教授	>=2500
3	2	物理系	刘考彤	男	是	研究生	副教授	15	1957-11-20	2750.00	900.00			
4	3	物理系	王桂兰	女	是	本科	副教授	18	1958-3-19	3800.00	800.00			
5	4	物理系	刘燕燕	女	否	研究生	讲师	4	1968-3-25	2800.00	600.00			
6	5	物理系	王向栋	男	是	本科	教授	20	1955-8-10	4200.00	1200.00			
7	6	数学系	李利民	男	是	本科	副教授	12	1958-3-25	3700.00	850.00			
8	7	数学系	王文娟	女	否	专科	助教	3	1973-8-13	1950.00	200.00			
9	8	数学系	杨良蕾	女	是	专科	助教	8	1968-7-21	2050.00	200.00			
10	9	数学系	李德光	男	否	研究生	讲师	3	1970-7-1	2550.00	650.00			
11	10	数学系	王秀芳	女	否	本科	助教	5	1970-5-8	2100.00	350.00			
12	11	数学系	李弘香	女	是	研究生	教授	25	1950-9-13	4900.00	1300.00			
13	12	数学系	刘 芳	女	否	研究生	讲师	4	1968-3-12	2800.00	700.00			
14	13	数学系	李建立	男	否	研究生		4	1971-7-16	2550.00	500.00			
15	14	数学系	赵前进	男	是	专科	助教	7	1969-4-22	1650.00	230.00			
16	15	数学系	李利伟	男	否	本科	助教	5	1970-2-18	1950.00	300.00			

输入数据 / 家电销售 / 工资简表 / 货物 / 教师表 / 学生表

就绪

图 17-12 高级筛选条件

（2）将光标移到数据区域的任意单元格。

（3）在“高级筛选”命令对话框中的“列表区域”编辑栏中输入数据区域的单元格引用。例如 $A$1:$K$21，如图 17-13 所示。

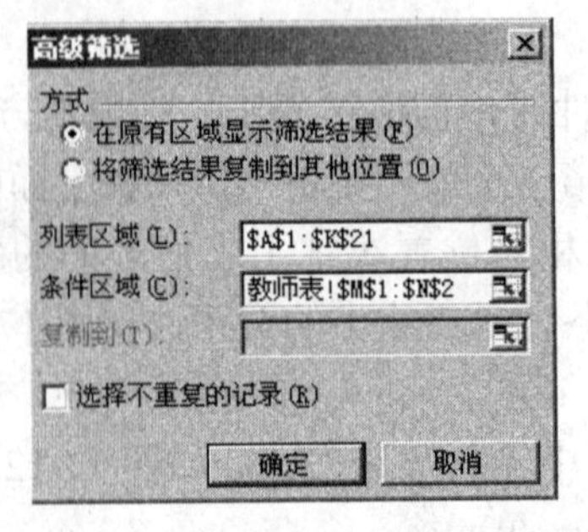

图 17-13 “高级筛选”对话框

（4）在“条件区域”编辑栏中输入条件区域的单元格引用，例如$M$1:$N$2。

（5）将筛选结果在原有区域显示，筛选结果如图 17-14 所示。

	A	B	C	D	E	F	G	H	I	J	K
1	序号	部 门	姓 名	性别	婚否	学 历	职 称	工龄	出生日期	基本工资	职务补贴
3	2	物理系	刘考彤	男	是	研究生	副教授	15	1957-11-20	2750.00	900.00
4	3	物理系	王桂兰	女	是	本科	副教授	18	1958-3-19	3800.00	800.00
7	6	数学系	李利民	男	是	本科	副教授	12	1958-3-25	3700.00	850.00
19	18	生物系	张国军	男	是	本科	副教授	17	1958-6-18	3000.00	800.00
21	20	生物系	王望乡	男	是	研究生	副教授	7	1965-1-22	4200.00	950.00

图 17-14 高级筛选工资>2500 副教授的记录

注意：若在原有数据区域显示筛选结果，筛选结束后，要恢复显示所有记录，需选择“数据”菜单→“筛选”→“全部显示”，则隐藏的记录全部显示出来。

【例 17.10】在“教师基本情况”工作表中，筛选职称是教授或者学历是研究生的记录。

操作步骤同上，这里的条件为“或”的关系，条件区域如图 17-15 所示。

【例 17.11】在“教师基本情况”工作表中，筛选出生物系中工龄大于 5 年的研究生的记录。

在条件区域中三个条件都是“与”的关系，筛选条件如图 17-16 所示，其操作方法与【例 17.9】相似。

M	N
职 称	学 历
教授	
	研究生

图 17-15 筛选教授或研究生的记录

M	N	O
部 门	学 历	工龄
生物系	研究生	>=5

图 17-16 【例 17.11】筛选条件

【例 17.12】在“教师基本情况”工作表中，筛选出 1970 年以前出生姓李的记录。

在条件区域中输入的条件，如图 17-17 所示。

【例 17.13】在“教师基本情况”工作表中，在所有性别为女的记录中，筛选出职称是教授或副教授或讲师的记录。

在条件区域中输入的条件，如图 17-18 所示。

M	N
姓 名	出生日期
李*	<1970-1-1

图 17-17 【例 17.12】筛选条件

M	N
性别	职 称
女	教授
女	副教授
女	讲师

图 17-18 【例 17.13】筛选条件

17.4 分类汇总

分类汇总就是按数据库中某个字段进行分类，并且按照这些不同的类进行统计。例如，在“教师情况统计表”中，按部门分类，分别统计各部门“基本工资”及“职务补贴”的总和。

分类汇总的步骤如下：

（1）先对需分类的字段进行排序。如按“部门”排序（升序降序均可）。

（2）单击数据库中的任意单元格。

（3）在“数据”菜单中，单击“分类汇总”命令，出现“分类汇总”对话框，如图 17-19 所示。

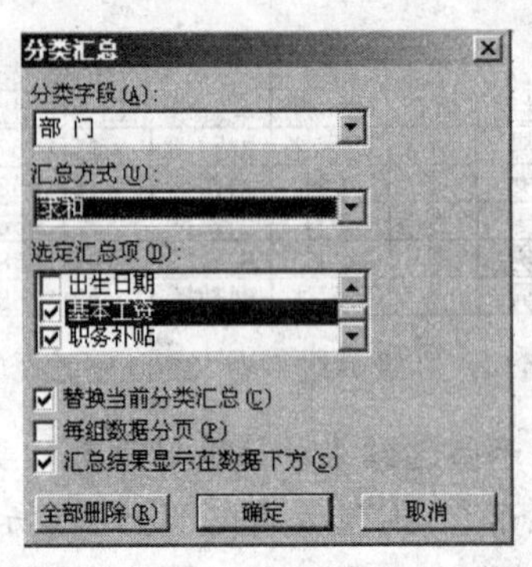

图 17-19 “分类汇总”对话框

（4）在“分类字段”下拉列表框中，单击需要用来分类汇总的字段名，选定的字段名应与步骤（1）中排序的字段相同，如“部门”字段。

（5）在“汇总方式”下拉列表框中，单击需要分类汇总的函数，例如，选择“求和”。

（6）在“选定汇总项”列表中，选择需要统计的字段，例如，对“基本工资”和“职务补贴”两个字段分别求和。

（7）单击“确定”按钮，汇总结果如图 17-20 所示。

Excel练习

	A	B	C	D	E	F	G	H	I	J	K
1	序号	部 门	姓 名	性别	婚否	学 历	职 称	工龄	出生日期	基本工资	职务补贴
2	1	物理系	张言良	男	是	本科	讲师	7	1968-7-15	3500.00	500.00
3	2	物理系	刘考彤	男	是	研究生	副教授	15	1957-11-20	2750.00	900.00
4	3	物理系	王桂兰	女	是	本科	副教授	18	1958-3-19	3800.00	800.00
5	4	物理系	刘燕燕	女	否	研究生	讲师	4	1968-3-25	2800.00	600.00
6	5	物理系	王向栋	男	是	本科	教授	20	1955-8-10	4200.00	1200.00
7		物理系 汇总								17050.00	4000.00
8	6	数学系	李利民	男	是	本科	副教授	12	1958-3-25	3700.00	850.00
9	7	数学系	王文娟	女	否	专科	助教	3	1973-8-13	1950.00	200.00
10	8	数学系	杨良蕾	女	是	专科	助教	8	1968-7-21	2050.00	200.00
11	9	数学系	李德光	男	否	研究生	讲师	3	1970-7-1	2550.00	650.00
12	10	数学系	王秀芳	女	否	本科	助教	5	1970-5-8	2100.00	350.00
13	11	数学系	李弘香	女	是	研究生	教授	25	1950-9-13	4900.00	1300.00
14	12	数学系	刘 芳	女	否	研究生	讲师	4	1968-3-12	2800.00	700.00
15	13	数学系	李建立	男	否	研究生		4	1971-7-16	2550.00	500.00
16	14	数学系	赵前进	男	是	专科	助教	7	1969-4-22	1650.00	230.00
17	15	数学系	李利伟	男	否	本科	助教	5	1970-2-18	1950.00	300.00
18		数学系 汇总								26200.00	5280.00
19	16	生物系	姚 敏	女	否	研究生	讲师	5	1967-2-8	2600.00	600.00
20	17	生物系	李振兴	男	是	本科	教授	30	1946-8-13	4200.00	1000.00
21	18	生物系	张国军	男	是	本科	副教授	17	1958-6-18	3000.00	800.00
22	19	生物系	张小红	女	是	本科	讲师	9	1966-2-17	3000.00	550.00
23	20	生物系	王望乡	男	是	研究生	副教授	7	1965-1-22	4200.00	950.00
24		生物系 汇总								17000.00	3900.00
25		总计								60250.00	13180.00
26											

输入数据 / 家电销售 / 工资简表 / 货物 / 教师录

图 17-20 按“部门”分类汇总结果

说明：

①若要在数据库中清除分类汇总的结果，可再次打开如图 17-19 所示的“分类汇总”对话框中，单击“全部删除”按钮即可。

②在图 17-20 中，单击窗口左侧的“-”或“+”按钮，可以改变显示层次。

17.5 数据透视表

在原有的数据清单基础上，可以利用建立数据透视表的功能，通过对数据的归类、汇总，可以产生一份新的既简洁又清晰的数据分析报表。

数据透视表是一种对大量数据快速汇总和建立交叉列表的交互式表格（由明细数据产生汇总数据）。可以转换行和列以查看源数据的不同汇总结果，可以显示不同页面以筛选数据，还可以根据需要显示区域中的明细数据。

1. 创建数据透视表

以“教师基本情况登记表”为例，如图 17-1 所示，建立一个数据透视表。操作过程如下：

（1）单击数据清单中的任意单元格，选择“数据”菜单→“数据透视表和数据透视图”命令，弹出如图 17-21 所示的对话框，按图示选择后，单击“下一步”按钮。

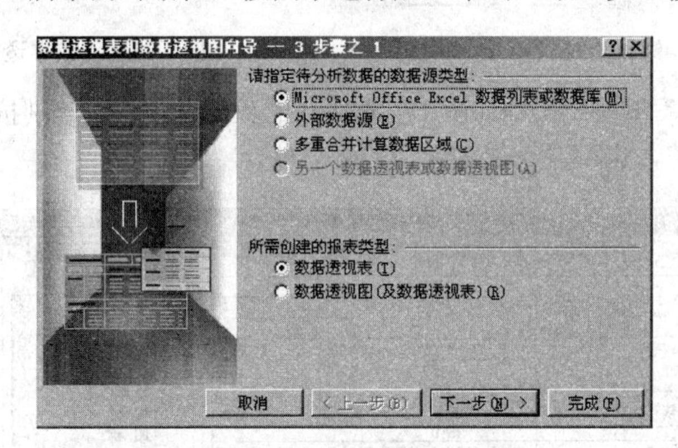

图 17-21 数据透视表向导-3 步骤之 1

（2）进入如图 17-22 所示对话框，系统自动给出源数据区域。若源数据区域大小不符合要求，可以在对话框中直接输入源数据的范围，或用鼠标在工作表中拖动选取范围，单击“下一步”按钮。

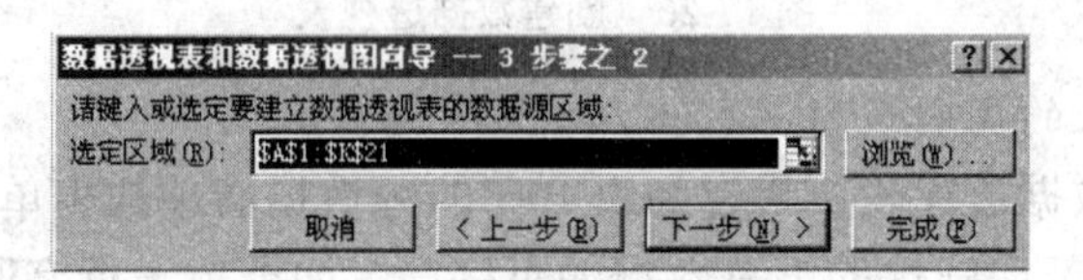

图 17-22 数据透视表向导-3 步骤之 2

（3）进入如图 17-23 所示的对话框，选择透视表所在的位置后，单击“布局”按钮。

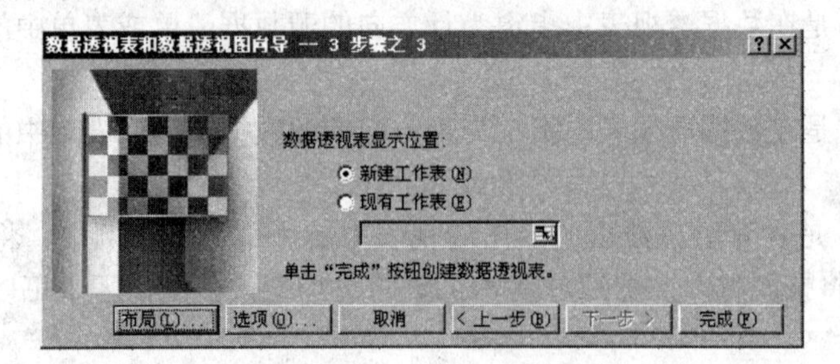

· 图 17-23 数据透视表向导-3 步骤之 3

（4）进入如图 17-24 所示界面，用鼠标拖动右侧所需字段名分别到页、行和列位置。

在本例中将“部门”字段拖动到“页”位置；将“职称”字段拖动到“行”位置；将“性别”字段拖动到“列”位置；将“基本工资”字段拖动到“数据”区域后，双击数据区域的“基本工资”，得到如图 17-25 所示的对话框，选择对“基本工资”的汇总方式，如“平均值”。

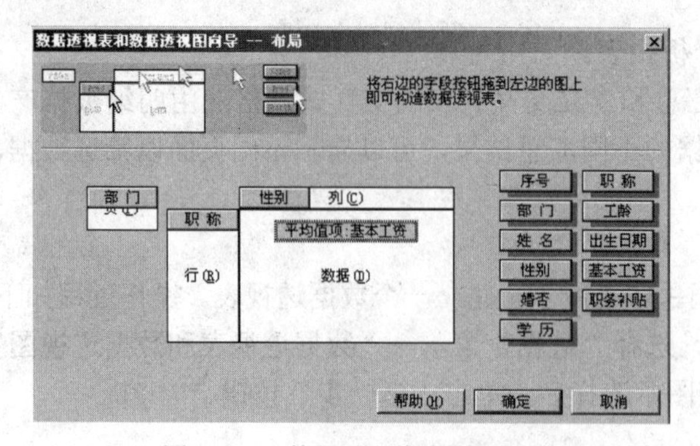

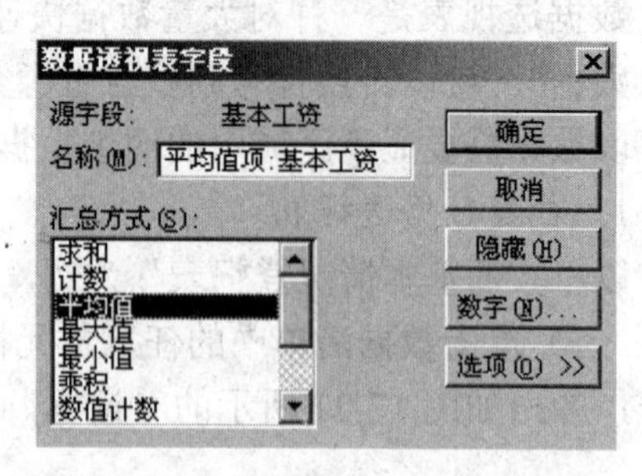

图 17-24　数据透视表向导-布局　　　　图 17-25　“数据透视表字段”对话框

（5）单击“确定”按钮，得到如图 17-26 所示的数据透视表，分别按“职称”和“性别”汇总基本工资的平均值，也可以查看各部门的汇总值。

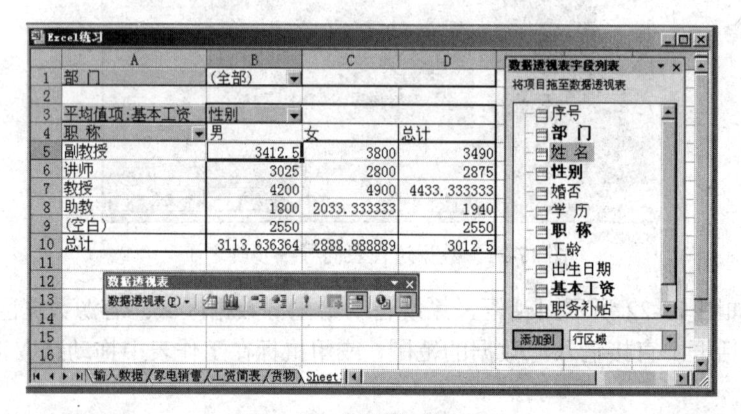

图 17-26　创建数据透视表

2. 有关数据透视表的几个概念

（1）页字段：是数据透视表中指定为页方向的源数据清单或表单中的字段，在本例中，“部门”是一个用于按部门筛选的汇总数据的页字段。如果单击页字段中的不同项（本例中分为“全部”、“数学系”、“物理系”和“生物系”），那么数据透视表会显示与该项有关的汇总数据。

（2）行字段：是在数据透视表中指定为行方向的源数据清单或表单中的字段。本例中，“职称”是行字段。

（3）列字段：是在数据透视表中指定为列方向的源数据清单或表单中的字段。本例中，“性别”是列字段。

（4）数据区：是含有汇总数据的数据透视表中的一部分。本例中，将“基本工资”字段拖动到数据区，将按职称、性别汇总基本工资的平均值，在数据区中可以拖动多个需汇总的字段。

3. 修改数据透视表

修改数据透视表可以用如下几种方法：

方法一：对于已创建好的数据透视表，可以用“数据透视表”工具栏的相应功能进行修改，满足用户新的数据汇总需求。

方法二：也可在数据透视表中的不同位置单击鼠标右键，弹出快捷菜单，来修改数据透视表中的页字段、行字段和列字段。

方法三：还可在如图 17-26 右侧的“数据透视表字段列表”上，直接拖动字段名到页字段、行字段和列字段及数据区域等。也可以反向操作，即将页字段、行字段和列字段及数据区域字段名拖回到“数据透视表字段列表”上，表示删除操作。

图 17-27 是根据图 17-1“教师基本情况登记表”建立的又一个数据透视表，请读者自行完成操作。

	A	B	C	D	E
1	学 历	(全部)			
2					
3			性别		
4	部 门	数据	男	女	总计
5	生物系	求和项:基本工资	11400	5600	17000
6		求和项:职务补贴	2750	1150	3900
7	数学系	求和项:基本工资	12400	13800	26200
8		求和项:职务补贴	2530	2750	5280
9	物理系	求和项:基本工资	10450	6600	17050
10		求和项:职务补贴	2600	1400	4000
11	求和项:基本工资汇总		34250	26000	60250
12	求和项:职务补贴汇总		7880	5300	13180

图 17-27　数据透视表示例

17.6　数据库函数

Excel 2003 提供了 12 个数据库统计函数，利用这些函数可以方便快捷地在数据库中进行统计计算。所有数据库函数名都是以字母 D 开头，例如，求平均值的数据库函数 DAVERAGE、求最大值的数据库函数 DMAX 等。

数据库函数的一般格式如下：

函数名（database,field,criteria）

数据库函数一般都有三个参数，其中：

（1）database 表示选定数据清单中的单元格区域；

（2）field 表示函数所涉及的字段名，可以直接写字段名所在的单元格名称，如 A2，也可以用字段的顺序号表示，如 1 表示第 1 个字段（第 1 列），2 表示第 2 个字段（第 2 列），依次类推；

（3）criteria 表示函数中所用的条件，一般先在条件区域写好条件，此处引用条件所在的单元格区域。

表 17-1　常用数据库函数

函数	功能
DAVERAGE(database,field,criteria)	计算选定数据库区域中满足条件的某列数值的平均值
DCOUNT(database,field,criteria)	计算选定数据库区域中满足条件的且为数值型字段的记录个数
DCOUNTA(database,field,criteria)	计算选定数据库区域中满足条件的非空单元格的记录数
DMAX(database,field,criteria)	返回选定数据库区域中满足条件的某字段最大值
DMIN(database,field,criteria)	返回选定数据库区域中满足条件的某字段最小值
DSUM(database,field,criteria)	计算选定数据库区域中满足条件的某列数值的和
DGET(database,field,criteria)	返回选定数据库区域中满足条件某字段的单元格值

以下各例题均以图 17-1“教师基本情况表”为例，说明数据库函数的用法，以下各题操作结果如图 17-29 所示。

【例 17.14】在“教师基本情况”工作表中，求数学系教师基本工资的平均值，将结果显示在 N1 单元格中。

操作步骤如下：

（1）在一个空白区域建立条件区域 criteria，如 M11:M12；

（2）选定存放结果区域，如 N1，在“插入函数”对话框中，选择“数据库函数”→选定 DAVERAGE，得到如图 17-28 所示的“函数参数”对话框，按照图示输入函数参数。在 Field 中可以单击“基本工资”所在的单元格 J1，也可以直接输入数值 10，表示字段“基本工资”在第 10 列；

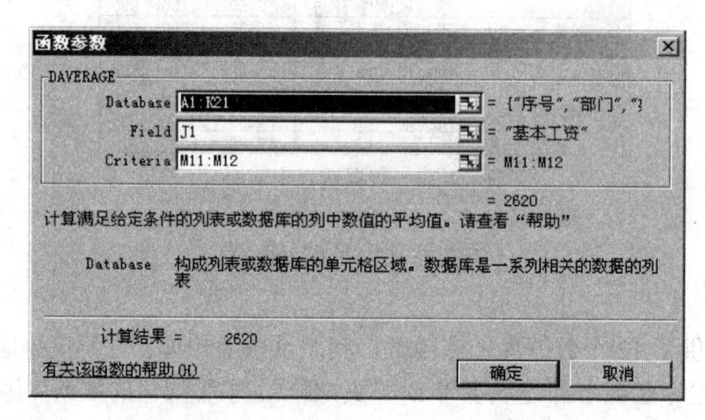

图 17-28 DAVERAGE 函数用法

（3）单击“确定”按钮，得到如图 17-29 所示的计算结果。

注意：条件区域写好条件后，也可以直接在编辑栏输入函数：=DAVERAGE(A1:K21,J1,M11:M12)或=DAVERAGE(A1:K21,10,M11:M12)。

【例 17.15】求工龄大于 10 年的人数，将结果显示在 N2 单元格中。

操作步骤同上，条件区域是 M14:M15，数据库函数为：=DCOUNT(A1:K21,H1,M14:M15)。

【例 17.16】求研究生的人数，将结果显示在 N3 单元格中。

条件区域是 N11:N12，数据库函数为：=DCOUNTA(C1:K21,6,N11:N12)。

【例 17.17】求出女性工龄的最大值，将结果显示在 N4 单元格中。

条件区域是 N14:N15，数据库函数为：=DMAX(A1:K21,H1,N14:N15)。

【例 17.18】求男性基本工资的最小值，将结果显示在 N5 单元格中。

条件区域是 M17:M18，数据库函数为：=DMIN(A1:K21,10,M17:M18)。

【例 17.19】数学系基本工资的和，将结果显示在 N6 单元格中。

条件区域是 M11:M12，数据库函数为：=DSUM(A1:K21,J1,M11:M12)。

【例 17.20】求男性最高工龄的姓名，将结果显示在 N7 单元格中。

首先在条件区域求出男性工龄的最大值，结果放在 N18 单元格中，数据库函数为：=DMAX(A1:K21,H1,M17:M18)，如图 17-29 所示。

再求男性最高工龄的姓名，结果放在 N7 单元格中。此时的条件区域是 N17:N18，用 DGET 函数得到姓名，数据库函数为：=DGET(A1:K21,C1,N17:N18)。

以上 7 个例题的条件区域及执行结果如图 17-29 所示。

N1　=DAVERAGE(A1:K21,J1,M11:M12)

	A	B	C	D	E	F	G	H	I	J	K	L	M	N
1	序号	部门	姓名	性别	婚否	学历	职称	工龄	出生日期	基本工资	职务补贴		数学系基本工资平均值	2620
2	1	物理系	张言良	男	是	本科	讲师	7	1968-7-15	3500.00	500.00		工龄大于10年的人数	7
3	2	物理系	刘考彤	男	是	研究生	副教授	15	1957-11-20	2750.00	900.00		研究生的人数	8
4	3	物理系	王桂兰	女	是	本科	副教授	18	1958-3-19	3800.00	800.00		女性工龄的最大值	25
5	4	物理系	刘燕燕	女	否	研究生	讲师	4	1968-3-25	2800.00	600.00		男性基本工资最小值	1650
6	5	物理系	王向栋	男	是	本科	教授	20	1955-8-10	4200.00	1200.00		数学系基本工资的和	26200
7	6	数学系	李利民	男	是	本科	副教授	12	1958-3-25	3700.00	850.00		男性工龄最大值的姓名	李振兴
8	7	数学系	王文娟	女	否	专科	助教	3	1973-8-13	1950.00	200.00			
9	8	数学系	杨良蕾	女	是	专科	助教	8	1968-7-21	2050.00	200.00			
10	9	数学系	李德光	男	否	研究生	讲师	3	1970-7-1	2550.00	650.00			
11	10	数学系	王秀芳	女	否	本科	助教	5	1970-5-8	2100.00	350.00		部门	学历
12	11	数学系	李弘香	女	是	研究生	教授	25	1950-9-13	4900.00	1300.00		数学系	研究生
13	12	数学系	刘　芳	女	否	研究生	讲师	4	1968-3-12	2800.00	700.00			
14	13	数学系	李建立	男	否	研究生		4	1971-7-16	2550.00	500.00		工龄	性别
15	14	数学系	赵前进	男	是	专科	助教	7	1969-4-22	1650.00	230.00		>10	女
16	15	数学系	李利伟	男	否	本科	助教	5	1970-2-18	1950.00	300.00			
17	16	生物系	姚　敏	女	否	研究生	讲师	5	1967-2-8	2600.00	600.00		性别	工龄
18	17	生物系	李振兴	男	是	本科	教授	30	1946-8-13	4200.00	1000.00		男	30
19	18	生物系	张国军	男	是	本科	副教授	17	1958-6-18	3000.00	800.00			
20	19	生物系	张小红	女	是	本科	讲师	9	1966-2-17	3000.00	550.00			
21	20	生物系	王望乡	男	是	研究生	副教授	7	1965-1-22	4200.00	950.00			

图 17-29　数据库函数示例

17.7　Excel 操作演示四（数据库操作）

在“Excel 素材”文件夹中，打开“Excel 演示操作四（数据库操作）.XLS”文件，并进行下述操作：

（1）对 Sheet1 按照“期限”降序排列。

（2）对 Sheet2 按“银行”升序，“期限”和“金额”降序排列。

（3）对 Sheet3 中自动筛选出“本息”最高的三条记录。

（4）对 Sheet4 自动筛选出所有中国银行和工商银行的记录。

（5）对 Sheet5 自动筛选出所有存款“金额”在 1500～2000 之间的记录。

（6）对 Sheet6 高级筛选出所有农业银行银行和建设银行的记录。

（7）对 Sheet7 高级筛选出所有存款“金额”在 1500～2000 之间的记录。

（8）在 Sheet8 中“银行”分类汇总“本息”的和。

（9）在 Sheet9 的 H 列中计算出相应的学生信息：成绩不低于 70 分的人数，女生平均成绩，成绩最高的男生姓名，成绩最低的女生姓名。

（10）对 Sheet9 中建立数据透视表，页字段为系，行字段为班级，列字段为性别，分类求成绩的平均值。

17.8　Excel 实验四（数据库操作）

在“Excel 素材”文件夹中，打开“Excel 实验四（数据库操作）.XLS”文件，并进行下述操作：

（1）对 Sheet1 按照生源升序排列。

（2）对 Sheet2 按照生源升序，学制和总分均降序排列。

（3）对 Sheet3 自动筛选出惠州 4 年制的学生。

（4）对 Sheet4 自动筛选出所有数学、英语、政治三门课成绩均不低于 85 分的人。

（5）对 Sheet5 高级筛选出所有总分在 200 分以上的惠州籍女同学。

（6）对 Sheet6 高级筛选出所有总分在 230～260 之间的深圳的同学。

（7）对 Sheet7 按照生源分类求总分的平均值。

（8）在 Sheet8 中建立数据透视表，页字段为生源，行字段为学制，列字段为性别，分类求总分的平均值。

Excel 综合实验

从“Excel 素材”文件夹中，打开“Excel 综合实验.XLS”，完成如下实验（注意及时存盘）：

1．在 Sheet1 中，做如下操作：

（1）设置第 2 行的行高为 30，合并 A2:H2 单元格，并在其内输入标题“3 号车间员工工资表”。

（2）对标题设置字体：黑体 16 磅、加粗，蓝色；水平及垂直均居中；标题底纹为浅黄色。

（3）将第 3 行这一空行删除。

（4）将列标题（A2:H2）做如下设置：楷体加粗、水平居中、底纹浅绿。

（5）所有的姓名居中并倾斜，A 列列宽为 5。

（6）用函数计算出应发工资，用公式计算出实发工资。

（7）用自动求和的方法计算出合计数。

（8）其他格式设置：C3:H8 的数字设置成两位小数，底纹为浅青绿，外边框为深绿色双线边框，内边框为鲜绿色虚线边框。

2．在 Sheet2 中，做如下操作：

（1）在 F1:F14 中分别用函数计算出：平均应发工资、基本工资高于 1500 的平均实发工资、基本工资低于 1500 的最高实发工资、总人数。

（2）筛选出最高实发工资的员工信息，并存放在 A20 开始的区域中。

（3）筛选出最低实发工资的员工信息，并存放在 A25 开始的区域中。

（4）按要求做一个图表：

图表类型：三维堆积柱形图；

数据区域：B4:E9；

图表标题：员工应发工资；

图表名称：三车间工资图表；

标题格式：楷体加粗、四号、蓝色；

其他要求：分类轴为仿宋体、图表要求显示值。

3．将 Sheet2 中的 A3:H10 拷贝到 Sheet3 中的 B2 开始的区域中后，在 Sheet3 中进行如下操作：

（1）将数据表用自动套用格式中的经典 3 设置格式；

（2）将数据表按实发工资从大到小的顺序排序，合计不参与排序。

4．在 Sheet4 中，做如下操作：

（1）根据总数量计算出每款的库存金额，并用人民币符号表示。

（2）根据公司规定，如果某款服装成品总数量超过 500 件或者总金额超过 10 万元，则该款库存超限，在“是否超限”一列中用“是”来标识这一款服装。请用函数实现这一功能。

（3）使用频率分布函数计算出总数量在 150、300、450、600 等区间的款式个数，计算频率的数组设置在 A22 开始的列中，数据接受区间设置在 B22 开始的列中。

（4）筛选出 S、M、L、XL、XXL 每码数量均大于 30 或总数量大于 150 的款，将新生成的数据放置在 A30 开始的区域，并按照库存金额由大到小排列，将区域名称定义为“NewTable”。

（5）在 NewTable 区域中，以品名作为系列，S、M、L、XL、XXL 等各码以及总数量作为数据生成柱形图表，子图表类型为簇状柱形图，标题为“高库存款式”，数值轴刻度间隔设置为 100，分类轴字体字号设置为 8，以新图表保存，图表名为“高库存图表”。

5．在 Sheet5 中，做如下操作：

（1）将 A1:F1 合并为一个单元格，内容水平居中；

（2）利用公式计算三年各月经济增长指数的平均值，保留小数点后 2 位；

（3）将 A2:F6 区域的全部框线设置为双线样式、蓝色；

（4）将工作表 5 改名为“经济增长指数对比表”；

（5）选取 A2:F5 单元格区域的内容建立“堆积数据点折线图”（系列产生在“行”），标题为“经济增长指数对比图”，图列位置在底部，网格线为 X 轴和 Y 轴显示主要网格线，将图插入到表 A8:F18 单元格区域内。

习题

一、单项选择题

1．若要将 001245 作为文本型数据输入单元格，应输入（　　）。

A．/001245　　B．’001245　　C．’001245’　　D．+001245

2．Excel 的数据库中最多可有（　　）条记录。

A．256　　B．128　　C．65535　　D．27727

3．在 Excel 中复制工作表使用的操作是（　　）。

A．先选定源工作表，单击工具栏的“复制”按钮，选定目标工作表，单击“粘贴”按钮

B．先选定源工作表，单击工具栏的“剪切”按钮，选定目标工作表，单击“粘贴”按钮

C．先选定目标工作表，单击工具栏的“复制”按钮，选定源工作表，单击“粘贴”按钮

D．先选定目标工作表，单击工具栏的“剪切”按钮，选定源工作表，单击“粘贴”按钮

4．在 Excel 工作表中，函数 SUM()的意义是（　　）。

A．求统计区域内有定义数据的单元格个数

B．求统计区域内有定义数值总和

C．求区域内所有数中的最大者

D．求区域内数值的平均值

5．在 Excel 中，图表可通过（　　）来改变数据的方向。

A．函数　　B．公式

C．转动　　D．图表向导中的行、列选项

6．下列有关 Excel 的叙述，错误的是（　　）。

A．双击工作表标签可选定工作表　　B．工作簿的第一个工作表名默认为“Sheet1”

C．双击工作表标签可重新命名工作表　　D．可以改变一个工作簿中默认的工作表数目

7．公式SUM(A2:A5)作用是（ ）。

A．求A2到A5四个单元格数据之和　B．求A2、A5两个单元格数据之和

C．求A2与A5单元格的比值　D．不正确使用

8．在Excel中，建立图表可利用常用工具栏的（ ）。

A．图表向导　B．格式刷　C．粘贴函数　D．绘图

9．Excel中，在单元格中输入公式时，编辑栏上的“√”按钮表示（ ）操作。

A．取消　B．拼写检查　C．确认　D．函数向导

10．在Excel中，当某单元格显示一排等宽的“#”时，说明（ ）。

A．所输入的公式中出现分母为0

B．被引用单元格可能已被删除

C．所输入公式中含有Excel不认识的正文

D．单元格内数据长度大于单元的显示宽度

11．在Excel中，所有对工作表的输入或编辑操作均是对（ ）进行的。

A．单元地址　B．单元格　C．表格　D．活动单元格

12．在Excel工作表中已选择C、D两列，然后作插入列操作，则结果为（ ）。

A．在C、D两列左边插入新的一空列，列名为C，原C、D列改名为D、E

B．在C、D两列左边插入新的两空列，列名仍为C、D，原C、D列改名为E、F

C．在C、D两列之间插入新的一空列，列名为D，原D列改名为E

D．在C、D两列右边插入新的两空列，列名为E、F

13．在Excel中，关于在活动单元格处插入单元格的叙述错误的是（ ）。

A．新插入的单元格具有原活动单元格的数据

B．插入单元格可能导致活动单元格下移

C．插入单元格可能导致活动单元格右移

D．插入单元格操作可用快捷菜单来实现

14．在Excel中，下面关于工作表与工作簿的论述正确的是（ ）。

A．一个工作簿中一定有16张工作表

B．一张工作表保存在一个文件中

C．一个工作簿的多张工作表类型相同，或同是数据表，或同是图表

D．一个工作簿保存在一个文件中

15．Excel中，在单元格中输入公式时，编辑栏上的“×”按钮表示（ ）操作。

A．取消　B．拼写检查　C．确认　D．函数向导

16．在Excel中，往活动单元格输入公式或函数时，输入的第一个符号必须是（ ）。

A．-　B．+　C．=　D．$

17．使用组合键（ ），可退出Excel。

A．Alt+F4　B．Alt+F5　C．Ctrl+ F4　D．Ctrl+F5

18．在每一张Excel工作表中，最多能有（ ）个单元格。

A．128×128　B．256×256　C．65536×256　D．65536×128

19．在建立Excel文件时，Excel使用的默认文件类型是（ ）。

A．.doc　B．.txt　C．.ppt　D．.xls

20．在Excel中，单元格地址绝对引用的方法是（ ）。

A．在构成单元格地址的字母和数字之间加符号“$”

B．在构成单元格地址的字母和数字前分别加符号“$”

C．在单元格地址后面加符号“$”

D．在单元格地址前面加符号“$”

21．Excel 单元格中的文字型数据的默认对齐方式是（　）。

A．右对齐　　B．左对齐　　C．居中　　D．不一定

22．在 Excel 工作表中输入数据时，如果需要在单元格中回车换行，应按组合键（　）。

A．Alt+ Enter　　B．Ctrl+Enter　　C．Shift+Enter　　D．Ctrl+Shift+Enter

23．Excel 的主要功能包括（　）。

A．工作表处理、文本处理、数据库处理　　B．工作表处理、图表处理、数据库处理

C．工作表处理、工作簿处理、图表处理　　D．工作表处理、文件管理、图表处理

24．在 Excel 中，至少应含有的工作表个数是（　）。

A．0　　B．1　　C．2　　D．3

25．在默认的情况下，Excel 中含有的工作表个数是（　）。

A．0　　B．1　　C．2　　D．3

26．在 Excel 中，文本型数据的默认对齐方式是（　）。

A．左对齐　　B．右对齐　　C．居中对齐　　D．两端对齐

27．在 Excel 中，数值型数据的默认对齐方式是（　）。

A．左对齐　　B．右对齐　　C．居中对齐　　D．两端对齐

28．使用“编辑”菜单中的（　）命令，可以只复制单元格中的数值，而不复制单元格中的其他内容（如公式）。

A．粘贴　　B．选择性粘贴　　C．Office 剪贴板　　D．填充

29．在 Excel 工作表中，不允许使用的单元格地址是（　）。

A．A$22　　B．$A22　　C．A2$2　　D．$A$22

30．下列 Excel 公式中，正确的是（　）。

A．=B2*Sheet2!B2　　B．=B2*Sheet2:B2

C．=2B*Sheet2!B2　　D．=B2*Sheet$B2

31．在选定一列数据后自动求和时，求和的数据将放在（　）。

A．第一个数据的上边　　B．第一个数据的右边

C．最后一个数据的下边　　D．最后一个数据的右边

32．已知 A1 单元格中的公式为：=AVERAGE(B1:F6)，将 B 列删除之后，A1 单元格中的公式将调整为（　）。

A．=AVERAGE(#REF)　　B．=AVERAGE(C1:F6)

C．=AVERAGE(B1:E6)　　D．=AVERAGE(B1:F6)

33．已知 A1 单元格中的公式为：=D2*$E3，如果在 D 列和 E 列之间插入一个空列，在第 2 行和第 3 行之间插入一个空行，则 A1 单元格的公式调整为（　）。

A．=D2*$E2　　B．=D2*$F3　　C．=D2*$E4　　D．=D2*$F4

34．Excel 工作簿中既有工作表又有图表，当执行“文件”菜单中的“保存”命令时，则（　）。

A．只保存其中的工作表

B．只保存其中的图表

C．把工作表和图表分别保存到两个文件中

D．将工作表和图表保存到一个文件中

35．在 Excel 中，单元格引用位置的表示方式为（　）。

A．列号加行号　　B．行号加列号　　C．行号　　D．列号

36．下列 Excel 的表示中，属于绝对地址引用的是（　）。

A．$A2　　B．C$　　C．E8　　D．$G$9

37．在 Excel 中，若单元格引用随公式所在单元格位置的变化而改变，则称之为（　）。

A．3-D 引用　　B．混合引用　　C．绝对引用　　D．相对引用

38. 在 Excel 文字处理时，在某个单元格内强制换行的方法是在需要换行的位置按（ ）组合键。

A. Ctrl + Enter B. Ctrl + Tab C. Alt + Tab D. Alt + Enter

39. 在 Excel 中，选定大范围连续区域的方法之一是：先单击该区域的任一角上的单元格，然后按住（ ）键再单击该区域的另一个角上的单元格。

A. Alt B. Ctrl C. Shift D. Tab

40. 在 Excel 中，当前录入的内容是存放在（ ）内。

A. 单元格 B. 活动单元格 C. 编辑栏 D. 状态栏

41. 当公式（或函数）表达不正确时，系统将显示出错信息。其中（ ）表示除数为 0。

A. #DIV/0! B. #N/A C. #VALUE! D. #NUM!

42. 当公式（或函数）表达不正确时，系统将显示出错信息。其中（ ）表示引用了当前不能使用的数值。

A. #DIV/0! B. #N/A C. #VALUE! D. #NUM!

43. 当公式（或函数）表达不正确时，系统将显示出错信息。其中（ ）表示错误的参数或运算对象。

A. #DIV/0! B. #N/A C. #VALUE! D. #NUM!

44. 当公式（或函数）表达不正确时，系统将显示出错信息。其中（ ）表示数字错。

A. #DIV/0! B. #N/A C. #VALUE! D. #NUM!

45. 当公式（或函数）表达不正确时，系统将显示出错信息。其中（ ）表示引用了不能识别的名字。

A. #NAME? B. #NULL! C. #REF! D. #DIV/0!

46. 当公式（或函数）表达不正确时，系统将显示出错信息。其中（ ）表示指定的两个区域不相交。

A. #NAME? B. #NULL! C. #REF! D. #DIV/0!

47. 当公式（或函数）表达不正确时，系统将显示出错信息。其中（ ）表示无效的单元格。

A. #NAME? B. #NULL! C. #REF! D. #DIV/0!

48. 在使用自动筛选或高级筛选时，下面（ ）条件可以筛选出姓张的记录。

A. 张* B. 张@ C. 张? D. 张某某

49. 工作表与工作区域名字之间要以（ ）符号连接。

A. $ B. ! C. : D. .

50. Excel 图表的显著特点是工作表中的数据变化时，图表（ ）。

A. 随之改变 B. 不出现变化

C. 自然消失 D. 生成新图表，保留原图表

二、填空题

1. 在 Excel 中提供了“自动筛选”和“________”命令来筛选数据。

2. 在 Excel 中打开工作表标签可以________工作表标签。

3. 在默认情况下，一个 Excel 工作簿有________个工作表。

4. 在 Excel 中，图表类型有 XY 散点图、条形图、________（只写其中一个类型）。

5. Excel 工作簿文件的扩展名为________。

6. 在 Excel 中，当把一个含有单元格地址的公式拷贝到一个新的位置时，公式中的单元格地址会随着公式位置的改变而改变，这种单元格的地址称为________。

7. 在 Excel 中数值型数据会自动________对齐。

8. 在 Excel 中文字型数据会自动________对齐。

9. 在 Excel 中单元格的引用（地址）有________、________和________三种形式。

10. Excel 的每个工作表，最多能有________列和________行。

11. 在 Excel 中，以四个单元格 A4、A13、F4、F13 为四角的矩形区域表示为________。

12. 选定某一单元格，可以发现这时此单元格的右下角显示为一个黑色的小方块，这个小方块所在的位

置称为________。

13．第一次编辑所创建的工作表，在首次保存时会出现“________”对话框。

14．单元格 A5、B5 中已经输有两个数字，现在想利用公式，在单元格 C5 中计算出单元格 A5 的数减去 B5 的结果，则 C5 中输入的公式可以为________。

15．单元格 A1、B1、C1、D1 里的数字分别为 10、20、30、40，已知单元格 E1 里输入的公式为 =AVERAGE(A1:C1)，则 E1 这个公式的计算结果是________。

16．在对总分进行排序以排名次时，在“数据排序”对话框中，“主要关键字”处选好“总分”后，右边的排序顺序应选择“________”，然后单击“确定”按钮。

17．在填充“名次”或“编号”这种各单元格依次差值一般为 1 的等差序列时，至少要先选择________个此列的数据，才能正确进行填充。

18．Excel 2003 中最基础的逻辑运算有 AND、OR 和________。

19．在 Excel 2003 中当操作数（单元格）发生变化时，公式的运算结果________。

20．如果要关闭全部已打开的 Excel 工作簿，可以按________键不放，单击“文件”菜单栏，然后选择“全部关闭”一项。

21．如果要选择同一工作簿中的多个工作表，可以按________键不放，然后单击要选择的工作表。

22．在对某字段进行分类汇总前需对该字段进行________。

23．在 Excel 的工作表中输入公式时，必须以________开始。

24．在 Excel 中默认工作表的名称为________、________、________。

25．在 Excel 中，工作表行列交叉的位置称之为________。

26．Excel 中引用绝对单元格需在工作表地址前加上________符号。

27．要在 Excel 单元格中输入内容，可以直接将光标定位在编辑栏中，也可以对活动单元格按键输入内容，输入完内容后单击编辑栏左侧的________按钮确定。

28．间断选择单元格只要按住________键同时选择各单元格。

29．填充柄在活动单元格或活动单元格区域的________下角。

30．Excel 提供了连接运算符为________，其功能是把两个字符连接起来。

31．要删除单元格的内容，可以按________键。

32．执行一次排序时，最多能设________个关键字段。

33．在 Excel 中，若要将光标移到工作表 A1 单元格，可按________组合键。

34．Excel 工作簿的默认名是________。

35．Excel 工作表最底行为状态行，准备接收数据时，状态行显示________。

36．________是工作表数据的图表表示。

37．将“A1+A4+B4”，用绝对地址表示为________。

38．=COUNT (1,2,"中国") 的值为________。

39．=ROUND(3.2459,1) 的值是________。

40．在 Excel 中设置的打印方向有________和________两种。

41．单击工作表________角的矩形块，可以选取整个工作表。

42．用鼠标复制工作表时，需按住________键。

43．在 Excel 窗口的底部和右边分别是水平和垂直________条。

44．要对某单元格中的数据加以说明，一般在该单元格插入________，然后输入说明性文字。

45．在 Excel 中，某工作表的 B4 中输入“=5+3*2”，回车后该单元格内容为________。

46．如果让所选区域中数值型数据小于 60 的用红色字显示出来，可以使用“格式”菜单栏的________。

47．在 Excel 中，建立图表最简单的方法是使用常用工具栏中的________按钮。

48．工作表 Sheet1 中，设已对单元格 A1、B1 分别输入数据 20、40，若对单元格 C1 输入公式“=A1>B1”，则 C1 的值为________。

49．在 Excel 中，________函数可以用来查找一组数中的最小数。

50．Excel 的工作表中，若要对一个区域中的各行数据求和，应使用________函数，或选用工具栏的Σ按钮进行运算。

习题参考答案

一、单项选择题

1．B　2．C　3．A　4．B　5．D　6．A　7．A　8．A　9．C　10．D
11．D　12．B　13．A　14．D　15．A　16．C　17．A　18．C　19．D　20．B
21．B　22．A　23．B　24．B　25．D　26．A　27．B　28．B　29．C　30．A
31．C　32．C　33．D　34．D　35．A　36．D　37．D　38．D　39．C　40．B
41．A　42．B　43．C　44．D　45．A　46．B　47．C　48．A　49．B　50．A

二、填空题

1．高级筛选　2．双击　3．3
4．柱形图（或饼图等）　5．XLS　6．相对地址
7．右　8．左
9．相对引用，绝对引用，混合引用　10．256，65536　11．A4:F13
12．填充柄　13．另存为　14．=A5-B5
15．20　16．递减　17．2
18．NOT　19．随之变化　20．Shift
21．Ctrl　22．排序　23．=
24．Sheet1，Sheet2，Sheet3　25．单元格　26．$
27．√　28．Ctrl　29．右
30．&　31．Delete　32．3
33．Ctrl+Home　34．Book1　35．就绪
36．图表　37．$A$1+$A$4+$B$4　38．2
39．3.2　40．横向，纵向　41．左上
42．Ctrl　43．滚动　44．批注
45．11　46．条件格式　47．图表向导
48．False　49．MIN()　50．SUM()

第六部分　演示文稿制作软件 PowerPoint 2003

第 18 讲　演示文稿的创建、编辑、排版

本讲的主要内容包括：

- PowerPoint 2003 概述
- 创建和编辑演示文稿
- 设置幻灯片的外观

18.1　PowerPoint 2003 概述

18.1.1　PowerPoint 2003 的主要功能

PowerPoint 2003 是 Office 2003 套装软件之一，是一款功能强大的演示文稿制作软件。利用它可以轻松地制作出融文本、图像、声音、音乐、动画甚至视频剪辑为一体的演示文稿。演示文稿一旦制作成功，既可把它打印出来在会议上散发或在电脑上一屏一屏地演示，又可以进一步制作成幻灯片或投影片用标准投影仪播放，甚至插入网页，放上 Internet。

PowerPoint 2003 的主要功能包括：

①创建和编辑演示文稿；

②设置幻灯片的外观；

③幻灯片动画设置；

④幻灯片放映；

⑤其他功能。

18.1.2　PowerPoint 2003 的工作窗口

PowerPoint 2003 提供了多种视图显示方式：普通视图、大纲视图、幻灯片视图、幻灯片浏览视图、幻灯片放映视图、备注视图。在不同的视图中可以对演示文稿进行特定的操作，最常用的是普通视图和幻灯片浏览视图，如图 18-1 的左下方提供了视图的切换按钮。

1. 普通视图

普通视图模式也是默认的视图模式，如图 18-1 所示。从桌面图标或 Windows 的“开始”菜单中启动 PowerPoint 2003 后，就会出现该视图的工作窗口。

类似于 Word 2003，PowerPoint 2003 的工作窗口也是由标题栏、菜单栏、工具栏和状态栏组成。在工具栏和状态栏之间将窗格分成大纲窗格、幻灯片窗格、备注窗格和任务窗格，使用户能同时显示幻灯片、演示文稿大纲和幻灯片等备注信息，从而使用户不仅可以方便地切换各种显示模式，还可以更方便地浏览和编辑每张幻灯片的内容。拖动两个窗格之间的边框可调整各区域的大小。

（1）大纲/幻灯片浏览窗格。用于显示幻灯片的大纲或幻灯片缩略图。在大纲/幻灯片浏览窗格中，有“大纲”和“幻灯片”两个选项卡。

单击该窗格中的“大纲”选项卡，如图 18-1 所示，用户可以直接输入和修改幻灯片的内容、调整各张幻灯片在演示文稿中的位置、改变标题和文本的级别、展开和折叠文本内容等。选择“视图”菜单→“工具栏”级联菜单→“大纲”命令，显示大纲工具栏，可以完成对大纲级别的升级、降级、折叠等操作。

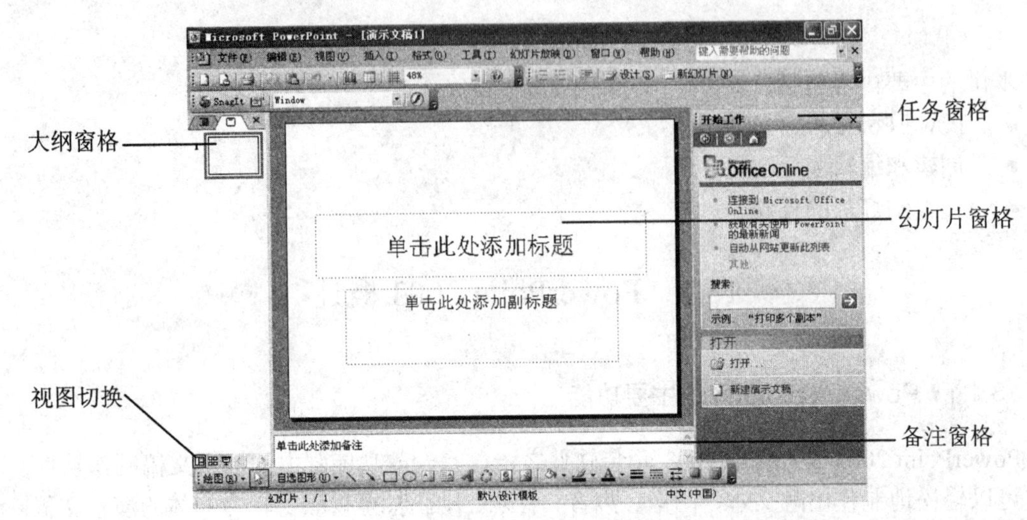

图 18-1　普通视图

单击该窗格中的“幻灯片”选项卡，得到幻灯片缩略图。选择该窗格，拖动滚动条，可以快速找到所需的幻灯片；单击其中的一张幻灯片，可以选定该幻灯片；单击其中的一张幻灯片，然后再按住 Shift 键，同时单击后面的某张幻灯片，就可以选定连续的若干张幻灯片；单击其中的一张幻灯片，然后再按住 Ctrl 键，同时单击其他幻灯片，就可以选定不连续的若干张幻灯片。也可以上下拖动一张幻灯片的缩略图来调整幻灯片的前后顺序。

（2）幻灯片窗格。用于显示当前幻灯片的内容，用户可以在该窗格中对幻灯片进行编辑和排版，在单张幻灯片中添加图形、影片和声音，并创建超级链以及向其中添加动画。

（3）备注窗格。用于显示和编辑对当前幻灯片的备注信息，最后可以打印成稿，供演讲者在演讲时使用。

（4）任务窗格。PowerPoint 2003 提供了实用的任务窗格，它将相同性质的任务组织在一起，方便用户集中使用。如果在窗口中没有任务窗格，需选择“视图”菜单→“任务窗格”命令将其打开。在任务窗格中可以完成多个任务，例如“新建演示文稿”、“剪贴板”、“信息检索”等，不同的任务其任务窗格显示也不同，要在各任务窗格之间切换，可以用下面两种方法：

方法一：单击任务窗格右上方的下拉按钮，在下拉列表中选择所需的任务即可。

方法二：要查看最近浏览过的任务窗格，单击任务窗格左上角的“返回”按钮和“向前”按钮。

2. 幻灯片浏览视图

在幻灯片浏览视图中，可以看到演示文稿中的所有幻灯片，这些幻灯片以缩略图显示，如图 18-2 所示。在该视图中，可以将选中的幻灯片进行复制、移动和删除，还可以调整各幻灯片之间搭配是否协调、顺序是否合适等。

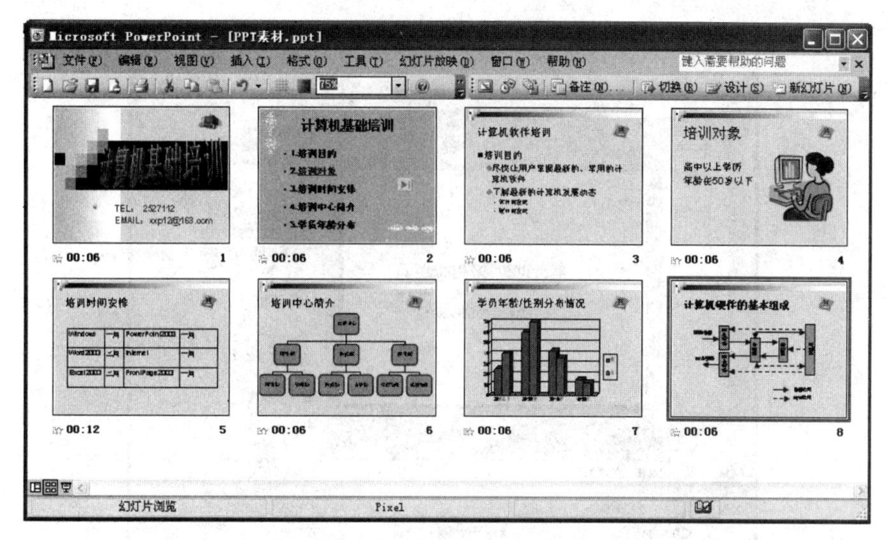

图 18-2　幻灯片浏览视图

（3）幻灯片放映视图。在创建了演示文稿后，可以通过单击“幻灯片放映视图”切换按钮，启动幻灯片放映功能，进行演示播放。幻灯片的放映方法详见下一讲。

18.2　创建和编辑演示文稿

18.2.1　新建演示文稿

一个演示文稿文件中包含由若干张幻灯片组成的幻灯片序列，文件的扩展名为“.ppt”。PowerPoint 2003 提供了多种新建演示文稿的方法。

1. 新建空白演示文稿

这是创建演示文稿最常用的方式。PowerPoint 2003 提供的空白演示文稿不包含任何颜色和任何样式。这样，用户可以充分利用 PowerPoint 提供的配色方案、版式和主题等，创建自己喜欢的、有个性的演示文稿。

新建空白演示文稿的步骤如下：

（1）启动演示文稿制作。从空白演示文稿开始创建工作有多种方法：启动 PowerPoint 2003，在默认窗口开始工作；或在已启动了 PowerPoint 的情况下，单击任务窗格中右上方的下拉按钮，在展开的下拉列表中选择“新建演示文稿”，在打开的菜单中选择“空演示文稿”超链接；或在已启动了 PowerPoint 的情况下，单击“文件”菜单→“新建”命令，再去任务窗格中选择“空演示文稿”超链接；或在已启动了 PowerPoint 的情况下，单击常用工具栏的“新建”按钮等，如图 18-3 所示。

（2）在任务窗格罗列的幻灯片版式中，选择一款第一张幻灯片所需要的版式，如图 18-4 所示。在幻灯片窗格出现的幻灯片中单击每一个占位符，输入或插入所需的内容。

（3）选择“插入”菜单→“新幻灯片”命令，选择一款新插入幻灯片所需要的版式，在幻灯片窗格出现的幻灯片中单击每一个占位符，输入或插入所需的内容。

（4）重复步骤（3），加入所有需要的幻灯片，然后选择“文件”菜单→“保存”命令，将文件命名、保存。

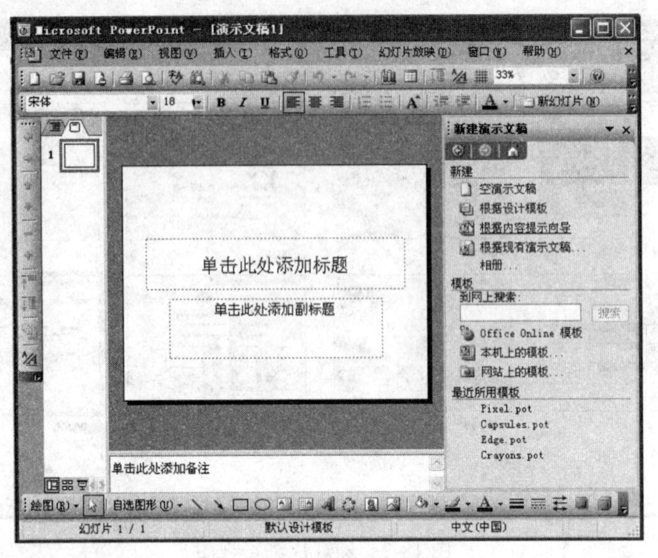

图 18-3 新建演示文稿

图 18-4 幻灯片版式

在制作过程中，可以为空白演示文稿进行一系列的编辑、排版操作，具体方法将在后面介绍。

2. 利用内容提示向导创建演示文稿

利用内容提示向导创建演示文稿的步骤如下：

（1）启动 PowerPoint 2003 后，单击任务窗格右上方的下拉按钮，在展开的下拉列表中选择“新建演示文稿”；也可以选择“文件”菜单→“新建”命令，来显示“新建演示文稿”任务窗格，如图 18-3 所示。

（2）在任务窗格中，选择“根据内容提示向导”超链接，启动“内容提示向导”对话框，如图 18-5 所示。

（3）单击“下一步”按钮，按照向导提示的要求，选择演示文稿的类型、演示文稿输出类型和演示文稿标题等信息，即可生成所选择的具有专业效果的演示文稿，用户可以按照自己的需要对其进行修改。

3. 利用模板创建演示文稿

利用模板创建演示文稿的步骤如下：

（1）与上述方法一样，操作得到如图 18-3 所示的“新建演示文稿”窗格。

（2）在“新建演示文稿”窗格中，选择“本机上的模板”超链接，在打开如图 18-6 所示的对话框中，选择“设计模板”选项卡。

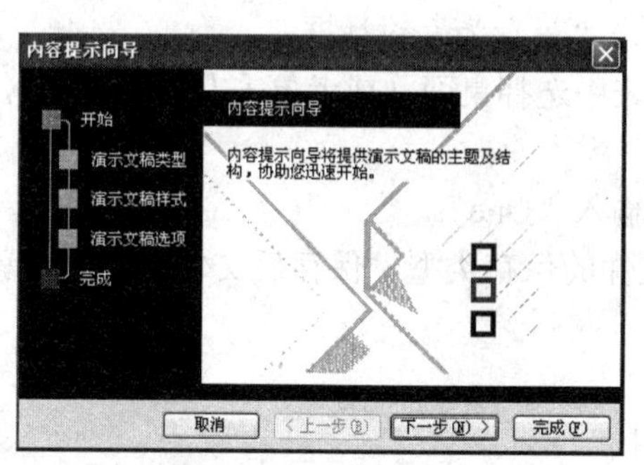

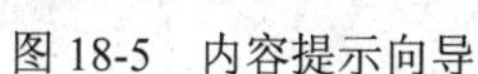
图 18-5 内容提示向导

图 18-6 “设计模板”选项卡

（3）选择合适的模板后，单击“确定”按钮。

（4）后续步骤与上述“新建空白演示文稿”中的步骤③~④相同。

4. 幻灯片的版式

版式即是每张幻灯片上各个对象的布局。幻灯片版式包含标题、文本、图片、图表、组织结构图等对象，各对象在幻灯片中都有一个占位符。对于占位符可以做移动、放大缩小、删除等操作。每插入一张幻灯片后，PowerPoint 2003 都会自动显示如图 18-4 所示的任务窗格，在“幻灯片版式”任务窗格中包含“文字版式”、“内容版式”、“文字和内容版式”和“其他版式”4 类版式。如图 18-7 所示为“标题、剪贴画与文本”版式。

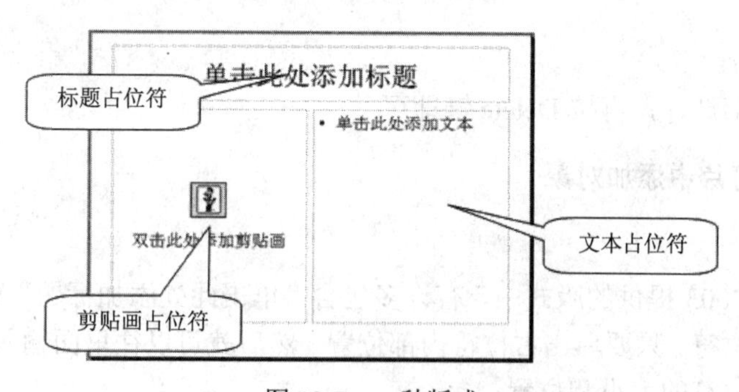

图 18-7 一种版式

【例 18.1】利用空白演示文稿新建一个演示文稿文件，在其中插入两张不同版式的幻灯片，然后保存在桌面，文件名为“One.ppt”。

操作步骤提示：

（1）新建演示文稿。选择“开始”菜单→所有程序→Microsoft Office→Microsoft Office PowerPoint 2003，打开 PowerPoint 应用程序，或双击桌面上的 PowerPoint 快捷图标，此时，PowerPoint 应用程序窗口打开，并自动新建了一个包含一张幻灯片的临时演示文稿文件。

（2）单击“单击此处添加标题”文本框，在其中输入“我的幻灯片”；单击“单击此处添加副标题”，在其中输入“张三”。

（3）插入第二张幻灯片。选择“插入”菜单→“新幻灯片”命令，在任务窗格中选择“标题和文本”幻灯片版式。

（4）单击“单击此处添加标题”，在其中输入“计算机介绍”；单击“单击此处添加文本”，在其中自由输入一些文字内容。

（5）保存文件，操作步骤如下：

①单击常用工具栏的“保存”按钮，系统将弹出“另存为”对话框；

②选择保存位置：在对话框“保存位置”下拉列表中选择桌面（或者单击左边的桌面），从而选择好保存位置；

③输入保存文件名：在对话框的“文件名”框中输入“One”；

说明：其中扩展名.ppt 不用输入，只要不改变文件的保存类型，保存后文件的扩展名就为.ppt。

④单击“保存”按钮。

（6）退出文档。单击窗口右上角的“关闭”按钮。

18.2.2 演示文稿的简单编辑

以下操作都在幻灯片缩略图窗格中进行。

1. 幻灯片复制

首先选定待复制的幻灯片，再单击“复制”按钮，然后把光标定位到要粘贴的位置，单击“粘贴”按钮。

2. 幻灯片移动

可以利用“剪切”按钮代替上述复制操作中的“复制”按钮，就可以完成移动操作。也可以先选定待移动的幻灯片，然后按住鼠标左键拖曳幻灯片到需要的位置，拖曳时有一个长条的直线就是插入点。

3. 幻灯片删除

选中待删除的幻灯片，再按 Delete 键即可。

18.2.3 向幻灯片中添加对象

1. 添加文本

在 PowerPoint 2003 提供的版式中，有许多包含“单击此处添加标题”和“单击此处添加”文本提示的文本占位符。只要单击占位符内部位置，然后就可以往里面输入文本信息了。我们还可以改变文本占位符的大小和位置。

文本占位符相当于 Word 中的文本框，对它的操作和 Word 中的文本框相似。另外，我们还可以往幻灯片上插入其他文本框，再往其中输入文本信息。

2. 插入图片

选择要操作的幻灯片，向其中可以插入各种图片，如“剪辑库”中的剪贴画、图形文件以及“绘图”工具栏中的各种图形等。在幻灯片中插入图片和 Word 中插入图片的方法类似，说明：

①若要插入剪贴画，选择“绘图”工具栏的“插入剪贴画”按钮，或选择“插入”菜单

→“图片”级联菜单→“剪贴画”命令，出现“剪贴画”任务窗格，在“搜索文字”文本框中输入搜索文本，比如“植物”，选择所需的剪贴画即可。

②若要插入图片文件，选择“插入”菜单→“图片”级联菜单→“来自文件”命令。

③若要插入自选图形，选择“插入”菜单→“图片”级联菜单→“自选图形”命令，在“自选图形”工具栏选择所需图形，如图 18-8 所示。

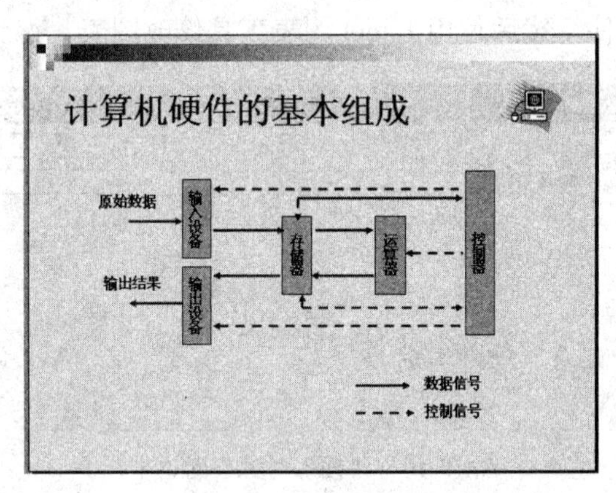

图 18-8　自选图形

④若要插入手工绘制的图形，可以选择“绘图”工具栏提供的工具。

⑤若要插入来自扫描仪和数码相机的图形，选择“插入”菜单→“图片”级联菜单→“来自扫描仪和照相机”命令。

3. 插入表格

在 PowerPoint 2003 中，可以将 Word 或 Excel 创建的一些数据文件插入到演示文稿中，也可以利用 PowerPoint 提供给我们的工具创建新的表格与图表。

创建表格的快捷方法是从“幻灯片版式”任务窗格中选择一种包含表格占位符的幻灯片版式，双击（有时只需单击）表格占位符，输入表格所需的行数和列数，并用自动打开的“表格与边框”工具栏进行编辑，输入所需数据即可，如图 18-9 所示。

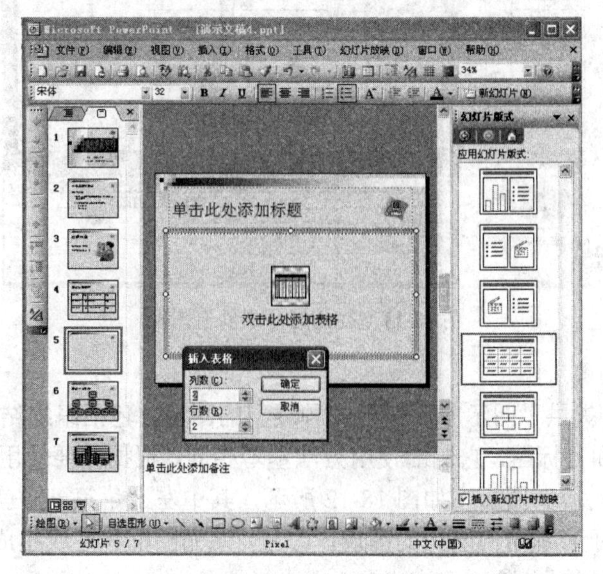

图 18-9　在幻灯片中插入表格

4. 插入 Excel 图表

在演示文稿中可以将在 Excel 中创建好的图表插入到幻灯片中，PowerPoint 2003 还可以直接在幻灯片中创建图表。

（1）插入在 Excel 中创建好的图表。在需要插入 Excel 图表的幻灯片中，选择“插入”菜单→“对象”命令，得到“插入对象”对话框，如图 18-10 所示。选择“由文件创建”选项，再选择需插入的 Excel 文件，然后使用 Excel 图表工具修改图表，得到合适的图表。

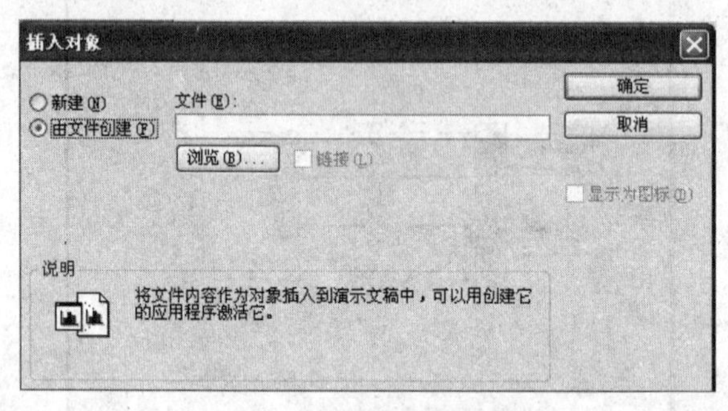

图 18-10 “插入对象”对话框

（2）在幻灯片中创建 Excel 图表。选择一种含有图表的幻灯片版式，或在空白幻灯片上选择“插入”菜单→“图表”命令，如图 18-11 所示。在给出的示范数据表中输入数据，此时可以利用“常用”工具栏中“图表类型”命令对图表进行编辑，比如修改图表类型、修改图例等，从而得到合适的图表。

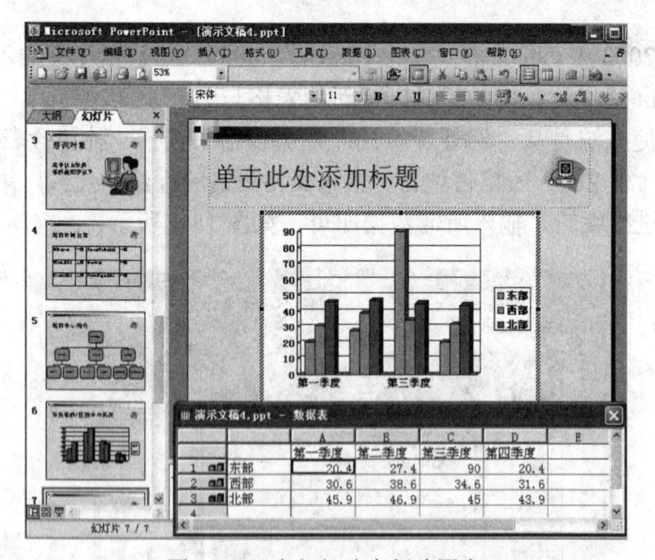

图 18-11 在幻灯片中创建图表

5. 插入组织结构图

PowerPoint 2003 提供了图示库，包含 6 种类型的图示，包括组织结构图、循环图、射线图、棱锥图、维恩图和目标图，它们的使用方法基本相同，根据需要使用不同的图示，以便更清晰直观地描述演示内容。图示库如图 18-12 所示，其中左上角第一个就是组织结构图。

组织结构图是用于表示结构层次的图表，它由一系列图框和连线组成。如图 18-13 所示是一个培训中心的组织结构图。

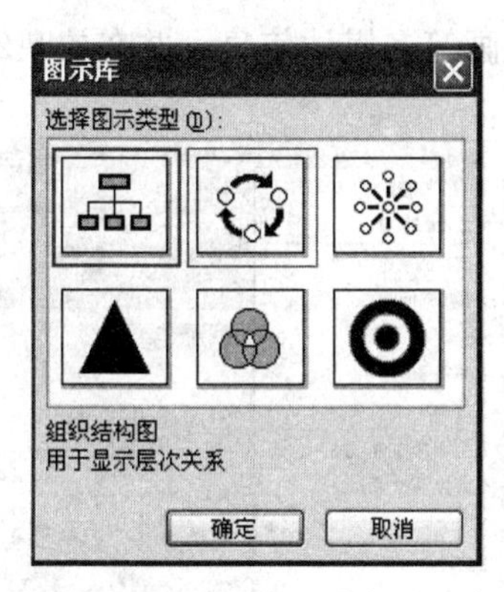

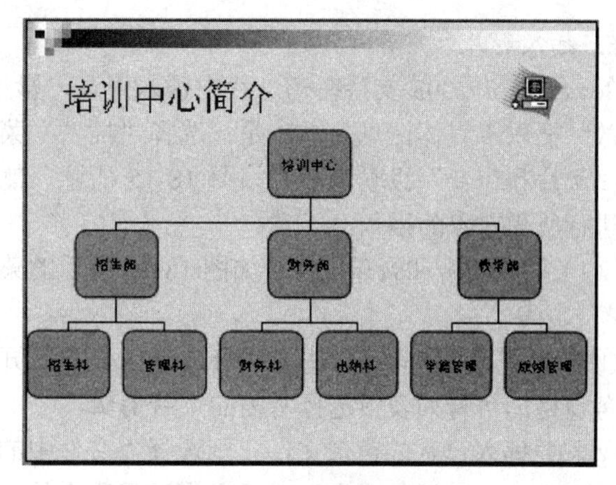

图 18-12　图示库　　　　图 18-13　组织结构图示例

（1）创建组织结构图。创建组织结构图有两种方法，一是利用包含有组织结构图占位符的幻灯片版式创建，二是向已有的幻灯片中插入组织结构图。

向选定的幻灯片插入组织结构图的方法是：选择“插入”菜单→“图片” 级联菜单→“组织结构图”命令。

通过上述两种方法，都会得到如图 18-14 所示的创建组织结构图初始界面，然后单击要输入文本的图框，可向图框中添加所需的文本内容。

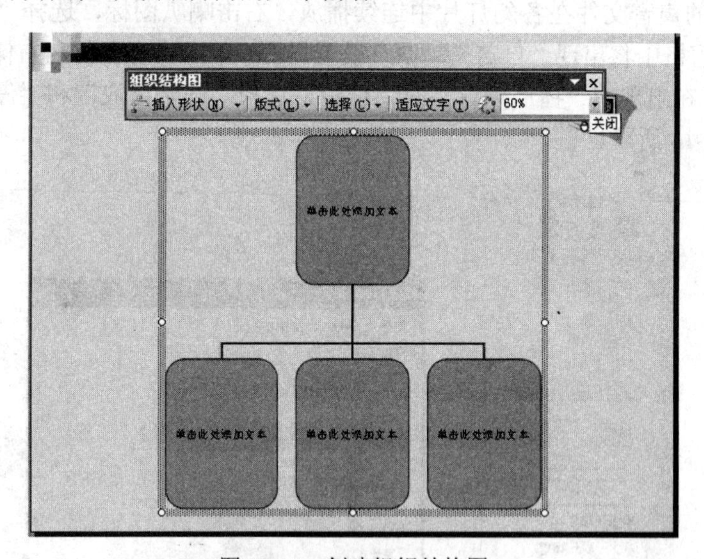

图 18-14　创建组织结构图

（2）编辑组织结构图。选中组织结构图中的某一个图框，利用组织结构图工具栏的“插入形状”下拉列表框，选择要添加的图框类别，或单击鼠标右键，选择要添加的图框类别，比如下属、同事和助手，就可以为组织结构图在某一位置增加图框；选中某一图框，可以用 Delete 键删除。

利用“格式”菜单→“字体”命令，可以设置图框中文本的字体、颜色、对齐方式等文本效果。

利用“绘图”工具栏的“线形”等按钮，可以设置图框和连接线的颜色、线宽、样式等格式效果。

6. 插入影片和声音

PowerPoint 2003 支持在幻灯片中插入声音、影片与动画等多媒体信息，并在放映幻灯片时播放。插入多媒体信息的方法是：选择“插入”菜单→“影片和声音”级联菜单，如图 18-15 所示，然后再进行所需对象的插入。

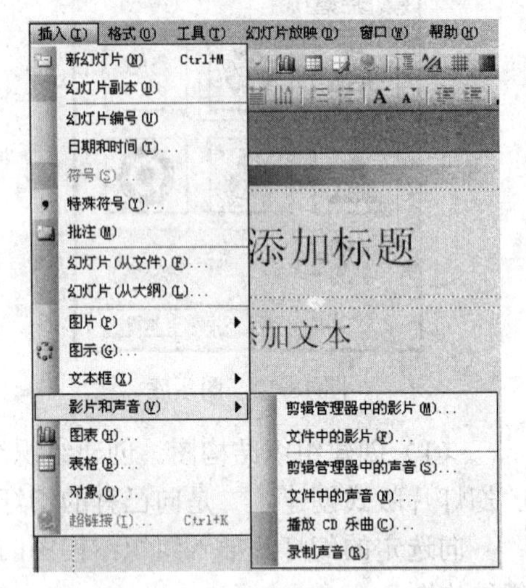

图 18-15 插入影片和声音

（1）插入声音和音乐。打开如图 18-15 所示的菜单后：

①若选择“剪辑管理器中的声音”命令，在打开的任务窗格的声音列表中选择所需的声音剪辑。

②若要插入已有的声音文件，则选择“文件中的声音”命令，在“插入声音”对话框中选择所需的声音文件。

③若要录制自己的声音，选择“录制声音”命令。

④若要在幻灯片中添加 CD 音乐，需先把 CD 盘放入光驱中，再选择“播放 CD 乐曲”命令。

说明：无论在幻灯片中插入声音文件，还是自己录制声音，幻灯片中都会出现一个喇叭图标。如果添加 CD 乐曲，将出现一个光盘乐曲图标。

若要将插入的声音文件在各幻灯片中连续播放，右击喇叭图标，选择“自定义动画”命令，这样在任务窗格中将出现“自定义动画”设置界面。单击声音文件名右侧的下拉按钮，选择“效果选项”。在出现的“播放声音”对话框中，选择“开始播放”和“停止播放”的幻灯片位置，如图 18-16 所示。

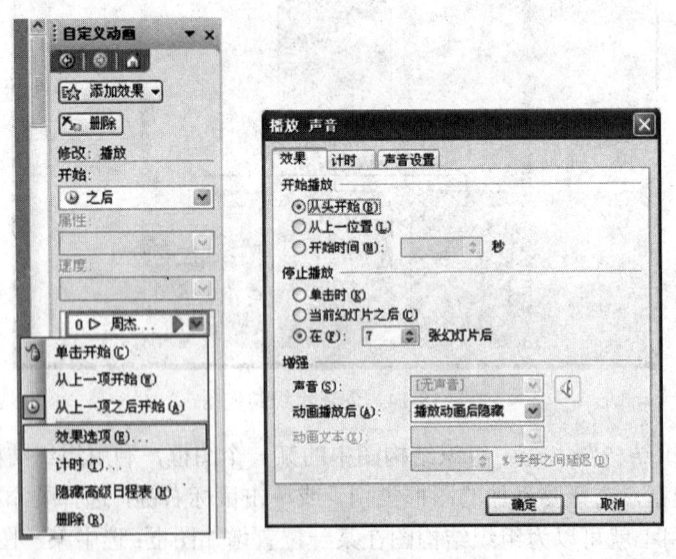

图 18-16 声音“效果选项”及其对话框

（2）插入视频。打开如图 18-15 所示的菜单后：选择“剪辑管理器中的影片”或“文件中的影片”命令其他操作同（1）中所述。

（3）插入 Flash 动画。

①选择“插入”菜单→“对象”命令，得到如图 18-10 所示的“插入对象”对话框。

②在对话框中选择“由文件创建”，单击“浏览”按钮，选择 Flash 文件后，单击“确定”按钮。

③在幻灯片中出现将 Flash 图标。右击图标，在弹出的快捷菜单中选择“动作设置”命令，弹出“动作设置”对话框，如图 18-17 所示。

④在“单击鼠标”选项卡中选择“对象动作”选项，并在其下拉列表中选择“激活对象”命令。

⑤在放映幻灯片时，单击 Flash 图标，便可以演示 Flash 动画了。

（4）插入超链接。在默认情况下，演示文稿将按幻灯片在文件中的排列顺序放映。用户可以在幻灯片中插入超链接，实现跳转，改变放映顺序。插入的超链接可以跳转到文件内的任意幻灯片、到任意演示文稿文件、到其他类型文件或 Internet 上的某个网页等。创建超链接的方法是：

①在幻灯片中，选择需建立超链接的对象。

②单击“常用”工具栏的“插入超链接”按钮，或选择“插入”菜单→“超链接”命令，弹出如图 18-18 所示的“插入超链接”对话框。

图 18-17　“动作设置”对话框

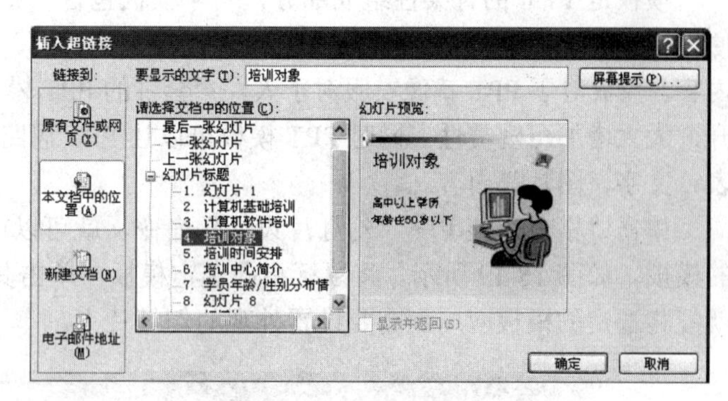

图 18-18　“插入超链接”对话框

③先从“链接到”选项组中选择所需链接的目标类型，然后在右侧的“请选择文档中的位置”列表框中选择要链接到的文件、网页、幻灯片或 E-mail 地址等。

④单击“确定”按钮，关闭“插入超链接”对话框。

⑤在幻灯片放映时，当鼠标移到埋有的文本或图片上时，鼠标指针变成手形状，同时显示所链接的目标文件名，再单击鼠标，就能实现跳转。

【例 18.2】向例 18.1 建好的演示文稿中插入图片和声音。

操作步骤提示：

（1）通过双击桌面上 One.ppt 的图标打开文件，选定第二张幻灯片。

（2）插入剪贴画，操作步骤如下：

①选择“插入”菜单→“图片”级联菜单→“剪贴画”命令；

②屏幕右侧会出现“剪贴画”任务窗格，在其中的“搜索”栏中输入要搜索的主题词，例如“符号”，再单击“搜索”按钮，在任务窗格中会出现许多相关主题的的剪贴画；

③选择“选中标记”符号，单击它右侧的下三角；

④在弹出的菜单中选择“插入”命令，这样“选中标记”剪贴画就会出现在幻灯片上；

⑤可以通过剪贴画四周的八个控制点来调整图片的大小，可以按住鼠标左键拖曳剪贴画，改变它在幻灯片上的位置。

（3）插入声音文件，操作步骤如下：

①实验前自己要准备好一个声音文件，存放在 D:\下面；

②选择“插入”菜单→“影片和声音”级联菜单→“文件中的声音”命令，这时屏幕上会出现“插入声音”对话框；

③通过该对话框，选择①中准备好的文件；

④在弹出的对话框中选择“单击时播放”按钮；

⑤拖曳小喇叭图标到幻灯片的适当位置。

（4）保存文件，关闭窗口。

18.3 设置幻灯片的外观

18.3.1 应用模板

模板是 PPT 的骨架性组成部分，一个模板包含一整套格式化信息，使用设计模板可以方便地设计幻灯片的外观。传统上的 PPT 模板包括封面、内页两张背景，可供添加演示文稿的内容。模板对于 PPT 就像衣服对于人，一套好的 PPT 模板可以让一篇 PPT 文稿的形象迅速提升，大大增加可观赏性；同时 PPT 模板可以让 PPT 思路更清晰、逻辑更严谨，更方便处理图表、文字、图片等内容。

单击“格式”菜单→“幻灯片设计”命令，就可以在任务窗格预览 PowerPoint 2003 提供的模板，如图 18-19 所示。将鼠标指向选定模板，单击其右侧的下拉按钮，在其中做出选择，就能将选定的模板应用到需要设置外观的幻灯片上。

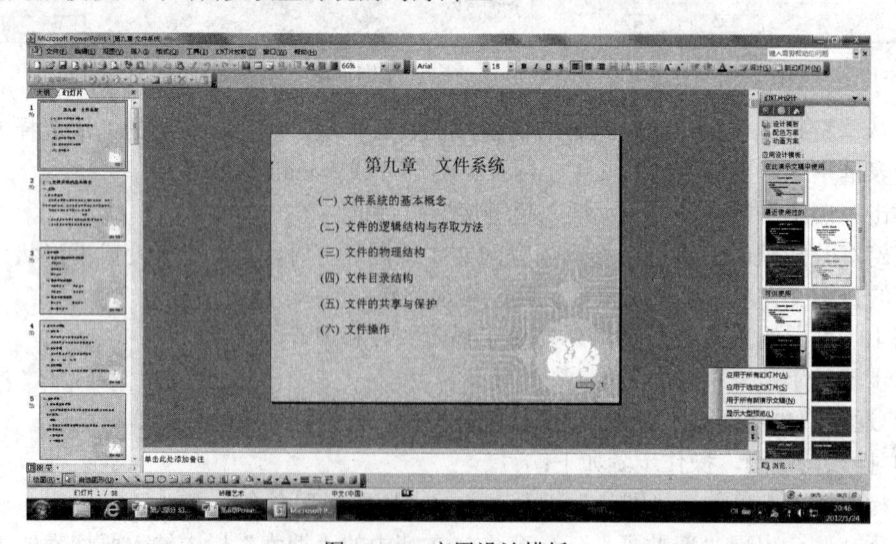

图 18-19　应用设计模板

另外，还可以选择任务窗格最下方的“浏览”按钮，然后通过对话框选择，将自己创作或从其他地方收集到的 PPT 模板应用到正在制作的演示文稿上。

说明：PPT 模板的文件扩展名是“.pot”。

18.3.2　编辑母版

母版是一张特殊的幻灯片，在母版幻灯片中所添加的文本、图片和格式会影响所有幻灯片。比如在母版中插入一张图片，则该图片将以背景图片的形式，出现在所有幻灯片的相同位置上。

在幻灯片母版上添加对象的方法如下：

选择“视图”菜单→“母版”级联菜单→“幻灯片母版”命令，在打开的如图 18-20 所示的母版幻灯片上，将所需的格式、文本或图片等信息添加到母版幻灯片上，比如在母版幻灯片右上角上插入一个图片，然后关闭母版视图，则在所有幻灯片上都将显示该图片。

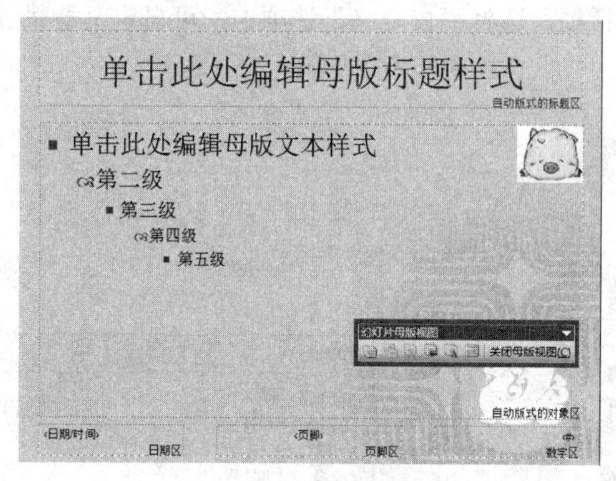

图 18-20　幻灯片母版

18.3.3　设置背景

幻灯片的背景包括背景的颜色、阴影、图案、纹理和图片。更改背景既可应用于选定幻灯片，也可应用于所有幻灯片。

设置幻灯片的背景方法是：

（1）选择“格式”菜单→“背景”命令，弹出如图 18-21 所示的“背景”对话框。

（2）单击列表框右端的下拉按钮，从下拉列表中选择所需的选项。若选择“填充效果”，弹出“填充效果”对话框，可以设置纹理、图案、图片等背景效果。

（3）设置完成后，单击“全部应用”按钮，则将背景设置应用于所有幻灯片，单击“应用”按钮，则只应用于所选择的幻灯片。若在母版中设置背景，则背景设置将应用于所有幻灯片。

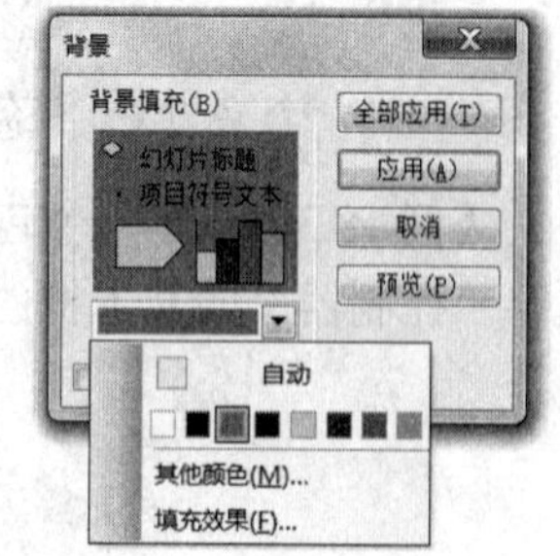

图 18-21　“背景”对话框

18.3.4　选择配色方案

在 PowerPoint 2003 中，每个演示文稿都有一套配色方案，每套配色方案由八种颜色组成，分别规定了幻灯片的背景、文本和线条、阴影、标题文本、填充、强调和超链接等部分颜色，方案中的每种颜色都会自动应用于幻灯片上的不同组件。

可以挑选一种 PowerPoint 2003 搭配好的配色方案用于个别幻灯片或整个演示文稿中。在演示文稿中应用设计模版时，可以从每个设计模版预定义的一组配色方案中选择一种。通过这种方式，可以很容易地更改幻灯片或整个演示文稿的配色方案。

选择配色方案时，需在“幻灯片设计”任务窗格中选择“配色方案”超链接，如图 18-22 所示。

有两种方式选择配色方案：

方式一：使用标准配色方案，如图 18-22 所示，当选择一种标准配色方案后，单击右侧的下拉按钮，选择配色方案应用范围。

方式二：自定义配色方案，单击图 18-22“编辑配色方案”超链接，弹出如图 18-23 所示的“编辑配色方案”对话框，选择“自定义”选项卡，可自定义背景、文本和线条、阴影等 8 种配色方案。

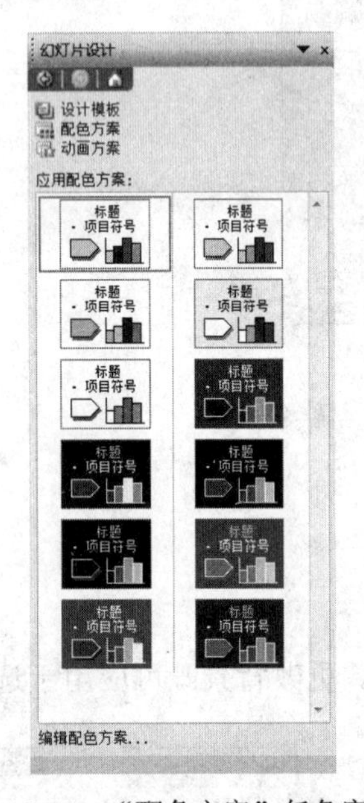

图 18-22 “配色方案”任务窗格

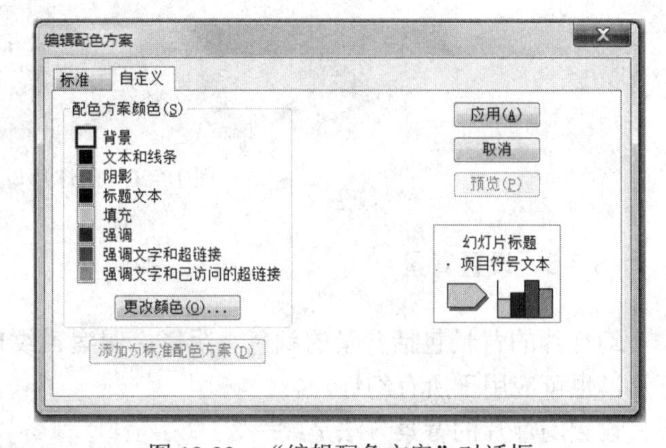

图 18-23 “编辑配色方案”对话框

【例 18.3】新建一个包含一张幻灯片的演示文稿文件，幻灯片如图 18-24 所示。再将含有文字“控制器”的文本框的填充效果设为“水滴”纹理。将文件以“Two.ppt”为名存盘。

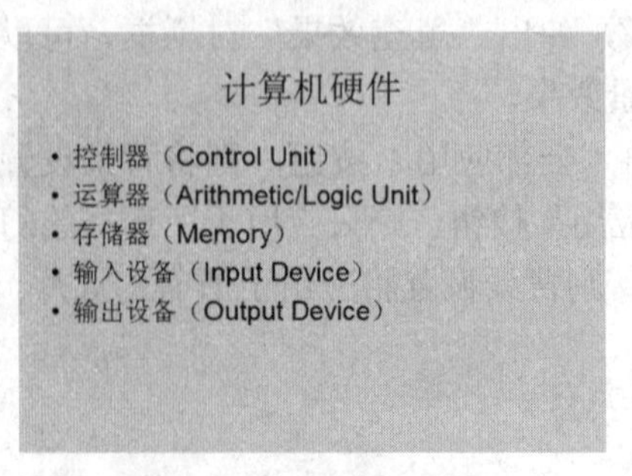

图 18-24 幻灯片排版示例

操作步骤提示：

（1）启动 PowerPoint 2003，将任务窗格切换到“幻灯片版式”窗格；

（2）为第一张幻灯片选择“标题和文本”版式，分别在标题框和文本框中输入内容；

（3）选定下面的大文本框；

（4）单击右键，在弹出的菜单中选择“设置占位符格式”命令，弹出如图 18-25 所示的“设置占位符格式”对话框；

（5）单击“颜色”列表框右端的下拉按钮，从下拉列表中选择“填充效果”，弹出如图 18-26 所示的“填充效果”对话框，选择该对话框中的“纹理”卡片；

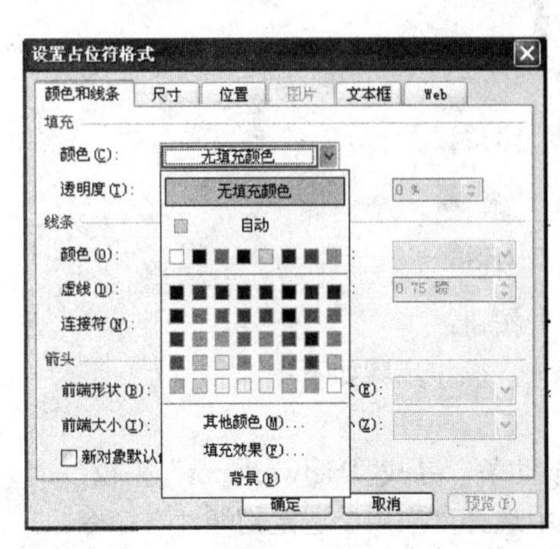

图 18-25　“设置占位符格式”对话框

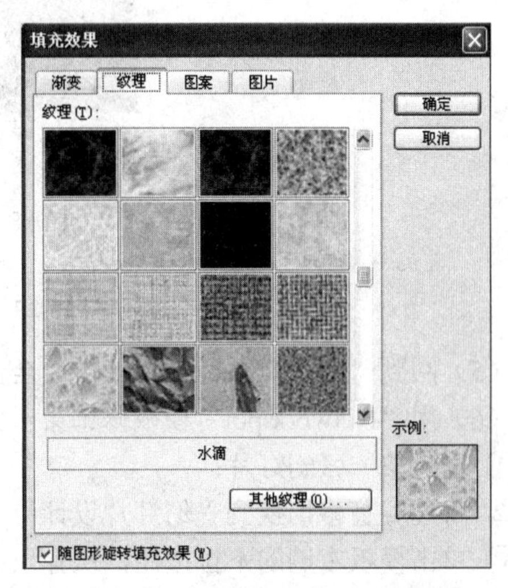

图 18-26　“填充效果”对话框

（6）拉动滚动条，选择并单击选定“水滴”纹理，然后按“确定”按钮；

（7）以“Two.ppt”为名将该文件存盘。

【例 18.4】在例 18.3 生成的演示文稿的开始处插入一张“标题幻灯片”，作为演示文稿的第一张幻灯片，主标题处键入“the standard of the world”；设置为字体 Tahoma，加粗倾斜，字号 66。

操作步骤提示：

（1）双击图标，打开 Two.ppt 文件。在幻灯片浏览窗格中，通过单击，将插入点定位到第一张幻灯片的前面；

（2）选择“插入”菜单→“新幻灯片”命令，为第一张幻灯片选择“标题幻灯片”版式；

（3）将指定文字复制到主标题文本框内；

（4）选定主标题文本框内的所有文字，利用格式工具栏中的按钮，设置字体为“Tahoma”、字号为 66，并设置加粗和斜体。

（5）保存文件，关闭窗口。

【例 18.5】在例 18.4 生成的演示文稿上，设置所有幻灯片背景色为白色（红色 255、绿色 255、蓝色 255），并使用“Network.pot”设计模板修饰第一张幻灯片。

操作步骤提示：

（1）双击图标，打开 Two.ppt 文件；

（2）选择“格式”菜单→“背景”命令，弹出如图 18-21 所示的“背景”对话框。

（3）单击列表框右端的下拉按钮，从列表中选择“其他颜色...”选项，弹出“颜色”对话框；

（4）在“颜色”对话框中选择“自定义”选项卡，如图 18-27 所示。在红色、蓝色、黄色三个颜色选择框中都直接输入数字 255，然后单击“确定”按钮；

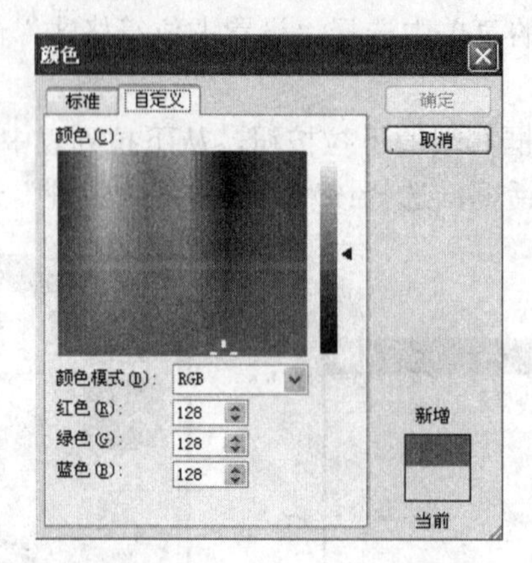

图 18-27 “颜色”对话框

（5）回到“背景”对话框，单击“全部应用”按钮；

（6）用“Network.pot”模板修饰第一张幻灯片，操作步骤如下：

① 选定第一张幻灯片；

② 将任务窗格切换到“幻灯片设计”，拉动滚动条，寻找“Network.pot”模板；

③ 单击模板右侧的下拉按钮，从弹出的列表中选择“应用于选定幻灯片”命令。

（7）保存文件，关闭窗口。

18.4 PowerPoint 操作演示一（幻灯片制作）

制作一个演示文稿文件，完成下列操作后，以“回乡偶书.ppt”存盘。文件制作成功后，效果如图 18-28 所示。

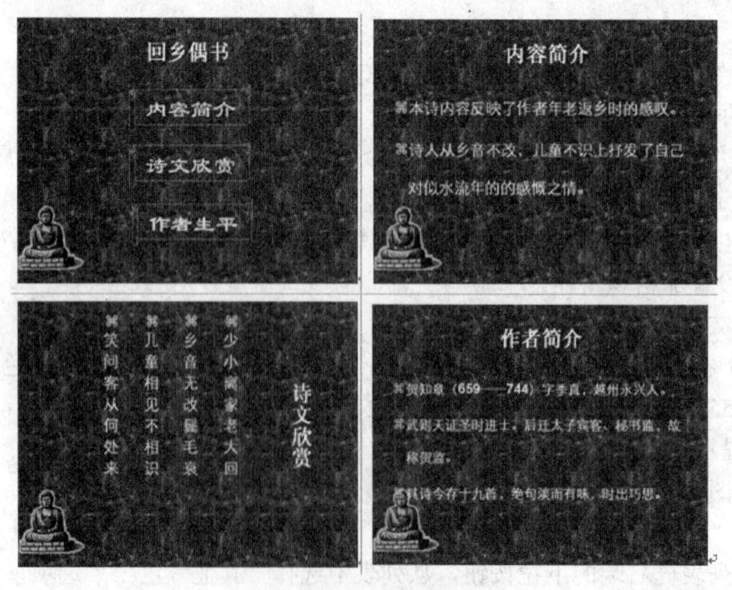

图 18-28 操作题样板

（1）顺序插入 4 张幻灯片，第 1 张版式为“只有标题”，第 2 张版式为“标题和文本”，第 3 张版式为“垂直排列标题和文本”，第 4 张版式为“标题和文本”；

（2）切换到第 1 张幻灯片，在标题文本框内输入“回乡偶书”；

（3）顺序切换到第 2、3、4 张幻灯片，在文本框内输入如图 18-28 所示内容；

（4）切换到第 1 张幻灯片，插入自选图形（星与旗帜下的横卷形），在图形上插入文本框，输入文字如图。制作三个这样的图形+文本，如图 18-28 所示；

（5）为所有幻灯片设置背景为褐色大理石；

（6）将幻灯片的配色方案设为标题白色，文本和线条为黄色；

（7）编辑幻灯片的母版，将母版标题格式设为宋体，44 号，加粗；文本格式设为华文细黑，32 号，加粗，行距为 2 行；项目符号为 ⌘（Windings 字符集中），桔红色；在母版的右下角插入剪贴画（佛教），如图 18-28 所示；

（8）切换到第 1 张幻灯片，设置其中各个自选图形的填充颜色为无，文本框中字体为隶书，48 号；

（9）给自选图形上的每个文本框设置超链接，分别链接到后面的三张幻灯片；

（10）切换到第 4 张幻灯片，将其中大文本框内的文字字号改为 30；

（11）用“回乡偶书.ppt”保存。

18.5　PowerPoint 实验一（幻灯片制作）

制作一个演示文稿文件，完成下列操作后，以“Internet.ppt”存盘。文件制作成功后，效果如图 18-29 所示。

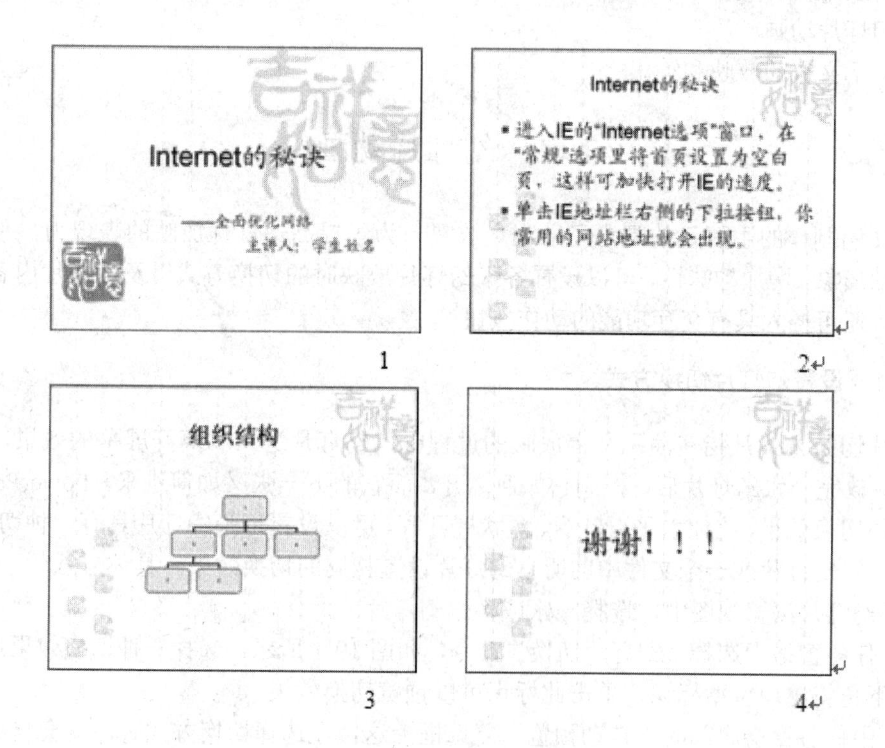

图 18-29　实验题样板

（1）顺序插入 4 张幻灯片；

（2）第 1 张幻灯片版式为“标题幻灯片”，标题为“Internet 的秘诀”（楷体_GB2312、54 磅、深蓝色、加阴影），副标题为“—全面优化网络 主讲人：学生姓名”（楷体_GB2312、32 磅、深蓝色、加阴影）；

（3）第 2 张幻灯片版式为“标题和文本”，标题为“Internet 的秘诀”（楷体_GB2312、40 磅、深蓝色、加阴影），文本如下：

进入 IE 的“Internet 选项”窗口，在“常规”选项里将首页设置为空白页，这样可加快打开 IE 的速度。

单击 IE 地址栏右侧的下拉按钮，你常用的网站地址就会出现。

（楷体_GB2312、40 磅、左对齐）；

（4）第 3 张幻灯片版式为“标题和图示或组织结构图”，输入标题为“组织结构”（宋体、44 磅、加粗）。组织结构图按图 18-29 建立，内文本任意；

（5）第 4 张幻灯片版式为“只有标题”，标题为“谢谢！!!”（楷体_GB2312、60 磅、加粗、深蓝色、阴影）；

（6）将幻灯片应用设计模板“吉祥如意.pot”；

（7）用“Internet.ppt”保存。

第 19 讲　幻灯片动画与幻灯片放映

本讲的主要内容包括：

- 幻灯片动画
- 演示文稿的放映和输出

19.1　幻灯片动画

演示文稿制作的主要目的是为了给观众放映。为了提高幻灯片放映的表现力，使放映过程更加生动形象，增加趣味性，可以设置各张幻灯片放映时的切换方式以及幻灯片内各对象的动画效果，还可插入具有交互功能的动作按钮。

19.1.1　设置幻灯片切换方式

幻灯片切换方式是指在演示文稿放映的过程中，幻灯片进入和离开屏幕的效果，即在放映过程中，放完一张幻灯片后，控制它如何离开，而它的下一张又如何进来。PowerPoint 2003 提供了多种切换效果，比如水平百叶窗、盒状展开等。可以设置每张幻灯片具有一种切换效果，也可以为一组幻灯片或一个文件中的所有幻灯片设置相同的切换效果。具体方法如下：

① 在幻灯片浏览视图中，选择一张或多张幻灯片。

② 在任务窗格中选择“幻灯片切换”命令，如图 19-1 所示。选择一种切换效果后，在幻灯片的左下角将出现星型标识，单击此标识可以预览切换效果。

③ 选中任务窗格底部的“自动预览”复选框，这样在选择切换方式时，就会自动播放所选的切换效果。

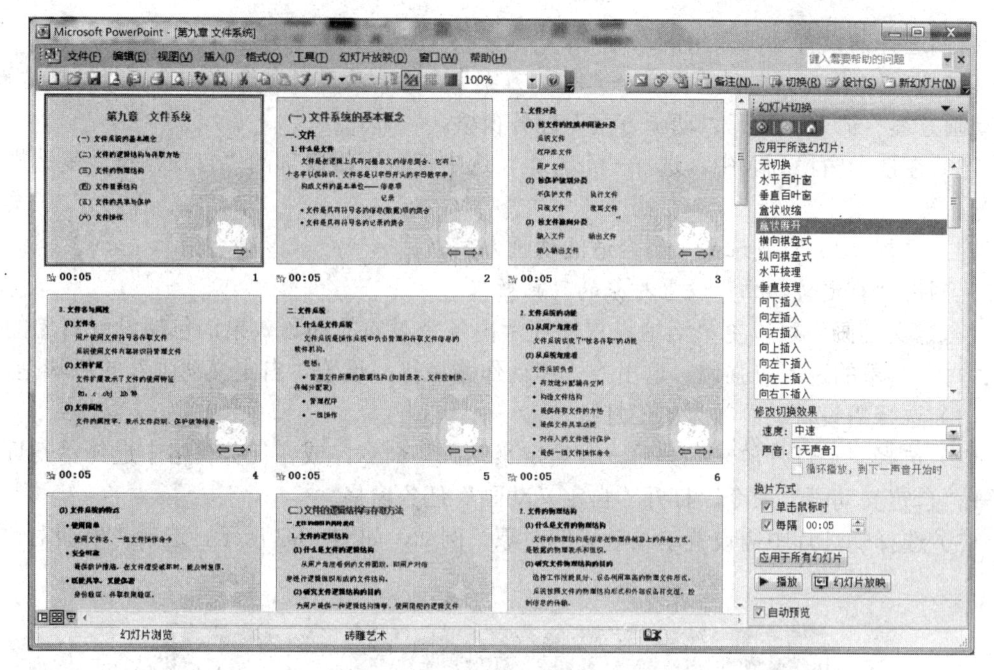

图 19-1　“幻灯片切换”任务窗格

④ 在“速度”下拉列表中，可设置切换速度。

⑤ 在“声音”下拉列表中，可设置切换时的声音效果。

⑥ 在“换片方式”选项组中，若选中“单击鼠标时”复选框，则在单击鼠标时将进行幻灯片切换；若选中“每隔”复选框，并指定间隔的时间，则在到达指定时间时，将自动切换到下一张幻灯片。若两个复选框都选中，则以先发生的动作为准。

【例 19.1】为例 18.2 中建立好的演示文稿文件 One.ppt 设置幻灯片切换效果。

操作步骤提示：

（1）双击图标，打开 One.ppt 文件；

（2）选择“幻灯片放映”→“幻灯片切换”命令，打开屏幕右侧的“幻灯片切换”任务窗格，如图 19-1 右侧所示；

（3）选定最下面的“自动预览”复选框；

（4）拉动滚动条，选择一种切换效果，如“水平梳理”；选择切换速度，如“中速”；选择切换方式，如“单击鼠标时”；

（5）观察切换效果是否满意，否则更改为其他切换效果；

（6）单击任务窗格下方“应用于所有幻灯片”按钮；

（7）保存文件，关闭窗口。

19.1.2　添加动画效果

每张幻灯片内包含的对象，还可以分别被设置放映时的动画效果，方法有两种：动画方案和自定义动画。

1. 利用“动画方案”设置对象的动画效果

动画方案是 PowerPoint 2003 自带的一组动画设计效果，利用“动画方案”主要设置的是幻灯片内文本对象的动画效果。设置“动画方案”的步骤是：

（1）选择需设置动画效果的幻灯片。

（2）选择“幻灯片放映”菜单→“动画方案”命令，或在任务窗格中选择“幻灯片设计”→“动画方案”命令，打开“动画方案”任务窗格。

（3）在任务窗格列表中，选择一个方案。选中任务窗格底部的“自动预览”复选框，进行预览。

（4）重复（3）直到选中一个合适的动画方案。

2. 利用“自定义动画”设置对象的动画效果

“自定义动画”可以更灵活地设置幻灯片内各个对象的动画效果，包括设置对象的出现顺序、每个对象的进入、强调、退出方式和动作路径等。设置“自定义动画”的步骤是：

（1）选择需设置动画效果的幻灯片。

（2）选择“幻灯片放映”菜单→“自定义动画”命令，或在任务窗格中选择“幻灯片设计”→“自定义动画”命令，打开“自定义动画”任务窗格。

（3）选择幻灯片中需设置动画效果的对象，例如，如图 19-2 所示，选择“培训对象”文本框。

图 19-2　自定义动画

（4）单击任务窗格中“添加效果”右侧的下拉按钮，在下拉列表中选择一种动画效果，例如“进入”级联菜单→“百叶窗”命令。

说明：在自定义的动画效果中，“进入”表示设置对象进入幻灯片的方式，如百叶窗方式、飞入方式等；“强调”表示设置特殊的动态显示效果，如放大/缩小、放大字号等；“退出”表示设置对象退出时的效果；“动作路径”表示设置对象的运动路线。

（5）在“开始”下拉列表中，选择动画出现方式。

（6）在“速度”下拉列表中，选择对象的播放速度。

（7）若对动画效果不满意，单击“删除”按钮，即可删除设置的动画效果。

同上，在此设置的动画效果也可以在设置的同时预览。

19.1.3　设置动作按钮

动作按钮是 PowerPoint 2003 提供的一组具有不同标记的按钮，每种按钮都赋予不同含义。在放映幻灯片时，单击动作按钮或鼠标光标在按钮上面滑过，就可以完成一个跳转动作。

在幻灯片内添加动作按钮的步骤如下：

（1）选择要添加动作按钮的幻灯片。

（2）选择“幻灯片放映”菜单→“动作按钮”级联菜单，在其中选择某一种动作按钮，例如“前进”按钮▶。这时，当鼠标光标移到幻灯片窗格上的时候，会变成一个十字形的画笔。

（3）在幻灯片上按住鼠标左键不放，拖出所需大小的动作按钮，然后松开鼠标，将弹出如图 19-3 所示的“动作设置”对话框。

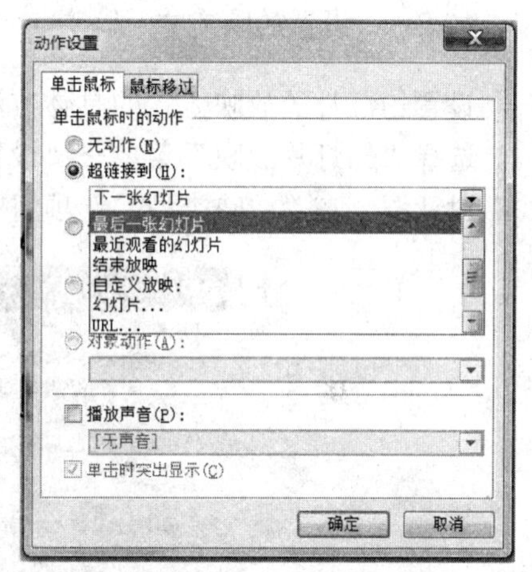

图 19-3　“动作设置”对话框

（4）单击“超连接到”单选按钮，在其下拉列表框中选择要超链接的位置。可以选择跳转到本文件内部的某张幻灯片上，也可以选择跳转到其他演示文稿文件中，或跳转到某个网页上面等。

（5）单击“确定”按钮，完成动作设置。

说明：如果希望在幻灯片放映时，单击某个动作按钮便可打开 Word 或 Excel 等文档，可在该动作按钮的“动作设置”对话框中单击“超链接到”单选按钮，在其下拉列表框中选择“其他文件”命令，再在弹出的“超链接到其他文件”对话框中查找并指定要打开的具体文件，最后单击“确定”按钮；如果希望在幻灯片放映时，单击某个动作按钮便可启动一个指定的应用程序，可在该动作按钮的“动作设置”对话框中单击“运行程序”单选按钮，然后单击“预览…”按钮，再在弹出的“选择一个要运行的程序”对话框中查找并指定要运行的程序文件，最后单击“确定”按钮。

在提供的按钮中有一个“自定义”按钮，它上面是没有标记的，因而可以方便地在其上添加文字：选择该按钮，单击右键，在弹出的快捷菜单中选择“添加文本”命令，再在出现的文本框中输入文字。

在“动作设置”对话框中有两张选项卡，另一张“鼠标移过”选项卡，它的设置方法和效果与“单击鼠标”选项卡都一样，只是激活动作按钮的方式不同。用“鼠标移过”选项卡设置的动作按钮，放映时当鼠标光标滑过按钮时激活按钮，启动动作。

【例 19.2】在例 19.1 中建立好的演示文稿文件 One.ppt 中，为第一张幻灯片中的两个文本框设置动画效果。

操作步骤提示：

（1）双击图标，打开 One.ppt 文件，选定第一张幻灯片；

（2）选择“幻灯片放映”菜单→“自定义动画”命令，或在任务窗格中选择“幻灯片设计”→“自定义动画”命令，打开“自定义动画”任务窗格，如图 19-2 所示；

（3）选定标题文本框，单击任务窗格中“添加效果”右侧的下拉按钮，在下拉列表中选择一种动画效果，例如“进入”级联菜单→“飞入”命令；选择飞入方向，例如“自左侧”；选择速度，例如“快速”；选择启动方式，例如“单击时”；

（4）选择副标题文本框，类似（2）设置另一种动画效果；

（5）文件存盘，关闭窗口。

19.2　演示文稿的放映和输出

将制作好的演示文稿给观众放映之前，可以对幻灯片设置放映方式、应用排练计时和设置自定义放映等。

19.2.1　设置放映方式

设置幻灯片的放映方式的具体方法是：

选择“幻灯片放映”菜单→“设置放映方式”命令，弹出如图 19-4 所示的“设置放映方式”对话框。在“放映类型”选项组中，有 3 个反映不同放映方式的单选按钮：

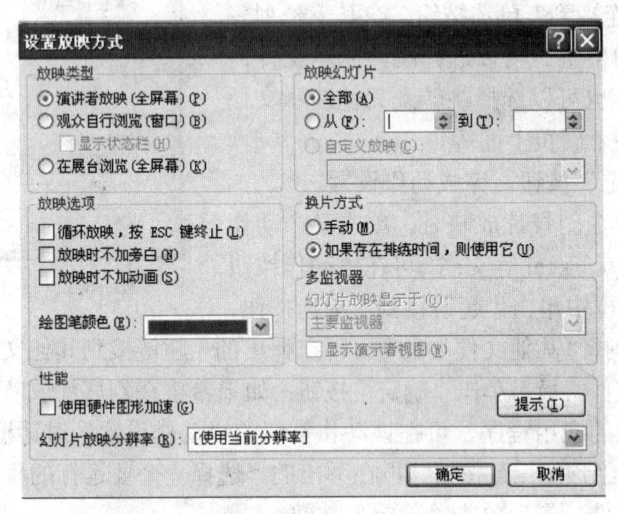

图 19-4　“设置放映方式”对话框

（1）“演讲者放映（全屏幕）”单选按钮，放映演示文稿时可以全屏显示，这是最常用的放映方式。放映者具有对放映的完全控制，在放映屏幕上单击鼠标右键，可在弹出的快捷菜单中选择幻灯片放映的进退、指针选项、结束放映等操作。

（2）“观众自行浏览（窗口）”单选按钮，是由观众自行观看幻灯片的放映方式，它可以利用窗口菜单进行翻页、编辑、复制等，也可以用滚动条或 PageUp 和 PageDown 键使幻灯片翻页，可同时打开其他程序，也可显示 Web 工具栏以便浏览各种网页。这种放映方式不能通过单击进行放映，该方式的优点是可以利用 Windows 上的任务栏按钮，随时在 PowerPoint 的放映窗口和其他打开的应用程序之间进行切换。

（3）“在展台浏览（全屏幕）”单选按钮，是以全屏幕方式自动并循环放映幻灯片，在无人放映的场合可自动运行演示文稿。例如，在展览会或会议中，如果摊位、展台或其他地点需要运行无人值守的幻灯片放映。这种方式不允许通过鼠标和键盘切换幻灯片，所以换片方式一般采用自动换片，需要设置“手动计时”或“排练计时”。在每次放映完毕后会自动重新开始放映，结束放映只能用 Esc 键。

在这个对话框内，用户要选择放映类型、要放映的幻灯片的范围（是全部放映还是放映其中的一部分）。根据自己选择的放映类型，再选择放映选项和换片方式，最后单击“确定”按钮完成设置。

19.2.2　设置放映时间

如果在幻灯片放映时不想人工翻页，可以通过下述方法设置幻灯片在屏幕上显示时间的长短：第一种方法是人工为每张幻灯片设置放映时间，然后运行幻灯片放映并查看所设置的时间；另一种方法是使用排练功能，在排练时自动记录时间，也可以调整已设置的时间，然后再排练新的时间。

1. 人工设置幻灯片放映时间

人工设置幻灯片放映时间间隔的具体方法是：

（1）在“普通”视图或者“幻灯片浏览”视图中，选择要设置时间的幻灯片。

（2）单击“幻灯片放映”菜单→“幻灯片切换”命令，或在任务窗格中选择“幻灯片切换”命令，打开“幻灯片切换”任务窗格，如图 19-1 所示。

（3）在“换片方式”选项组中，选中“每隔”复选框，并输入时间（秒数）。

（4）如果要将此时间应用到所有幻灯片上，单击“应用于所有幻灯片”。

（5）对要设置放映时间间隔的每张幻灯片重复上述步骤。

如果希望在单击鼠标和经过预定时间后都能换页，需同时选中“单击鼠标时”和“每隔”复选框，并以先发生的动作为准。

2. 使用排练计时

使用排练计时命令，可以利用预演方式，记录每张幻灯片的放映时间，使演示文稿能够按照作者预先设定的排练时间自动进行放映。设置排练计时的方法如下：

（1）单击“幻灯片放映”菜单→“排练计时”命令，进入排练计时方式，弹出如图 19-5 所示的“预演”工具栏，并开始放映幻灯片。

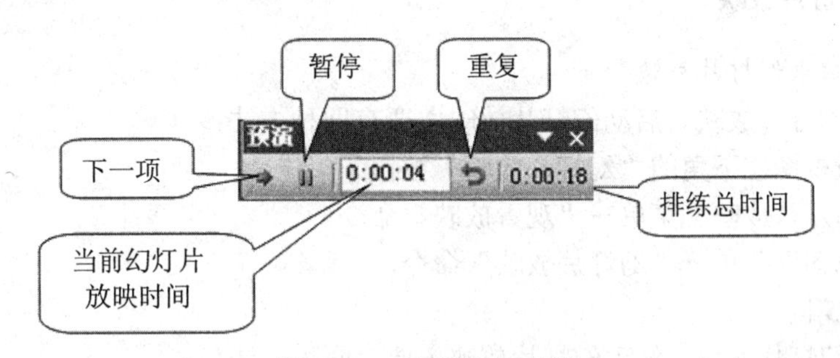

图 19-5　“预演”工具栏

（2）准备播放下一张幻灯片时，单击“预演”工具栏的“下一项”按钮。

（3）需要重新设计某一幻灯片的放映时间，单击“重复”按钮。

（4）放映完最后一张幻灯片时，出现一个提示框，记录了本次放映所用的时间，单击“是”保留排练时间，单击“否”取消本次排练。

19.2.3　自定义放映

自定义放映功能可以将同一演示文稿中的幻灯片进行重新组织，并加以命名。演示过程将按新定义的顺序放映幻灯片，有可能隐藏演示文稿中的部分幻灯片。

创建自定义放映的方法如下：

（1）打开要创建自定义放映的演示文稿。

（2）单击“幻灯片放映”菜单→“自定义放映”命令，弹出如图 19-6 所示的对话框。

（3）在图 19-6 中，单击“新建”命令按钮，打开“定义自定义放映”对话框，如图 19-7 所示。

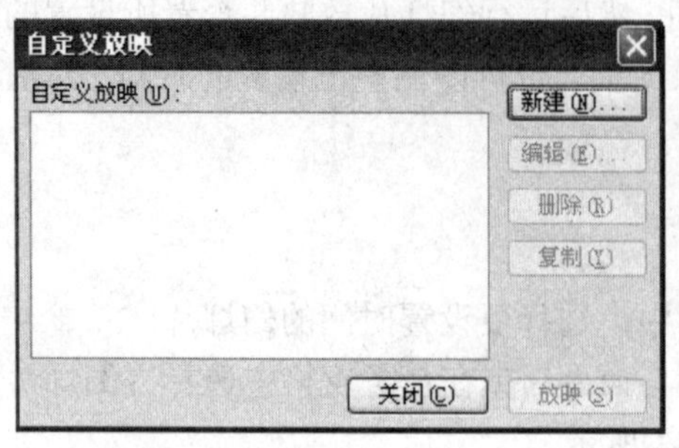

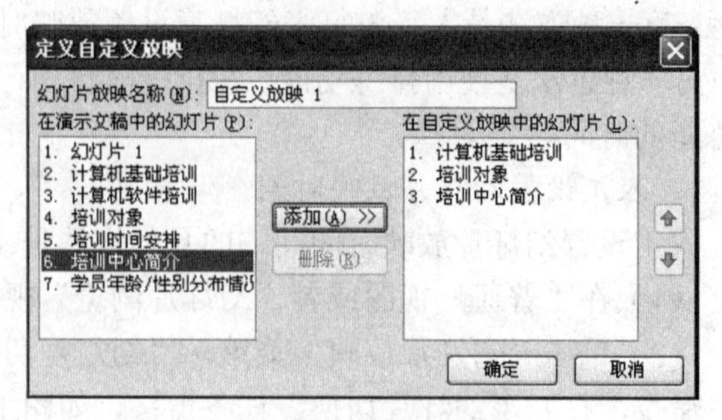

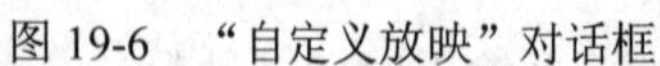
图 19-6 “自定义放映”对话框

图 19-7 “定义自定义放映”对话框

（4）在“演示文稿中的幻灯片”列表中，逐一选择要添加到自定义放映的幻灯片，单击“添加”按钮，将被选择的幻灯片添加到右侧的“在自定义放映中的幻灯片”列表中，如图 19-7 所示。

（5）若要改变自定义幻灯片的放映顺序，单击右侧的上下箭头按钮，可以将幻灯片在列表中上下移动。

（6）在“幻灯片放映名称”文本框中输入自定义放映的名称，单击“确定”按钮，返回到“自定义放映”对话框，此时在“自定义放映”列表中，显示已定义的放映名称。单击“关闭”按钮，结束“自定义放映”的设置。

19.2.4 幻灯片放映

1. *启动和结束幻灯片放映*

（1）启动幻灯片放映。启动幻灯片放映主要有四种方法：

①单击普通视图左下角的“幻灯片放映”按钮 。

②选择“幻灯片放映”菜单→“观看放映”命令。

③选择“视图”菜单→“幻灯片放映”命令。

④直接按 F5 键。

（2）结束幻灯片放映。结束幻灯片放映主要有两种方法：

①在放映过程中，单击鼠标右键，在弹出的快捷菜单中选择“结束放映”命令。

②在放映过程中，按 Esc 键。

2. *控制幻灯片的放映*

（1）控制幻灯片前进。控制幻灯片前进主要有三种方法：

①单击鼠标。

②单击鼠标右键，在弹出的快捷菜单中选择“下一张”命令。

③单击键盘控制键，如空格键、Enter 键、PageDown 键、向下方向键或向右方向键。

（2）控制幻灯片后退。控制幻灯片后退主要有两种方法：

①单击鼠标右键，在弹出的快捷菜单中选择“上一张”命令。

②单击键盘控制键，如 Backspace 键、PageUp 键、向上方向键或向左方向键。

（3）控制幻灯片定位。控制幻灯片前进，主要有三种方法：

①单击鼠标右键，在弹出的快捷菜单中选择“定位至幻灯片”选项，在弹出的如图 19-8 所示的级联菜单中单击要切换到的幻灯片标题。

②单击鼠标右键，在弹出的快捷菜单中选择“上次查看过的”命令。

③输入幻灯片编号，然后再按 Enter 键。

3. 在放映幻灯片时添加墨迹注释

在放映幻灯片的过程中，可以随时在任何地方手写内容，如画出强调重点的线条等。

操作方法：在幻灯片放映时，在任何位置右击鼠标，在弹出的快捷菜单中，如图 19-9 所示，选择“指针选项”，如圆珠笔等，然后可以在放映时，边讲解边书写了。选择“箭头”命令即可使指针恢复正常；选择“擦除幻灯片上的所有墨迹”命令，可删除已经手写的所有墨迹。

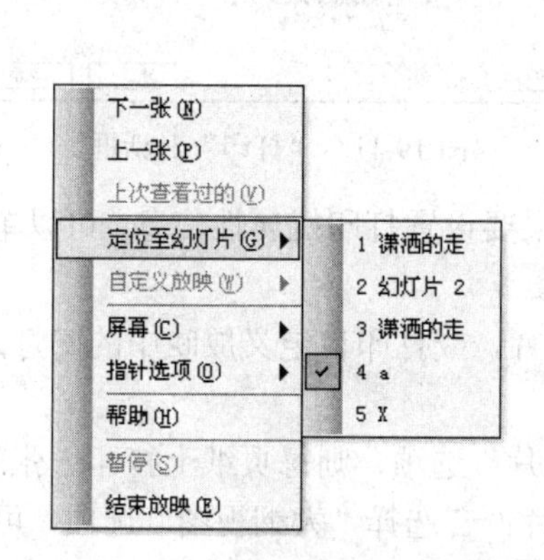

图 19-8 “定位至幻灯片”级联菜单

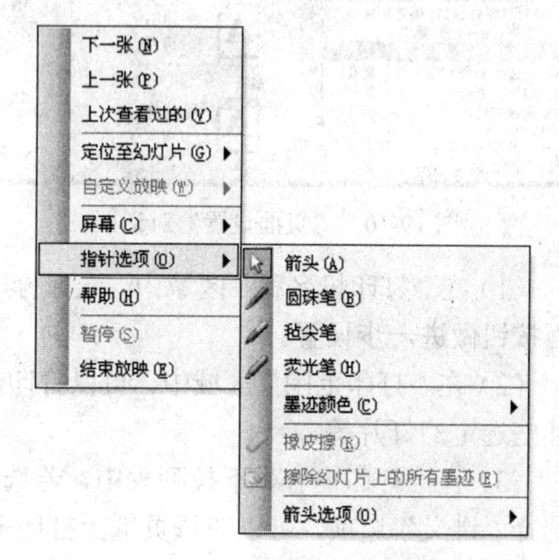

图 19-9 放映幻灯片时使用墨迹注释

【例 19.3】打开“PPT 素材”文件夹中的演示文稿“a1.ppt”，为其第 2～4 张幻灯片设置放映方式，放映类型为“演讲者放映（全屏幕）”。

操作步骤提示：

（1）双击图标，打开演示文稿文件 a1.ppt；

（2）选择“幻灯片放映”菜单→“设置放映方式”命令，弹出如图 19-4 所示的“设置放映方式”对话框；

（3）在“放映类型”中选择“观众自行浏览（窗口）”，“放映幻灯片”中选择“从 2 到 4”，单击“确定”按钮；

（4）单击普通视图左下角的“幻灯片放映”按钮，观看放映效果。需要切换幻灯片时，单击右键，在弹出的菜单中选择“前进”或“后退”命令；

（5）需要结束放映时，单击右键，在弹出的菜单中选择“结束放映”命令；

（6）保存文件，关闭窗口。

19.2.5 打印演示文稿

1. 页面设置

在打印演示文稿之前首先要进行页面设置。选择“文件”菜单→“页面设置”命令，会弹出如图 19-10 所示的对话框，在该对话框中设置幻灯片的大小、打印方向等选项。

2. 打印幻灯片

通过打印机可以打印幻灯片、大纲、演讲者备注及观众讲义等多种形式的演示文稿。选择“文件”菜单→“打印”命令，在如图 19-11 所示的对话框中进行设置。

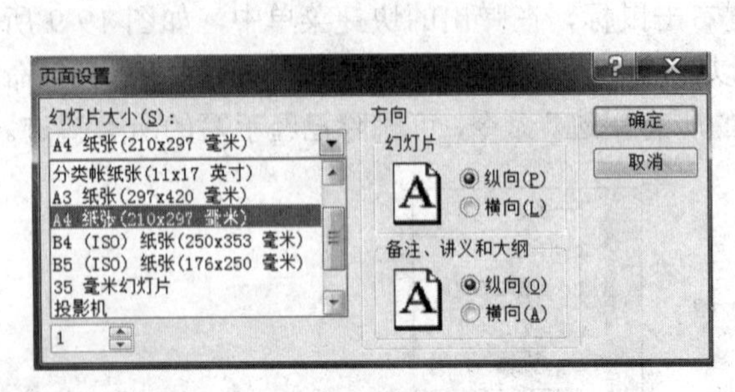

图 19-10 “页面设置”对话框

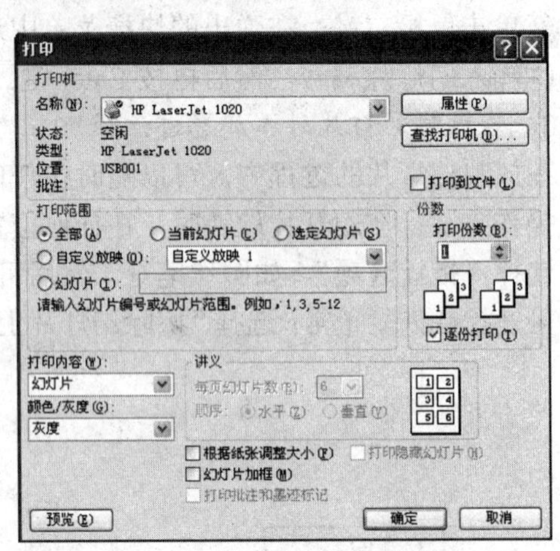

图 19-11 “打印”对话框

（1）在“打印机名称”区域中，选择打印机，如果要设置打印机属性信息，可以单击“属性”按钮做进一步设置。

（2）在“打印范围”区域中，可以打印全部幻灯片，或打印自定义放映中的幻灯片序列，或某些选定幻灯片等。

（3）在“打印内容”下拉列表中，若选择“幻灯片”选项，则每页纸上打印一张幻灯片；若选择“讲义”选项，可以在每页纸上打印多张幻灯片；若选择“大纲视图”选项，可以打印演示文稿的大纲；若选择“备注页”选项，可以打印指定范围中的幻灯片备注。

（4）其他设置，可以设置颜色/灰度、是否加边框、是否根据纸张调整大小等。

19.2.6 打包演示文稿

如果要在另一台计算机上运行已制作好的演示文稿，通常需要将该演示文稿和相关文件（例如插入的音频视频文件）一起打包。此外，若要在另一台没安装 PowerPoint 软件的计算机上放映演示文稿，就更需要在制作完成后将演示文稿打包。

具体操作方法是：

①打开一个要打包的演示文稿文件。

②选择“文件”菜单→“打包成 CD”命令，弹出如图 19-12 所示的对话框。

③单击“添加文件”按钮，逐一选取要进行打包的文件，添加进来。

④单击“复制到文件夹”按钮，可以设定打包后输出的路径和文件夹名称。

⑤单击“选项”按钮，打开如图 19-13 所示的“选项”对话框，可以选择演示文稿中所用到的链接文件，如使用特殊字体，需选择嵌入的 TureType 字体，为防止演示机上未安装 PowerPoint 2003 软件导致无法播放的错误，就将播放器一起打包。为了保护文件，还可以设置打开或修改文件密码。

在另一台计算机上要运行打包的演示文稿，只需要在 Windows 的资源管理器中找到 CD

或打包的演示文稿位置，双击 Play.bat 文件，将直接启动 PowerPoint Viewer 程序放映打包的演示文稿。

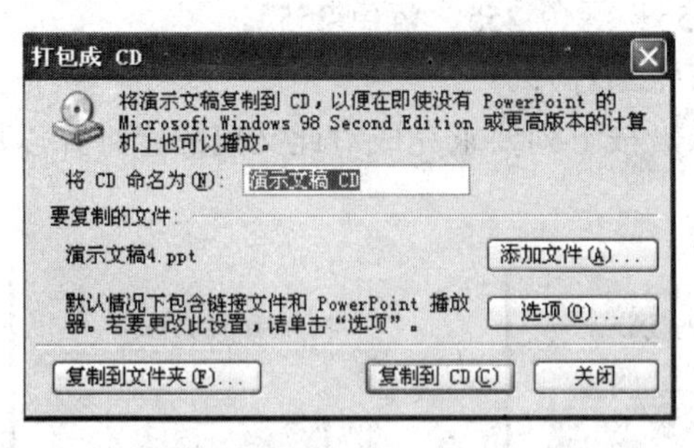

图 19-12　“打包成 CD”对话框

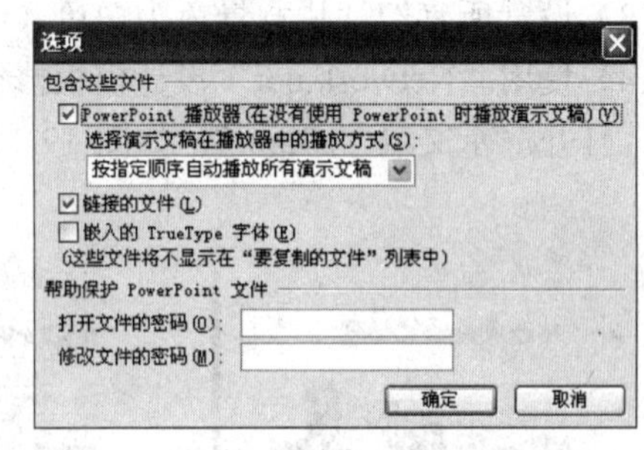

图 19-13　打包“选项”对话框

19.3　PowerPoint 操作演示二（幻灯片动画与放映）

按下列步骤，为操作演示一中创作的演示文稿“回乡偶书.ppt”设置自定义动画和放映方式，并保存。

（1）打开演示文稿“回乡偶书.ppt”；

（2）切换到第二页幻灯片。将标题设置为“左侧切入”动画效果，将下面的大文本设置“底部飞入”动画效果；

（3）切换到第三页幻灯片。将标题设置为“棋盘”动画效果；将左边的大文本设置“螺旋飞入”动画效果；

（4）将所有幻灯片的切换方式设置为：中速“垂直百叶窗”、“单击鼠标”和“每隔 4 秒”换页，并伴有“风铃”声音。

（5）设置放映方式为“循环放映”。

19.4　PowerPoint 实验二（幻灯片动画与放映）

按下列步骤，为操作演示二中创作的演示文稿“Internet.ppt”设置自定义动画和放映方式，并保存。

（1）打开演示文稿“Internet.ppt”；

（2）调整第一张幻灯片副标题的位置和第四张幻灯片标题的位置，使其达到美观的效果；

（3）分别切换到第一、二和四张幻灯片，设置所有文本框的动画效果设为“螺旋飞入”；

（4）将所有幻灯片的切换方式设置为：中速“溶解”、“单击鼠标”，无声效。

PowerPoint 综合实验

在“PPT 素材”文件夹中，分别完成下列实验：

1．打开演示文稿“a2.ppt”，按下列要求完成对此文稿的修饰并以原名保存。

（1）设置含“全球化财务论坛”文字的文本框的背景填充效果为“水滴”纹理。

（2）在演示文稿的开始处插入一张“标题幻灯片”，作为演示文稿的第一张幻灯片，主标题处键入“the standard of the world”；设置为 Tahoma 字体，加粗倾斜，字号 66。在演示文稿的最后插入一张“只有标题”版式的幻灯片，标题处键入“世界贸易”。

（3）设置所有幻灯片背景色为白色（红色 255、绿色 255、蓝色 255）。

（4）使用“Network.pot”设计模板修饰第三张幻灯片。

2．打开演示文稿“a3.ppt”，如图 19-14 所示，按下列要求完成对此文稿的修饰并以原名保存。

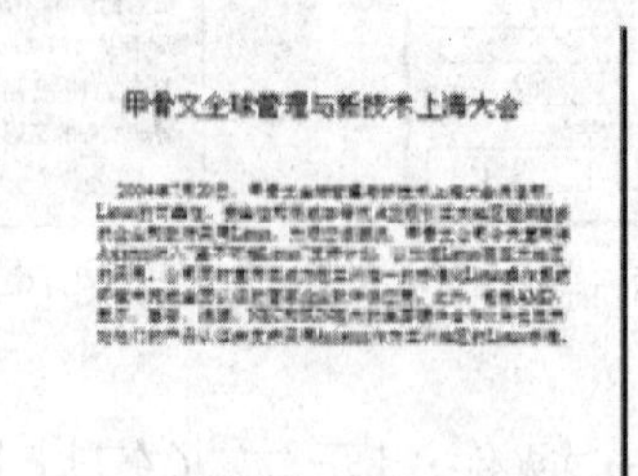

图 19-14　题目 2 演示文稿示意

（1）将第二张幻灯片的版式改变为“垂直排列标题与文本”，然后将这张幻灯片移动成为演示文稿的第一张幻灯片，并把它的标题文本设置颜色为：蓝色（即自定义标签中的红色 0、绿色 0、蓝色 255）。

（2）第三张幻灯片背景纹理设置为“画布”，并设置页脚为“上海技术大会”。

（3）使用“诗情画意.pot”模板修饰全部幻灯片。

3．打开演示文稿“a4.ppt”，按下列要求完成对此文稿的修饰并以原名保存。

（1）在第一张幻灯片的标题处输入 EPSON；将标题字体设置为 48 磅、加粗、阴影、黄色；副标题字体设置为仿宋、32 磅、加粗、蓝色。

（2）第二张幻灯片的两个文本框动画效果均设置为“单击鼠标时从右下角快速飞入”。并将第二张幻灯片移动为演示文稿的第一张幻灯片。

（3）演示文稿的背景纹理全部设置为“粉色面巾纸”；幻灯片的切换效果全部设置为“垂直百叶窗”。

（4）在演示文稿中插入一个声音文件“潇洒的走.mp3”，设置声音的播放方式，是从第一张幻灯片放映开始播放，直到所有幻灯片放映完毕结束播放。

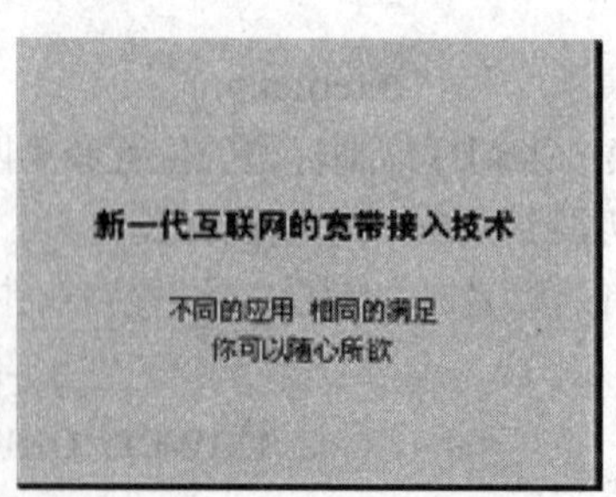

图 19-15　题目 3 演示文稿示意

4．打开演示文稿“a4.ppt”，按下列要求完成对此文稿的修饰并以原名保存（注意：不能随意删除和添加演示文稿中的对象）。

（1）给第一张幻灯片中标题文本框增加一个超链接，该超链接指向一个电子邮箱，邮箱名为“mailto:school@internet.com”，屏幕提示文字为“黑枕黄鹂俗称黄莺”。

（2）给第一张幻灯片文本框中的文字“词解”增加一个超链接，该超链接指向本演示文稿文件内的第四张张幻灯片。

（3）设置演示文稿放映方式，放映类型为“观众自选浏览（窗口）”，放映范围为第二张到第四张幻灯片。

（4）设置第三张幻灯片配色方案中的“背景”颜色为浅绿，具体 RGB 值是红色 152、绿色 255、蓝色 153。

习题

一、单项选择题

1．演示文稿的基本组成单元是（　）。

A．文本　　B．图形　　C．超链点　　D．幻灯片

2．PowerPoint 演示文稿的扩展名是（　）。

A．.PPT　　B．.PWT　　C．.DOC　　D．XLS

3．可以使用拖动方法改变幻灯片顺序的 PowerPoint 视图是（　）。

A．幻灯片视图　　B．备注页视图　　C．幻灯片浏览视图　　D．幻灯片放映

4．PowerPoint 提供给用户创建演示文稿时可选用的新幻灯片版式有（　）。

A．12 种　　B．24 种　　C．28 种　　D．32 种

5．在 PowerPoint 中，将已经创建的多媒体演示文稿转移到其他没有安装 PowerPoint 软件的机器上放映的命令是（　）。

A．演示文稿打包　　B．演示文稿发送

C．演示文稿复制　　D．设置幻灯片放映

6．在 PowerPoint 中，改变某一幻灯片的布局可以使用“格式”下拉菜单中的命令（　）。

A．背景　　B．幻灯片版式　　C．字体　　D．幻灯片配色方案

7．在 PowerPoint 中，可以看到幻灯片右下角隐藏标记的视图是（　）。

A．幻灯片视图　　B．备注页视图　　C．幻灯片浏览视图　　D．幻灯片放映

8．在 PowerPoint 中，通过“背景”对话框可对演示文稿进行背景和颜色的设置，打开“背景”对话框的正确方法是（　）。

A．选中“编辑”菜单中的“背景”命令　　B．选中“视图”菜单中的“背景”命令

C．选中“插入”菜单中的“背景”命令　　D．选中“格式”菜单中的“背景”命令

9．PowerPoint 窗口中视图切换按钮有（　）。

A．4 个　　B．5 个　　C．6 个　　D．7 个

10．在 PowerPoint 中，可对母版进行编辑和修改的状态是（　）。

A．幻灯片视图状态　　B．备注页视图状态

C．母版状态　　D．大纲视图状态

11．PowerPoint 中，用于显示被处理的演示文稿文件名的是（　）。

A．工具栏　　B．菜单栏　　C．标题栏　　D．状态栏

12．打开 PowerPoint 应用程序时，首先进入（　）。

A．启动对话框　　B．新建对话框　　C．打开对话框　　D．空演示文稿

13．对保存在磁盘中的 PowerPoint 文件需要进行编辑时，用户选择该文件的对话框是（　）。

A．“文件”菜单中的“新建”对话框　　B．“文件”菜单中的“打开”对话框

C．“编辑”菜单中的“查找”对话框　D．“编辑”菜单中的“定位”对话框

14．PowerPoint 中，使字体加粗的快捷键是（　）。

A．Shift+B　B．End+B　C．Ctrl+B　D．Alt+B

15．在 PowerPoint 中打开文件，下面的说法中正确的是（　）。

A．只能打开一个文件　B．最多能打开三个文件

C．能打开多个文件，但不能同时打开　D．能打开多个文件，可以同时打开

16．在 PowerPoint 中，组织结构图带有的特征是（　）。

A．图形　B．表格　C．文本　D．组织结构

17．PowerPoint 中演示文稿的“配色方案”的协调色有（　）。

A．8 种　B．16 种　C．4 种　D．6 种

18．PowerPoint 在幻灯片中建立超链接有两种方式：通过把某对象作为“超链点”和（　）。

A．文本框　B．文本　C．图形　D．动作按钮

19．在 PowerPoint 中，激活超链接的动作可以是在超链点用鼠标“单击”和（　）。

A．移过　B．拖动　C．双击　D．按动

20．使用“播放器”实现多个演示文稿依次放映，可以使用（　）。

A．“演示文稿”文件　B．“播放列表”文件

C．“幻灯片”文件　D．“多媒体信息”文件

21．要统一幻灯片外观，首选的方法是使用 PowerPoint 的（　）。

A．背景颜色　B．版式　C．项目符号　D．模板

22．能够快速改变演示文稿的背景图案和配色方案的操作是（　）。

A．编辑母版

B．利用“配色方案”中“标准”选项卡

C．利用“配色方案”中“自定义”选项卡

D．使用“格式”菜单中“应用设计模板”命令

23．欲为幻灯片中的文本创建超链接，可用（　）菜单中的“超链接”命令。

A．文件　B．编辑　C．插入　D．幻灯片放映

24．欲编辑页眉和页脚可单击（　）菜单。

A．文件　B．编辑　C．插入　D．视图

25．在下列 4 种视图中，（　）只包含一个单独工作窗口。

A．普通视图　B．大纲视图　C．幻灯片视图　D．幻灯片浏览视图

26．可以改变一张幻灯片中各部分放映顺序的是（　）。

A．采用“预设动画”设置　B．采用“自定义动画”设置

C．采用“片间动画”设置　D．采用“动作”设置

27．选择超链接的对象后，不能建立超链接的是（　）。

A．利用“插入”菜单中“超链接”命令

B．单击常用工具栏“插入超链接”命令

C．右键单击选择弹出菜单中的“超链接”命令

D．使用“编辑”菜单中的“链接”命令

28．以下（　）菜单项是 PowerPoint 2003 特有的。

A．视图　B．工具　C．幻灯片放映　D．窗口

29．在幻灯片浏览视图中，以下（　）是不可以进行的操作。

A．插入幻灯片　B．删除幻灯片

C．改变幻灯片的顺序　D．编辑幻灯片中的文字

30．在美化演示文稿版面时，以下说法不正确的是（　）。

A．套用模板后将使整套演示文稿有统一的风格
B．可以对某张幻灯片的背景进行设置
C．可以对某张幻灯片修改配色方法
D．无论是套用模版、修改配色方案、设置背景，都只能使各张幻灯片风格统一

31．在幻灯片放映时，如果使用画笔，则错误的说法是（　　）。
A．可以在画面上随意图画
B．要以随时更换绘笔的颜色
C．在退出幻灯片时，在幻灯片上做的记号可不予以保留
D．在当前幻灯片上所做的记号，会永久保留

32．下列操作中，不能关闭 PowerPoint 程序的操作是（　　）。
A．双击标题栏左侧的控制菜单按钮　　B．单击标题栏右边的“关闭”按钮
C．执行“文件”菜单中的“关闭”命令　　D．执行“文件”菜单中的“退出”命令

33．在（　　）方式下，可采用拖放方法来改变幻灯片的顺序。
A．幻灯片视图　　B．幻灯片放映视图
C．幻灯片浏览视图　　D．幻灯片备注页视图

34．幻灯片中占位符的主要作用是（　　）。
A．表示文本长度　　B．限制插入对象的数量
C．表示图形大小　　D．为文本、图形等预留位置

35．下列操作中，不能放映幻灯片的操作是（　　）。
A．执行“视图”菜单中的“幻灯片浏览”命令
B．执行“幻灯片放映”菜单中的“观看放映”命令
C．单击主窗口左下角的“幻灯片放映”按钮
D．直接按 F5 键

36．如果放映类型设置为“在展台浏览”，则切换幻灯片采用的方法是（　　）。
A．定时切换　　B．单击鼠标左键　　C．单击鼠标右键　　D．按回车键

37．在幻灯片放映中，要前进到下一张幻灯片，不可以按（　　）。
A．P 键　　B．右箭头键　　C．回车键　　D．空格键

38．在幻灯片放映中，在回到上一张幻灯片，不可以按（　　）。
A．左箭头键　　B．PageDown 键　　C．上箭头键　　D．BackSpace 键

39．在大纲视图方式下，不可以进行的操作是（　　）。
A．创建新的幻灯片　　B．编辑幻灯片中的文本内容
C．删除幻灯片中的图片　　D．移动幻灯片的位置

40．选定多个图形对象的操作是（　　）。
A．按住 Alt 键，同时依次单击要选定的图形
B．按住 Shift 键，同时依次单击要选定的图形
C．依次单击要选定的图形
D．单击第 1 个图形，再按住 Shift 键的同时单击最后一个图形

41．下列叙述中，错误的是（　　）。
A．在“我的电脑”或资源管理器中双击任意一下.ppt 文件图标，就可以启动 PowerPoint
B．对于演示文稿中不准备播放的幻灯片，可用命令使之隐藏
C．幻灯片的页面尺寸可以由用户自定义
D．幻灯片对象的动画播放顺序固定，不可以由用户自定义

42．在使用 PowerPoint 2003 编辑文本框、图形框等对象时，需对它们进行旋转，则（　　）。
A．只能进行 90 度的旋转　　B．只能进行 180 度的旋转

C．只能进行 360 度的旋转　　　　　　　　D．可以进行任意角度的旋转

43．欲为幻灯片中的文本创建超链接，可用（　　）菜单中的“超链接”命令。

A．“文件”　　B．“编辑”　　C．“插入”　　D．“幻灯片放映”

44．如果要改变幻灯片的大小和方向，可以选择“文件”菜单中的（　　）。

A．页面设置　　B．格式　　C．关闭　　D．保存

45．在幻灯片放映时，每一张幻灯片切换时都可以设置切换效果，方法是单击（　　）菜单，选择“幻灯片切换”命令，然后在对话框中进行选择。

A．“格式”　　B．“工具”　　C．“视图”　　D．“幻灯片放映”

46．在 PowerPoint 2003 中要将多处同一错误一次更正，正确的方法是（　　）。

A．用插入光标逐字查找，先删除错误文字再输入正确文字

B．使用“编辑”菜单中的“替换”命令

C．使用“撤消”与“恢复”命令

D．使用“定位”命令

47．在幻灯片播放时，如果要结束放映，可以按下键盘上的（　　）键。

A．Esc　　B．Enter　　C．Backspace　　D．Ctrl

48．在展销会上，如果要求幻灯片能在无人操作的环境下自动播放，应该事先对 PowerPoint 2003 演示文稿进行的操作是（　　）。

A．存盘　　B．打包　　C．自动播放　　D．排练计时

49．如果想在幻灯片中的某段文字或是某个图片添加动画效果，可以单击“幻灯片放映”菜单的（　　）命令。

A．“动作设置”　　B．“自定义动画”　　C．“幻灯片切换”　　D．“动作按钮”

50．PowerPoint 2003 中文版是运行在（　　）上的演示文稿制作软件。

A．MS-DOS6.0　　B．中文 DOS6.0　　C．西文 Windows　　D．中文 Windows

二、填空题

1．PowerPoint 演示文稿的文件扩展名是________。

2．要观看所有幻灯片，应选择________工作视图。

3．为所有幻灯片设置统一的、特有的外观风格，应运用________。

4．如果要输入大量文字，使用 PowerPoint 2003 的________视图是最方便的。

5．在________视图中，不能进行文字编辑与格式化。

6．在 PowerPoint 中，打开一个演示文稿文件，单击“视图”菜单中的________子菜单，选择其中的“幻灯片母版”菜单项，此时会进入“幻灯片母版”设计环境。

7．在大纲视图中，每张幻灯片的标题都出现在编号和图片的旁边，正文在每个标题的下面。在大纲中最多可达到________级标题。

8．在 PowerPoint 中，若需调整行距则应先将光标置于要调整行距的文本行上，然后选择________菜单栏的“行距”菜单项，打开相应的对话框，在该对话框中，在“行距”选项组中选择需要的行距，单击“确定”按钮即可。

9．在 PowerPoint 普通视图中，集成了________、________和________三个窗格。

10．欲为演示文稿提供不同的放映顺序，可采用插入________。

11．PowerPoint 中默认的第一个新建演示文稿的文件名是________。

12．在幻灯片浏览视图的窗口中移动、复制幻灯片，需先单击某个幻灯片将其选中，之后可以使用常用工具栏上的剪切、________、________按钮实现操作。

13．执行________菜单中的“新幻灯片”命令，或单击________工具栏上的“新幻灯片“按钮，可以添加一张新幻灯片。

14．复制幻灯片可以在________视图方式下进行，也可以在________视图方式下进行。

15．放映幻灯片时，所谓动画显示即是________。

16．在 PowerPoint 的幻灯片中要插入剪辑库中的影片时，首先要单击“插入”菜单，然后选择“影片和声音”中的________命令。

17．选择幻灯片放映时的音响效果，必须安装________。

18．如果在幻灯片中插入了多个图形对象，它们可能会互相覆盖，此时可先选中幻灯片中的图形对象，然后________，在弹出的菜单中选择“叠放次序”子菜单，以调整各图形对象在幻灯片中的相应位置。

19．在演示文稿的播放过程中，如果要终止幻灯片的放映，可以按________键。

20．要对幻灯片中的文本框内的文字进行编辑修改，应在________视图方式下进行。

21．当用“绘画”工具栏上的绘图工具绘制正方形等中心对称的图形时，可在按住________键的同时拖动鼠标绘制。

22．在“设置放映方式”对话框中，选择________放映类型，演示文稿将以窗口形式播放。

23．在 PowerPoint 中，打开一个演示文稿文件，单击________中的“母版”子菜单，选择其中的“幻灯片母版”菜单项，此时会进入“幻灯片母版”设计环境。

24．在实现对象的旋转中，可以利用“绘图”工具栏上的________按钮实现自由旋转。

25．演示文稿设计模板的扩展名是________。

26．在 PowerPoint 2003 窗口标题栏的右侧，一般有三个按钮，分别是________、________、________按钮。

27．在 PowerPoint 2003 中，在幻灯片的背景设置过程中，如果单击________按钮，则目前背景设置对演示文稿的所有幻灯片起作用；如果单击________按钮，则目前背景设置只对演示文稿的当前幻灯片起作用。

28．PowerPoint 2003 是在________操作系统下运行的。

29．PowerPoint 2003 的视图方式有________、________、________、________、________和普通视图六种。

30．在 PowerPoint 2003 中，“填充效果”对话框由“过渡”、“________”、“________”和“图片”四个选项卡组成。

31．PowerPoint 2003 有________、________、________、________4 种类型母版。

32．________是 PowerPoint 提供的带有预设动作的按钮对象。

33．关闭 PowerPoint 应用程序，应使用“文件”菜单中的________命令。

34．在演示文稿中，尽量采用________、图表，避免用大量的文字叙述。

35．演示文稿中的第一张幻灯片是由若干个________组成。

36．________视图方式下不能进行文字编辑与格式化。

37．PowerPoint 中使字体有下划线的快捷键是________。

38．幻灯片放映的快捷键是________。

39．添加新幻灯片的快捷键是________。

40．在幻灯片浏览视图方式下，如果要同时选中几张不连续的幻灯片，需按住________键，逐个单击待选的对象。

41．PowerPoint 中，幻灯片的页眉页脚是在________菜单下。

42．在幻灯片浏览视图方式下，如果要删除幻灯片，只需按________键。

43．PowerPoint 的幻灯片放映的“幻灯片切换”是在________菜单下。

44．PowerPoint 的幻灯片放映的“自定义动画”是在________菜单下。

45．超链接只有在________视图下才能被激活。

46．如果将演示文稿置于另一台未安装 PowerPoint 软件的计算机上放映，那么应该对演示文稿进行________。

47．在________视图中，可以方便地利用工具栏给幻灯片设置切换效果。

48．PowerPoint 的 Office 助手能根据当前的任务给出提示和建议，使用户创建出更好的演示文稿。当用户启动某一任务时，有时屏幕上会显示________，单击它便可以看到提示。

49．在退出 PowerPoint 窗口时，可使用的组合键是________。

50．幻灯片母版和标题母版上有三个特殊的文字对象：________、页脚区和数字区对象。

习题参考答案

一、单项选择题

1．D	2．A	3．C	4．C	5．A	6．B	7．C	8．D	9．B	10．C
11．C	12．A	13．B	14．C	15．D	16．D	17．A	18．D	19．A	20．B
21．D	22．C	23．C	24．D	25．D	26．B	27．D	28．C	29．D	30．D
31．D	32．C	33．C	34．D	35．A	36．A	37．A	38．B	39．C	40．B
41．D	42．D	43．C	44．A	45．D	46．B	47．A	48．D	49．B	50．D

二、填空题

1．.PPT
2．幻灯片浏览
3．母版
4．大纲
5．幻灯片浏览
6．“母版”
7．4
8．“格式”
9．幻灯片，大纲，备注
10．超链接
11．演示文稿 1
12．复制，粘贴
13．插入，格式
14．幻灯片浏览，大纲
15．确定幻灯片上各类对象进入幻灯片的顺序
16．剪辑管理器中的影片
17．Windows 兼容的声卡及其驱动程序
18．单击鼠标右键
19．Esc
20．幻灯片
21．Shift
22．观众自行浏览
23．“视图”
24．旋转或翻转
25．.pot
26．最小化，最大化/还原，关闭
27．全部应用，应用
28．Windows
29．幻灯片视图，幻灯片浏览视图，幻灯片放映视图，大纲视图，备注页视图
30．纹理，图案
31．幻灯片母版，标题母版，讲义母版，备注母版
32．动作按钮
33．退出
34．图形
35．对象
36．幻灯片浏览
37．Ctrl+U
38．F5
39．Ctrl+M
40．Ctrl
41．“视图”
42．Delete
43．“幻灯片放映”
44．“幻灯片放映”
45．幻灯片放映
46．打包
47．幻灯片浏览
48．灯泡
49．Alt+F4
50．日期区

第七部分　网页制作 FrontPage 2003

第 20 讲　简单的网页制作

本讲的主要内容包括：

- FrontPage 2003 概述
- FrontPage 简单的网页制作

FrontPage 2003 是 Office 家族的一款入门级软件，它是目前最常用的一种“所见即所得”的网页制作与站点管理工具，它能将网页界面自动翻译成对应的 HTML 标记语言，故不需要用户掌握很深的网页制作技术，就可以进行进行文本（Text）、表格（Table）、图像（Image）、音频（Audio）、动画（Animation）和视频（Video）等对象的插入与编排，从而制作出精美的网页。FrongPage 界面友好，简单易用，与 Office 其他软件具有操作的一致性，即会用 Word 就能做网页。

FrontPage 2003 常见的文件扩展名是“.htm”或“.html”。

而 Dreamweaver 是美国 MacroWeaver 公司开发的集网页制作和管理网站于一身的专业级网页编辑软件。它的功能强大，但初学者使用起来相对比较困难。初学者掌握了 FrontPage 2003 之后，再去学习专业级的 Dreamweaver，则会得心应手，效果更佳。

20.1　FrontPage 2003 概述

初学者应先行掌握 FrontPage 2003 的启动及退出等操作，还应该了解 FrongPage 2003 窗口的基本结构及其相关的一些专用名词、术语等。

20.1.1　FrontPage 2003 的启动

若 WindowsXP 系统中已经安装了 FrongPage 2003 中文版，则可通过如下步骤启动它：在 Windows 任务栏上，单击“开始”按钮，打开“开始”菜单，选择“程序”→“Microsoft Office”→“Microsoft Office FrongPage 2003”选项，即可启动 FrongPage 2003。

当然，还可以在桌面上建立 FrongPage 2003 的快捷方式，这样就可以直接在桌面上双击 FrongPage 2003 图标来启动它。

FrongPage 2003 启动后，屏幕上显示 FrongPage 2003 窗口，如图 20-1 所示。

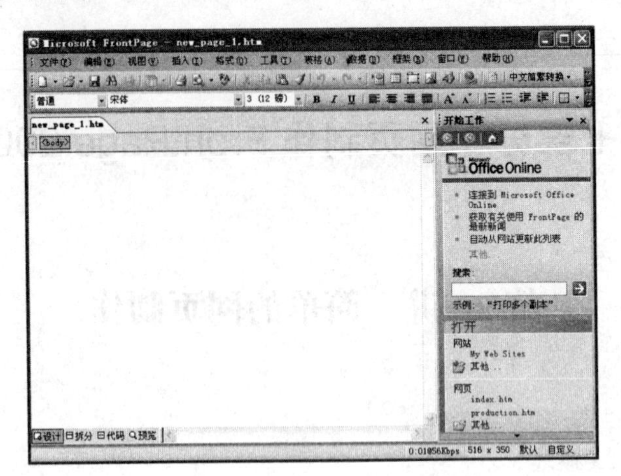

图 20-1　FrontPage 2003 启动窗口

20.1.2　FrongPage 2003 的退出

如果需要退出 FrongPage 2003，则可以选择“文件”菜单→“退出”菜单项，或者单击窗口右上角的“关闭”按钮。

此外，双击 FrongPage 2003 窗口左上角的 FrongPage 图标，即控制菜单框，也可以退出 FrongPage 2003。

20.1.3　FrontPage 的视图

为了方便网页的制作与发布，FrontPage 提供了若干种视图方式。

1. 网页视图

网页视图是 FrontPage 提供的对网页编辑最直接的方式。在这种视图下，用户可以轻易地对网页的内容进行编排和修改，但缺点是无法了解网站的整体结构。

2. 文件夹视图

文件夹视图是用来查看网站中的文件夹的情况。在这种视图下，用户可以方便地完成对文件的操作（如重命名、移动文件、复制文件、删除文件等），它类似于 Windows 的资源管理器。

3. 远程网站视图

远程网站视图是 FrontPage 2003 新增的视图方式，它可以将整个网站或单独的网页发布到任何网站、本地或远程位置。本地网站是 FrontPage 中打开的源网站。远程网站是要发布到的目标网站。

3. 报表视图

报表视图实际上就是把许多视图以报表的形式列在一张表中，使站点的管理者能够更加方便地管理网站。

4. 导航视图

导航视图是 FrontPage 自动将网站中的各个网页以组织结构图的形式列在“导航”视图中，它表示了各网页之间的层次关系。

5. 超链接视图

超链接视图是详细显示各个文件之间超链接关系的一种视图方式。一般以一个网页文件为中心，发散地表示出链接的关系。

6. 任务视图

任务视图是用来维护一个动态项目表的视图方式。

20.1.4 FrongPage 相关术语

1. 万维网（WWW、3W、World Wild Web）

WWW 是 World Wide Web（万维网）的缩写，也可以简称为 Web。万维网是 Internet 的最核心部分。它是 Internet 上那些支持 WWW 协议和超文本传输协议的服务器的集合。它把全世界的信息和数据相互联系在一起，通过超文本链接，可以在世界各地的服务器站点中自由地浏览和下载信息。

2. 网（Web）

Web 是 Internet 上最受欢迎的一种信息服务系统。Web 信息是以网页的形式来组织的。它由两部分组成：一个是服务端即信息的提供者；另一个是客户端即信息的接收者。客户端用户用浏览器来访问服务端的 Web 站点。

3. 超文本标记语言（HTML）

HTML（HyperText Markup Language）是一种专门用于 Web 页制作的编辑语言，用来编写超文本的各个部分内容，告诉浏览器该如何显示对象内容。

4. 超链接（Hyper Link）

在浏览 WWW 时，文字下方有下划线或图形有框线时，将鼠标光标移至该区域，鼠标形状会变成手指形状，按下鼠标左键后，便会连接到另外一个网页。这就是超级链接或超链接。

5. 浏览器（Browser）

浏览器是观看 WWW 万维网上信息的必备工具。常见的浏览器有 Netscape Navigator、Internet Explorer 等。

6. 网站（Website）

网站是因特网上一块固定的可面向全世界提供信息的地方，由网址和网站空间构成，通常包括主页和其他具有超链接文件的页面。事实上，网站就是某个服务器上的一个文件夹，全世界的用户都可以从这个文件夹浏览信息和下载文件。

7. 远程网站（Remote Website）

远程网站通常指的是承载用户所在组织机构 Web 服务器的远程计算机，或在组织机构的 Intranet 上受到管理的服务器。

20.2 简单的网页制作

20.2.1 制作一个简单网页

【例 20.1】制作一个简单网页。

操作步骤：

（1）选择“文件”菜单的“新建”子菜单的“网页”命令。

（2）在弹出的“新建”对话框中，选择常规标签下的“普通网页”项，单击“确定”按钮。

（3）在新建的网页中输入“欢迎光临我的网站”。并且在下方插入一条水平线，单击“插入”→“水平线”。

（4）选择“文件”菜单的“保存”命令，在弹出的“另存为”对话框中选择站点文件夹“myweb”（事先已建立好），输入文件名“page1.htm”，最后单击“确定”按钮。

（5）选择“文件”菜单的“关闭”命令，关闭当前网页。

（6）选择“文件”菜单的“打开”命令，在弹出的“打开”对话框中选择要打开的网页文件“page1.htm”，再单击“确定”按钮。

（7）将光标定位在网页内容“欢迎光临我的网站”的下一行，插入下列内容：

内容提要

FrontPage 2003 是优秀的创作网站和网页的软件之一，它作为网页设计与制作的工具。本章介绍了网页设计与制作的基本内容、方法和技巧，介绍了 HTML 语言以及网站管理的基本知识。FrontPage 2003 的具有创建站点与网页、HTML 语言基础、网页布局设计、网页装饰设计、创建超链接、巧用表格、表单设计、窗体妙用、框架网页设计、动态网页设计、快速制作网页、连接数据库、高级网页设计技术以及站点的维护和发布站点管理与维护等功能。本章后面有作业题和实践题。

本章内容翔实、结构合理、由浅入深、语言流畅、实用性强，适合于学习网页设计与制作的广大读者，也很适合作为各类大中专院校的教材。

（8）对上述网页进行如下操作：

选中标题“内容提要”，将其字体格式设为居中、蓝色。单击“格式”工具栏中的“样式”文本框，在其中输入“标题 2”。

将正文部分的字设置成宋体、2 号字（10 磅）、红色。选定正文部分，选择“格式/字体”菜单项，弹出“字体”对话框进行设置。

将正文部分设置成段前、段后间距均为 0，行间距为 1.5 倍行距，首行缩进 2 字符。选定正文部分，选择“格式/段落”菜单项，弹出“段落”对话框进行设置。

在文本第一段的段首插入一幅剪贴画：季节类中的秋天。将光标置于第一段段首，选择“插入/图片/剪贴图”菜单项，弹出“剪贴画库”对话框，选择要插入的剪贴画。

设置图片的宽度为 150 像素，保持纵横比，水平居左。右击图片，在弹出的快捷菜单中选择“图片属性”项，弹出“图片属性”对话框，选择“外观”标签，进行相应设置。

设置网页的标题为：内容提要，并将网页的背景设置成浅蓝色。右击网页，在弹出的快捷菜单中选择“网页属性”项，弹出“网页属性”对话框，在“常规”标签中设置网页标题，在“背景”标签中设置网页背景。

预览该网页，最后将该网页存到“myweb”文件夹下，名为 page2.htm，将图页中的图片存到“myweb\images”文件夹中。

20.2.2　插入一个超链接

超链接可分为文件超链接、书签超链接、邮箱超链接、网站超链接、内部网页超链接和外部网页超链接等。建立超链接可以方便快捷地连接至需要的位置。

【例 20.2】插入一个简单的超链接。

操作步骤：

（1）打开刚刚建立的网页“index.htm”。

（2）选定网页中的第一个“FrontPage 2003”文字块。

（3）选择“插入”菜单的“超链接”命令，这时会弹出“插入超链接”对话框，如图 20-2 所示。

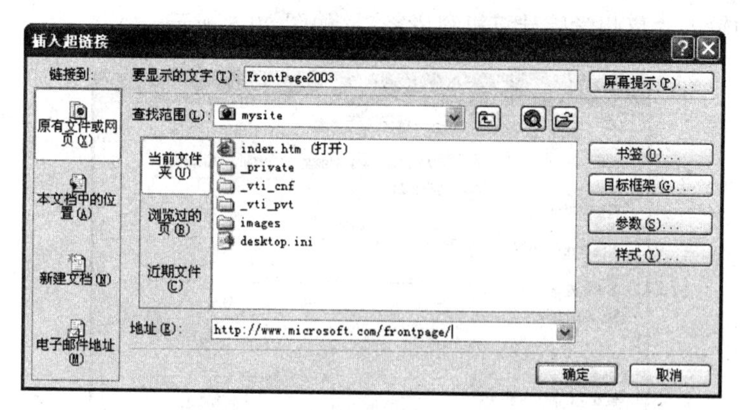

图 20-2　“插入超链接”对话框 1

（4）在“地址”栏中输入：http://www.microsoft.com/frontpage/，单击“确定”按钮。

20.2.3　插入书签

书签是网页中一个具体的位置，用户可以快速方便地定位于此位置。每个书签均有各自的名字。

【例 20.3】插入书签。

操作步骤（在完成上题的操作后）：

（1）将光标定位在网页文档的最后，按回车键。

（2）输入“书签 1”并选中。

（3）选择“插入”菜单的“书签”命令。这时将会弹出“书签”对话框，如图 20-3 所示。单击“确定”按钮。

（4）选定网页中的第二个“FrontPage 2003”文字块，单击“插入”菜单的“超链接”命令。将会弹出“插入超链接”对话框，如图 20-4 所示。

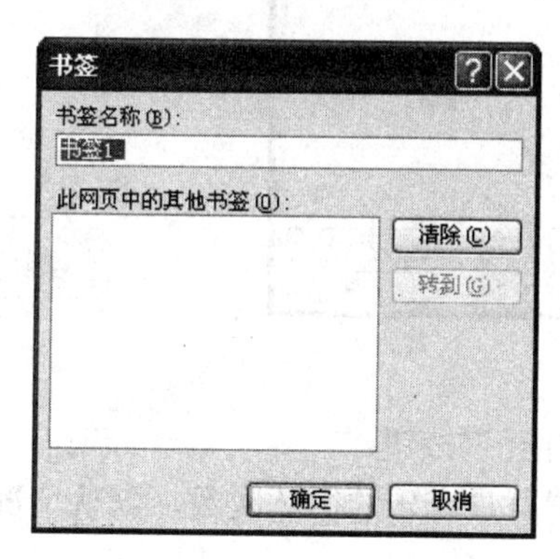

图 20-3　“书签”对话框

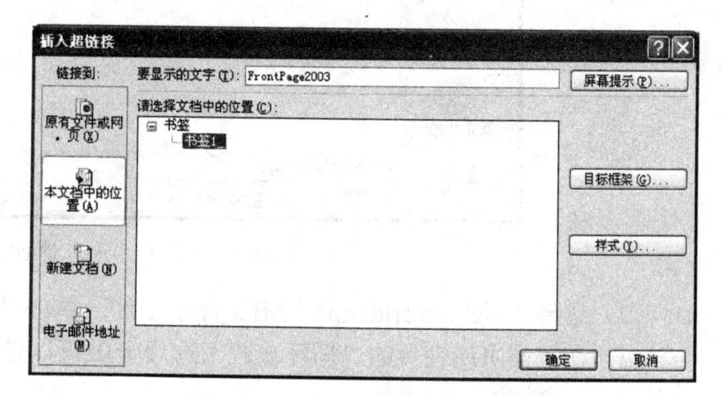

图 20-4　“插入超链接”对话框 2

（5）单击“本文档中的位置”，再选择“书签 1”，单击“确定”按钮。

20.2.4 网页属性

1. 设置标题

执行"文件"→"属性"命令，将弹出"网页属性"对话框，单击"常规"选项卡，在"标题"标签中输入"惠州学院计算机科学系"，如图 20-5 所示。

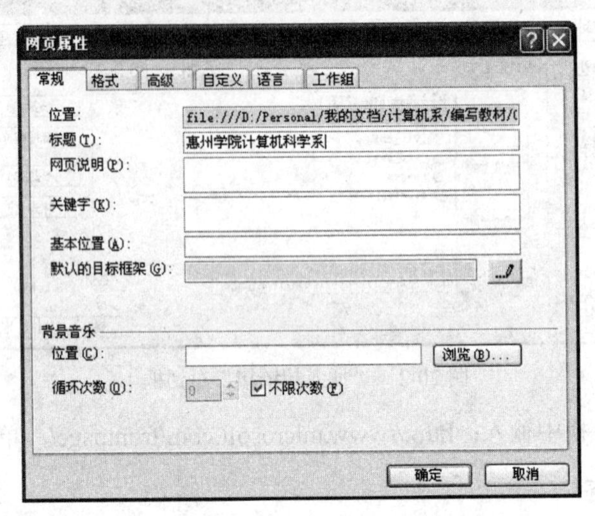

图 20-5 "网页属性"对话框"常规"选项卡

2. 设置背景音乐

（1）在"网页属性"对话框"常规"选项卡的"背景音乐"中，可以设置背景音乐。在"位置"标签右边的"浏览"命令按钮，将弹出如图 20-6 所示对话框。

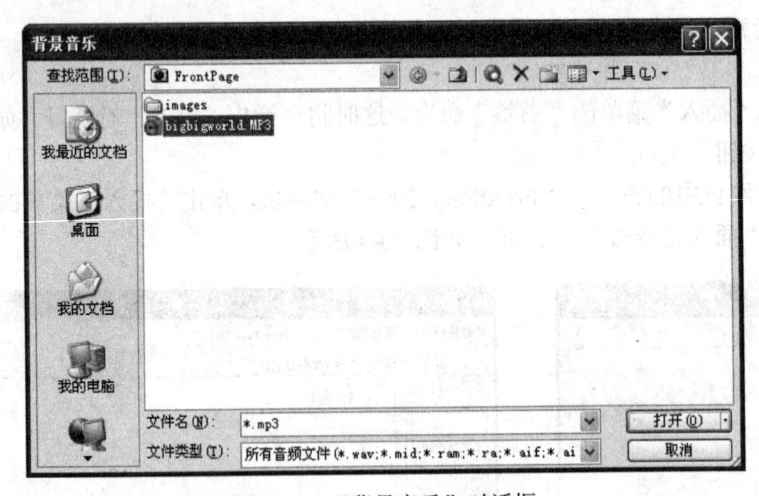

图 20-6 "背景音乐"对话框

（2）选择"bigbigworld.mp3"MP3 音乐文件，单击"打开"按钮。

（3）在"网页属性"的"循环次数"选项卡中可以设置背景音乐的循环次数，默认情况下，是不限次数的。

3. 设置背景图片

（1）单击"格式"选项卡，可以设置背景图片，如图 20-7 所示。

（2）单击“浏览”按钮，将弹出“选择背景图片”对话框，如图 20-8 所示。选择图片“j0157763.wmf”作为背景图片，并单击“打开”按钮。

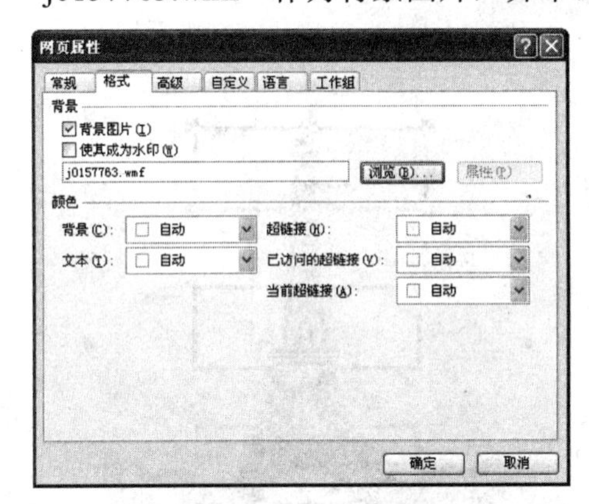

图 20-7　“网页属性”之“格式”对话框

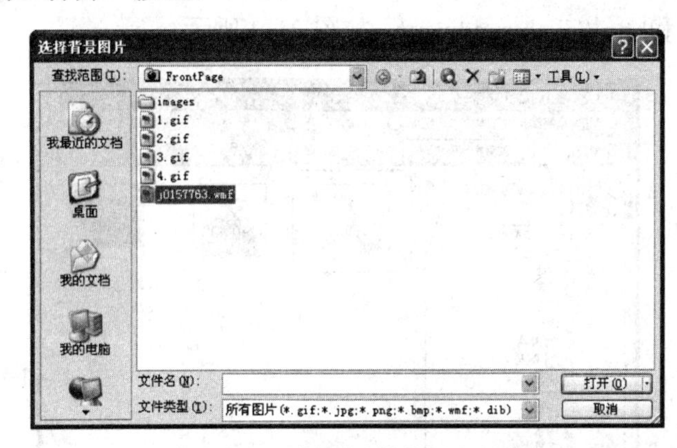

图 20-8　“选择背景图片”对话框

（3）选中“使其成为水印”复选框，则插入的背景图片以水印的方式作为背景图片。

第 21 讲　FrontPage 高级制作

本讲的主要内容包括：

- FrontPage 高级操作
- FrontPage 表单制作

21.1　FrontPage 高级操作

FrontPage 高级操作包含特效设计和表单设计等内容。

21.1.1　插入热点链接

热点链接也称之为图像映射，是另外一种形式的超链接。它是一个能对链接指示作出反应的图形或文本框。单击该图形或文本框的已定义区域，可转到与该区域相链接的 URL 地址。

热点链接包含长方形热点、圆形热点和多边形热点。

【例 21.1】插入热点链接。

操作步骤：

（1）新建一空白网页，并命名为“redian.htm”。

（2）执行“插入”菜单→“图片”→“剪贴画”。

（3）单击“管理剪辑”，将弹出“Microsoft 剪辑管理器”，在“收藏集列表”下展开“Office 收藏集”→“地点”→“地标”，如图 21-1 所示。

（4）用“复制粘贴”的方法将“铁塔”图片粘贴至 FrontPage 编辑区域。

（5）执行“视图”→“工具栏”→“图片”，显示“图片”工具栏。

（6）在“图片”工具栏中选择“长方形热点”，在“铁塔”图片拖曳鼠标画出一个长方形，在释放鼠标时将弹出“插入超链接”对话框，在“地址”栏中输入：http://www.hzu.edu.cn/。

（7）重复步骤（6）插入另外两个长方形热点。在“地址”栏中分别输入：http://cs.hzu.edu.cn/和http://dlc.hzu.edu.cn/，如图 21-2 所示。

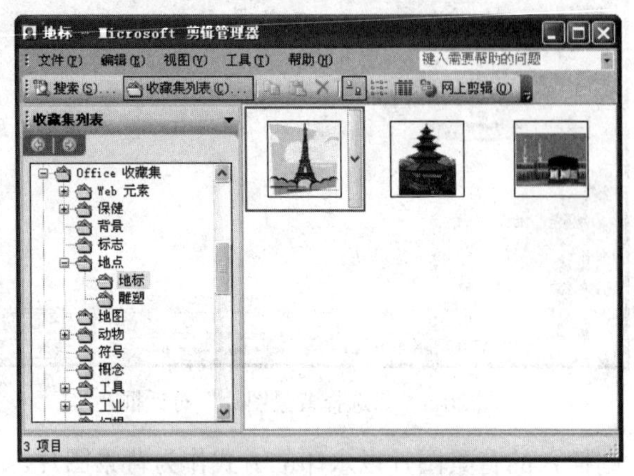

图 21-1 “Microsoft 剪辑管理器”

图 21-2 插入长方形热点

（8）保存“redian.htm”，并预览“长方形热点”效果。

21.1.2 插入字幕

【例 21.2】插入字幕。

操作步骤（在完成上题的操作后）：

（1）选择“插入”菜单的“Web 组件”命令，这时将会弹出“插入 Web 组件”对话框，如图 21-3 所示。

（2）选择“动态效果”类型，再选择“字幕”，单击“完成”，这时会弹出“字幕属性”对话框，如图 21-4 所示。

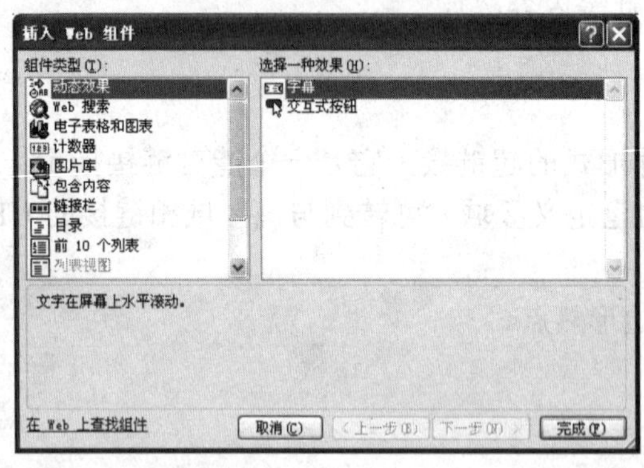

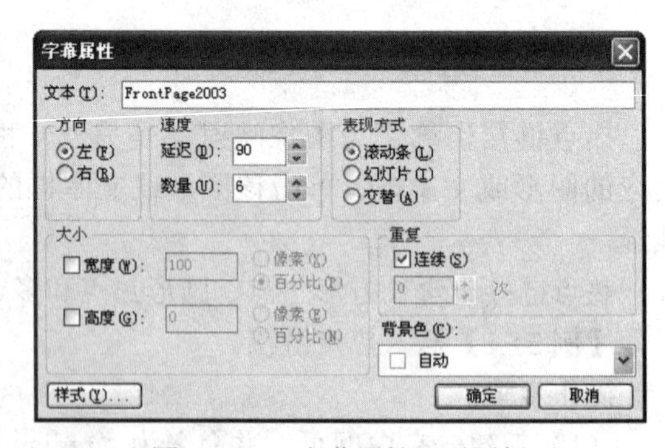

图 21-3 “插入 Web 组件”对话框

图 21-4 “字幕属性”对话框

（3）在“文本”框中输入：“FrontPage 2003”，单击“确定”按钮。

21.1.3 插入交互式按钮

交互式按钮与标准按钮不同，它色彩丰富并具有专业化的外观，当将鼠标指针悬停在按钮上或单击时，其外观会发生变化。

【例 21.3】插入“交互式按钮”。

具体操作步骤如下：

（1）选择“插入”菜单的“Web 组件”命令，这时将会弹出“插入 Web 组件”对话框，如图 21-3 所示。

（2）选择“动态效果”类型，再选择“交互式按钮”，单击“完成”按钮。这时又会将弹出“交互式按钮”对话框，如图 21-5 所示。

（3）选择“按钮”选项卡，在“按钮”选项中选择“边框按钮 1”，在文本框中输入“按钮文本”，最后单击“确定”按钮。

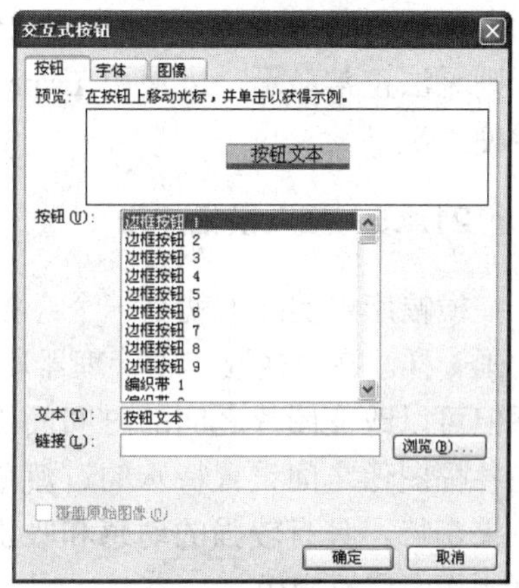

图 21-5　“交互式按钮”对话框

21.1.4　插入计数器

计数器指的是用户对网站或网页访问次数的统计。FrontPage 2003 Web 组件提供了相应的计数器功能。

【例 21.4】插入计数器。

具体操作步骤如下：

（1）打开网页“index.htm”，在页面的最下面插入一空白行并居中对齐。

（2）执行“插入”菜单→“Web 组件”，将弹出“插入 Web 组件”对话框。在“组件类型”中选择“计数器”，并在“计数器样式”中选择第一种样式，如图 21-6 所示。

（3）单击“完成”命令按钮，将弹出“计数器属性”对话框，如图 21-7 所示。在此，可以更改计数器的样式；在“计数器重置为”复选框中可以设置计数器数值；在“设定数字位数”复选框中可以设置计数器位数。

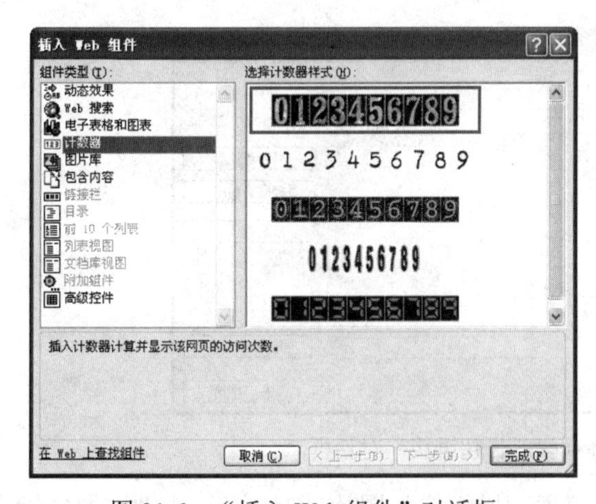

图 21-6　“插入 Web 组件”对话框

图 21-7　“计数器属性”对话框

（4）单击“确定”按钮，并在计数器前面输入“您是本站第”以及在后面输入“位访问者”，效果如图 21-8 所示。

您是本站第0123456789位访问者

图 21-8　计数器效果

FrontPage 提供的计数器功能使用了特殊的技术，它要求 Web 服务器必须支持该技术，否则无法正常显示，需使用 FrontPage 编辑器登录远程的虚拟主机服务器，在线添加方可正常使用。

21.1.5 插入横幅广告

横幅广告实际上就是一个广告看板，它将多幅图片按照一定的顺序显示出来，就像 GIF 动画一样。在“横幅广告管理器属性”对话框中，不但可以改变图片之间的时间间隔，而且还可以在各幅图像之间设置特殊的过渡效果。横幅广告效果奇特，具有较强的动感和吸引力，所以在网页制作中广泛应用。

【例 21.5】插入一个横幅广告。

具体操作步骤如下：

（1）执行“插入”→“横幅广告管理器”命令，将弹出“横幅广告管理器属性”对话框，如图 21-9 所示。

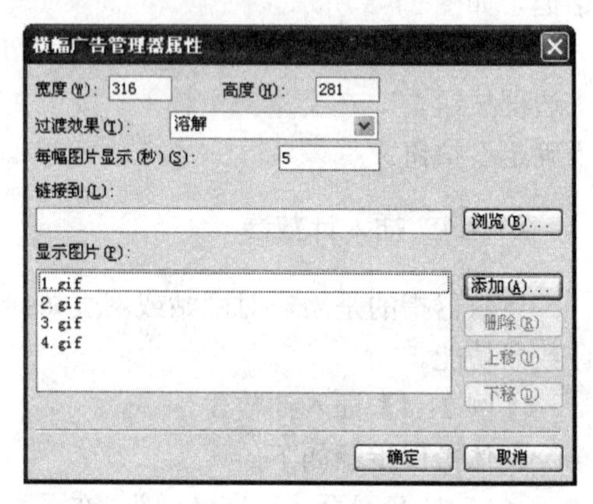

图 21-9 “横幅广告管理器属性”对话框

在“宽度”和“高度”文本框中可以设置横幅广告的宽度和高度。在“过渡效果”的下拉按钮中可以设置过渡效果，效果有溶解、水平遮蔽、垂直遮蔽、盒状收缩和盒状展开。在“每幅图片显示（秒）”文本中可以设置图片显示间隔。

（2）单击“浏览”命令按钮，将弹出“选择横幅广告超链接”对话框，如图 21-10 所示，可以在此设置横幅广告超链接地址。

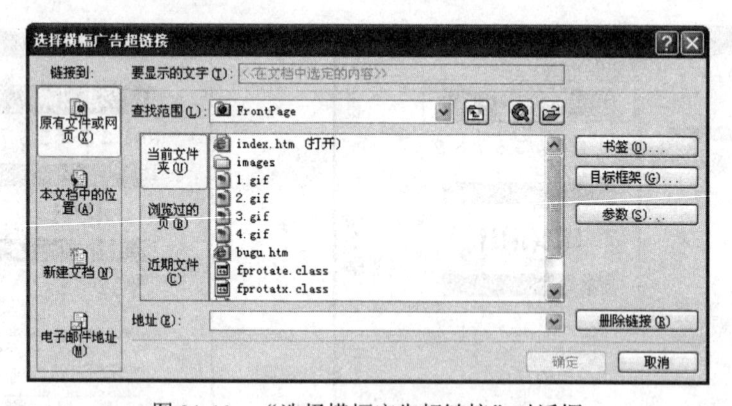

图 21-10 “选择横幅广告超链接”对话框

（3）单击“添加”命令按钮，将弹出“添加横幅广告图片”对话框，如图 21-11 所示。分别选中图片“1.gif”、“2.gif”、“3.gif”和“4.gif”，分别单击“打开”命令按钮，依次添加横幅广告的图片。

（4）最后，单击“横幅广告管理器属性”对话框的“确定”命令按钮。

在默认情况下，“横幅广告管理器”并未作为一个菜单项包含到 FrontPage 2003 中。若要将“横幅广告管理器”组件添加到“插入”菜单中，则可以使用以下方法加以解决。

（1）在“工具”菜单上，单击“自定义”。

图 21-11　“添加横幅广告图片”对话框

（2）在“自定义”对话框中，单击“命令”选项卡。

（3）在“命令”选项卡中的“类别”列表中，单击“插入”选项。

（4）在“命令”列表中，找到并单击“横幅广告管理器”，如图 21-12 所示。

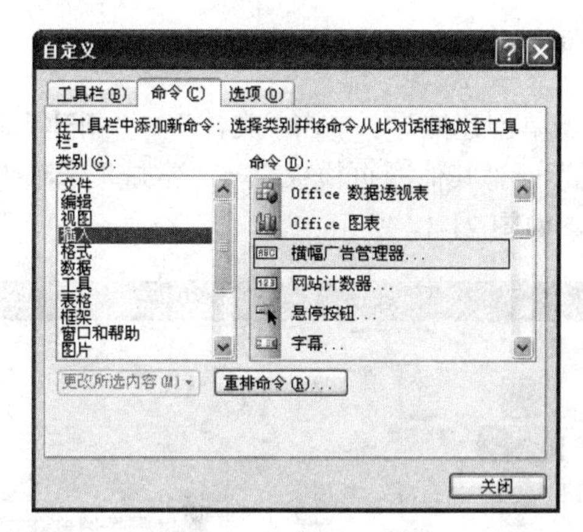

图 21-12　“命令”选项卡

（5）将“横幅广告管理器”项拖动到“插入”菜单中，然后将其置于所需位置。

（6）在“自定义”对话框中，单击“关闭”按钮。

此时，“横幅广告管理器”菜单项已经添加成功，可单击“插入”菜单以验证“横幅广告管理器”菜单项是否存在。

21.2　FrontPage 表单

表单在网站的制作过程中很常见，举个简单的例子，在申请免费电子信箱或者个人主页时，需要填写一些个人信息，比如用户名、口令、密码提示信息等，收集这些信息的工具就是表单。常用表单的类型包括联系信息表单、请求表单、发货和付费方式的订购表单、反馈表单、搜索查询表单等。

21.2.1　手工设计表单

单击“插入”菜单→“表单”→“表单”命令，将在页面当前位置插入一个新的表单，其中一个虚线框包括“提交”和“重置”两个按钮，这个虚线框区域就是一个空表单，可以在这里添加表单字段。

首先通过回车键把虚线框放大。

在插入文本框位置，单击“插入”菜单→“表单”→“文本框”命令，一个新的文本框即被插入到当前表单，然后在文本框前输入字段的名称。

双击文本框打开“文本框属性”对话框，在“名称”框中输入标识文本框的名称，如果希望访问者第一次打开表单时文本框中出现文本，可以在“初始值”框中输入要显示的文本内容，完成后在“宽度”中设置文本框宽度，最后单击“确定”按钮。

此外，还可以向当前表单中插入复选框、下拉列表、选项按钮等各种表单控件，双击插入控件可对其属性进行编辑，如图 21-13 所示。

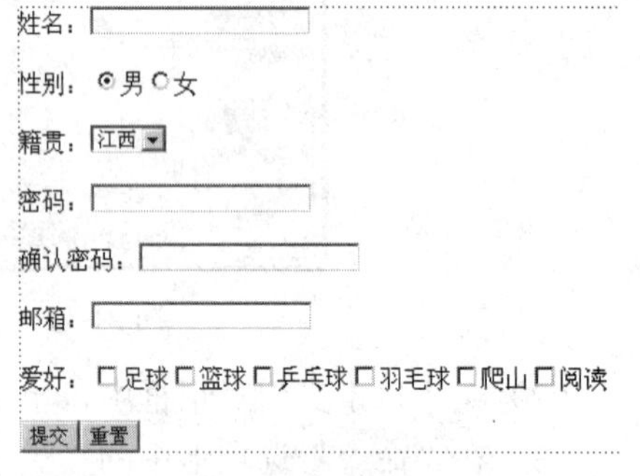

图 21-13 表单制作示例

21.2.2 用向导创建表单

FrontPage 2003 提供了表单创建向导。单击“文件”→“新建”命令，窗口右侧将出现“新建”窗口，单击“新建网页”→“其他网页模板”→“常规”选项卡，弹出“网页模板”对话框，选择“表单网页向导”，如图 21-14 所示。

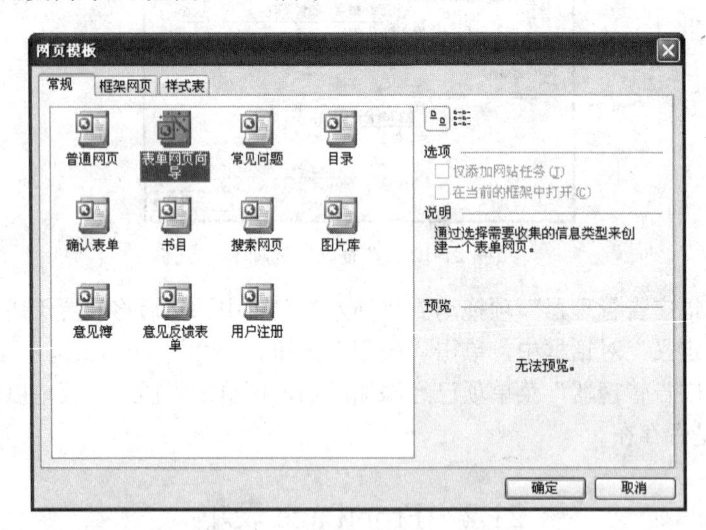

图 21-14 “网页模板”对话框

单击“确定”按钮，进入表单向导，如图 21-15 所示。

单击“下一步”按钮，进入“添加”界面，如图 21-16 所示。

单击“添加”按钮，在弹出的表单问题对话框中，“选择此问题要收集的输入类型”列表中选择需要访问者输入的数据类，比如“个人信息”，如图 21-17 所示。

单击“下一步”按钮，进入“个人信息”界面，选择需要访问者填写的信息内容，如图 21-18 所示。

单击“下一步”按钮，返回“添加”界面，如图 21-19 所示。

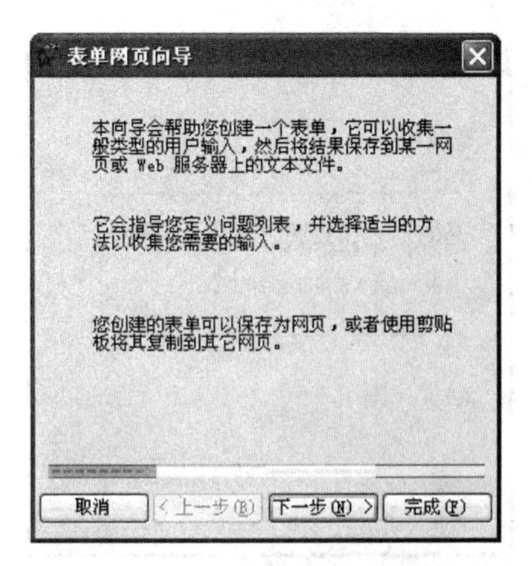

图 21-15　表单网页向导 1

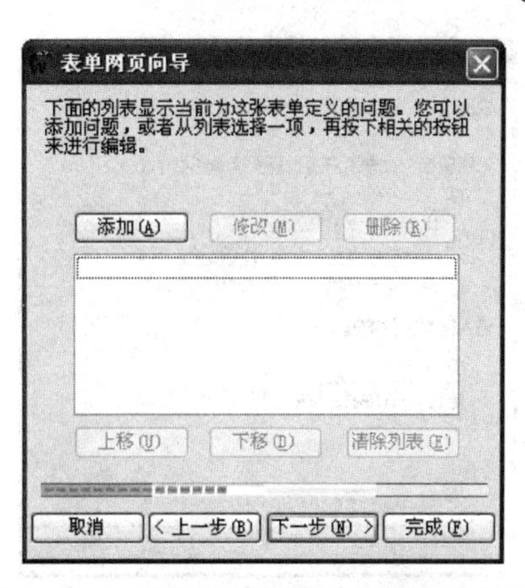

图 21-16　表单网页向导之“添加”界面

图 21-17　表单网页向导 2

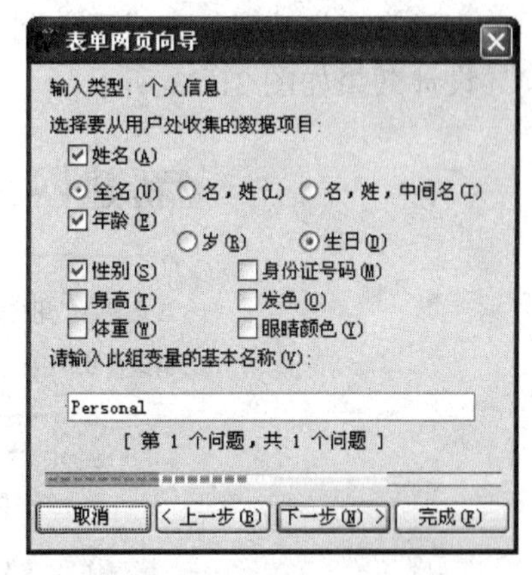

图 21-18　表单网页向导 3

单击“下一步”按钮，进入“显示选项”界面，如图 21-20 所示。在这里设置问题的显示类型。

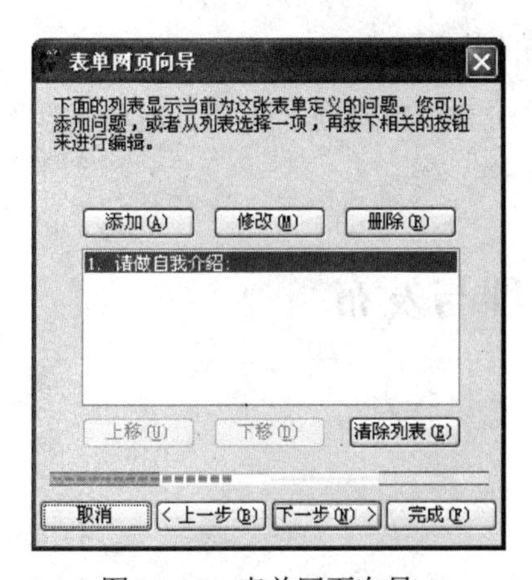

图 21-19　表单网页向导 4

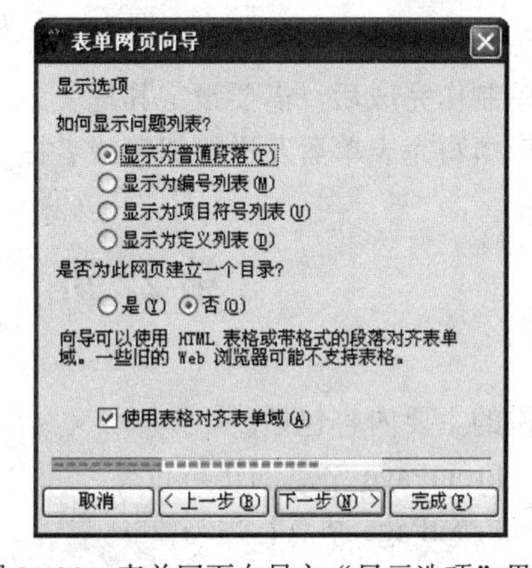

图 21-20　表单网页向导之“显示选项”界面

单击“下一步”按钮，进入“输出选项”对话框，如图 21-21 所示。输出选项可以设置为网页、文本文件和 CGI 脚本。

单击“下一步”按钮，进入表单网页向导完成界面，如图 21-22 所示。

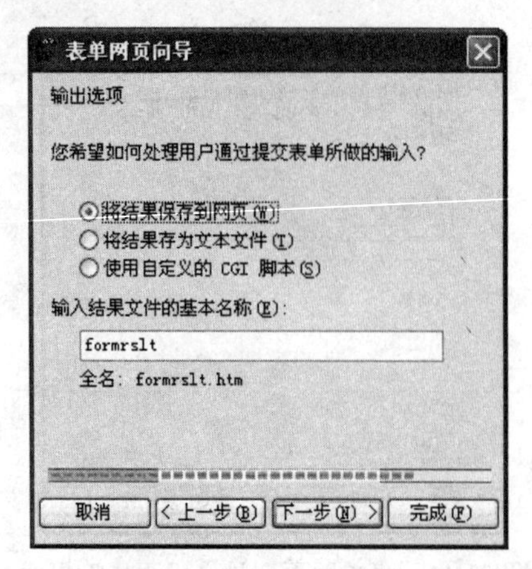

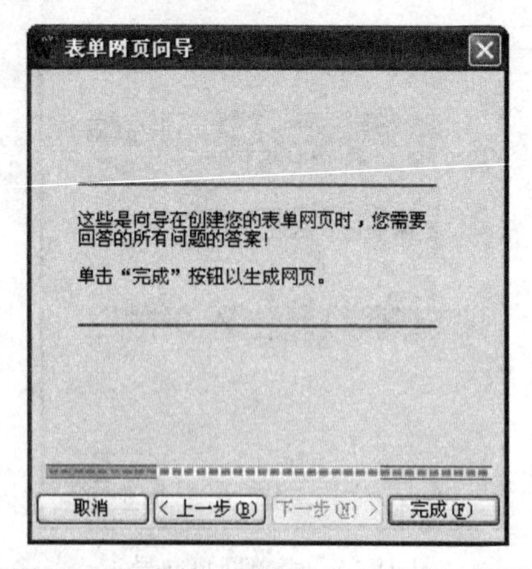

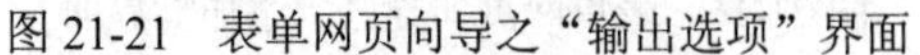

图 21-21　表单网页向导之“输出选项”界面　　　图 21-22　表单网页向导之“完成”界面

最后单击“完成”按钮，完成表单网页向导。系统会自动生成“新建网页 1”的网页，表单网页向导设计效果如图 21-23 所示。

新建网页 1

这是对表单用途的说明...

请做自我介绍:

姓名

生日

性别 ⊙ 男 ○ 女

提交表单　重置

这里是作者信息。
版权所有? 2003 [单位名称]。保留所有权利。
修订时间:12 年 05 月 11 日

图 21-23　表单网页向导设计效果

表单制作完成后，需要设定其提交方式。右键单击表单空白处，选择“表单属性”命令，设置用户填写完表单后发送的邮箱或者提交的数据库。

第 22 讲　站点管理与发布

本讲的主要内容包括：

- FrontPage 站点创建与布局
- FrontPage 站点管理与维护

22.1　创建站点

站点即是网站，建立网站/站点，通常就是建立一个网站根文件夹，并可在其中建立编辑页面、服务等。发布网站/站点，使用发布软件直接发布，也可以直接上传至某个 Web 服务器。

22.1.1 创建一个站点

【例 22.1】创建一个站点。

操作步骤：

（1）选择“文件”菜单的“新建”命令，窗口右边将会出现“新建”任务窗格，如图 22-1 所示。

（2）单击“由一个网页组成的网站”，将会弹出一个“网站模板”对话框，如图 22-2 所示。

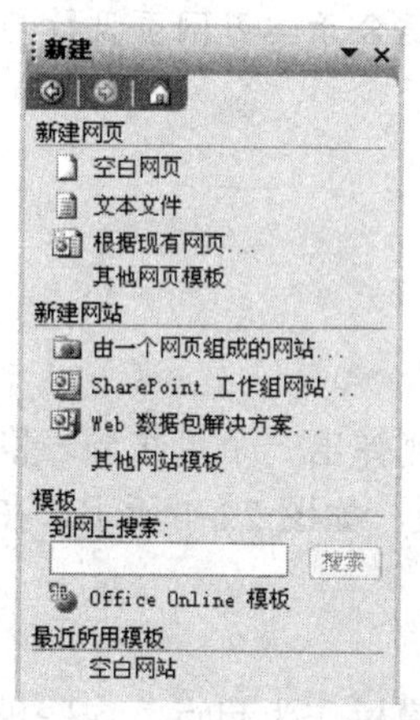

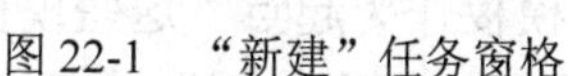

图 22-1 “新建”任务窗格

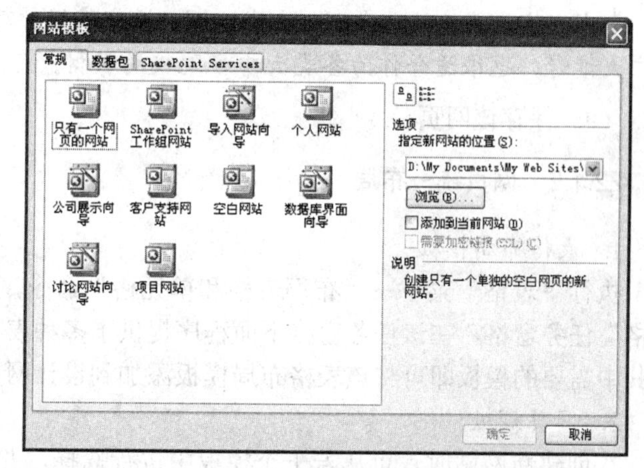

图 22-2 “网站模板”对话框

（3）在对话框右部指定保存的位置。默认的位置是“D:\My Documents\My Web Sites”，默认的网站名是“My Site”。用户可以根据自己的需要改变保存默认位置和网站名。

（4）完成后单击“确定”按钮。这时站点创建的工作窗口将打开，如图 22-3 所示。

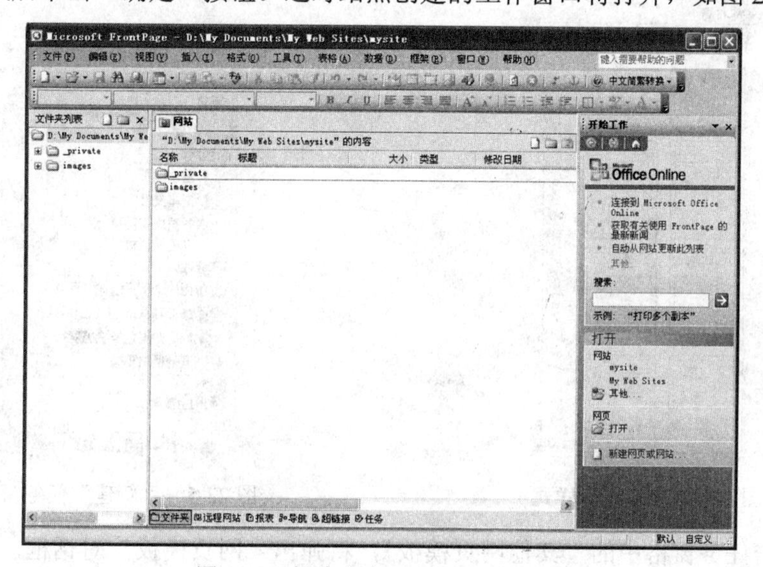

图 22-3 新建名为“Mysite”的站点

（5）在中间窗格单击右键或按左窗格上的“新建”按钮，新建一空白网页，系统自动将其命名为“index.htm”，是本站点的入口网页。

（6）右击“index.htm”，将该网页打开。

（7）网页中在输入如下内容：

本书以当今世界上最优秀的创作网站和网页的软件之一 FrontPage 2003 作为网页设计与制作工具，介绍了网页设计与制作的基本内容、方法和技巧，介绍了 HTML 语言以及网站管理的基本知识。全书共分 15 章，分别介绍 FrontPage 2003 的功能、创建站点与网页、HTML 语言基础、网页布局设计、网页装饰设计、创建超链接、巧用表格、表单设计、窗体妙用、框架网页设计、动态网页设计、快速制作网页、连接数据库、高级网页设计技术以及站点的维护和发布站点管理与维护等内容。各章后面有作业题和实践题，并提供配套的光盘教程。

本书内容翔实、结构合理、由浅入深、语言流畅、实用性强，适合于学习网页设计与制作的广大读者，也很适合作为各类大中专院校的教材。

（8）保存该网页。

22.1.2 网页统一布局

1. 表格布局模板

执行“表格”菜单→“布局表格和单元格”命令，随后在右侧弹出一个“布局表格和单元格”任务窗格，在该任务窗格下面程序提供了多种表格布局模板，如图 22-4 所示，在此单击其中需要的模板即可将该表格布局模板添加到设计网页中。

2. 网页模板

在创建新网站时，可从若干个模板中进行选择，并将所选的模板作为起点。这些模板包含页、列表、库和其他元素，可帮助工作组开展项目、就文档进行协作或管理会议。同时还可以添加、删除和自定义许多元素的外观，例如文本、图形、页、列表和库。

（1）执行“文件”菜单“新建”命令，将弹出“新建”任务窗格，如图 22-5 所示。

图 22-4 表格布局样式

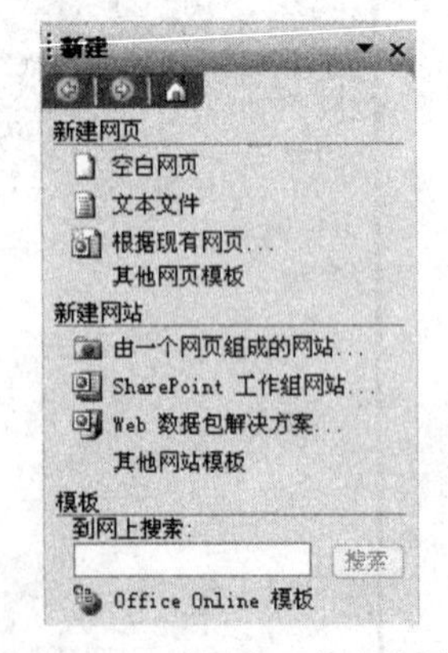

图 22-5 “新建”任务窗格

（2）单击任务窗格中的“其他网页模板”，将弹出“网页模板”对话框。在“常规”选项卡有中普通网页、表单网页向导、常见问题和目录等模板，如图 22-6 所示。

在“框架网页”选项卡中有标题、目录、脚注和页脚等模板，如图 22-7 所示。

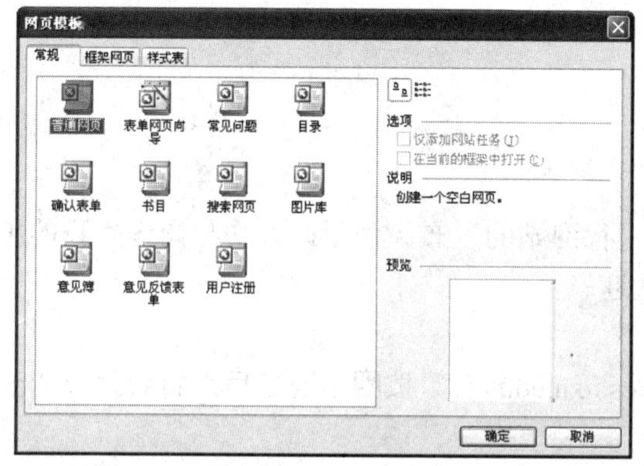
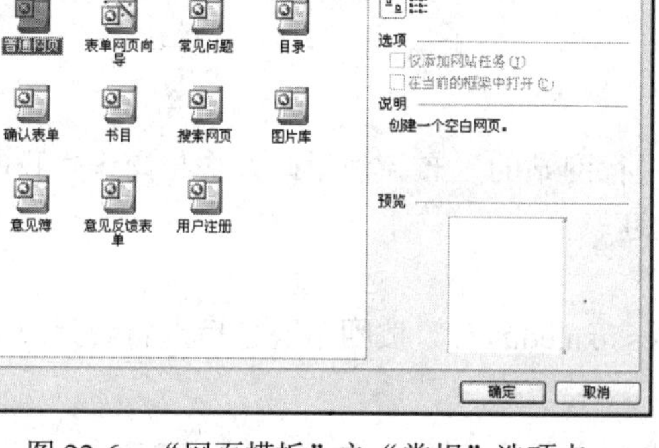

图 22-6　“网页模板”之“常规”选项卡

图 22-7　“网页模板”之“框架网页”选项卡

在“样式表”选项卡中有普通样式表、垂柳、导航图和方块等模板，如图 22-8 所示。

（3）单击视图窗格中的“由一个网页组成的新网站”，将弹出“网站模板”对话框。在“常规”选项卡中包含有“只有一个网页的网站”、“SharePoint 工作组网站”、“导入网站向导”、“个人网站”和“空白网站”等模板，如图 22-9 所示。

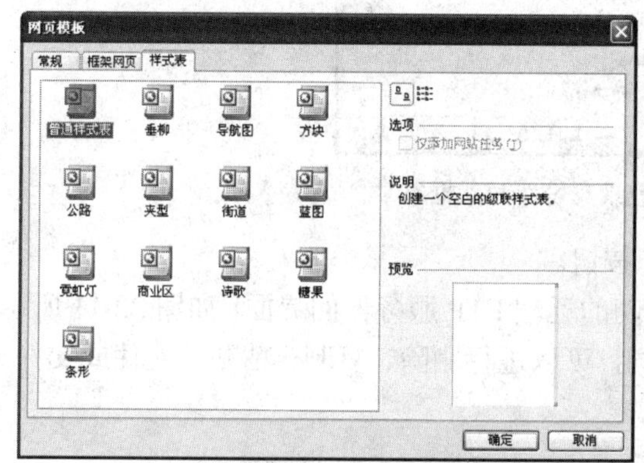

图 22-8　“网页模板”之“样式表”选项卡

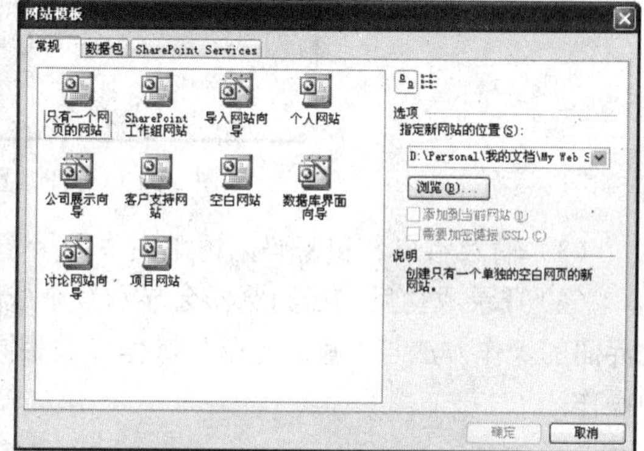

图 22-9　“网站模板”对话框

在“数据包”选项卡中包含有网站日志和新闻点评网站两种模板。

22.2　站点管理与发布

网站制作完成之后，应该对站点进行检查测试。然后，在互联网申请网站空间并上传网站内容，可采用浏览器或 FTP 软件上传。另外，网站内容需要定期更新维护。

22.2.1　网站空间申请

网站制作完成之后，就需要把它发布到 Internet 上，让全世界的人都能看到。把创建完成的站点发布到 Web 服务器上需要占用一定的硬盘空间。因特网服务提供商（ISP）提供免费和付费这两种方式的网站空间。

因特网上有许多网站空间可以申请。可以通过百度等搜索引擎搜索出提供空间申请的 ISP。选择 ISP 的关键是看：系统平台以及支持的程序和数据库；访问速度；空间大小；稳定程序；服务内容（提供 CGI 权限、计数器、留言本、E-mail 等）。

22.2.2 网站的发布

【例 22.2】站点的管理与发布。

操作步骤：

下面使用网页登录的方法，也就是通过 IE 进行网站的发布。由于此方法与操作“我的电脑”相差不大，简单易用，因此受到很多人的欢迎。

（1）启动 IE 浏览器。

（2）在地址栏中输入 FTP 地址，例如ftp://cs.hzu.edu.cn/。按回车键之后，将会弹出“登录身份”对话框，如图 22-10 所示。

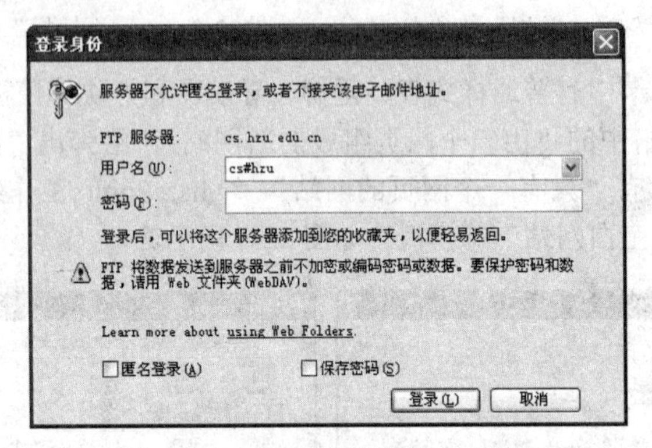

图 22-10 FTP“登录身份”对话框

（3）输入用户名和密码，再单击“登录”按钮。

（4）登录成功后，IE 浏览器会显示登录成功的远程 FTP 服务器的界面，如图 22-11 所示。此界面的操作方法与“我的电脑”操作界面相同，可以进行删除、复制、粘贴等文件或文件夹的操作。

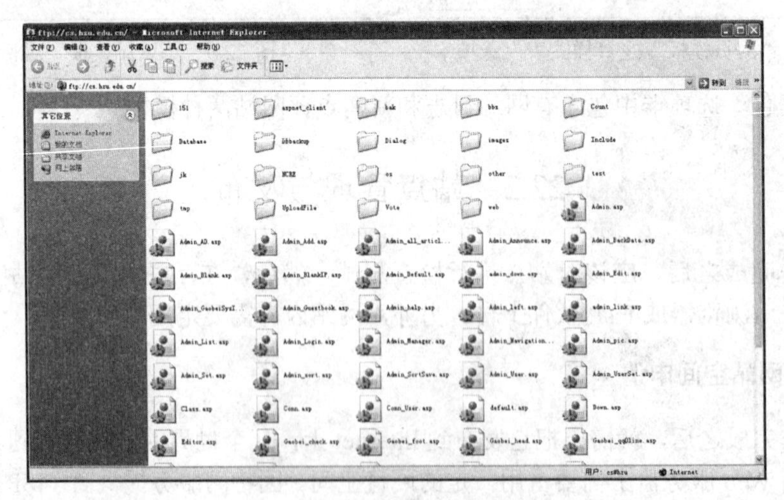

图 22-11 FTP 服务器登录界面

22.2.3 网站的维护

网站的日常维护主要包括以下工作：

1．监视站点运营状况

站点其实要接受两类群体，即互联网网户和搜索机器人的访问。因此，在网站日常维护中，尽量保证这两者能够正常访问网站。

互联网用户访问的高峰期，如果网站不能访问，造成流量的丢失情况是很惨重的。对于搜索机器人，可以通过分析服务器日志或者通过第三方软件来分析其访问习惯，确保它在造访站点的时候一切运行正常。所以，通过这两个方面的分析，可以重点选取一些重要的时间段进行监视即可。

2．网站运行统计数据分析

网站运行一段时间后，应该了解如下数据：站点中哪些页面比较受欢迎，这些页面为什么会吸引访问者；哪些页面访问次数最少，而且访问次数最少的页面是否重要；网站中哪些页面已经不存在，而且这些不存在的页面链接是否存在于其他页面之中。

3．网站的内容更新

不仅用户喜欢新鲜有用的信息，搜索引擎亦如此。周期性地给网站增加一些新的内容信息是一项基础性工作。

4．与来访者进行交流互动

经常和访问网站的用户交流，多听听他们的意见。如何进一步对网站进行改善才能使访问者有一个愉悦的访问体验，这个非常重要。同时，这种做法也会增加网站对用户的黏结度。

FrontPage 综合实验

1．用 FrontPage 2003 创建 index1.htm，录入如下内容：

计算机科学系组织教师赴佛山科技学院进行考察

为做好迎接教育部 2006 年本科教学工作水平评估的各项工作，计算机科学系于 10 月 10 日组织了由系领导及部分骨干教师组成的 6 人小组赴佛山科技学院进行考察。

本次考察的对象是佛山科技学院机电工程学院和信息与教育技术中心。机电与信息工程学院下设计算机与信息科学系、实验中心等单位。信息与教育技术中心主要承担全校计算机信息技术基础和现代教育技术以及相关选修课程的教学工作。考察的侧重点放在三个方面：①全面了解该院 2002 年本科合格评估的经验和做法；②了解计算机系在学科建设和专业建设的基本情况；③考察计算机公共课教学与改革的情况。

本次考察对我们下一步的迎评工作提供了很好的参考。

惠州学院计算机科学系

操作要求：

（1）把标题“计算机科学系组织教师赴佛山科技学院进行考察”设置成滚动字幕，表现方式：交替；背景颜色：浅蓝色；文本对齐方式：垂直居中；字体颜色：蓝色。并把“计算机科学系”设置为超链接，链接地址：http://cs.hzu.edu.cn。

（2）在标题“计算机科学系组织教师赴佛山科技学院进行考察”下方另起一行插入一水平线，并设置水平线的颜色为绿色。

（3）在第 1、2 自然段中间插入横幅广告管理器。插入 4 幅自选图片，间隔 2 秒依次显示图片，设置其宽度为350，高度为240，过渡效果为水平遮蔽。

（4）把网页下边的“惠州学院计算机科学系”设置DHTML效果，开启：鼠标悬停；应用：格式；选择字体：加粗。

（5）在“惠州学院计算机科学系”下方插入一行，输入“联系我们”，左对齐，并在“联系我们”加入电子邮件地址超链接，链接地址为：cs@hzu.edu.cn。

（6）加入任一声音文件作为背景音乐，循环次数：1。

（7）设置网页过渡效果，事件：进入网页；周期：2秒；过渡效果：圆形放射。

2. 在index1.htm文档末尾加入如下表格：

个人资料			
姓名		性别	
学号		班级	
电子邮件			

（1）插入一个4×4个人资料表格，宽度为315像素，第一列宽度为68像素；第二列宽度为74像素；第三列宽度为74像素；第四列宽度为71像素。

（2）输入姓名、性别、学号、班级和电子邮件。

（3）电子邮件链接地址为自己的邮箱。

（4）在表格末尾插入一行，左边单元格输入“爱好”；右边单元格加入若干个复选框，复选框的标签分别为“篮球”、“足球”、“乒乓球”、“羽毛球”、“唱歌”和“跳舞”等。

习题

一、单项选择题

1. 在“网页”视图中，编辑网页常用的视图为（　　）。

A. 普通　　B. HTML　　C. 预览　　D. 大纲

2. FrontPage 2003的视图栏中，包括（　　）视图。

A. 3个　　B. 4个　　C. 5个　　D. 6个

3. 以下各项的内容哪个不是“任务窗格”中所包含的（　　）。

A. 新建网页或站点　　B. 预览网页

C. 剪贴板　　D. 搜索

4. 对网页进行拼写检查时，需执行（　　）菜单。

A. 格式　　B. 表格　　C. 插入　　D. 工具

5. 插入超连接的快捷键是（　　）。

A. Ctrl+W　　B. Ctrl+H　　C. Ctrl+K　　D. Ctrl+M

6. FrontPage 2003中，文本的默认字体为（　　）。

A. 黑体　　B. 楷体　　C. 宋体　　D. 隶书

7. 下面方法不能设置“水平线属性”的是（　　）。

A. 双击　　B. 单击　　C. 右击　　D. 利用“格式”菜单

8. 要设置网页背景，需要的菜单是（　　）。

A. 工具　　B. 格式　　C. 插入　　D. 框架

9. 引发网页过度的事件有（　　）种。

A．3　　B．2　　C．1　　D．4

10．关于框架的说法中，不正确的是（　）。

A．可以插入文本　　B．可以插入网页

C．可以拆分　　D．不能删除

11．在 FrontPage 2003 中，要使超链接的目的地为同一页面中被标记的位置或文本，则可用下列（　）方法链接。

A．框架链接　　B．本地网页链接

C．Web 链接　　D．书签式链接

12．在 FrontPage 2003 中，要使页面上能显示访问次数可使用（　）实现。

A．滚动字幕　　B．横幅广告管理器

C．计数器　　D．悬停按钮

13．在网页制作中，为了统计访问者的信息，了解他们的意见，我们常用建立（　）办法实现。

A．文字　　B．表单　　C．表格　　D．框架

14．在 FrontPage 2003 中，要使页面上能创建水平滚动的文字字幕可使用（　）实现。

A．滚动字幕　　B．横幅广告管理器

C．悬停按钮　　D．计数器

15．在 FrontPage 2003 中，要使超链接目的地为本网站的其他网页可用下列（　）。

A．书签式链接　　B．Web 链接

C．本地网页链接　　D．本地文件链接

16．在 FrontPage 2003 表格单元格中，（　）项目不能插入。

A．声音　　B．表格　　C．背景　　D．图形

17．在 FrontPage 2003 中，要使鼠标指向按钮时改变其颜色和形状，可使用（　）实现。

A．横幅广告管理器　　B．悬停按钮

C．滚动字幕　　D．计数器

18．在 FrontPage 2003 中，要使超链接的目的地为网页中的其他框架网页，可用（　）实现。

A．书签式链接　　B．本地网页链接

C．框架链接　　D．Web 链接

19．在网页制作中，欲输入访问者来源，通常使用（　）表单项。

A．单选按钮　　B．复选框　　C．单行文本框　　D．按钮

20．FrontPage 2003 中，要使超连接的目的地为其他网站则可用下列（　）方法连接。

A．书签式链接　　B．本地网页链接

C．框架链接　　D．Web 链接

21．FrontPage 2003 中，（　）视图用于管理站点中的文件和文件夹。

A．任务　　B．文件夹　　C．超链接　　D．网页

22．FrontPage 2003 中，要使制作的表格看不到边框则应该将（　）调整为 0。

A．单元格的边距　　B．单元格的间距

C．宽度与高度　　D．边框的粗细

23．FrontPage 2003 中，下述关于超链接错误的是（　）。

A．表单中不能建超链接　　B．文字能建立链接

C．表格中能建超链接　　D．一个图片可建立多个链接

24．FrontPage 2003 中，在对网页进行语言设置时进行了如下操作：

（1）确定；　　（2）单击“网页属性”；

（3）选择“简体中文”；　　（4）单击“语言标签”；

（5）在网页编辑窗口中的空白处右击，弹出快捷菜单。

正确的操作次序为（ ）。

A．(1)(2)(3)(4)(5)　　B．(5)(2)(4)(3)(1)

C．(1)(3)(5)(4)(2)　　D．(5)(3)(4)(2)(1)

25．在 FrontPage 2003 网页视图方式下，单击（ ）标签可直观地进行网页的编排。

A．设计　B．预览　C．编辑　D．代码

26．FrontPage 2003 中，如果要使图片在浏览时看到的是小图，单击小图后，就可以看到原图大小，则使用了（ ）功能。

A．图片的自动缩略　　B．图片透明处理

C．图层移动　　D．图片的定位

27．在 FrontPage 2003 网页制作中，欲输入姓名，可用（ ）表单项。

A．单选框　B．单行文本框　C．复选框　D．下拉列表框

28．在 FrontPage 2003 网页视图方式下，单击左下角（ ）标签可观察网页在浏览器中的情形。

A．普通　B．代码　C．预览　D．编辑

29．FrontPage 2003 中，如果要使图片的背景变为透明，则使用（ ）功能。

A．图片的定位　　B．图层移动

C．图片透明处理　　D．图片的自动缩略

30．FrontPage 2003 段落对齐中下述（ ）对齐方式无法实现。

A．左对齐　B．右对齐　C．居中对齐　D．发散对齐

31．在 FrontPage 2003 网页视图方式下，单击左下角（ ）标签可直接编辑 HTML 代码。

A．普通　B．预览　C．编辑　D．代码

32．FrontPage 2003 中，下列（ ）不是框架属性。

A．框架大小　　B．框架边界

C．边框线的宽度　　D．框架内的背景图象

33．FrontPage 2003 中，欲使图片的中线与文本行底线对齐可使用（ ）方式。

A．相对垂直居中　　B．绝对垂直居中

C．水平居中　　D．无法实现

34．在 FrontPage 2003 中，（ ）视图用于编辑网页。

A．网页　B．文件夹　C．超链接　D．任务

35．在 FrontPage 2003 网页制作中，我们经常用下列（ ）办法进行页面布局。

A．文字　B．表格　C．表单　D．图片

36．FrontPage 2003 中，要使表格中单元格的背景色不一样则可设置下列（ ）。

A．单元格属性　B．表格属性　C．页面属性　D．框架属性

37．在 FrontPage 2003（ ）视图中，网页会依据结构图的形式自动产生链接。

A．网页　B．导航　C．超链接　D．任务

38．FrontPage 2003 中，下述关于图片与链接的关系表述正确的是（ ）。

A．图片不能建立链接　　B．一张图片只能建立一个链接

C．图片要建立链接需经过处理　　D．通过设置热区，一张图片可建立多个链接

39．FrontPage 是目前使用得较多的网页制作软件，除此外下列各种软件中，（ ）也是使用得较多的制作网页的软件。

A．Outlook Express　　B．Dreamweaver

C．Internet Explorer　　D．Cute FTP

40．利用 FrontPage 2003 编辑网页时，可在网页中插入多种类型的图片，但最常用的是（ ）格式的图片。

A．BMP 和 GIF　B．TIF 和 JPG　C．BMP 和 TIF　D．GIF 和 JPG

41. 在 FrontPage 2003 中，建立垂直拆分的框架网页，并用各框架中的“新建网页”向各框架页面中输入内容后保存。那么要保存的网页文件数目是（　　）。

A. 1　　B. 2　　C. 3　　D. 4

42. 对于 FrontPage 2003 中的背景设置，以下描述正确的是（　　）。

A. 背景颜色和背景图片不能同时设置　　B. 背景颜色和背景图片可以同时设置

C. 只能设置背景颜色　　D. 只能设置背景图片

43. HTML 是一种专门用于制作网页的（　　）语言。

A. 脚本描述　　B. 超文本标记　　C. Web 服务器　　D. FTP 服务器

44. 下列关于超链接的叙述中，错误的是（　　）。

A. 在一个网页中可以有多个超链接

B. 一个网页内文本之间可以建立超链接

C. 对于网页中的一张网页，只能为它建立一个超链接

D. 网页之间的超链接没有先后执行顺序

45. 下列叙述中，正确的是（　　）。

A. 在 FrontPage 中，通过“文件”菜单中的“打开”命令，可以打开当前站点外的网页文档

B. 在 FrontPage 中，只能在打开站点的情况下才能编辑网页

C. 在网页制作中，可以将插入的图片嵌入到网页文档中一起保存

D. 在保存框架网页时，可以将其中各个框架的网页及总框架网页保存在同一个文件中

46. 在网页中，表单的作用是（　　）。

A. 接收信息　　B. 显示信息　　C. 传出信息　　D. 交互信息

47. Web 站点的实质是 Web 服务器硬盘上的一个（　　）。

A. 文件　　B. 文件夹　　C. 分区　　D. 应用程序

48. 下列说法中，正确的是（　　）。

A. Internet 客户机之间可以互相浏览各自的网页

B. HTML 文档只需要通过浏览器来打开就可以看到结果

C. 网页是一种固定长度的文档

D. 在 HTML 中，标记是区分大小写的

49. <TITLE>标记包含文档的标题，该标题显示在（　　）中。

A. Microsoft FrontPage 的标题栏中　　B. 记事本的标题栏中

C. 浏览器的地址栏中　　D. 浏览器的标题栏中

50. 以下超链接标记中，正确的是（　　）。

A. <A HREF="http://www.hzu.edu.cn/"惠州大学></A>

B. <A HREF="http://www.hzu.edu.cn/"惠州大学/A>

C. <A HREF="http://www.hzu.edu.cn/">惠州大学></A>

D. <A> HREF="http://www.hzu.edu.cn/"惠州大学></A>

二、填空题

1. ________是 Microsoft 公司开发的，是用来制作网页及站点的工具。

2. 当第一次启动 FrontPage 2003 时，系统自动创建一个________命名的网页文件。

3. 在网页中插入“层”要利用________菜单。

4. 在 FrontPage 2003 中，可以在________视图模式下建立新的页面并显示页面之间关系图，即“建立网站结构”。

5. 一个站点实际上就是一个________及其包含的所有内容，在这个________下可以建立许多子文件夹，并将站点的各种文件分类放在这些子文件夹里。

6．在 FrontPage 2003 中，使用________可以使每一个网页以水平或垂直的方式显示相同的信息。

7．在 FrontPage 2003 中，有些特殊符号如©、§、±、ß、Ø 等，不能在键盘上直接输入，可使用“插入”菜单下的“________”命令来实现。

8．链接可以是同一页面的，也可以是页面和页面之间的。在同一个页面的不同位置实现超链接，必须将目标端点位置设置为“________”来实现。

9．要去掉图片或文字上原有的超链接的方法是：选中图片或文字，单击工具栏上的“超链接”按钮，在“编辑超链接”对话框中删去________后面的内容即可。

10．在进行页面规划操作中，经常使用的方法是________和________。

11．Web 是一种建立在 Internet 网上的信息服务系统，它采用________协议在服务器与客户机之间传输数据。

12．Web 信息是以________的方式来组织的。

13．使用________可以将浏览器窗口分割成几个不同的区域，各区域显示独立的网页。

14．采用 HTML 语言编写的网页文档，其中标题标记 TITLE 是在________部分定义的。

15．HTML 语言是以________来标记开始的，又是以________来标记结束的。

16．有下列的简单 HTML 文档：

<HTML>

<HEAD><HTML>惠州学院</TITLE></HEAD>

<BODY>欢迎您</BODY>

</HTML>

在浏览器中显示的结果是________。

17．以下 HTML 代码定义了两段文字，第一段强制分成了两行，填写所缺部分

<P>第一段的第一行________

第一段的第二行________

<P>第二段</P>

18．以下 FONT 标记符将文字“计算机科学系”设置为：大小为“2”，颜色为“RED”（红色），字体为“宋体”，填写所缺部分。

<FONT ________="2" ________="RED" FACE="________">计算机科学系</FONT>

19．要删除框架区域，需要利用“________”菜单栏。

20．网页显示的几种常用模式为设计、拆分、________和预览。

21．一般情况下，网页文件的扩展名是________。

22．为了使网页所占存储空间尽可能小，一般在页面中插入的图片文件的格式是________和________；GIF 图片的特点是：最多可以保存 256 种颜色，并采用无损压缩，还可以增加透明、交织、动画等效果。

23．在 FrontPage 2003 中，视图栏包括网页、文件夹、远程网站、报表、________、超连接和任务。使用不同的视图可以从不同的侧面查看设计的 Web 站点。

24．一般地说，新建的网站总有一个主页文件，系统默认名为________文件。

25．选中滚动字幕，虚线框周围出现八个控制点，调节这些控制点可增大和________文字滚动的范围。

26．如果只想换行不想另起一段，只需按住________键加回车键或使用插入菜单中的换行符命令。

27．使用表格进行网页排版时，为隐藏表格边框线，把属性中的边线宽度都设置为________。

28．FrontPage 2003 中，当我们将鼠标指向某一表格，然后右击会弹出一快捷菜单；若要设置网页背景应使用此快捷菜单中________项；若仅改变该表格的背景颜色则可使用该菜单中的________项来实现。

29．用 FrontPage 2003 编辑网页，提供了一些快捷键，如 Ctrl+N 是________网页。

30．建立电子邮件超链接时，应在 URL 栏中先输入________，然后紧接着输入电子邮件地址。

31．FrontPage 2003 中，网页过度对话框中的事件包括________、________、________和________。

32．在 FrontPage 2003 中，快捷键________方法可打开“查找和替换”对话框。

33．在 FrontPage 2003 中，可加入网页特效，如要加入以一定的时间间隔轮流显示不同图片的效果，通

常采用________。

34．引发网页过渡的事件有________种。

35．在 FrontPage 2003 中编辑网页时，给网页加________是个好习惯，有利于对网页进行维护，但其在浏览器中不显示。

36．色素或颜料的三原色由________、________、________组成。

37．FrontPage 2003 的两个最基本的功能是：________编辑和管理________。

38．FrontPage 2003 为了帮助使用者创建具有专业水平的网页，提供了多种________和网页模板。

39．从存在的形式看，信息分为：文字、图片、动画以及________和________等几种。

40．FrontPage 2003 实现的“所见即所得”的网页设计方式，是指在 FrontPage 2003 的________或浏览器中见到的页面与在 FrontPage 2003 的“设计”选项卡中显示出来的样子相同。

41．在“设计”选项卡中输入文本时，按________可以分段，按 Shift+Enter 组合键可以换行。

42．一个网站的基本组成部分是________、________、________和________。

43．网站的规划是指对网站________、________、________和________等方面的总体规划。

44．网页设计常见的尺寸是：________、________、________。

45．网站的发布通常是指把网站发布到________上，也就是说把自己的网站文件传送到所申请的________上去。

46．Dreamweaver 与 FrontPage 一样，都是“所见即所得”的________编辑工具。

47．通过 FrontPage 2003 创建的表格的单元格中可以填充________或图片、动画等其他网页元素。

48．网页模板是预先设计的特殊的网页，它的文件名后缀是________。

49．所谓网站是指基于________为基础，提供________和________的 Internet 网络站点。

50．FrontPage 2003 为了帮助使用者创建具有专业水平的网页，提供了多种网页向导和________。

习题参考答案

一、单项选择题

1．A　2．D　3．B　4．D　5．C　6．C　7．B　8．B　9．D　10．D

11．D　12．C　13．B　14．A　15．C　16．A　17．B　18．C　19．C　20．D

21．B　22．D　23．A　24．B　25．A　26．A　27．B　28．C　29．C　30．D

31．D　32．A　33．A　34．A　35．B　36．A　37．B　38．D　39．B　40．D

41．C　42．B　43．B　44．C　45．A　46．D　47．B　48．B　49．D　50．C

二、填空题

1．FrontPage　2．New_page_1.htm　3．插入

4．导航　5．文件夹，文件夹　6．共享边框

7．符号　8．书签　9．URL

10．表格法，框架法　11．HTTP　12．网页

13．框架　14．HEAD　15．<HTML>，</HTML>

16．欢迎您　17．
，</P>　18．SIZE，COLOR，宋体

19．框架　20．代码　21．htm

22．GIF，jpg　23．导航　24．index.htm

25．减小　26．Shift　27．0

28．网页属性，表格属性　29．新建　30．mailto:

31．进入网页，离开网页，进入站点，离开站点　32．Ctrl+F
33．横幅广告管理器　34．4　35．注释
36．红，绿，蓝　37．网页，Internet 站点（或 Web 站点）
38．网页向导　39．音频，视频　40．“预览”选项卡
41．Enter　42．网页，网页空间，网址，域名
43．功能，结构，内容，外观　44．640×480，800×600，1024×768
45．因特网，地址空间　46．网页　47．文本
48．.tem　49．Web 应用，信息，服务　50．网页模板

第八部分　多媒体技术及应用

第 23 讲　多媒体技术概述

本讲的主要内容：

- 多媒体技术的概念
- 媒体的分类
- 多媒体计算机的组成

23.1　多媒体技术的基本概念

23.1.1　媒体

媒体（Media）是指承载或传递信息的载体。日常生活中，大家熟悉的报纸、书本、杂志、广播、电影、电视均是媒体，都以它们各自的媒体形式进行信息传播。它们中有的以文字作为媒体，有的以声音作为媒体，有的以图像作为媒体，还有的（如电视）将文、图、声、像等综合起来作为媒体。同样的信息内容，在不同领域中采用的媒体形式是不同的，书刊领域采用的媒体形式为文字、表格和图片；绘画领域采用的媒体形式是图形、文字或色彩；摄影领域采用的媒体形式是静止图像、色彩；电影、电视领域采用的是图像或运动图像、声音和色彩。

媒体在计算机领域中有两种含义：一是指用来存储信息的实体，如磁带、磁盘、光盘和半导体存储器等；二是指传递信息的载体，如数字、文字、声音、图形和图像等；多媒体技术中的媒体是指后者。

根据国际标准化组织制定的媒体分类标准，媒体分为以下五类：

（1）感觉媒体（Perception Medium）：指能直接作用于人们的感觉器官，从而能使人产生直接感觉的媒体。目前，用于计算机系统的主要是视觉和听觉所感知的信息，如语言、音乐、自然界中的声音、图像、动画、文本等，触觉也正在慢慢地被引入到计算机系统中。

（2）表示媒体（Representation Medium）：指用于数据交换的编码，即为了传送感觉媒体而人为研究出来的媒体。借助于此种媒体，能更有效地存储感觉媒体或将感觉媒体从一个地方传送到另一个遥远的地方。

（3）显示媒体（Presentation Medium）：指用于通信中使电信号和感觉媒体之间相互转换用的媒体，即进行信息输入和输出的媒体。这类媒体有显示屏、打印机、扬声器等输出媒体和键盘、鼠标器、扫描器、触摸屏等输入媒体。

（4）存储媒体（Storage Medium）：指进行信息存储的媒体。这类媒体有纸张、硬盘、软盘、光盘、磁带、ROM、RAM 等。

（5）传输媒体（Transmission Medium）：指用于承载信息，将信息进行传输的媒体。这类媒体有同轴电缆、双绞线、光纤和无线电链路等。

23.1.2　多媒体

多媒体一词译自英文“Multimedia”，是多种媒体信息的载体，信息借助载体得以交流传播。图、文、声、像构成多媒体，采用如下几种媒体形式传递信息并呈现知识内容：

文——文本（Text）；

图——包括图形（Graphic）和静止图像（Image）；

声——声音（Audio）；

像——包括动画（Animation）和运动图像（Motion Video）。

在信息领域中，多媒体是指文本、图形、图像、声音、影像等这些“单”媒体和计算机程序融合在一起形成的信息媒体，是指运用存储与再现技术得到的计算机中的数字信息。

多媒体系统是指将文字、声音、图形、图像和动画等多种媒体和计算机系统集成在一起的系统。多媒体技术融合了计算机硬件技术、计算机软件技术以及计算机美术、计算机音乐等多种计算机应用技术。多种媒体的集合体将信息的存储、传输和输出有机地结合起来，使人们获取信息的方式变得丰富，引领人们走进了一个多姿多彩的数字世界。图 23-1 给出了图、文、声、像综合动态表现的多媒体示例，从中可以感受到多媒体技术的艺术感染力。

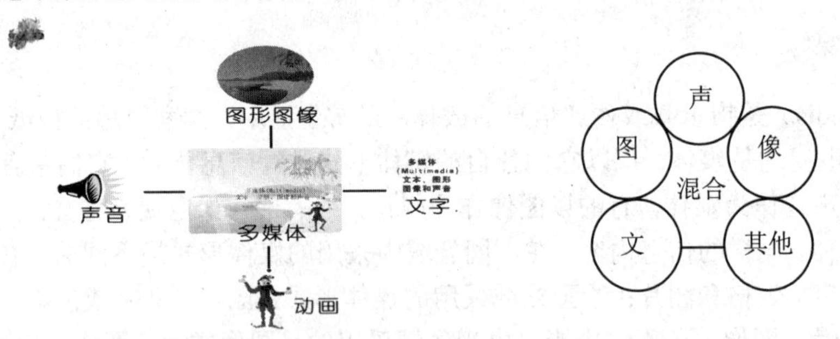

图 23-1　图、文、声、像综合动态表现的多媒体示意图

如果将其中的图像和动画合并为一类，则多媒体可看成为图、文、声三大类型的媒体语言，图、文属于视觉语言，声属于听觉语言，它们均属于感觉媒体的范畴。

23.1.3　多媒体数据特点

多媒体数据具有下述特点：

（1）数据量巨大：计算机要完成将多媒体信息数字化的过程，需要采用一定的频率对模拟信号进行采样，并将每次采样得到的信号采用数字方式进行存储，较高质量的采样通常会产生巨大的数据量。构成一幅分辨率为 640×480 的 256 色的彩色照片的数据量是 0.3MB；CD 质量双声道的声音的数据量要每秒 1.4MB。为此，专用于多媒体数据的压缩算法，例如对于声音信息，有 MP3、MP4 等；对于图像信息，有 JPEG 等；对于视频信息，有 MPEG、RM 等。采用这些压缩算法能够显著地减小多媒体数据的体积，多数压缩算法的压缩率都能达到 80%以上。

（2）数据类型多：多媒体数据包括文字、图形、图像、声音、文本、动画等多种形式，数据类型丰富多彩。

（3）数据类型间差距大：媒体数据在内容和格式上的不同，使其处理方法、组织方式、管理形式上存在很大差别。

（4）多媒体数据的输入和输出复杂：由于信息输入与输出与多种设备相连，输出结果如声音播放与画面显示的配合等就是多种媒体数据同步合成效果。

23.1.4 多媒体技术及其特性

所谓多媒体技术（Multimedia Computer Technology）是指把文字、音频、视频、图形、图像、动画等多种媒体信息通过计算机进行数字化采集、获取、压缩和解压缩、编辑、存储等加工处理，再以单独或合成形式表现出来的一体化技术。

多媒体技术具有 4 方面的显著特性，即多样性、集成性、交互性和实时性。

（1）多媒体技术的多样性：包括信息媒体的多样性和媒体处理方式的多样性。信息媒体的多样性指使用文本、图形、图像、声音、动画、视频等多种媒体来表示信息。对信息媒体的处理方式可分为一维、二维和三维等不同方式，例如文本属于一维媒体，图形属于二维或三维媒体。多媒体技术的多样性又可称为多维化。

（2）多媒体技术的集成性：是指以计算机为中心，综合处理多种信息媒体的特性，包括信息媒体的集成和处理这些信息媒体的设备与软件的集成。

（3）多媒体技术的交互性：是指通过各种媒体信息，使参与交互的各方（发送方和接收方）都可以对有关信息进行编辑、控制和传递。交互性不仅增加用户对信息的注意和理解，延长信息的保留时间，而且交互活动本身也作为一种媒体加入了信息传递和转换的过程，从而使用户获得更多的信息。

（4）多媒体技术的实时性：是指在多媒体系统中，声音媒体和视频媒体是与时间因子密切相关的，这决定了多媒体技术具有实时性，意味着多媒体系统在处理信息时有着严格的时序要求和很高的速度要求。

多媒体技术包括将媒体的各种形式转换为数字形式，以便计算机接收、存储、处理和输出。多媒体技术的研究涉及计算机的软硬件技术、计算机体系结构、数值处理技术、编辑技术、声音信号处理、图形学及图像处理、动态技术、人工智能、计算机网络和高速通信技术等很多方面。

23.2 媒体的分类

目前常见的媒体元素主要有文本、图形、图像、声音、动画和视频图像等。

23.2.1 文本（Text）

文本是由字符、符号组成的一个符号串，是以文字和各种专用符号表达的信息形式，它是现实生活中使用得最多的一种信息存储和传递方式。通常通过文字编辑软件生成文本文件。文本中如果只有文本信息，没有其他任何有关格式的信息，则称为非格式化文本文件或纯文本文件；而带有各种文本排版信息等格式信息的文本，称为格式化文本文件。Word 文档就是典型的格式化文本文件。

23.2.2 图形（Graphic）

图形是指经过计算机运算而形成的抽象化的产物，由具有方向和长度的矢量线段构成，如图 23-2 所示。图形使用坐标、运算关系以及颜色数据进行描述，因此通常把图形称为“矢量图”。图形的最大优点在于可以分别控制处理图中的各个部分，如在屏幕上移动、旋转、放大、缩小、扭曲而不失真，不同的物体还可在屏幕上重叠并保持各自的特性，必要时仍可分开，图形的数据量很小，通常用于表现直线、曲线、复杂运算曲线以及由各种线段围成的图形，不适于描述色彩丰富、复杂的自然影像。

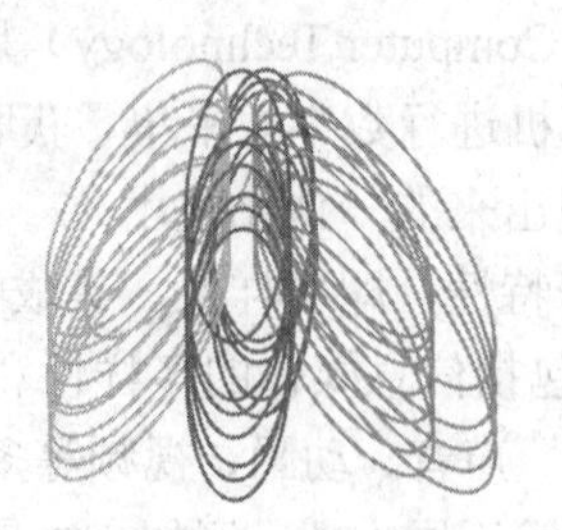

图 23-2　图形生成的曲线

23.2.3　图像（Image）

图像是指由输入设备捕捉的实际场景画面或以数字化形式存储的任意画面。计算机可以处理各种不规则的静态图片，如扫描仪、数字照相机或摄像机输入的彩色、黑白图片或照片等都是图像。图像由像点构成，是组成图像最基本的元素，每个像点用若干个二进制位进行描述，并与显示像素对应，这就是“位映射”关系，因此，图像又有“位图”之称。图像记录着每个坐标位置上颜色像素点的值。所以图形的数据信息处理起来更灵活，而图像数据则与实际更加接近，但是它不能随意放大，放大后的效果如图 23-3 所示。

图 23-3　图像放大后的结果

图像文件的格式是图像处理的重要依据，对于同一幅数字图像，采用不同的文件格式保存时，其图像的数据量、色彩数量和表现力会有不同。图像处理软件能够识别大多数图像文件，并对其进行处理，只有少数文件格式需要进行格式转换后才能处理。常用的数字化图像保存格式包括 BMP、JPEG 和 GIF。

图像文件数据量的单位是字节（Byte），数据量大是图像文件的显著特点，即使采用数据压缩算法进行处理，其数据量也是非常可观的。图像文件的数据量与图像所表现的内容无关，只与图像的画面尺寸、分辨率、颜色数量以及文件格式有关。

在保证图像视觉效果的前提下，尽量减少数据量是制作多媒体产品的重要课题。适当降低颜色深度、减小画面尺寸、适当降低分辨率等，都可以减少数据量。

把同一幅图像保存成不同的文件格式，其数据量存在很大差异，其原因是不同的文件格式采用了不同的数据压缩算法。文件数据量最小的是 JPG 格式；其次是 GIF 格式；数据量最大的是 BMP 格式。不同的场合使用不同格式的图像文件，如国际互联网络传输的图像多采用 JPG 格式，该格式压缩比大，彩色还原比较好，数据量相对较小；在 Windows 环境申，BMP 格式的图像文件最适合制作桌面图案以及各种形式的图像。

23.2.4　音频（Audio）

声音是通过空气的震动发出的，通常用模拟波的方式表示。振幅反映声音的音量，频率反映了音调。音频是连续变化的模拟信号，而计算机只能处理数字信号，要使计算机能处理音频信号，必须把模拟音频信号转换成用“0”、“1”表示的数字信号，这就是音频的数字化，将模拟的声音波形的模拟信号通过音频设备（如声卡）将其数字化，其中会涉及到采样、量化及编码等多种技术。声音文件的常见存储格式有 Windows 采用的波形声音文件存储格式.wav 和.mp3 是因特网上流行的音频压缩格式。

常用的数字化声音文件类型有：WAV、MIDI 和 MP3。

（1）WAV：被称为“无损的音乐”，是微软公司开发的一种声音文件格式，用于保存 Windows 平台的音频信息资源，被 Windows 平台及其应用程序所支持。其特点有：采样频率高，音质好，数据量大。WAV 格式的声音文件质量和 CD 相差无几，是目前 PC 机上广为流行的声音文件格式，几乎所有的音频编辑软件都能够读取 WAV 格式。WAV 文件的扩展名为“.wav”。

（2）MIDI：Musical Instrument Digital Interface 的缩写，意为“乐器数字化接口”，是乐器与计算机结合的产物。它的最大用处是在电脑作曲领域。MIDI 格式文件可以用作曲软件写出，也可以通过声卡的 MIDI 接口把外接音序器演奏的乐曲输入计算机里，制成文件。MIDI 格式文件的扩展名为“.mid”。

（3）MP3：当前使用最广泛的数字化声音格式。MP3 是指 MPEG 标准中的音频部分，也就是 MPEG 音频层。MPEG 音频文件的压缩是一种有损压缩，它基本保持低音频部分不失真，但是牺牲了声音文件中的高音频部分的质量。相同长度的音乐文件，用 MP3 格式来存储，一般只有 WAV 文件的 1/8，音质要次于 WAV 格式的声音文件。由于其文件尺寸小，音质好；所以 MP3 是当前主流的数字化声音保存格式，该格式文件的扩展名为“.mp3”。

23.2.5 动画（Animation）

动画是运动的图画，实质是一幅幅静态图像或图形的快速连续播放，是利用人的视觉暂留特性，快速播放一系列连续运动变化的图形图像，包括画面的缩放、旋转、变换、淡入淡出等特殊效果。动画的连续播放，既指时间上的连续，也指图像内容上的连续，即播放的相邻两幅图像之间内容相差很小。通过动画，可以把抽象的内容形象化，使许多难以理解的教学内容变得生动有趣。

23.2.6 视频（Video）

视频是一组连续图像画面信息的集合，与加载的同步声音共同呈现动态的视觉和听觉效果，若干有联系的图像数据连续播放便形成了视频。视频图像可来自录像带、摄像机等视频信号源的影像，如录像带、电影、电视节目、摄像等。视频和动画没有本质上的区别。

视频信息是连续变化的影像。视频信号有模拟信号和数字信号之分。视频模拟信号就是常见的电视信号和录像机信号，采用模拟方式对图像进行还原处理，这种图像称为“视频模拟图像”。视频模拟图像的处理需使用专门的视频编辑设备，计算机不能进行处理。要想使计算机对视频模拟信号进行处理，必须把视频模拟图像转换成数字化的视频图像。

模拟视频的数字化过程首先需要通过采样将模拟视频的内容进行分解，得到每个像素点的色彩组成，然后采用固定采样率进行采样，并将色彩描述转换成 RGB 颜色模式，生成数字化视频。数字化视频和传统视频相同，由帧（Frame）的连续播放产生视频连续的效果，在大多数数字化视频格式中，播放速度为每秒钟 25 帧（24fps）。

视频数字图像是用数字形式表示的，具有数字化带来的特点：

- 播放速度为25fps。
- 具有逆向性，可倒序播放。
- 保存时间长，无信号衰减，可无限复制，永远不失真。
- 可利用计算机视频编辑技术制作特殊效果，例如三维动画效果、变形动画效果等。
- 可以利用成本低、容量大的光盘存储介质存储信息。
- 还可以把数字信号转换成模拟信号。

数字化视频的数据量巨大，通常采用特定的压缩算法对数据进行压缩，根据压缩算法的不同，保存数字化视频的常用格式包括MPEG、AVI和RM。

（1）MPEG（Moving Picture Experts Group）意为“动态图像专家组”，于1988年成立，专门负责为CD建立视频和音频标准，其成员均为视频、音频及系统领域的技术专家。MPEG标准有MPEG-1、MPEG-2、MPEG-4、MPEG-7等版本，以满足不同带宽和数字影像质量的要求。MPEG采用的编码算法简称为MPEG算法，用该算法压缩的数据称为MPEG数据，由该数据产生的文件称MPEG文件，文件扩展名是“.mpg”。

（2）AVI（Audio Video Interleave）意为“音频视频交互”，是一种音频视频交插记录的数字视频文件格式。该格式的文件是一种不需要专门的硬件支持就能实现音频和视频压缩处理、播放和存储的文件。AVI技术及其应用软件VFW（Video For Windows）是Microsoft公司于1992初年推出的。AVI格式的文件，可以把视频信息和音频信息同时保存在文件中，在播放时，音频和视频同步播放。AVI视频文件的扩展名是“.avi”。

（3）RM格式是Real Networks公司开发的一种新型流式视频文件格式，又称Real Media，是目前Internet上最流行的跨平台的客户/服务器结构多媒体应用标准，其采用音频/视频流和同步回放技术实现了网上全带宽的多媒体回放。只要用户的线路允许，使用RealPlayer可以不必下载完音频/视频内容就能实现网络在线播放，更容易上网查找和收听、收看各种广播、电视。所以RealPlayer是在网上收听收看实时音频、视频和动画的最佳工具之一。

23.3 多媒体计算机系统的组成

23.3.1 多媒体计算机的硬件组成

为了处理多种媒体数据，在普通计算机系统的基础上，需要增加一些硬件设备构成多媒体个人计算机（简称MPC），MPC由计算机传统硬件设备、光盘存储器、音频信号处理子系统、视频信号处理子系统构建而成，如图23-4所示，包括：

（1）新一代的处理器（CPU）：高性能的计算机主机CPU芯片（586以上的CPU芯片），对于多媒体大量数据的处理是至关重要的。可以完成专业级水平的各种多媒体制作与播放，建立可制作或播出多媒体的主机环境。

（2）光盘存储器（CD-ROM、DVD-ROM）：多媒体信息的数据量庞大，仅靠硬盘存储空间是远远不够的，多媒体信息内容大多来自于CD-ROM、DVD-ROM。因此大容量光盘存储器成为多媒体系统必备标准部件之一。

（3）音频信号处理系统：包括声卡、麦克风、音箱、耳机等。其中，声卡是最为关键的设备，它含有可将模拟声音信号与数字声音信号互相转换（A/D和D/A）的器件，具有声音的采样与压缩编码、声音的合成与重放等功能，通过插入主板扩展槽与主机相连。

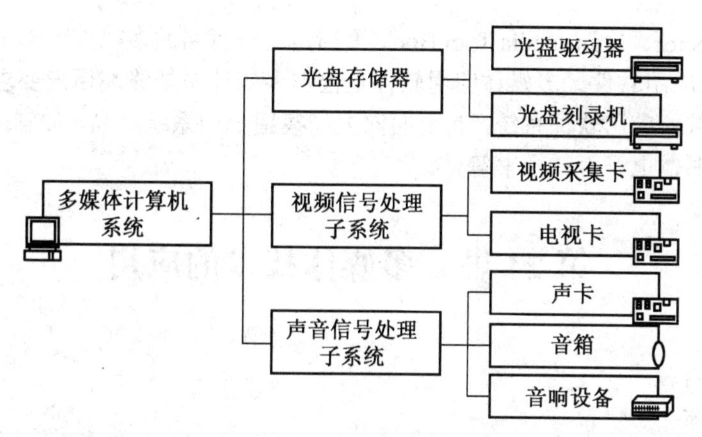

图 23-4 多媒体计算机配置示意图

（4）视频信号处理子系统：它具有静态图像或影像的采集、压缩、编码、转换、显示、播放等功能，如图形加速卡、MPEG 图像压缩卡等。视频卡也是通过插入主板扩展槽与主机相连，通过卡上的输入/输出接口与录像机、摄像机、影碟机和电视机等连接，使之能采集来自这些设备的模拟信号信息，并以数字化的形式在计算机中进行编辑或处理。

（5）其他交互设备：如鼠标、游戏操作杆、手写笔、触摸屏等。这些设备有助于用户和多媒体系统交互信息，控制多媒体系统的执行等。

23.3.2 多媒体计算机的软件系统

操作系统是计算机人机信息交流中必不可少的系统软件之一。至今还无真正完全适应多媒体特征的多媒体操作系统推出，通常采用在计算机操作系统中扩充多媒体功能来实现。为了使多媒体计算机能够处理和表现声音、视频等多媒体信息，操作系统一般需要具有多任务的特点。根据多媒体信息的数据量大的特征，需要有大容量的存储器相匹配，为此，操作系统必须具有管理大容量存储器的功能。计算机在运行大数据量的程序或同时运行多个程序时，需要有大的内存空间支持，而在内存容量有限的情况下，操作系统需要有虚拟内存技术来达到目的。

常用的多媒体软件有以下几类：

（1）多媒体编辑工具。多媒体编辑工具包括文字处理软件、图形图像处理软件、声音处理软件、动画制作软件以及视频处理软件等。

文字是使用频率最高的一种媒体形式，对文字的处理包括输入、文本格式化、文稿排版、添加特殊效果、在文稿中插入图形图像等。图形图像处理包括改变图形图像大小、图形图像的合成、编辑图形图像、添加特殊效果、图形图像打印等。声音的处理包括录音、剪辑、去除杂音、变音、混音、合成等。动画处理是利用人的视觉暂留特性，快速播放一系列连续运动变化的图形图像，产生效果逼真的场面，包括画面的缩放、旋转、变换、淡入淡出等特殊效果。视频处理是多媒体系统中主要的媒体形式之一。

（2）多媒体创作工具。多媒体创作工具指能够集成处理和统一管理文本、图形、静态图像、视频影像、动画、声音等多媒体信息，使之能够根据用户的需要生成多媒体应用软件的编辑工具。多媒体创作工具用来帮助应用开发人员提高开发工作效率，它们都是一些应用程序生成器，将各种媒体素材按照超文本结点和链接结构的形式进行组织，形成多媒体应用系统。

Authorware、Director、Multimedia Tool Book 等都是比较有名的多媒体创作工具。

（3）多媒体应用软件。多媒体应用软件是根据多媒体系统终端用户要求而定制的应用软件或面向某一领域的应用软件系统，它是面向大规模用户的系统产品。如辅助教学软件、游戏软件、电子工具书、电子百科全书等。

第 24 讲　多媒体技术的应用

本讲的主要内容：

- 数字媒体——声音
- 数字媒体——图像与图形
- 数字媒体——视频

24.1　数字媒体——声音

24.1.1　声音文件的播放（CD 唱机的使用）

Windows 是一个多任务的操作系统，可以在计算机执行其他任务的同时，使用 Windows 中的 CD 唱机在计算机上播放音频 CD，可以播放本地计算机上的 CD 音乐或者网上的 CD 音乐。

1. 本地 CD 音乐的播放

（1）将 CD 唱盘放到 CD-ROM 驱动器中。

（2）单击“开始”菜单，选择程序→附件→娱乐→CD 唱机，启动 CD 唱机，出现如图 24-1 所示的界面。

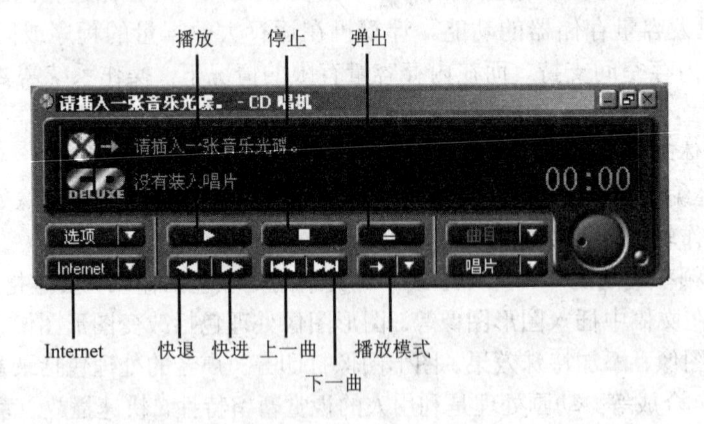

图 24-1　CD 唱机界面

（3）然后单击“播放”按钮，即可播放音乐。

（4）要停止播放 CD，请单击“停止”按钮。

（5）要从驱动器中弹出 CD，请单击“弹出”按钮。

（6）单击“播放模式”按钮可以改变曲目的播放顺序。五种可能的顺序为“标准”、“随机”、“重放曲目”、“全部重放”和“试听”。在“标准”模式下，CD 唱机按顺序播放每支曲目，或者播放自定义的播放曲目。向左或向右拖动红点（位于 CD 唱机右边）以减小或增加音量。

2. 网上 CD 音乐的播放

（1）界面上“Internet”按钮，指向“Internet 音乐站点”。

（2）单击“转到 Tunes.com”或“转到 Music Boulevard”。

（3）CD 唱机启动 Internet Explorer，打开默认的搜索引擎并列出搜索结果。

24.1.2 声音文件的录制（录音机的使用）

使用“录音机”可以录制、混合、播放和编辑声音，也可以将声音链接或插入到另一个声音文件中形成一个新的声音文件。

具体操作方法参见本章【演示实验一】用麦克风录制一段语音。

24.2 数字媒体——图像与图形

24.2.1 图像文件的获取

图像的获取渠道有三个，其一，使用数码相机拍照；其二，使用扫描仪扫描；其三，使用互联网或者图库光盘提供的现成图像。

24.2.2 图像文件的制作

利用 Windows 的“画图”工具可以创建、查看、编辑、打印图片。可以通过“画图”建立简单、精美的图画，将图画作为桌面背景。这些绘图可以是黑白或彩色的，可以打印输出，以位图文件存放，如图 24-2 所示。

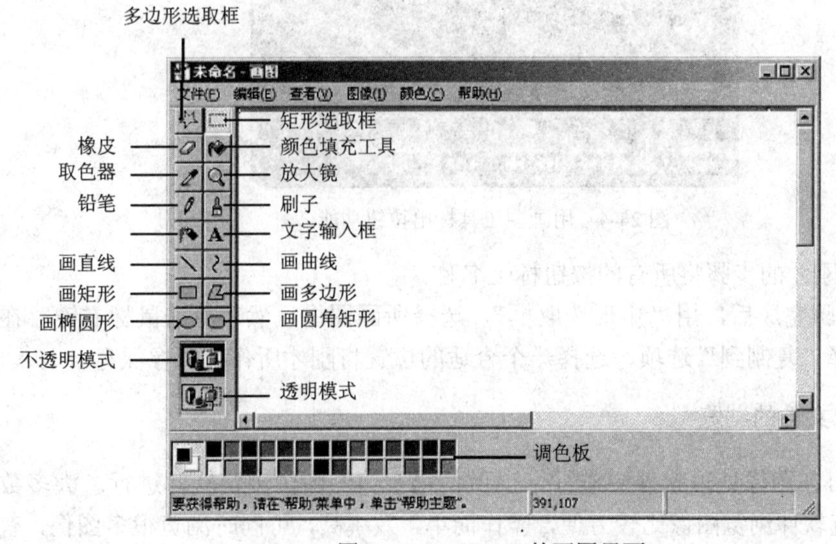

图 24-2 Windows 的画图界面

画图工具的使用。下面通过制作一个 CD 唱机界面来简单说明画图工具的使用。

（1）选择开始→程序→附件→娱乐→CD 唱机，当出现唱机界面后先按住 Alt 键，再单击

PrintScreen 键，CD 唱机的图像就已经被存储在剪贴板上了。打开“画图”程序，打开“编辑”菜单，选择其中的“粘贴”，出现如图 24-3 所示的界面。

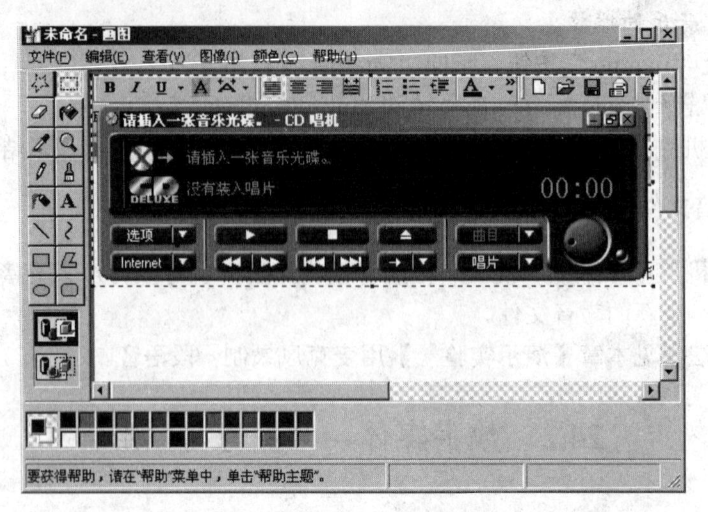

图 24-3　粘贴 CD 唱机界面

（2）我们将鼠标放在 CD 唱机的主界面上，然后将其拖动到屏幕中央，用橡皮将 CD 唱机外的其余部分擦去。

（3）用“画直线工具”在 上画一条黑线，可以在下方选择线的粗、细。

（4）选择“文字输入框”，在刚才画的黑线上方画出一个矩形，并在其中输入“播放”，可以通过“文字”对话框选择字体和大小。完成后的效果如图 24-4 所示。

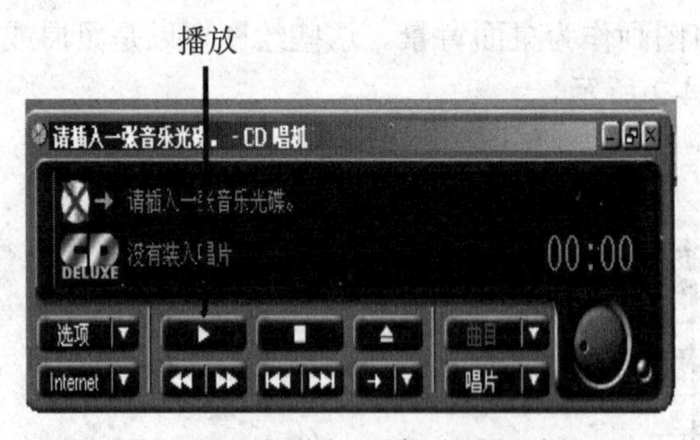

图 24-4　用画图工具标出按钮功能

（5）再重复刚才的步骤将所有的按钮标上名称。

（6）所有步骤完成后，用“矩形选取框”，选择所画图像，然后单击鼠标右键，在出现的弹出菜单中选择“复制到”选项，选择一个合适的位置将刚才所作的图像保存。

24.2.3　图像文件的浏览

图像的浏览可在图像处理软件中进行，也可使用专门的图像浏览软件进行。大多数情况下，使用图像浏览软件浏览图像比较方便，操作简单，效率高，可同时浏览很多图像，有些图像浏览软件甚至还具有图像文件格式转换功能。

目前比较有代表性的图像浏览软件是 ACDSee32，本节以该软件为例，介绍图像的浏览方法。安装 ACDSee32 软件后，将会自动建立图像文件与浏览软件之间的关联。这时，只要用鼠标双击图像文件名，即可立即启动 ACDSee32 软件，进入该软件的图片显示方式，显示图像内容，如图 24-5 所示。

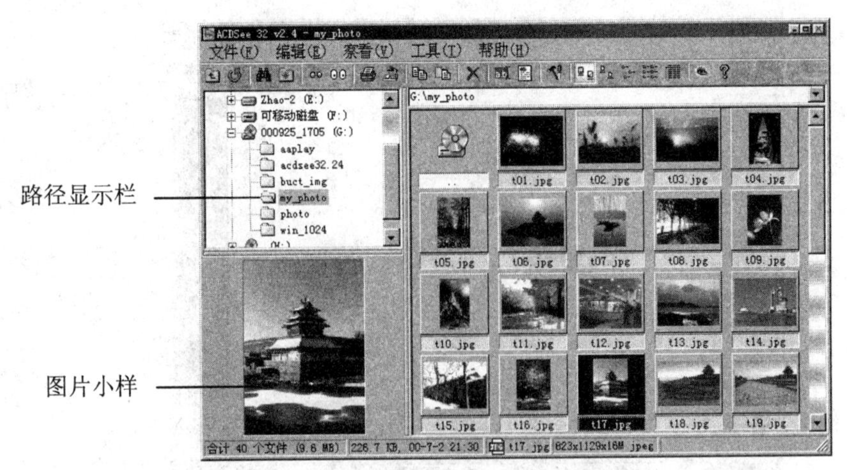

图 24-5　图片显示方式

在 ACDSee32 处于图片显示方式时，单击任意一张图片，即可进入图片的浏览方式，如图 24-6 所示。

图 24-6　图片浏览方式

在图片的浏览方式下，还可进行“浏览”、“观看图片”、“连续观看图片”等多种操作。除了浏览图像之外，还可用 ACDSee32 软件对图像文件进行移动、复制、更名、删除等多种操作。

在图片显示方式下，单击如图 24-7 所示工具栏上的“上一幅图像”或者“下一幅图像”命令按钮，进行图像的切换。还可以单击工具栏上的“放大”或“缩小”命令按钮，放大或者缩小当前观看的图片。

图 24-7　“图片观看”工具栏

24.2.4　图形文件的制作与浏览

利用系统自带的“绘图”工具可以制作图形文件。具体操作步骤如下：

（1）建立一个 Word 文档，在“视图”中选择“工具栏”菜单，再选择“绘图”，屏幕下方显示出绘图工具（如自选图形、直线、箭头、方框、圆等）。

（2）利用绘图工具和自选图形，绘制一副你喜爱的矢量图（娃娃脸），如图 24-8 所示。

图 24-8　用 Word 绘图工具绘制矢量图

（3）单击你绘制的图画（娃娃脸），使之被选中，然后不断地拉大这个图画，如图 24-9 所示，看看它是否随着图片的放大而变模糊，从而体会图形（矢量图）的概念。

图 24-9　放大后的矢量图

24.3　数字媒体——视频

24.3.1　媒体播放器的功能

Windows 操作系统都附带提供了 Windows Media Player 播放器（简称 WMP），它是微软公司基于 DirectShow 基础之上开发的媒体播放软件。使用 Windows Media Player 可以播放 CD、DVD 和 VCD，还具有从 CD 复制曲目、创建自己的播放媒体、收听电台广播、搜索和组织数字媒体文件等功能。媒体播放器界面如图 24-10 所示。

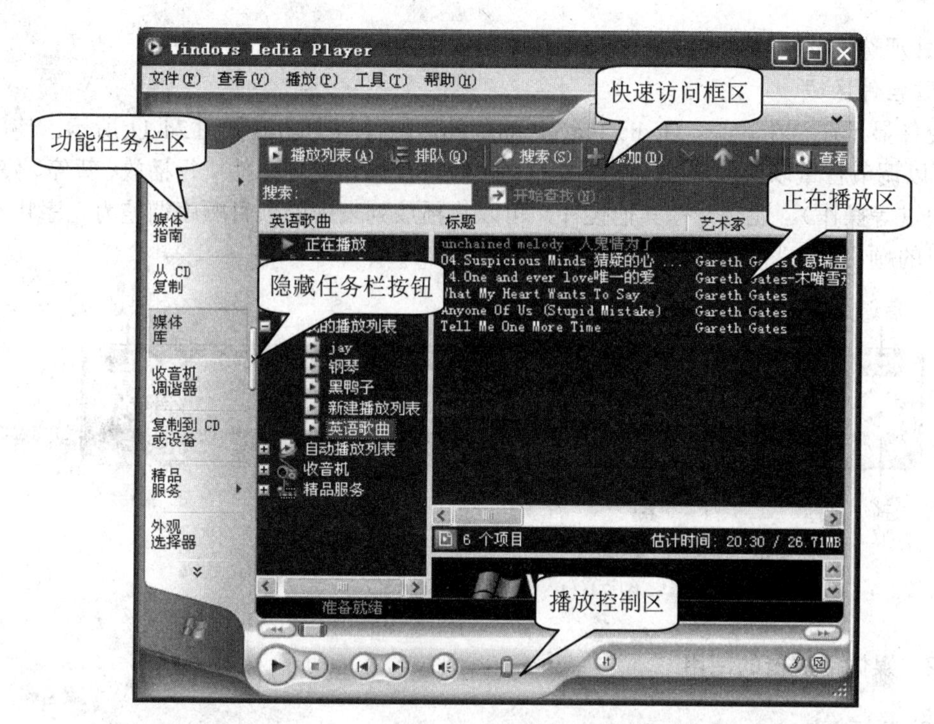

图 24-10　媒体播放器界面

Windows Media Player 可以播放很多类型的文件，包括 ASF、MPEG-1、MPEG-2、WAV、AVI、MIDI、VOD、AU、MP3 和 QuickTime 文件。VCD 使用的格式是 MPEG-1，其扩展名为.dat，同样可以被 WMP 播放。

Windows Media Player 包含许多区域。某些区域还包含一些控件，用来执行某种操作。其他区域显示视频、可视化效果或有关信息（如正在欣赏的音乐的详细信息）。

1．正在播放区域

正在播放区域包含许多窗格，在这些窗格中可以观看视频、可视化效果、媒体信息、音频和视频控件以及当前播放列表。

2．功能任务栏区域

功能任务栏包含的按钮可以链接到播放机的以下主要功能：“正在播放”、“媒体指南”、“从 CD 复制”、“媒体库”、“收音机调谐器”、“复制到 CD 或设备”、“精品服务”和“外观选择器”。此区域还包含用于显示或隐藏播放机顶部的菜单栏、显示或隐藏播放机侧面的功能任务栏。

（1）正在播放：观看视频、可视化效果或有关正在播放的内容的信息。

（2）媒体指南：在 Internet 上查找数字媒体。

（3）从 CD 复制：播放 CD 或将特定曲目复制到计算机上的媒体库中。

（4）媒体库：组织计算机上的数字媒体文件，或创建播放列表，列表中包含相关的音频和视频内容，以便可以快速播放这些列表中的音频或视频。

（5）收音机调谐器：在 Internet 上查找并收听电台广播，并创建自己喜爱的电台的预置，以便可以快速访问这些电台。

（6）复制到 CD 或设备：使用已存储在媒体库中的曲目创建（刻录）自己的 CD。

（7）精品服务：通过订阅在线订阅服务来访问数字媒体。

（8）外观选择器：更改 Windows Media Player 的外观显示。

3. 播放控件区域

播放控件显示在 Windows Media Player 的底部，控件按钮功能如图 24-11 所示。使用这些控件，可以调节音量以及控制基本的播放任务（如对音频和视频文件执行播放、暂停、停止、后退以及快进等操作）。还有一些其他控件，可以将播放列表中的项目顺序调整为无序状态、更改播放机的颜色以及将播放机切换为外观模式。

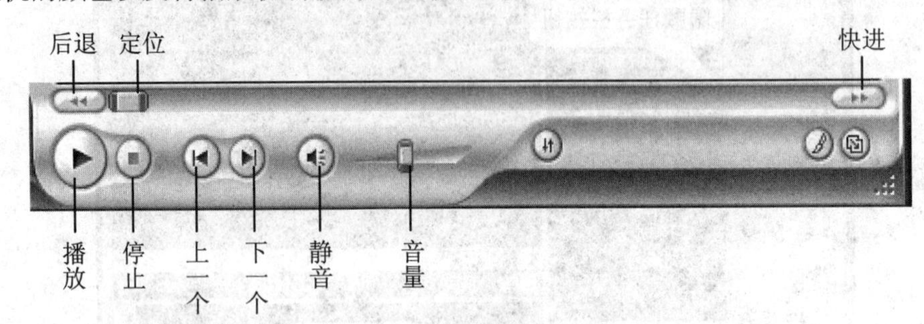

图 24-11 播放控件区按钮

24.3.2 媒体播放器的使用

1. 播放视频文件

（1）单击“文件”菜单上的“打开”命令。

（2）在“打开”对话框中的文本框中输入要打开的视频文件的位置和文件名，如“D: \user\桌面\tuxiang.wav”文件。

（3）单击“确定”按钮后可观赏视频文件的内容，如图 24-12 所示。还可通过拖动滑块来选择播放的位置。

图 24-12 视频播放

具体操作方法参见本章【操作实验二】用 Windows Media Player 播放音频或视频文件。

2. 管理计算机上的多媒体文件

WMP 提供了搜索本地多媒体文件并自动分类整理的功能，操作方法：

（1）单击“工具”菜单中的“搜索媒体文件”命令。

（2）在“搜索媒体文件”窗口中设置好搜索位置、搜索范围和搜索条件后，单击“搜索”按钮，WMP 就会自动搜索本机上的多媒体文件，并且自动进行分类排列。

（3）要查看 WMP 搜索的结果，只要单击“媒体库”按钮即可。

3. 制作媒体播放列表

（1）首先选择功能任务栏区域的“媒体库”，单击“播放列表”，打开下拉列表，选择列表中的“新建播放列表”命令。

（2）打开“新建播放列表”对话框，如图 24-13 所示，在“播放列表名称”文本框中为播放列表命名。

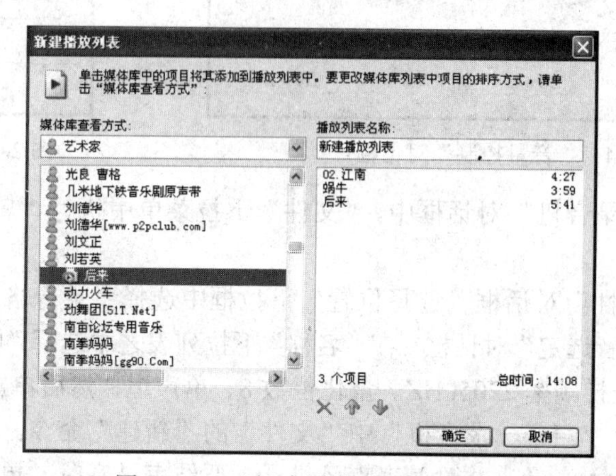

图 24-13　“新建播放列表”对话框

（3）在媒体库查看列表中，打开存放媒体文件的文件夹，例如“刘若英”，把选中的文件拖到该播放列表窗口即可。

（4）如果想调整媒体文件的播放顺序，则在媒体文件上单击鼠标右键，然后选择“上移”或者“下移”命令来调整。

如果想将这个播放列表导出，可以选择“文件”菜单中的“将播放列表导出到文件”命令，导出的播放列表可以供 Winamp、超级解霸、RealPlayer 等软件读取播放。

4. 播放 DVD

（1）将 DVD 盘插入到光驱中。

（2）选择“播放”菜单中的“DVD、VCD 或 CD 音频”命令项，然后单击包含 DVD 的驱动器。

（3）在播放列表窗格中单击适当的 DVD 标题或章节名。

说明：要弹出光盘，选择“播放”菜单中的“弹出”命令项；要重复播放 DVD 中选定的标题内容，选择“播放”菜单中的“重复”命令项。

24.4　演示实验

【演示实验一】用麦克风录制一段语音。

操作步骤：

（1）首先准备一份所需录制的材料作为解说词，确认将麦克风与声卡的 MIC IN 端连接。

（2）双击任务栏上的喇叭（音量）图标，打开“音量控制”对话框，如图 24-14 所示。确保录放时话筒和线路输入不为“静音”。

（3）在桌面上单击“开始”按钮，选择“程序”项中的“附件”，继续将鼠标移至“娱乐”组中，单击“录音机”选项即可启动录音机界面如图 24-15 所示。

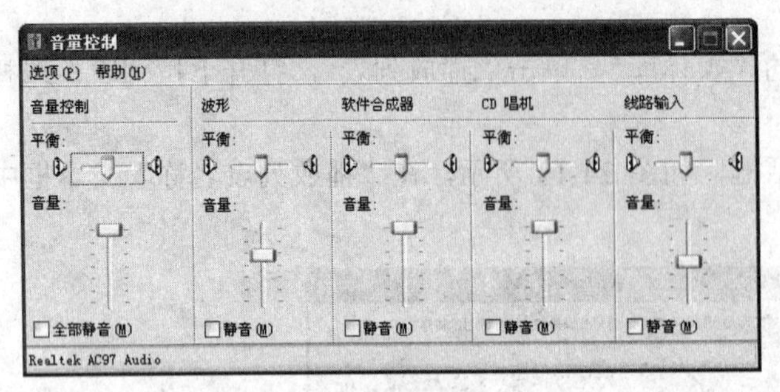

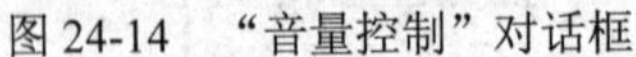
图 24-14 “音量控制”对话框

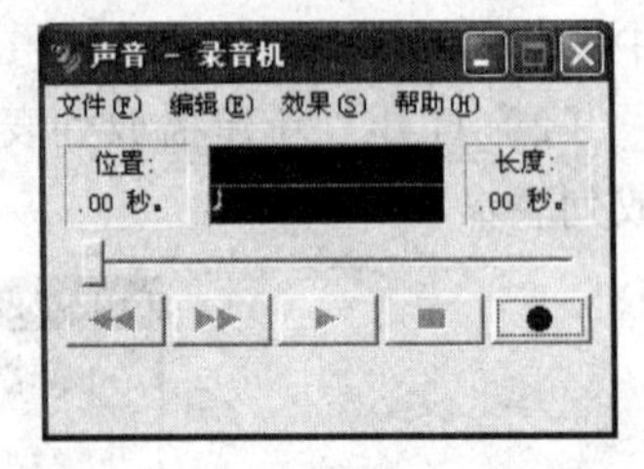

图 24-15 录音机界面

（4）在“声音－录音机”对话框中，“文件”下拉菜单中执行“属性”命令，出现“声音属性”对话框。

（5）在“声音属性”对话框“选择位置”下拉框中选择“录音格式”，然后单击“立即转换”按钮，出现“声音选定”对话框。在“名称”下拉列表之中选择“收音机质量”或在“属性”下拉列表中选择采样频率 22050HZ、量化位数 8、单声道，然后单击“确定”按钮即可确定声音数据品质。执行“声音－录音机”中“文件”的“新建”命令。单击红色的录音按钮。打开麦克风（调节好输入音量）并对着麦克风讲话。要结束录音时，单击黑色方形停止按钮，结束录音。

（6）执行“文件”中的“保存”命令，选择保存的路径、文件名为 Sound1，保存类型选择 wav，然后按下“确定”按钮即可将录音文件存储。

（演示过程请参见本书所附光盘）

【演示实验二】用“暴风影音”播放音频或视频文件。

操作步骤：

（1）在你的系统中下载安装“暴风影音”播放软件，桌面上将出现“暴风影音”图标。

（2）双击“暴风影音”图标，系统将自动打开“暴风影音”播放软件，出现播放界面。

（3）单击“暴风影音”播放界面中间的“打开文件”，将出现“打开”对话框，选择你希望播放的音频或视频文件的路径，单击“打开”按钮，播放开始。

（演示过程请参见本书所附光盘）

24.5 操作实验

【操作实验一】用“Windows Media Player”播放视频文件。

操作步骤：

（1）或用执行“开始”中的“程序”菜单，执行“Windows Media Player”命令，出现“Windows Media Player”界面。

（2）执行“文件”中的“打开”命令，选择你要播放的音频文件，单击“打开”按钮，开始播放。

【操作实验二】矢量图的制作与浏览。

操作步骤：

（1）打开“开始”中的“程序”子菜单，在“附件”中执行“图画”命令，出现“画图”界面。用左边的绘图工具绘制你喜爱的图画。

（2）在画图的过程中，不时地对文档进行保存。第一次保存时“保存”对话框将提示你输入文件名，保存类型为：*.bmp 或*.dib 格式。保存路径为：桌面上“我的文档”中“图片收藏”文件夹，单击“保存”按钮。

（3）打开“开始”中的“程序”菜单，在“ACD System”子菜单中执行“ACDSee”命令，出现图片浏览界面，并自动显示“图片收藏”的文件和文件夹。

（4）双击你要显示的图片，如“apple”或“示例图片”，出现“ACDSee”图片浏览界面。

（5）不断单击屏幕上方的“放大”按钮，让图像尽量放大，直到观察到图像模糊、边沿呈锯齿状为止。

（6）用“ACDSee”观察其他图片。直接单击桌面上的“我的文档”，打开“图片收藏”文件夹，双击你要的图片，系统便自动用“ACDSee”打开你选中的图片。你可用屏幕上方的“上一张”或“下一张”“放大”、“缩小”等功能浏览图片，甚至用“编辑器”中的“FotoCanvas2”功能对图像进行编辑。关于图像的编辑方法，限于篇幅，在此不做介绍，有兴趣的同学可自己尝试。

习题

一、单项选择题

1．下列文件格式中，（　　）是非格式化文本文件的扩展名。

A．TXT　　B．.DOC　　C．.PTF　　D．.DOT

2．纸张、磁带、磁盘、光盘等属于（　　）媒体。

A．感觉　　B．表示　　C．存储　　D．传输

3．计算机多媒体信息都是以（　　）的形式存储和传输的。

A．数字的形式　　B．模拟信号

C．数字的形式和模拟信号　　D．数字的形式或模拟信号

4．不属于计算机多媒体的媒体是（　　）。

A．图像　　B．动画　　C．光盘　　D．视频

5．电子出版物是指以（　　）方式将图文声像等信息存储在磁、光、电等介质上。

A．数字代码　　B．模拟信号　　C．文字　　D．图像

6．多媒体数据类型不包括（　　）。

A．文本数据　　B．图像数据　　C．音频数据　　D．模拟数据

7．要使计算机能处理音频信号，必须把模拟音频信号转换成用（　　）表示的数字信号。

A．1~10　　B．0~9　　C．0~100　　D．0，1

8．音频模拟信号的数字化是通过（　　）完成的。

A．视频卡　　B．声卡　　C．网卡　　D．麦克风

9．下列选项中，（　　）格式不属于因特网上流行的音频压缩格式。

A．WAV　　B．MP3　　C．存储 RM　　D．DAT

10．使用 Windows 中的 CD 唱机在计算机上播放音频 CD，不能播放（　　）。

A．本地计算机上的CD音乐　　B．网上的CD音乐
C．CD-ROM中的音乐　　D．录音磁带上的音乐

11．Windows中录音机默认的一次录音时间为（　　）。
A．60秒　　B．30分钟　　C．60分钟　　D．30秒

12．表示图像清清晰度的单位是（　　）。
A．bit　　B．dpi　　C．mps　　D．kmph

13．像素用来表示图像的（　　）。
A．大小　　B．色度　　C．亮度　　D．清晰度

14．表示图像亮度的灰度等级通常有（　　）个。
A．1024　　B．100　　C．50　　D．256

15．无限放大后边界模糊的称为（　　）。
A．图像　　B．图形　　C．画片　　D．动画

16．无限放大后边界不会模糊的称为（　　）。
A．图像　　B．图形　　C．画片　　D．动画

17．用Windows系统自带的“画板”画出来的作品属于（　　）类型。
A．图像　　B．图形　　C．视频　　D．动画

18．用Windows系统中的“Word”画出来的作品属于（　　）类型。
A．图像　　B．图形　　C．视频　　D．动画

19．矢量图又名（　　）。
A．图像　　B．图形　　C．视频　　D．动画

20．位图又名（　　）。
A．图像　　B．图形　　C．视频　　D．动画

21．常用的数字化图像保存格式不包括（　　）。
A．BMP　　B．JPEG　　C．GIF　　D．PDF

22．（　　）不属于数字化视频的常用格式。
A．Mid　　B．RM　　C．AVI　　D．MPEG

23．视频数据量很大，通常需要对其进行（　　）。
A．数据消减　　B．细节忽略　　C．数据压缩　　D．带宽限制

24．大多数数字化视频格式的播放速度为（　　）。
A．每秒钟24帧（24fps）　　B．每秒钟48帧（48fps）
C．每秒钟25帧（25fps）　　D．每秒钟50帧（50fps）

二、填空题

1．媒体（Media）是指________的载体。
2．计算机多媒体是指运用________与________得到的计算机中的数字信息。
3．计算机多媒体系统中信息将以________对进行存储、处理和传播。
4．多媒体________技术及________技术是多媒体系统的关键技术。
5．构成一幅分辨率为640×480的256色的彩色照片的数据量是________。
6．多数压缩算法的压缩率都能达到________以上。
7．计算机生成的各种有规则的图叫________。
8．矢量图也称为________，其英文名字为________，无限放大后不会模糊。
9．位图是也称为________，其英文名字为________，无限放大后会模糊。
10．动画的连续播放既指________，也指________。
11．视频是由一幅幅单独的称为________的序列组成。

12．MIDI 文件保存 1 分钟的音乐大约需要________的存储空间。
13．JPEG 既是一种________（文件格式），又是一种________。
14．模拟图像的数字化通常是采用________的方法实现的。
15．声音是随________连续变化的物理量。
16．声卡是实现________之间转换的硬件电路。
17．________被称为“无损的音乐”。
18．MP3 是指________标准中的音频部分。
19．灰度等级的多少表示图像数据的________度。
20．像素的多少代表图像的________度。
21．采样后的数字数据比采样前的模拟数据________了。
22．常用的数字化声音文件类型有：________、________和________。
23．常用的数字化图像保存格式包括________、________和________。
24．“画图”创建的文件以________文件存放。
25．通过扫描仪获取的图像文件属于________文件的类型。
26．当静止的画面连续播放速度超过每秒钟________时，人眼看起来是连续的。
27．RGB 表示________、________、________三种基色。
28．VCD 使用的格式是________，其扩展名为.dat，同样可以被 Media Player 播放。
29．Windows 系统附带的________播放器可以播放大多数类型的视频文件。
30．除 Windows 系统附带的播放器，________也是比较流行的视频播放器。

习题参考答案

一、单项选择题

1．A　2．C　3．A　4．C　5．A　6．D　7．D　8．B　9．D　10．D
11．A　12．B　13．D　14．D　15．A　16．B　17．A　18．B　19．B　20．A
21．D　22．A　23．C　24．A

二、填空题

1．承载或传递信息
2．存储，再现技术
3．数字的形式
4．数据压缩，编码
5．0.3MB
6．80%
7．图形
8．图形，graphic
9．图像，image
10．时间连续，内容连续
11．帧
12．5~8KB
13．文件格式，压缩技术
14．采样
15．时间
16．声波/电信号
17．WAV
18．MPEG
19．深度
20．清晰度
21．减少
22．WAV，MIDI，MP3
23．BMP，JPEG，GIF
24．位图
25．位图
26．24 帧
27．红，绿，蓝
28．MPEG-1
29．Windows Media Player
30．暴风影音

参考文献

[1] 薛晓萍，赵义霞．大学信息技术基础（第 2 版）．北京：中国水利水电出版社，2010．
[2] 薛晓萍，赵义霞．大学计算机基础．北京：中国水利水电出版社，2008．
[3] 郑德庆．计算机应用基础（第 2 版）．北京：中国铁路出版社，2009．
[4] 冯博琴，吕军．大学计算机基础（第 2 版）．北京：清华大学出版社，2005．
[5] 李秀，安颖莲．计算机文化基础（第 5 版）．北京：清华大学出版社，2005．
[6] [美]June Jamrich Parsons Dan Oja 计算机文化．北京：机械工业出版社，2003．